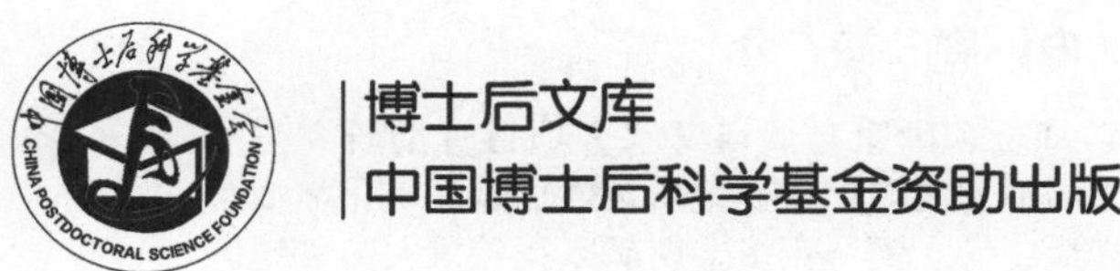

西秦岭中生代多金属成矿系统

邱昆峰　著

科 学 出 版 社

北 京

内 容 简 介

本书受中国博士后科学基金和国家自然科学基金项目资助研究与出版。西秦岭多金属成矿带地质演化复杂，成矿地质条件优越，矿化类型多样且分布密集，成为近年来金、锑、铜、钼多金属矿床找矿重大突破地区之一。然而，该地区矿床成因仍存在争议。本书在介绍西秦岭多金属成矿带中金、锑、铜、钼多金属矿床地质背景的基础上，重点对其岩浆作用与深部过程、构造应力场特征、成矿流体性质、成矿物质来源和成矿年代学进行了论述。以源、运、储为主线，介绍了西秦岭典型造山带金矿床、云英岩型金铜矿床、斑岩夕卡岩型钼铜金矿床等矿床成因及演化过程，丰富了西秦岭地区找矿理论。

本书可供从事地质学、矿床学、矿床地球化学、找矿勘查研究和应用的科研人员和学生参考。

图书在版编目(CIP)数据

西秦岭中生代多金属成矿系统 / 邱昆峰著. —北京：科学出版社，2023. 11
(博士后文库)
ISBN 978-7-03-074415-9

Ⅰ. ①西… Ⅱ. ①邱… Ⅲ. ①秦岭-多金属矿床-成矿条件-研究
Ⅳ. ①P618. 201

中国版本图书馆 CIP 数据核字（2022）第 251448 号

责任编辑：韩 鹏 崔 妍 / 责任校对：何艳萍
责任印制：赵 博 / 封面设计：图阅盛世

科学出版社 出版
北京东黄城根北街 16 号
邮政编码：100717
http://www.sciencep.com
涿州市般润文化传播有限公司印刷
科学出版社发行 各地新华书店经销
*
2023 年 11 月第 一 版 开本：720×1000 1/16
2025 年 2 月第三次印刷 印张：16
字数：320 000

定价：218. 00 元

（如有印装质量问题，我社负责调换）

个人简介

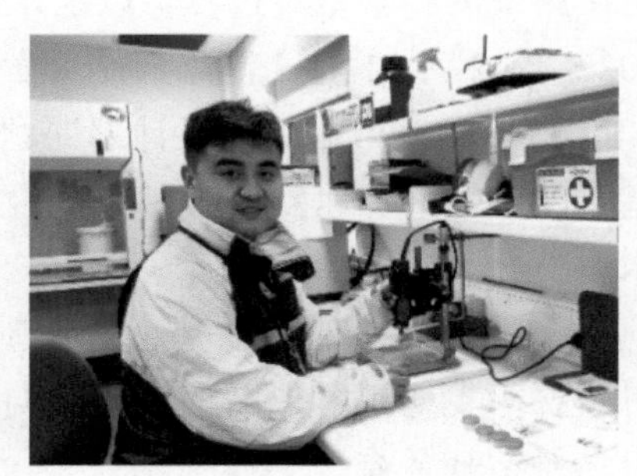

教育与工作经历

学习经历：

2006 年 9 月 ~ 2010 年 7 月，吉林大学，地质学，学士。

2010 年 9 月 ~ 2015 年 7 月，中国地质大学（北京），矿物学、岩石学、矿床学，博士。

2013 年 10 月 ~ 2015 年 2 月，美国地质调查局，矿床学，国家公派博士联合培养。

工作经历：

2015 年 7 月 ~ 2018 年 4 月，中国地质大学（北京），博士后。

2017 年 4 月 ~ 2018 年 12 月，美国科罗拉多矿业大学，博士后研究员。

2018 年 5 月 ~ 2018 年 12 月，中国地质大学（北京），讲师。

2019 年 1 月 ~ 2020 年 8 月，中国地质大学（北京），副教授，硕士生导师。

2020 年 8 月 ~ 2020 年 12 月，中国地质大学（北京），副教授，博士生导师。

2021 年 1 月 ~ 2021 年 3 月，中国地质大学（北京），教授，博士生导师。

2021 年 3 月 ~ 2021 年 6 月，中国地质大学（北京），校团委兼职副书记，教授，博士生导师。

2021 年 7 月至今，中国地质大学（北京），国际合作与交流处副处长，校团委兼职副书记，教授，博士生导师。

科研项目

（1）国家自然科学基金面上基金：金锑共生分异机制：西秦岭早子沟金锑矿床成矿精细过程研究约束（42072087），2021 年 1 月 1 日 ~ 2024 年 12 月 31 日，国家自然科学基金委。

（2）国家自然科学基金委国际（地区）合作交流项目：X 射线断面扫描技术揭示铍的超常富集机制（42111530124），2021 年 4 月 1 日 ~ 2023 年 3 月 31

日，国家自然科学基金委。

（3）国家重点研发计划专题：华北克拉通西部稳定区深部物质架构示踪方法，2020 年 6 月～2025 年 5 月，科技部。

（4）国家自然科学基金重大研究计划培育项目：铍在碱性花岗岩型稀有-稀土矿床中的超常富集过程：以巴尔哲矿床为例（91962106），2020 年 1 月 1 日～2022 年 12 月 31 日，国家自然科学基金委。

（5）北京市科技新星计划课题：关键金属铍超常富集地质-物理-化学过程：基于同步辐射加速器实验模拟研究，2020 年 9 月～2023 年 8 月，北京市科学技术委员会。

（6）国家自然科学基金青年基金项目：温泉钼矿床成矿流体精细演化及其对秦岭印支期钼富集机理约束（41702069），2018 年 1 月～2020 年 12 月，国家自然科学基金委。

（7）“博士后国际交流计划”学术交流项目：西秦岭印支期斑岩钼成矿作用：以温泉矿床为例，2018 年，人社部全国博士后管委会。

（8）“博士后国际交流计划”派出项目：胶东超大型金矿省地质地球化学（20170108），2017 年 8 月～2019 年 11 月，人社部全国博士后管委会。

（9）中国博士后科学基金面上项目：西秦岭温泉斑岩矿床多世代石英结构、成分及其地质意义（2016M591221），2016 年 3 月 1 日～2018 年 3 月 1 日，中国博士后科学基金会。

代表性论著

发表论文 76 篇，参编专著 3 部，主编专辑 2 部，以第一/通讯作者在 EG、MD、CMP 等地学顶尖期刊发表论文 42 篇，5 篇入选全球 Top1% ESI 高被引，引用 1889 次。

（1）Qiu K F，Yu H C，Hetherington C，et al.，2021. Tourmaline composition and boron isotope signature as a tracer of magmatic-hydrothermal processes. American Mineralogist，106，1033-1044.

（2）Qiu K F，Yu H C，Deng J，et al.，2020. The giant Zaozigou orogenic Au-Sb deposit in West Qinling，China：Magmatic or metamorphic origin? Mineralium Deposita，55（2）：345-362.

（3）Qiu K F，Yu H C，Wu M Q，et al.，2019. Discrete Zr and REE mineralization of the Baerzhe rare-metal deposit，China. American Mineralogist，104（10）：1487-1502.

(4) Qiu K F, Goldfarb R J, Deng J, et al., 2020. Gold deposits of the Jiaodong Peninsula, eastern China. SEG Special Publications 23, 753-773.

(5) Goldfarb R J, Qiu K F, Deng J, et al., 2019. Orogenic gold deposits of China. SEG Special Publications 22, 263-324.

“博士后文库”序言

1985年，在李政道先生的倡议和邓小平同志的亲自关怀下，我国建立了博士后制度，同时设立了博士后科学基金。30多年来，在党和国家的高度重视下，在社会各方面的关心和支持下，博士后制度为我国培养了一大批青年高层次创新人才。在这一过程中，博士后科学基金发挥了不可替代的独特作用。

博士后科学基金是中国特色博士后制度的重要组成部分，专门用于资助博士后研究人员开展创新探索。博士后科学基金的资助，对正处于独立科研生涯起步阶段的博士后研究人员来说，适逢其时，有利于培养他们独立的科研人格、在选题方面的竞争意识以及负责的精神，是他们独立从事科研工作的“第一桶金”。尽管博士后科学基金资助金额不大，但对博士后青年创新人才的培养和激励作用不可估量。四两拨千斤，博士后科学基金有效地推动了博士后研究人员迅速成长为高水平的研究人才，“小基金发挥了大作用”。

在博士后科学基金的资助下，博士后研究人员的优秀学术成果不断涌现。2013年，为提高博士后科学基金的资助效益，中国博士后科学基金会联合科学出版社开展了博士后优秀学术专著出版资助工作，通过专家评审遴选出优秀的博士后学术著作，收入“博士后文库”，由博士后科学基金资助、科学出版社出版。我们希望，借此打造专属于博士后学术创新的旗舰图书品牌，激励博士后研究人员潜心科研，扎实治学，提升博士后优秀学术成果的社会影响力。

2015年，国务院办公厅印发了《关于改革完善博士后制度的意见》（国办发〔2015〕87号），将“实施自然科学、人文社会科学优秀博士后论著出版支持计划”作为“十三五”期间博士后工作的重要内容和提升博士后研究人员培养质量的重要手段，这更加凸显了出版资助工作的意义。我相信，我们提供的这个出版资助平台将对博士后研究人员激发创新智慧、凝聚创新力量发挥独特的作用，促使博士后研究人员的创新成果更好地服务于创新驱动发展战略和创新型国家的建设。

祝愿广大博士后研究人员在博士后科学基金的资助下早日成长为栋梁之材，为实现中华民族伟大复兴的中国梦做出更大的贡献。

中国博士后科学基金会理事长

前　言

随着科技和新兴产业的发展，未来几十年全球对战略性矿产和关键金属的需求将迅猛增长，供需矛盾将更加突出。我国《全国矿产资源规划（2016—2020年）》更是首次制定了战略性矿产目录，其中金、锑、铜、钼等元素包含其中。

西秦岭多金属成矿带地质演化复杂，成矿地质条件优越，矿化类型多样且分布密集，主要有造山型金锑矿床、云英岩型金铜矿床、斑岩夕卡岩型钼铜金矿床等，是近年来金、锑、铜、钼多金属矿床找矿的重大突破地区之一。由于其复杂的地质特征，区内矿床成矿年代学、成矿流体的性质和演化过程、成矿的物理化学条件以及成矿流体和成矿物质的来源还存在着一定争议，制约了西秦岭地区找矿理论与模型的建立以及进一步的找矿勘查部署。

本书从地质学、地球化学和构造地质学等方面系统阐述了西秦岭造山带地质背景、岩浆作用与深部过程和典型矿床特征，探究了区内典型矿床成因；有效服务于矿产勘查，强化资源保障、推进资源高效利用、加快矿业绿色发展，为战略性关键金属精准找矿和绿色勘探建设提供服务，助力矿山建设。

本书是作者近十年来在西秦岭地区进行矿床学研究过程中不断学习与思考的沉淀。本书得到中国博士后科学基金资助出版。在项目实施过程和本书撰写过程中，作者得到了中国地质大学（北京）邓军院士和理查德·戈德法布（Richard Goldfarb）教授的大力支持，并且得到大卫·格罗夫斯（David Groves）院士、许文良教授和任云生教授等多位专家的大力支持，也包括我所指导的于皓丞、张莲、王洁、黄雅琪、符佳楠、何登洋等多位研究生的协助，在此向他们致以由衷的感谢。

本书的编著和出版先后得到人力资源和社会保障部全国博士后管理委员会、国家自然科学基金委员会、教育部长江学者奖励计划、北京市科技新星计划、北京市青年人才托举工程的资助和支持。

邱昆峰

目　录

第1章 绪 论

1.1 西秦岭造山带是我国重要金锑铜成矿区

秦岭造山带横亘中国中部，是中央造山带的重要组成部分（Deng and Wang，2016；Dong and Santosh，2016；陈衍景，2010；张国伟，2001；张国伟等，2019；朱赖民等，2008），以徽成盆地为界分为东秦岭和西秦岭两部分（Yu et al.，2020a；张国伟，2001）。西秦岭造山带处于古亚洲、特提斯和环太平洋三大构造动力学体系之间（Dong et al.，2011b；卢欣祥等，2008；张国伟，2001），地质演化复杂（Dong and Santosh，2016），岩浆岩发育广泛，发育美武、阿姨山等多个岩体（Luo et al.，2015；Wang et al.，2013；骆必继等，2012），成矿地质条件优越，矿化类型多样且密集（Deng et al.，2019；陈衍景，2010；张德贤等，2015；张国伟等，2019），是中国中部最重要的成矿带之一。西秦岭造山带作为我国最重要的金成矿带之一，区内已探明大小上百个金矿床，如阳山、寨上、大水、早子沟（也称枣子沟）、格娄昂、李坝、拉尔玛等数十个大型–超大型金矿床和众多中小型金矿床，累计探明黄金储量已超过1200t（李建威等，2019），已成为中国第二大金成矿省，是我国最具成矿潜力和找矿远景的地区之一（Dong et al.，2011b；Qiu et al.，2016）。

该地区以往研究工作集中于区域成矿构造背景、矿床分布规律、矿化地质特征及矿床成因等方面，将区内矿床划分为不同的成矿系列和矿床成因类型。前人研究工作表明，西秦岭地区金矿床的成因类型仍存在争议，主要争议类型为卡林–类卡林型、岩浆热液型、造山型、破碎蚀变岩型、中低温热液型等（Deng and Wang，2016；Jin et al.，2016；Luo et al.，2012a；Qiu et al.，2020；Yu et al.，2020a；Yu et al.，2020b；陈衍景，2010；靳晓野，2013；李建威等，2019；邱昆峰，2015；邱昆峰等，2014；隋吉祥和李建威，2013；于皓丞等，2019）。Du等（2021a）通过黄铁矿电子探针、S同位素以及黄铁矿 Rb-Sr 定年，认为西秦岭甘南岗岔金矿床为浅成低温热液型金矿床。Jin 等（2016）对西秦岭甘南老豆金矿床进行 LA-ICP-MS 锆石 U-Pb、绢云母 Ar-Ar 年代学以及硫化物单矿物 S 同位素研究，厘定老豆金矿床为与侵入体有关的金矿床。Yu 等（2020a）通过 LA-ICP-MS 锆石、磷灰石 U-Pb 定年，热液绢云母 Ar-Ar 定年提出录斗艘金矿床为造山型金矿床。Sui 等（2018）通过绢云母 Ar-Ar 定年和 LA-ICP-MS 锆石 U-Pb 定年分析认为早子沟金矿床为与侵入岩有关的金矿床。曹晓峰等（2012）基于对早子沟金矿床地质特征、金的赋存状态及稳定同位素的研究认定其为卡林型金矿床。Yu 等（2019a）通过 LA-ICP-MS 锆石 U-Pb 定年、微量元素、原位锆石 Lu-Hf 以及岩浆氧逸度（f_{O_2}）计算认为早子沟金矿床为造山型金矿床，而 Qiu 等（2020）利用 LA-ICP-MS 独居石、锆石 U-Pb 定年以及 S 同位素分析进一步证明了早子沟金矿床属于造山型金矿床。通过对德乌鲁石英闪长岩 LA-ICP-MS 锆石 U-Pb 年代学及矿床地球化学研究认为拉不在卡金矿床表现出明显的岩浆热液成矿特征（昌佳和李建威，2013）。Yu 等（2020b）通过对以地南金矿床含矿石英闪长岩 LA-ICP-MS 锆石 U-Pb 年代学以及热液绢云母 Ar-Ar 定年分析认为以地南金矿床为造山型金矿床。长期以来这些矿床存在争议的根本原因在于对该区构造演化、成矿流体特征、成矿物质来源、年代学的研究尚有欠缺，对矿床类型的判断及其与区域其他矿床的对比研究方面还需提供更多证据，这些尚需完善的工作在一定程度上制约了对矿床成因等方面的深入理解。

1.2　研究现状与存在问题

1.2.1　成矿年代学

西秦岭成矿省目前已探明数百个金矿床，是我国第二大金成矿省，区内广泛出露三叠纪的中酸性岩体和岩脉，与金矿床具有密切的空间关系，如早子沟金锑矿床（Qiu et al.，2020；耿建珍等，2019）、谢坑-江里沟-双朋西夕卡岩型多金属矿床（路英川等，2017）、南办-老豆金矿床（Jin et al.，2016）、录斗艘金矿床（Yu et al.，2020a）、以地南金矿床等（Wang et al.，2021b；Yu et al.，2020b）。目前对于金矿化事件存在着与岩浆侵位时间一致和晚于岩浆活动两种观点。Sui 等通过对早子沟金矿床的研究发现矿区石英闪长岩和石英闪长斑岩的侵位年龄为 244Ma 和 248Ma，成矿后脉岩的年龄为 237Ma；而与黄铁矿毒砂等金属矿物共生的绢云母的 $^{40}Ar/^{39}Ar$ 年龄为 245Ma 和 243Ma，说明金矿化发生在两次岩浆活动之间。靳晓野（2013）通过对老豆金矿床赋矿岩浆岩进行 LA-ICP-MS 锆石 U-Pb 年代学研究，表明德乌鲁石英闪长岩和老豆石英闪长斑岩的侵位时代分别为 238.6±1.5Ma 和 247.6±1.3Ma，早期老豆石英闪长斑岩与晚期德乌鲁石英闪长岩侵位年龄相差 10Ma；成矿期热液绢云母 $^{40}Ar/^{39}Ar$ 定年结果表明老豆金矿床成矿时代约为 249Ma，老豆金矿床金矿化时间与赋矿围岩形成时间一致，属于印支早期岩浆—成矿事件。Qiu 等（2020）和 Yu 等（2019a）通过对早子沟金矿床中两类独居石进行研究发现，英安斑岩中岩浆成因独居石的 U-Pb 年龄为 238Ma，与赋矿英安斑岩中锆石年龄一致，而热液硫化物脉中与金共生的热液成因的独居石的 U-Pb 年龄为 211Ma，表明金矿化的时间晚于岩浆活动时间（约 30Ma）。Yu 等（2020a）通过对录斗艘金矿床研究得到其赋矿围岩的年龄分别为 252Ma 和 247Ma，与毒砂和黄铁矿共生的热液绢云母和磷灰石的年龄均为 235Ma，提出矿化时间晚于岩浆活动时间（Yu et al.，2020a）。Du 等（2021a）研究发现岗岔金矿床中不同阶段黄铁矿的 Rb-Sr 年龄为 225.3±2.6Ma，结合区域构造演化，认为岗岔金矿床金矿化与岩浆活动密切相关。第鹏飞（2018）结合锆石 U-Pb 年代学特征和野外地质特征认为早子沟金矿床的金矿化时间晚于 233Ma，形成于中酸性岩浆岩侵位之后。

1.2.2　成矿流体性质和演化

前人对西秦岭造山带内金矿床成矿流体性质和演化的认识主要集中在对流体包裹体和矿物微量元素特征的研究上。对流体包裹体热力学研究表明，流体包裹体的主要类型为 H_2O-CO_2-NaCl，少量包裹体含有 CO_2；成矿流体具有低温低盐度的特征，但在成矿流体性质和演化过程观点存在分歧。陈国忠等（2014）将早子沟金矿床的流体包裹体分为 H_2O-NaCl 包裹体、NaCl-H_2O-CO_2包裹体、H_2O-CO_2包裹体 3 种类型，均一温度范围为 195～360℃。成矿深度为 2.10～6.02km，pH 为 2.25～5.88，成矿溶液为酸性，在成矿阶段 pH 呈升高的趋势，Eh 为 0.409～0.139，成矿溶液体系从早期到晚期 Eh 呈逐渐降低的趋势。刘珉（2020）将老豆金矿床划分为早、中、晚三个成矿阶段，对不同阶段石英中的流体包裹体研究发现，老豆金矿床成矿流体具有早阶段中温、中高盐度、含 CO_2的流体向晚阶段低温、低盐度的水溶液流体演化的特点，同时在流体演化过程中发生了流体沸腾作用。第鹏飞等（2021）通过早子沟金矿床和加甘滩金矿床中石英微量元素特征研究发现，早子沟金矿床石英中 Li 含量随流体含量的增加而减少，而 Cs 含量随流体含量的增加而增加。两个矿床中的石英具有 Eu 负异常和弱的 Ce 正异常，说明成矿流体属于还原性质，且成矿温度较低。Sui 等（2020）通过对早子沟黄铁矿微区化学成分分析提出，在成矿过程中流体与围岩发生反应，使温度或盐度降低，或 pH 升高，并且流体可能发生了多期次流体的注入。刘海明（2015）对岗岔金矿床中石英流体包裹体测试研究发现，岗岔金矿床成矿流体温度范围是 190～250℃，盐度为 3.17%～4.91%，流体成分以 CO_2为主，含有少量的 CH_4和 H_2O，提出该矿床成矿流体属于低盐低密度的浅成低温热液流体。陈瑞莉等（2018）认为早子沟成矿流体为 NaCl-H_2O-CO_2体系，成矿流体为浅成中低温低盐度低密度流体，在成矿的晚阶段可能有大气水的加入。Nie 等（2017）通过对岗岔金矿床黄铁矿微量元素特征分析得出，在成矿流体的演化过程中 Cu、Zn、Pb 和 Ag 等元素含量逐渐降低，且在成矿过程中成矿流体的温度也在逐渐降低。

1.2.3 成矿流体和成矿物质来源

目前对于西秦岭成矿省内金矿床成矿流体和成矿物质的来源存在着岩浆流体、变质流体以及岩浆流体与变质流体的混合流体三种观点。李建威等（2019）认为为H、O、S、C、Pb 和 B 等同位素地球化学特征指示该地区早中三叠世金矿床的成矿热液均是岩浆来源，显示出低氧逸度的特征，这些金矿床构成了一个与还原性侵入岩有关的金成矿系统。Jin 等（2016）通过对老豆金矿床热液石英硫化物脉中的硫化物 S 同位素和电气石的 B 同位素特征指出成矿流体源于岩浆流体的出溶，强调岩浆流体在该区域金成矿过程中具有重要作用。刘珉（2020）通过 S 同位素特征和 Pb 同位素投图表明成矿物质主要来源于深部岩浆，结合 H-O 同位素特征，认为成矿流体早期以岩浆水为主，中晚期流体中有大气降水的加入。Sui 等（2020）通过对早子沟微区化学成分和 S 同位素特征研究表明，早子沟 S 同位素值（−12.0‰～−5.5‰）与三叠世镁铁质中酸性侵入岩的 S 同位素组成一致，结合 H-O 同位素特征，认为成矿流体是岩浆流体和变质流体的混合流体。Du 等（2021b）通过对早子沟黄铁矿微区成分和微区结构特征约束成矿流体和成矿物质的来源，提出成矿物质来源于岩浆，伴随着水岩反应有沉积物质的加入。而 Qiu 等（2020）结合早子沟金矿床 S 同位素值（−12.0‰～−5.5‰）明显低于岩浆硫，结合成岩成矿年代学格架认为早子沟的成矿流体不是属于岩浆来源。Du 等（2021a）提出岗岔金矿床黄铁矿微量元素特征和 S 同位素特征指示成矿流体来源于岩浆，但在后期有大气水的加入。Yu 等（2020b）通过根据以地南金矿床的地质特征、岩浆岩的侵位时间和金矿化的时间，结合西秦岭地区的区域地质演化历史，提出以地南金矿床的成矿流体和成矿物质可能是来源于晚三叠世碰撞造山过程中绿片岩相变质作用形成的变质流体。第鹏飞等（2021）对早子沟和加甘滩金矿床石英微量元素特征研究发现，早子沟和加甘滩金矿床成矿流体应是富 Cl^- 流体，且成矿流体中相对富集 Cr、W、Pb 和 U 等元素，成矿流体与地壳关系密切。

1.2.4 存在问题

通过以上总结目前对西秦岭成矿省内金矿床成矿年代学、成矿流体的性质和演化过程、成矿的物理化学条件以及成矿流体和成矿物质的来源还存在着一定争议。因为成矿可能存在多期次/多阶段流体活动叠加特征，由于成矿过程的复杂性，矿体中往往出现多期次或者多阶段蚀变、矿化叠加，矿物具有复杂的显微结构，不同期次或者阶段的矿物在空间上相互穿插交代，因此群体分析方法的局限性导致得到的结果多为混合信息，所以对该区域金成矿过程或者成矿物质来源无法进行精确判定。另外，在成矿过程中由于水岩反应和流体自我演化，流体初始的成分特征、pH 氧逸度的变化会导致矿物沉淀的差异、矿物化学成分和同位素的差异以及在矿物结构上的差异（Evans et al.，2014；Pokrovski et al.，2019；Rusk et al.，2008；Xing et al.，2019）。近年来随着微区原位微束分析的不断进步与成熟，通过显微矿物学、微区微量元素及同位素地球化学分析等方面的细致研究，为从矿物学的角度研究精细的成矿过程开辟了新的思路，通过原位微区分析可以精确限定各个阶段矿物的地球化学特征而获取更加丰富的成矿信息。成矿流体是物质来源、迁移和沉淀的物理化学环境的直接载体，成矿流体演化过程是查明金属富集沉淀过程的重要手段，而流体包裹体是成矿流体演化和金属沉淀富集过程最直接、全面的地质记录。因此在通过翔实的野外地质调研查明蚀变矿化关系、矿物共生组合和划分成矿阶段的基础上，厘清石英世代，再对其捕获的包裹体组合开展研究和测试，可以有效地避免将多期、多阶段流体信息混为一谈（Klemm et al.，2007；Rusk et al.，2008；Stefanova et al.，2014）。建立完善的成岩成矿年代学格架，探讨成矿与岩浆作用的关系；在查明蚀变矿化关系、矿物共生组合和划分成矿阶段的基础上对石英中的流体包裹体进行显微热力学分析，查明成矿流体的性质和成矿物理化学环境；对金属矿物进行微区原位微束分析，探讨金的富集机制和成矿流体的来源，为解决上述问题提供了新思路，进而揭示西秦岭成矿省金矿床成矿年代、成矿流体和成矿物质来源以及金的迁移和富集机制，为查明金矿床成因提供进一步的证据，为揭示该区域内金矿床过程和成矿机理提供更直接的证据。

第 2 章　秦岭造山带地质背景

2.1　构造单元和基底组成

秦岭造山带横亘中国中部，是中央造山带的重要组成部分（Chen and Santosh，2014；Chen，2010；Dong and Santosh，2016；Dong et al.，2021；Li et al.，2017；Meng et al.，2007；Wu and Zheng，2013；张国伟，2001；张国伟等，2019）（图 2-1）。其北以灵宝-鲁山-舞阳断裂为界与华北板块和祁连造山带相邻，南以勉略-巴山-襄广断裂为界与松潘甘孜地体、碧口地体、四川盆地和华南板块相接（Li et al.，2018；Liu and Liou，2011；Liu et al.，2016）。造山带沿这两条断裂向华北板块南缘和华南板块北缘逆冲外推。自北向南，秦岭造山带发育三条缝合带，分别是新元古代宽坪缝合带、古生代商丹缝合带和早中生代勉略缝合带（Meng et al.，2007；Yu et al.，2022b；Zhang et al.，2014c）。宽坪缝合带位于华北板块南缘和北秦岭构造带之间，其发育的蛇绿岩套位于洛南-栾川断裂和商州-南召断裂之间，蛇绿岩原岩形成于 1.45 ~ 0.95Ga（Dong et al.，2016；Shi et al.，2013）。北秦岭和南秦岭构造带之间的商丹缝合带主要出露古生代蛇绿岩套和寒武纪与俯冲有关的火山岩及沉积岩。火山岩和沉积岩形成年代为 530 ~ 470Ma（Liu et al.，2016）。勉略缝合带位于南秦岭构造带和华南板块北缘之间，主要发育不连续的蛇绿岩套、弧岩浆岩、变质岩和陆缘沉积物（Yang et al.，2015b，2016）。

这些缝合带将秦岭造山带自北向南划分为华北板块南缘、北秦岭构造带、南秦岭构造带和华南板块北缘（Dong et al.，2021）（图 2-1）。华北板块南缘基底由新太古代—古元古代角闪岩-麻粒岩相变质岩组成。基底上覆中元古代裂谷成因火山岩、中—新元古代海相沉积岩、新元古代冰碛岩、寒武纪—奥陶纪被动大陆边缘沉积岩和白垩纪红层。华北板块南缘还出露有大量白垩纪花岗质侵入岩（Wang et al.，2013）。基底和上覆盖层均参与了中新生代的陆内造山变形，并向北推覆至华北板块之上。北秦岭构造带主要由被逆冲断层或韧性剪切带分隔开的宽坪群、二郎坪群、秦岭群、松树沟杂岩和丹凤群组成。其中，宽坪群主要由代表华北板块与北秦岭在新元古代缝合的蛇绿岩和变质碎屑岩组成，主要包括绿片岩、角闪岩、石英云母片岩和大理岩（Zhang et al.，2014a）。二郎坪群主要发育

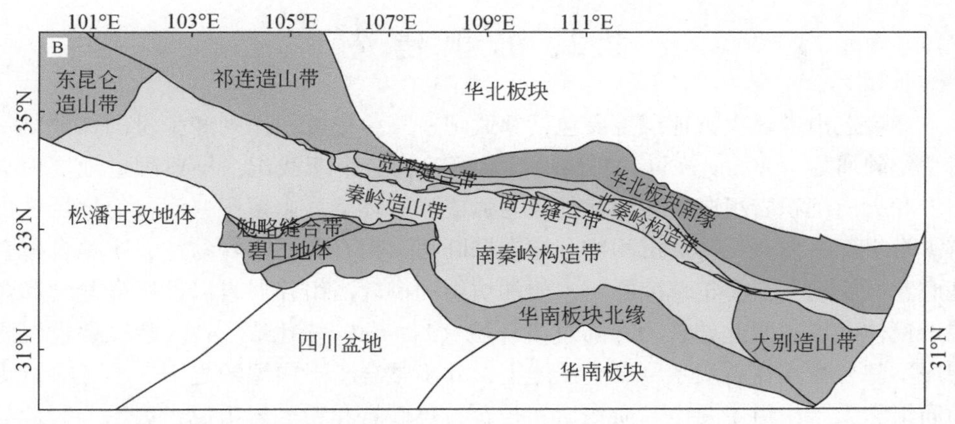

图 2-1　秦岭造山带大地构造简图（据 Dong and Santosh，2016 修编）

古生代商丹洋向北俯冲形成的弧后盆地蛇绿岩、碎屑沉积岩和碳酸盐岩（Shi et al.，2013）。秦岭群是一套古元古代杂岩，代表北秦岭地体，其主要由遭受中-高级变质作用的富碳富铝碎屑沉积岩和碳酸盐岩组成，岩石类型包括（石榴夕线）黑云斜长片麻岩、二长片麻岩、黑云变粒岩、石英岩、钙硅酸盐岩和大理岩，另有少量变质基性岩（万渝生等，2011）。松树沟杂岩主要为中新元古代蛇绿岩套，由变镁铁质和变超镁铁质岩石组成。丹凤群主要由丹凤蛇绿混杂岩组成，呈现为以一套强烈而复杂的变形变质火山-沉积岩组合为主的构造岩片。锆石 U-Pb 年代学表明该套岩石并非一套具有单一地层时代以及相同构造环境的岩石地层单位，而是一套由不同时代不同构造环境的岩石组合构成的俯冲-增生杂岩（闫臻等，2009）。北秦岭构造带广泛出露新元古代和古生代的中酸性侵入体。这些基底和侵入岩上覆石炭纪—二叠纪和（或）下三叠统碎屑沉积岩。北秦岭构造带也出露有大量白垩纪花岗质侵入岩。南秦岭构造带基底与华南板块一致，包含太古宙—古元古代基底和中新元古代基底。太古宙—古元古代基底主要由片麻岩和角闪岩组成，其原岩年龄为 2.51～2.47Ga。中新元古代基底主要由裂谷火山沉积岩组成。基底上覆显生宙沉积地层，并有大量三叠纪花岗质岩石侵入。华南板块北缘主要为高级变质的新太古代—古元古代结晶基底、绿片岩相的中-新元古代基底和震旦纪—中生代碎屑岩和碳酸盐岩盖层组成。基底孔岭群变质杂岩主要由 TTG 岩系（英云闪长岩-奥长花岗岩-花岗闪长岩）、角闪岩和变沉积岩组成。片麻岩、TTG 岩系和 A 型花岗岩原岩年龄分别为 3.8～3.5Ga、约 2.9Ga 和约 2.7Ga（Dong and Santosh，2016）。

2.2 沉积建造

秦岭造山带显生宙地层主要包括寒武纪—三叠纪沉积序列和少量的侏罗纪—白垩纪碎屑岩（Zhang et al.，2014c）。北秦岭构造带寒武纪—早奥陶世地层由火山岩和火山沉积岩组成，表明此处曾为弧或弧后环境。志留纪—泥盆纪地层未出露。石炭纪—白垩纪碎屑沉积物分布在柳叶河、南召和马市坪盆地，不整合覆盖基底。石炭纪—三叠纪草凉驿组、胡油坊组和柳叶河组碎屑岩以及碳酸盐岩和煤层透镜体夹层表明此处曾为海陆过渡环境（Li et al.，2015a，b）。晚三叠世沉积层序不整合覆盖在石炭系—二叠系之上，并不整合于下白垩统之下。上三叠统太山庙组和太子山组主要由砂质泥岩、长石石英砂岩和粉砂岩组成，表明当时此处可能为前陆盆地环境。下白垩统南召组和马市坪组由砂岩、页岩和砾岩组成，代表断陷盆地背景（Wang et al.，2021a）。南秦岭构造带前寒武纪基底与上覆寒武纪至中三叠世沉积层序不整合接触。寒武纪—奥陶纪被动大陆边缘沉积序列以灰岩为主，夹泥岩、硅质岩和粉砂岩，表明大陆架环境。志留系以石英砂岩、灰岩、板岩、千枚岩、双峰式玄武岩和流纹岩为特征，表明此处曾为裂谷环境。泥盆纪—中三叠世地层主要由粉砂岩、板岩和千枚岩组成，代表长期的被动大陆边缘沉积环境。上三叠统陆源碎屑岩不整合覆盖中三叠统海相沉积岩，表明当时勉略洋的闭合和秦岭造山带的隆起（Mu et al.，2019）。侏罗纪—白垩纪地层中含有砾岩、粗粒砂岩和泥岩，表明此处曾为河流和湖泊沉积环境（Zhou et al.，2016）。

2.3 岩浆活动

秦岭造山带显生宙岩浆活动非常发育，以花岗质侵入岩为代表，另有少量镁铁质—超镁铁质岩和火山岩。依据成岩年龄、岩石组合、岩石成因和变形特征等，秦岭造山带显生宙花岗质侵入岩主要可以分为古生代、早中生代和晚中生代三期（Wang et al.，2015）。早古生代花岗岩位于商丹缝合带北侧，侵位年龄为401～455Ma，岩石组合以Ⅰ型花岗岩为主。该时期还发育基性侵入岩，主要岩性为辉长岩、辉绿岩，侵位年龄为432～470Ma（Wang et al.，2017b）。早中生代花岗质岩浆作用分为250～235Ma和235～185Ma两个阶段。第一阶段，花岗质岩石主要为Ⅰ型花岗岩，岩石类型主要为石英闪长岩和斜长花岗岩，伴有少量基性侵入岩和火山岩出露，为俯冲环境产物。第二阶段，早中生代花岗质岩石为主体，岩石成因类型为Ⅰ型、Ⅰ-A过渡型，可见A型。岩石类型主要为石英二长岩、花岗闪长岩和二长花岗岩，同时伴随有镁铁质岩脉的侵入，为碰撞或后碰撞环境产物。晚中生代花岗质岩浆作用主要分布在北秦岭构造带和华北板块南缘，分为早（160～130Ma）和晚（120～100Ma）两个阶段（Liang et al.，2020）。早阶段以Ⅰ型为主，可见Ⅰ-A过渡型，岩石类型主要为二长花岗岩、花岗闪长岩、石英闪长岩、钾长花岗斑岩和花岗斑岩。晚阶段以Ⅰ-A过渡型和Ⅰ型花岗岩为主，主要岩性为二长花岗岩、石英闪长斑岩、角闪石英正长岩、正长花岗岩、霓辉正长岩和花岗斑岩。该阶段也有辉绿岩墙和碱性玄武岩出露（Zhang et al.，2019）。晚中生代岩浆作用可能为与古太平洋板块俯冲作用远程效应有关的板内岩浆作用的产物，也被认为可能是与华北板块俯冲作用有关的陆内造山运动的产物（Dong et al.，2016；Hu et al.，2020；Wang et al.，2015）。

2.4　变质作用

秦岭造山带变质作用具有多期、多阶段特点，主要包括古生代和早中生代两期。古生代变质作用以中压-高温变质和深熔作用叠加高压-超高压变质作用为特征。相图模拟显示官坡、双槐树、寨根和清油河等榴辉岩峰期变质P-T条件为2.3～3.1GPa和550～770℃。LA-ICP-MS锆石U-Pb定年约束其变质年龄为510～480Ma（Liao et al.，2016）。桐柏、西峡等地区麻粒岩峰期年龄、石榴子石黑云母片岩中锆石变质边年龄为440～410Ma，淡色脉体中的锆石也给出422Ma的深熔脉体结晶年龄，确定了志留纪的中压-高温变质和深熔作用事件。早中生代变质作用以广泛的区域低温动力变质作用、位于秦岭造山带东部大别-苏鲁超高压变质带的超高压变质作用和少量麻粒岩相变质作用为特征。区域低温动力变质作用以绿片岩相变质岩为主，呈现变质程度浅、变形强的特点。多硅白云母Ar-Ar、Sm-Nd全岩等时线和Rb-Sr全岩等时线等年龄指示中三叠变质峰期。大别-苏鲁超高压变质作用主要分为进变质高压榴辉岩相（246～244Ma）、峰期超高压榴辉岩相（235～225Ma）、退变质高压石英榴辉岩相/麻粒岩相（225～215Ma）和角闪岩相退变质（215～208Ma）四个阶段。勉略地区徐家坪高压基性麻粒岩指示其角闪岩相退变质时代为214Ma（Dong and Santosh，2016）。

2.5　造山作用

秦岭造山带显生宙经历多期构造演化，主要包括商丹洋的闭合，勉略洋的扩张、闭合和陆内造山作用（图2-2）。古生代商丹缝合带记录了北秦岭地体和南秦岭地体之间商丹洋的构造演化。地质、地球化学和地质年代学研究揭示

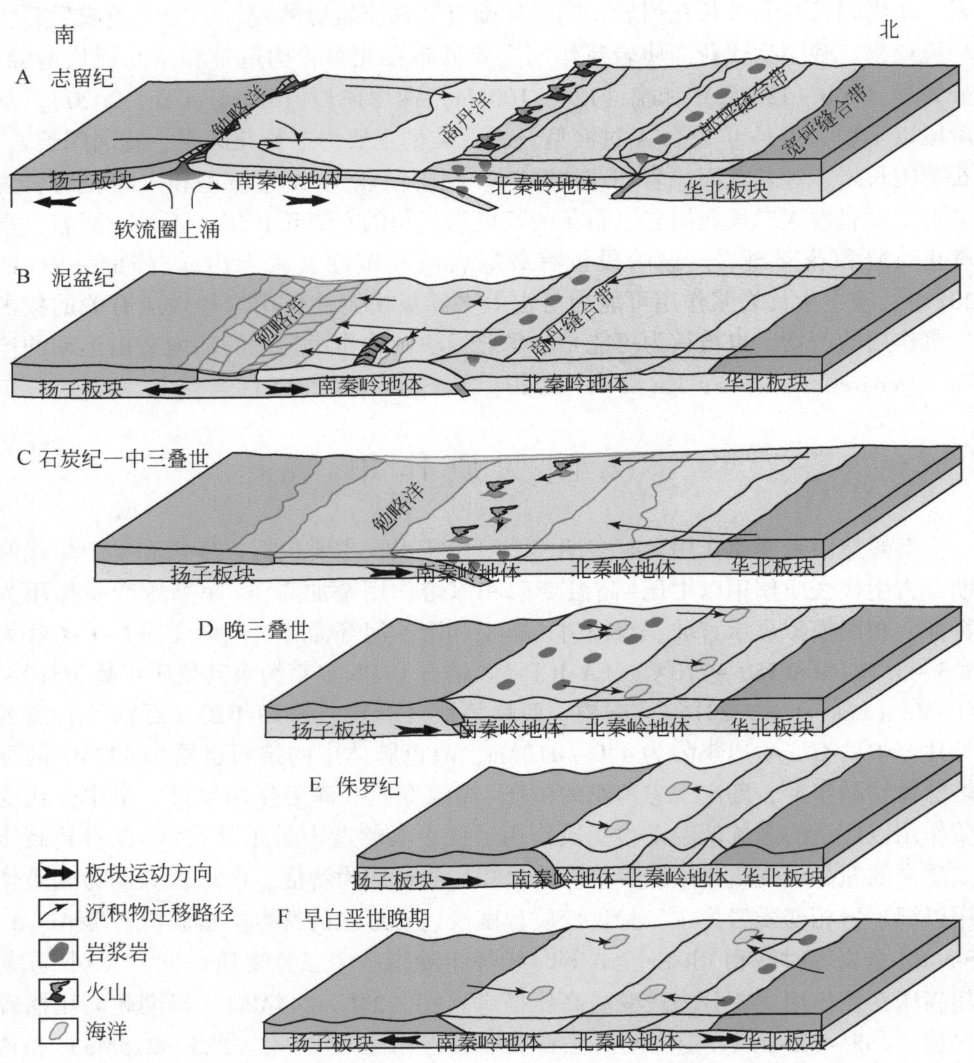

图 2-2　秦岭造山带大地构造演化示意图［据 Dong and Santosh（2016）修编］

A：志留纪，勉略洋开始扩张，商丹洋板块向北俯冲于北秦岭地体之下。B：泥盆纪，勉略洋扩张为成熟大洋，商丹洋闭合。C：石炭纪—中三叠世，勉略洋板块持续俯冲。D：晚三叠世，勉略洋闭合，扬子板块与南秦岭构造带碰撞。E：侏罗纪，扬子板块与南秦岭构造带持续碰撞，华北板块向南俯冲至秦岭造山带之下。F：早白垩世晚期，秦岭造山带发生造山带垮塌作用

了古生代秦岭造山带俯冲带的沟-弧-盆体系。早寒武世，商丹洋板块向北俯冲于北秦岭地体之下，形成岛弧和二郎坪弧后盆地。二郎坪弧后盆地在约 500Ma

时向南俯冲至北秦岭地体之下，并可能在约 450Ma 时闭合（图 2-2A）。商丹缝合带北侧广泛发育以 I 型花岗岩和基性侵入岩为代表的岩浆岩。这些岩浆岩侵位于晚奥陶世—早泥盆世，被认为与商丹洋板块的俯冲作用有关。商丹洋的闭合时限主要由碎屑锆石记录约束。碎屑锆石年龄-ε_{Hf}（t）谱图显示北秦岭构造带于早泥盆世开始成为南秦岭构造带的重要物质来源，暗示南秦岭和北秦岭地体之间的商丹洋已关闭（Liao et al.，2017）（图 2-2B）。勉略缝合带内双峰式火山岩的岩石学和地球化学特征表明勉略洋在志留纪开始扩张，并导致南秦岭地体与扬子（华南）板块分离（Yang et al.，2015a）（图 2-2A）。碎屑锆石记录和广泛分布的高镁安山岩、埃达克质岩石、辉绿岩、斜长岩表明勉略洋可能于石炭纪—中三叠世向北俯冲至南秦岭构造带之下（图 2-2C）。南秦岭构造带与华南板块的斜向陆陆碰撞始于晚三叠世，发育同期变质作用和同碰撞岩浆作用（图 2-2D）。侏罗纪开始，秦岭造山带进入陆内造山演化阶段。晚侏罗世地层在整个秦岭造山带及邻区发生了大规模的南北向挤压和逆冲变形（图 2-2E）。地球物理研究表明大规模的南北挤压可能与华南板块和南秦岭构造带之间的持续碰撞以及华北板块向南的陆内俯冲有关。早白垩世地层并未变形，暗示挤压和逆冲作用发生在侏罗纪—早白垩世（Zhang et al.，2019）。早白垩世晚期形成的大型断陷盆地和与伸展环境相关岩浆作用表明秦岭造山带在早白垩世晚期发生造山带垮塌作用（图 2-2F）。

2.6　成矿作用

秦岭造山带显生宙地质演化复杂，成矿地质条件优越，矿化类型多样且分布密集，主要有造山型金锑汞矿床、斑岩夕卡岩型钼铜金铁钨矿床和改造的密西西比河谷型（MVT）铅锌矿床，是我国第二大的金、锑产区，世界最大的斑岩钼矿带和我国重要的铅锌生产基地。造山型金-锑-汞矿床代表性矿床有西秦岭地区早子沟金锑矿床（Qiu et al.，2020）、大桥金矿床（Wu et al.，2018）、阳山金矿床（Yang et al.，2016a）、寨上金矿床（Liu et al.，2015）、大水金矿床（Zeng et al.，2012）和东秦岭地区文峪金矿床（Zhou et al.，2014）、上宫金矿床（Tang et al.，2019a）。斑岩-夕卡岩钼-铜-金-铁-钨矿床代表性矿床有西秦岭地区温泉钼矿床（Qiu et al.，2017；Zhang et al.，2021）和东秦岭地区金堆城钼矿床（Zhu et al.，2010）、鱼池岭钼矿床（Li et al.，2012）。西秦岭地区造山型成矿事件和斑岩-夕卡岩成矿事件主要集中在晚三叠世，与古特提斯洋板片的俯冲和后续的华南板块及秦岭-华北板块碰撞有关（Qiu et al.，2021）。东秦岭地区造山型成矿事件和斑岩—夕卡岩成矿事件主要集中在早白垩世，其成矿动力学背景目前尚不清楚，可能与华北和华南地块之间的相互作用、古太平洋板块俯冲和（或）其他远程事件有关（Goldfarb et al.，2019）。改造的MVT铅锌矿床以厂坝-李家沟铅锌矿床最具代表性（Leach and Song，2019）。厂坝-李家沟铅锌矿床铅锌资源量在全球MVT铅锌矿床中位居第四，其形成于泥盆纪，随后在三叠纪造山事件期间发生变形和变质（Leach and Song，2019）。

第3章 西秦岭岩浆作用与深部过程

西秦岭地区广泛发育三叠纪花岗质岩浆作用，其空间分布具有明显的不对称性，表明三叠纪时期区内发生了不均匀的壳幔相互作用。碧口地块是位于华北板块、华南板块和松潘-甘孜造山带之间最大的微板块，其内部广泛出露三叠纪花岗质岩体，是研究西秦岭地区三叠纪不均匀壳幔相互作用的理想对象。拟根据碧口地块中生代岩浆记录，追溯其侧向逃逸历史，并进一步探讨西秦岭地区三叠纪不均匀壳幔相互作用。

3.1 晚三叠世花岗岩类岩石学、岩相学

五个花岗岩类样品被用来分析锆石 U-Pb 年代学和 Lu-Hf 同位素。样品 19MP01（木皮）和 19MP02（木皮）为两个石英斑岩样品，呈灰白斑状结构和块状构造（图 3-1A、B）。斑晶主要为石英和正长石，其含量分别约为 20% 和 15%，基质为灰绿色。正长石乳白色，宽板状，粒度范围为 0.5cm×0.3cm ~ 1.5cm×0.8cm（图 3-1A、B）。石英颗粒呈无色透明、不规则粒状，粒径为 0.3 ~ 0.8cm。样品 19MS03（麻山）、19MS04（麻山）和 19MS05（木皮）为花岗闪长岩样品，呈灰白色、中-细粒结构、块状构造，主要由斜长石、石英和少量角闪石组成（图 3-1C ~ E）。

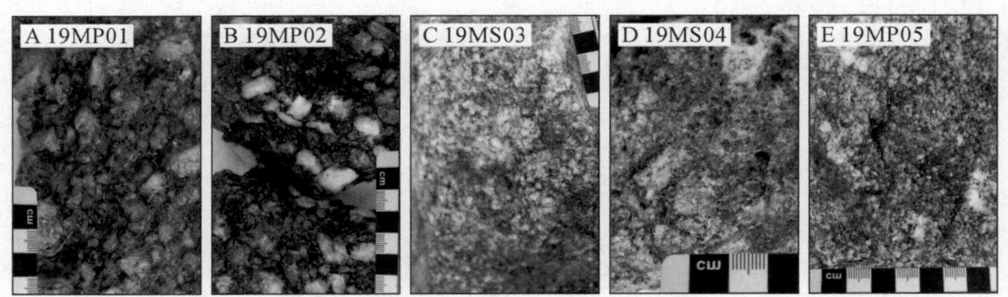

图 3-1 木皮和麻山岩体花岗岩类手标本照片

A、B：木皮岩体中的石英斑岩；C、D：麻山花岗闪长岩；E：木皮花岗闪长岩

碧口花岗质侵入体矿物学和地球化学特征如表 3-1 所示。所有岩体均呈椭圆形或似三角状，阳坝、木皮、麻山和老河沟四个岩体侵位于新元古代碧口群中，

表 3-1　碧口花岗质侵入体矿物学和地球化学特征

侵入体	阳坝	南一里	木皮	麻山	王坝楚	老河沟
位置	碧口地块北东缘	碧口地块南西缘	碧口地块南西缘	碧口地块南西缘	碧口地块南西缘	碧口地块南西缘
出露面积/km^2	30 ~ 40	约 140	约 8	约 20	约 3. 2	约 11
岩性	二长花岗岩	黑云母二长花岗岩；黑云母花岗闪长岩	花岗闪长岩	二长花岗岩	黑云母二长花岗岩	花岗岩
镁铁质微粒包体	有	无	无	无	无	无
岩体形状与围岩	椭圆形；碧口群	近似三角形；横丹群	椭圆形；碧口群	椭圆形；碧口群	近似三角形；横丹群	椭圆形；碧口群
变形	无	无	无	无	无	无
矿物组合	Pl(~35%), Kfs(~30%), Qz(~15%), Bt(~10%), Am(~5%)	Qtz(25% ~30%), Pl(30% ~ 35%), Kfs(~30%), Bt(8%)	Qtz(15% ~20%), Pl(50% ~ 55%), Kfs(5% ~8%), Bt(5% ~12%)	Qtz(20% ~23%), Pl(30% ~ 32%), Kfs(10% ~ 20%), Bt(10% ~20%)	Qtz(28% ~35%), Pl(~ 30%), Kfs(~ 25%), Bt(8%)	Qtz(25% ~ 30%), Pl(60% ~65%), Bt(3% ~5%)
副矿物组合	Ap, Zrn, Ttn, Aln, Czo, Mag	Ttn, Ap, Zrn, Aln, Mag	Ttn, Ap, Zrn, Aln, Czo, Mag	Ttn, Ap, Zrn, Aln, Czo, Mag	Ttn, Ap, Zrn, Czo, Aln, Mag	Ttn, Ap, Zrn, Czo, Aln, Mag
SiO_2/%	65. 44 ~ 69. 08	69. 82 ~ 73. 41	66. 8 ~ 68. 6	69. 2 ~ 70. 1	71. 55 ~ 72. 04	69. 96 ~ 71. 56
Al_2O_3/%	14. 56 ~ 16. 04	14. 58 ~ 16. 19	16. 9 ~ 18. 2	15. 2 ~ 16. 1	14. 96 ~ 15. 19	15. 20 ~ 16. 25
A/CNK	0. 95 ~ 1. 02	1. 04 ~ 1. 15	1. 25 ~ 1. 35	1. 07 ~ 1. 15	1. 06 ~ 1. 10	1. 05 ~ 1. 13
(K_2O+Na_2O)/%	7. 12 ~ 8. 69	6. 22 ~ 8. 21	6. 43 ~ 7. 16	6. 79 ~ 7. 38	7. 96 ~ 8. 47	6. 55 ~ 7. 21
K_2O/Na_2O	0. 65 ~ 0. 85	0. 63 ~ 0. 94	0. 30 ~ 0. 39	0. 55 ~ 0. 67	0. 71 ~ 1. 05	0. 33 ~ 0. 55
Eu 异常	弱负异常	弱-中等负异常	中等负异常	中等负异常	弱-中等负异常	弱负异常
Sr/Y	68. 97 ~ 93. 48	32. 87 ~ 58. 16	96 ~ 139	69 ~ 103	20. 75 ~ 42. 49	78. 26 ~ 127. 35
Y	10. 90 ~ 14. 50	7. 23 ~ 10. 01	7. 6 ~ 10. 3	6. 5 ~ 8. 8	8. 28 ~ 9. 13	5. 24 ~ 7. 50

续表

侵入体	阳坝	南一里	木皮	麻山	王坝楚	老河沟
δEu	0.75 ~ 0.90	0.66 ~ 0.94	0.24 ~ 1.11	0.32 ~ 0.62	0.60 ~ 0.75	0.82 ~ 0.98
REE	125.60 ~ 199.90	56.80 ~ 94.17	33.13 ~ 61.18	58.63 ~ 71.77	76.56 ~ 94.93	33.20 ~ 56.83
La/Yb	22.70 ~ 36.37	14.34 ~ 24.91	12 ~ 20	25 ~ 36	20.18 ~ 30.09	6.05 ~ 16.63
Zr/Hf	35.95 ~ 50.00	32.35 ~ 43.97	28.76 ~ 63.12	39.55 ~ 35.36	33.09 ~ 36.12	31.70 ~ 36.27
Nb/Ta	11.33 ~ 17.22	5.92 ~ 12.58	10.77 ~ 15.60	5.27 ~ 8.80	5.88 ~ 6.57	9.20 ~ 13.96
I_{sr}	0.70419 ~ 0.70607	0.70615 ~ 0.70752	0.70539 ~ 0.70597	0.706	无资料	无资料
$\varepsilon_{Nd}(t)$	−4.3 ~ −3.1	−7.2 ~ −4.7	−9.4 ~ −7.2	−6.7 ~ −6.5	无资料	无资料
$\varepsilon_{Hf}(t)$	镁铁质微粒包体（−8.0 ~ 8.7）；花岗岩（−9.4 ~ 3.9）	无资料	花岗闪长岩（−11.1 ~ 8.5）	二长花岗岩（−19.0 ~ 8.7）	无资料	无资料
形成构造背景	后碰撞	后碰撞	后碰撞	后碰撞	后碰撞	后碰撞
参考文献	Qin 等（2010）；Yang 等（2015c）	Li 等（2007）；Li 等（2009）；金维浚等（2005）；骆金诚等（2011）	Li 等（2009）；吕崧等（2010）；张宏飞等（2005）	吕崧等（2010）	骆金诚等（2011）	李佐臣等（2010）

注：Pl-斜长石；Kfs-钾长石；Qz-石英；Bt-黑云母；Am-角闪石；Ap-磷灰石；Zrn-锆石；Mag-磁铁矿；Ttn-榍石；Aln-褐帘石；Czo-斜黝帘石。

王坝楚和南一里两个岩体围岩地层主要为新元古代横丹群。岩体均以花岗闪长岩、黑云母花岗岩和二长花岗岩为主。碧口地块北东缘的阳坝岩体包含大量镁铁质微粒包体（包裹体的简称，MME），其余南西五个岩体均不含镁铁质微粒包体。花岗岩类主要矿物有斜长石、钾长石、石英，暗色矿物主要包含黑云母和角闪石。副矿物主要有锆石、磷灰石、榍石、磁铁矿以及褐帘石和斜黝帘石。

3.2　晚三叠世花岗岩类年代学

3.2.1　分析方法

阳坝和木皮五个代表性样品被用来开展锆石 U-Pb 年龄分析，其中包含两个石英斑岩（19MP01、19MP02）和三个花岗闪长岩（19MS03、19MS04、19MS05）。锆石分选在河北廊坊诚信地质服务有限公司完成，分选方法包括破碎、筛分、磁选和重液分离。在双目镜下挑选完整的、无裂痕的和高透明度的锆石单矿物并制备成锆石样品靶，并对其进行打磨和抛光。分析之前首先对锆石进行阴极发光（CL）照相和透反射拍照，以揭示锆石表面及其内部结构。锆石 CL 图像在北京中国地质科学院矿产资源研究所拍摄，仪器为 JXA-880 电子显微镜，分析条件为 20kV 和 20nA。

锆石 U-Th-Pb 成分分析在中国地质调查局天津地质调查中心完成，分析仪器为 LA-ICP-MS。采用新型的 Wave UP 213 激光烧蚀系统进行了激光采样（采样束斑为 25μm，频率为 10Hz，激光能量密度为 2.5J/cm^2）。分析仪器为 Thermo Finnigan 公司生产的 Neptune MC-ICP-MS 系统，锆石标样为 GJ-1 和 M127 使用 ICPMS Data Cal 3.4 处理数据（Liu et al.，2010）。锆石 U-Pb 年龄谐和图和加权平均年龄计算使用的是 Isotope/Exver. 3（Ludwig，2003）。

3.2.2　LA-ICP-MS 锆石 U-Pb 年龄

对木皮岩体的两个石英斑岩（19MP01、19MP02）和一个花岗闪长岩样品（19MP05）开展锆石 U-Pb 年龄和 Hf 同位素分析。样品 19MP01 锆石呈长柱状、自形–半自形晶体，CL 图像上具有明显的震荡环带结构，表明锆石为岩浆锆石（图 3-2）。大部分锆石内部结构清晰，透明度高，粒度为 80μm×50μm ~ 150μm×60μm，长宽比为 1 : 1 ~ 3 : 1（图 3-2）。22 个点的年龄在分析误差范围内一致，其$^{206}Pb/^{238}U$ 加权平均年龄为 220.0±1.6Ma（MAWD=1.6，n=19；图 3-3A）。从 19MP02 石英斑岩中挑选的锆石颗粒，其 CL 图像具有清晰的内部结构和岩浆成因的震荡环带，表明锆石为岩浆成因（图 3-2）。大部分锆石粒度为 100μm×

60μm～160μm×70μm，其长宽比为 1.5∶1～3∶1，显示出高透明度和完整的内部结构。22 个分析点年龄位于谐和曲线上或其附近，$^{206}Pb/^{238}U$ 加权平均年龄为 218.9±1.5Ma（MSWD=1.8；n=22；图 3-3B）。样品 19MP03 为来自木皮岩体的花岗闪长岩，其锆石 CL 图像显示出清晰的岩浆成因的震荡环带结构（图 3-2）。大部分锆石呈长柱状自形–半自形晶体，粒度为 100μm×50μm～200μm×50μm，长宽比为 2∶1～4∶1。21 个分析点得到一致的$^{206}Pb/^{238}U$ 年龄，其加权平均年龄为 212.2±1.0Ma（MSWD=3.1，n=21；图 3-3C）。上述三个样品$^{206}Pb/^{238}U$ 年龄（220Ma、219Ma、212Ma）在分析误差范围内可认为是一致的，并且代表了岩石形成年龄，因此碧口地块南西侧的木皮岩体侵位时间在 220～212Ma 之间。

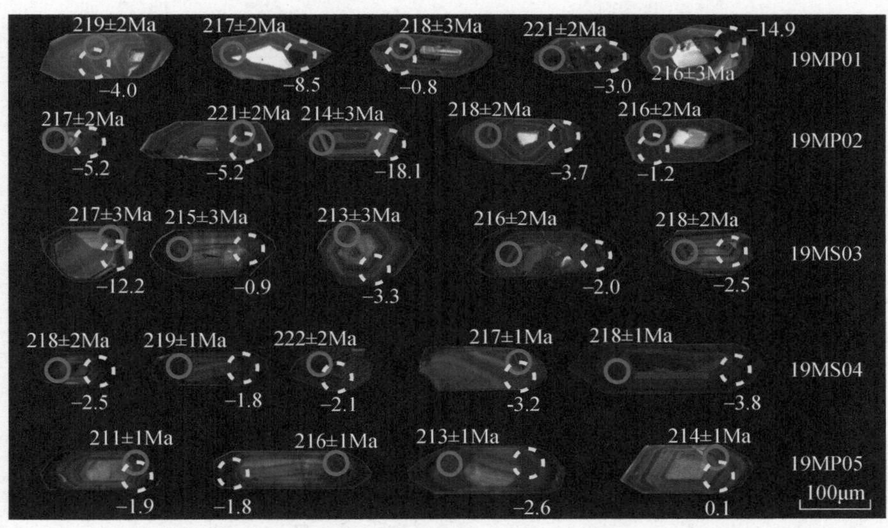

图 3-2　木皮、麻山岩体花岗岩类代表性锆石 CL 图像及 U-Pb 年龄和 Hf 同位素值

红色圈代表 U-Pb 年龄分析位置，黄色圈代表 Hf 同位素分析点

选取麻山岩体的两个花岗闪长岩样品（19MS03 和 19MS04）开展锆石 U-Pb 年龄和 Hf 同位素分析。19MS03 样品锆石为短柱状–长柱状，其粒度和长宽比分别为 80μm×80μm～200μm×50μm 和 1∶1～4∶1（图 3-2）。此外 CL 图像上锆石呈现出明显的内部震荡环带结构和高透明度，表明其为岩浆成因。所有分析点均位于或邻近 U-Pb 谐和曲线，其$^{206}Pb/^{238}U$ 加权平均年龄为 217.4±1.4Ma（MSWD=1.5，n=22；图 3-3D）。样品 19MS04 锆石颗粒呈短柱–长柱状，少数颗粒为不规则粒状，其粒度为 50μm×50μm～200μm×50μm 长宽比为 1∶1～4∶1（图 3-2）。CL 图像显示，大部分锆石具有振荡环带结构和高透明度，表明其为岩浆成因（图 3-2）。该样品共分析了 24 个 U-Pb 同位素点，其中有 21 个点在分析误差范

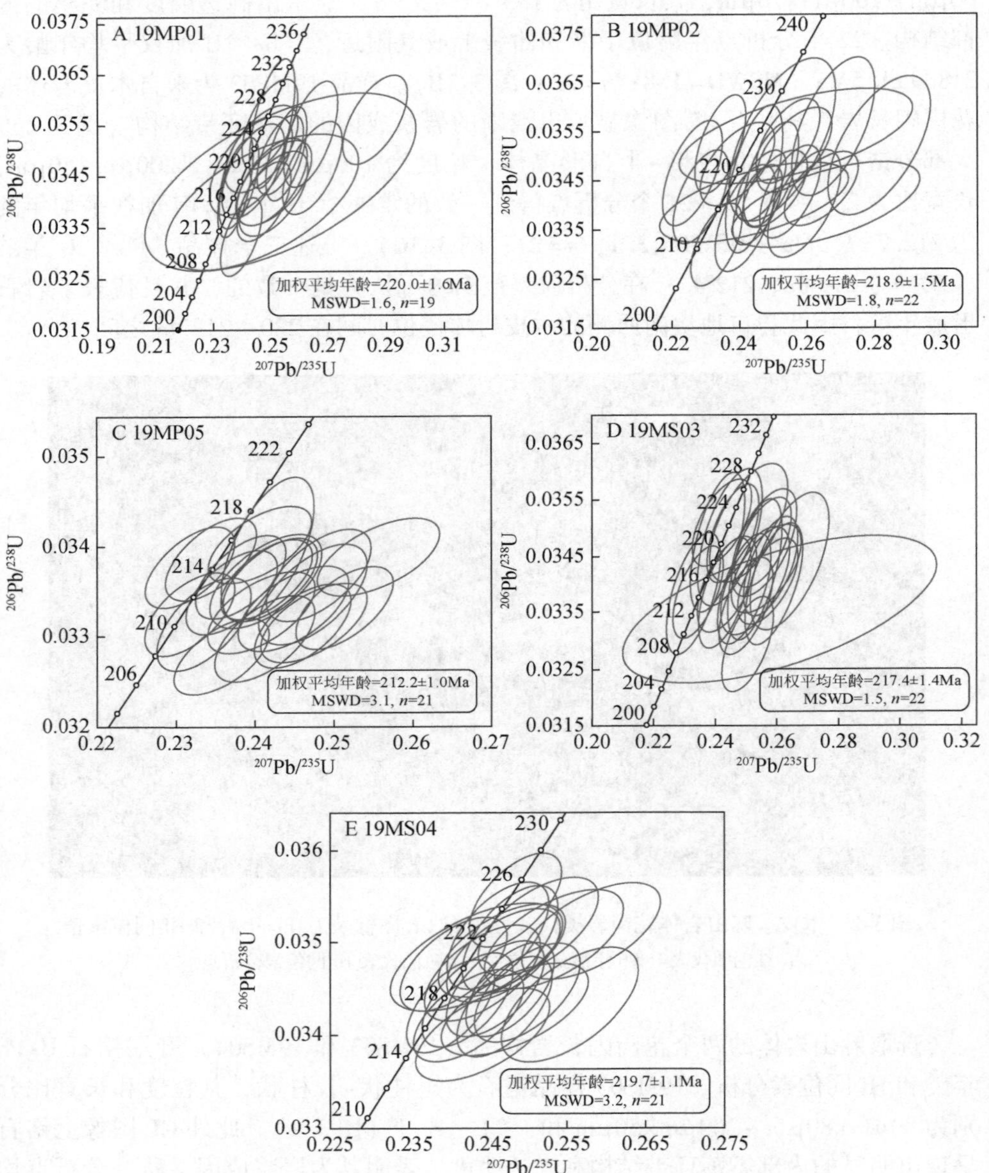

图 3-3　木皮和麻山花岗岩类锆石 U-Pb 年龄谐和图

A、B：木皮岩体石英斑岩锆石 U-Pb 年龄谐和图（220. 0±1. 6Ma、218. 9±1. 5Ma）；C：木皮岩体花岗闪长岩 U-Pb 年龄谐和图（212. 2±1. 0Ma）；D、E：麻山岩体花岗闪长岩锆石 U-Pb 年龄谐和图（217. 4±1. 4Ma、219. 7±1. 1Ma）

围内表现出谐和年龄，其$^{206}Pb/^{238}U$加权平均年龄值为 219.7±1.1Ma（MSWD=3.2；n=21；图 3-3E）。

3.2.3　花岗岩类岩体侵位年龄

中生代花岗岩类岩浆作用广泛分布于碧口地块及其邻近区域。除上述分析的两个岩体外，前人也对西秦岭三叠纪花岗岩类进行了大量的锆石 U-Pb 年代学分析（表 3-2）。秦江锋等（2005）得出阳坝花岗闪长岩锆石 U-Pb 年龄为 215.4±8.3Ma。Qin 等（2010）利用 LA-ICP-MS 锆石 U-Pb 年龄的方法获得阳坝花岗岩和镁铁质微粒包体具有相似的年龄，其年龄分别为 207±2Ma 和 208±2Ma。Yang 等（2015b）得出阳坝二长花岗岩锆石 U-Pb 年龄为 209.3±0.9Ma 和 208.7±0.7Ma，暗色微粒包体年龄为 211.9±0.8Ma。Pei 等（2009）得出黑云母花岗岩成岩年龄为 224±4Ma 和 223±3Ma。利用 K-Ar 法测得麻山二长花岗岩年龄为 223Ma。结合新的锆石 U-Pb 年代学资料，认为碧口花岗岩类侵入体侵位时间为 220～210Ma，与秦岭造山带和松潘-甘孜造山带广泛的印支期岩浆活动相一致（表 3-2）。

表 3-2　碧口地块及邻近区域中生代花岗岩类岩体侵位年龄

大地构造位置	岩体	岩性	侵位年龄/Ma	年代学分析方法	参考文献
南秦岭造山带	西坝	二长花岗岩	219±1	LA-ICP-MS 锆石 U-Pb	秦江锋等（2005）
	西坝	花岗闪长岩	218±1	LA-ICP-MS 锆石 U-Pb	秦江锋等（2005）
	五龙	MME	218±2	LA-ICP-MS 锆石 U-Pb	Qin 等（2010）
	五龙	花岗闪长岩	218±3	LA-ICP-MS 锆石 U-Pb	Qin 等（2010）
	西岔河	石英闪长岩	210	LA-ICP-MS 锆石 U-Pb	张成立等（2008）
	老城	花岗闪长岩	218±4	LA-ICP-MS 锆石 U-Pb	Jiang 等（2010）
	胭脂坝	黑云母花岗岩	211±5	LA-ICP-MS 锆石 U-Pb	Jiang 等（2010）
	迷坝	黑云母花岗岩	220	锆石 U-Pb	孙卫东等（2000）
	张家坝	黑云母花岗岩	219	锆石 U-Pb	孙卫东等（2000）
	光头山	花岗岩	216	锆石 U-Pb	孙卫东等（2000）

续表

大地构造位置	岩体	岩性	侵位年龄/Ma	年代学分析方法	参考文献
碧口地块	阳坝	花岗岩	207±2	LA-ICP-MS 锆石 U-Pb	Qin 等（2010）
	阳坝	MME	208±2	LA-ICP-MS 锆石 U-Pb	Qin 等（2010）
	阳坝	MME	211.9±0.8	LA-ICP-MS 锆石 U-Pb	Yang 等（2015c）
	阳坝	二长花岗岩	209.3±0.9	LA-ICP-MS 锆石 U-Pb	Yang 等（2015c）
	阳坝	二长花岗岩	208.7±0.7	LA-ICP-MS 锆石 U-Pb	Yang 等（2015c）
	阳坝	花岗闪长岩	215.4±8.3	LA-ICP-MS 锆石 U-Pb	秦江锋等（2005）
	南一里	黑云母花岗岩	224±4	LA-ICP-MS 锆石 U-Pb	Zhang 等（2007）
	南一里	花岗岩	223±3	LA-ICP-MS 锆石 U-Pb	Pei 等（2009）
	木皮	花岗闪长岩	226±3	LA-ICP-MS 锆石 U-Pb	吕崧等（2010）
	木皮	石英斑岩	220.0±1.6	LA-ICP-MS 锆石 U-Pb	本书
	木皮	石英斑岩	218.9±1.5	LA-ICP-MS 锆石 U-Pb	本书
	木皮	花岗闪长岩	212.2±1.0	LA-ICP-MS 锆石 U-Pb	本书
	麻山	二长花岗岩	223	K-Ar	秦江锋等（2005）
	麻山	二长花岗岩	219.7±1.1	LA-ICP-MS 锆石 U-Pb	本书
	麻山	二长花岗岩	217.4±1.4	LA-ICP-MS 锆石 U-Pb	本书
松潘-甘孜造山带	扎多	石英闪长岩	219±2	LA-ICP-MS 锆石 U-Pb	Cai 等（2009）
	扎多	花岗闪长岩	216±5	LA-ICP-MS 锆石 U-Pb	Cai 等（2009）
	巴颜喀拉	黑云母石英闪长岩	224±4	LA-ICP-MS 锆石 U-Pb	Xiao 等（2007）
	日陆隆	花岗岩	219±3	LA-ICP-MS 锆石 U-Pb	Xiao 等（2007）
	毛尔盖	埃达克质花岗岩	216±6	LA-ICP-MS 锆石 U-Pb	Zhang 等（2006）
	羊拱	花岗岩	221±4	LA-ICP-MS 锆石 U-Pb	Zhang 等（2006）
	毛尔盖	黑云母花岗岩	211±4	SHRIMP 锆石 U-Pb	胡健民等（2005）
	毛尔盖	花岗岩岩脉	212±10	SHRIMP 锆石 U-Pb	胡健民等（2005）
	松林口	黑云母二长花岗岩	215±3	SHRIMP 锆石 U-Pb	胡健民等（2005）

3.3　三叠纪花岗岩类元素和同位素地球化学

3.3.1　主微量元素地球化学

碧口地块北东缘阳坝二长花岗岩中的镁铁质微粒包体 SiO_2 组成为 56.39%～61.33%，K_2O 和 Na_2O 含量分别为 4.22%～6.04% 和 3.23%～4.90%，全碱含量为 7.12%～8.69%，K_2O/Na_2O 值为 0.65～0.85，总体表现出高 K、富 Na 特征，在全碱二氧化硅（TAS）图解上镁铁质微粒包体基本落于碱性二长岩、正长岩和石英二长岩之间（图 3-4A），此外在 SiO_2-K_2O 图解上 MME 属于钾玄岩系列（图 3-4B）。镁铁质包体 Al_2O_3 含量为 14.56%～16.04%，铝饱和指数 A/CNK 值为 0.73～0.80，为典型准铝质中基性岩石（图 3-4C）。岩石 $Fe_2O_3^T$ 含量为 4.23%～5.75%，MgO 含量为 3.21%～4.16%，$Mg^\#$ [$Mg^\# = Mg/(Mg + Fe) \times 100\%$] 值为 55%～60%，明显高于玄武质熔体在高压条件下产生熔体的 $Mg^\#$ 值。镁铁质微粒包体具有陡峭的球粒陨石标准化稀土配分模式，其 $(La/Yb)_N$ 值为 36～57，轻重稀土表现出强烈分异（图 3-5A）。此外相比于寄主二长花岗岩 MME 具有高的总稀土含量，岩石呈现出极弱的 Eu 负异常其 δEu 值为 0.76～0.91（图 3-5A）。原始地幔标准化微量元素蛛网图显示，MME 相比于寄主二长花岗岩其微量元素含量更高，并且富集 Rb、Ba 和 K 等大离子亲石元素，亏损 Nb、Ta、Ti 等高场强元素，相反，高场强元素 Th 和 P 相对富集，其微量元素特征明显有别于典型的岛弧岩浆特征（图 3-5B）。岩石具有高的 Sr/Y 值，为 33～70，Sr 和 Y 含量分别为 843×10^{-6}～1906×10^{-6} 和 22×10^{-6}～27×10^{-6}，此外他们还表现出高 La/Yb 值（50～79），其 La、Yb 含量分别为 85×10^{-6}～151×10^{-6} 和 1.7×10^{-6}～1.9×10^{-6}。阳坝 MME 也具有高的 Ni、Cr 含量，分别为 12×10^{-6}～32×10^{-6} 和 10×10^{-6}～48×10^{-6}。此外样品具有高 Nb（14×10^{-6}～31×10^{-6}）低 Ta（0.78×10^{-6}～1.64×10^{-6}）的特征，其 Nb/Ta 为 15～30，大部分为 18～30。

碧口晚三叠世花岗岩类侵入体，其岩性主要为花岗岩和花岗闪长岩等中酸性岩石，其 SiO_2 含量为 65.44%～73.41%，K_2O 和 Na_2O 含量分别为 1.38%～3.24% 和 3.82%～5.52%，全碱含量为 6.22%～8.69%，在全岩 TAS 图解上花岗岩类主要分布于石英二长岩、花岗闪长岩和花岗岩三个区域（图 3-4A）。此外 SiO_2-K_2O 图解上岩石整体为中钾到高钾钙碱性系列。岩石 CaO 含量为 1.30%～2.91%，相比于阳坝镁铁质微粒包体，其具有更高的 A/CNK 值（0.96～1.23）为准铝质到弱过铝质岩石（图 3-4C）。相比于低 Si 的 MME，这些高 Si 岩石具有更低的 MgO 含量和更低的 $Mg^\#$（38～65），其中木皮和麻山两个岩体具有相对高

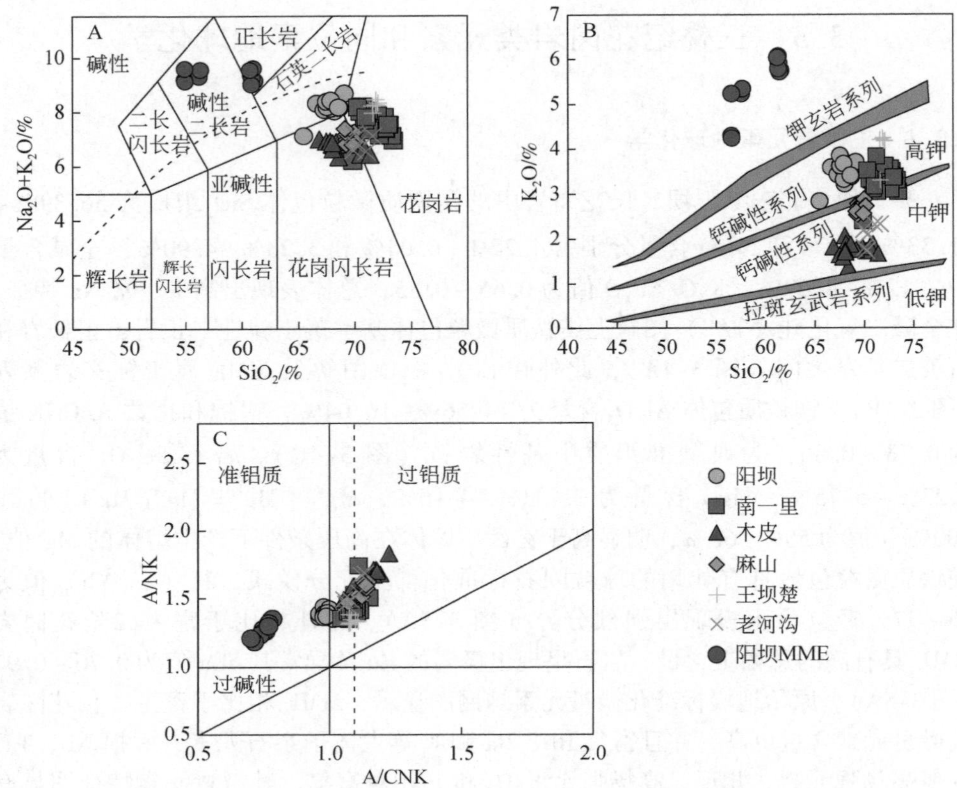

图 3-4　碧口地块花岗岩类岩石地球化学分类图解（底图据 Maniar and Piccoli，1989；Middlemost，1994；Rollinson，1993）

A：TAS 图解；B：K_2O-SiO_2 图解；C：A/NK-A/CNK 图解

的 $Mg^{\#}$值，这主要是由于岩石具有极低的 Fe_2O_3 含量。

较镁铁质包体花岗岩类岩石具有相对平缓的球粒陨石标准化稀土配分模式（图 3-5A），其（La/Yb）$_N$为 6～41，六个岩体（La/Yb）$_N$值分别为 19～41（阳坝）、15～27（南一里）、8～22（木皮）、17～25（麻山）、20～31（王坝楚）和 6～17（老河沟），岩石轻稀土较重稀土明显富集。此外六个岩体中，北东缘阳坝岩体相比于其他几个岩体具有更高总稀土含量（126×10^{-6}～200×10^{-6}），其余南西五个岩体总稀土含量均$<100\times10^{-6}$，此外在稀土元素球粒陨石标准化图解上阳坝和老河沟相比其余几个岩体具有更弱的 Eu 负异常，其 δEu 值分别为 0.75～0.90 和 0.82～0.98（图 3-5A），其余几个岩体 δEu 值为 0.66～0.94（南一里）、0.24～1.11（木皮）、0.32～0.62（麻山）和 0.60～0.75（王坝楚）。微量元素

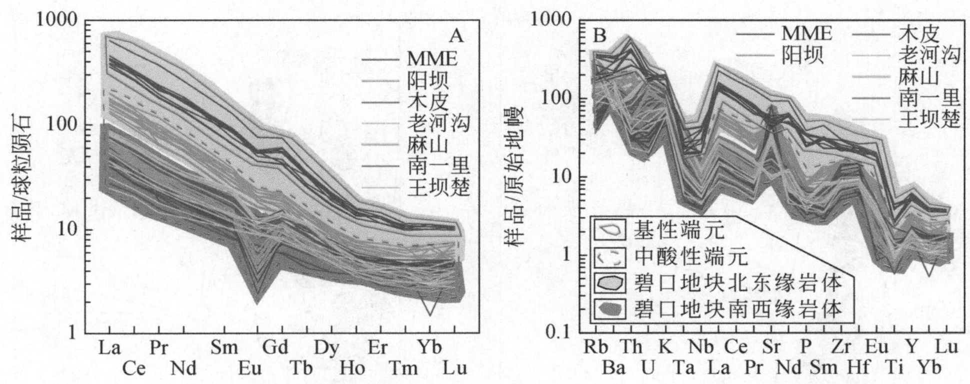

图 3-5　碧口地块花岗岩类球粒陨石标准化稀土配分模式和原始地幔标准化微量元素蛛网图（标准数据来源于 Sun and McDonough，1989）

蛛网图显示，所有花岗岩类具有相对较低的微量或痕量元素含量（图 3-5B）。此外所有岩体也表现出一致的微量元素特征，均富集 Rb、K、Ba 和 Sr 等大离子亲石元素，相对亏损 Th、Nb、Ta、Ti 和 P 等高场强元素（图 3-5B）。相比于 MME 花岗岩类的 Nb，Ta 更亏损，这一特征与花岗岩类具有更小的 Nb/Ta 值（5～17）相一致。此外北东阳坝岩体花岗岩类相比于南西几个岩体花岗岩类具有更高的 Nb/Ta 值，其值分别为 11～17 和 5～16。同镁铁质微粒包体一致，所有花岗岩类均具有较高 Sr/Y 和 La/Yb 值，分别为 21～139 和 6～36（大部分介于 20～36 之间），表现出典型埃达克质岩石特征。在 Sr/Y-Y 和 La/Yb-Yb 判别图解上，所有花岗岩类样品均落入了埃达克岩区域（图 3-6）。此外所有样品与 MMEs 一致具有较高的 Ni（4×10^{-6}～68×10^{-6}，主要为 5×10^{-6}～39×10^{-6}）和 Cr（6×10^{-6}～118×10^{-6}）含量，与前人所得出的埃达克岩 Ni、Cr 含量一致，这也进一步佐证碧口晚三叠世花岗岩类为埃达克质岩石。

3.3.2　全岩 Sr-Nd 同位素地球化学

碧口晚三叠世花岗岩类麻山岩体、木皮岩体、阳坝岩体和南一里岩体的全岩 Sr-Nd 同位素数据如表 3-3 所示。麻山花岗岩 $^{87}Sr/^{86}Sr$ 值为 0.707426～0.707957，$(^{87}Sr/^{86}Sr)_i$ 值为 0.706，岩石 $^{147}Sm/^{144}Nd$ 值为 0.1102～0.1263，$\varepsilon_{Nd}(t)$ 值为 -6.7～-6.5，全岩 Nd 模式年龄（$T_{DM}{}^2$）为 1.45～1.67Ga。木皮岩体八个样品均表现出一致的 Sr-Nd 同位素组成，其 $^{87}Sr/^{86}Sr$ 为 0.705827～0.70639，初始 $(^{87}Sr/^{86}Sr)_i$ 值为 0.705～0.706，$^{147}Sm/^{144}Nd$ 值为 0.1114～0.1274，$^{143}Nd/^{144}Nd$ 值为 0.512051～0.521009，$\varepsilon_{Nd}(t)$ 值 -9.4～-7.2，全岩 Nd 模式年龄为 1.5～1.83Ga。

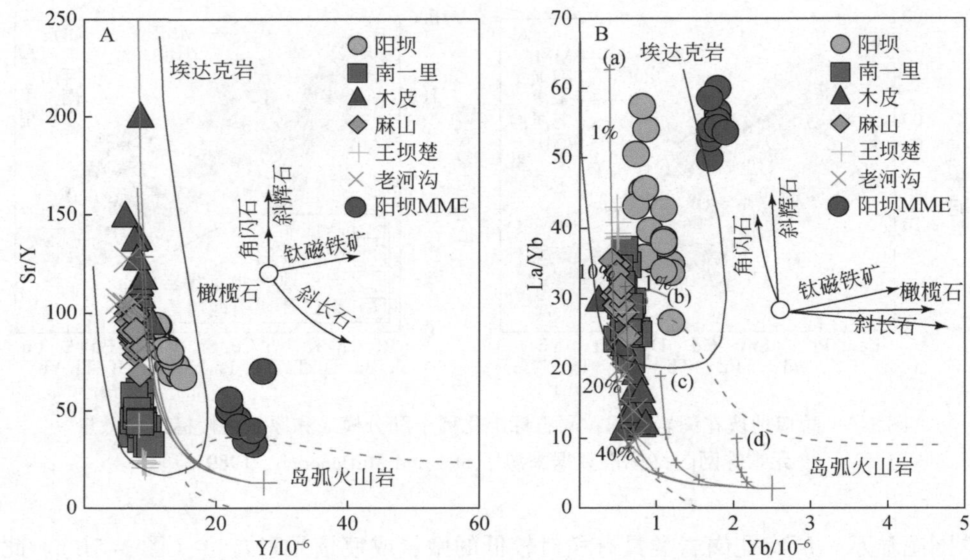

图 3-6　埃达克岩判别图解（底图据 Castillo，2012）

A：Sr/Y-Y 判别图解。B：La/Yb-Yb 判别图解，图 B 中的固体曲线代表部分熔融趋势，（a）50% 辉石和 50% 石榴子石部分熔融，（b）25% 石榴子石和 75% 角闪石部分熔融，（c）10% 石榴子石和 90% 角闪石部分熔融，（d）角闪石部分熔融，刻度线代表单个源区部分熔融程度

南一里花岗岩与木皮和麻山岩体具有相似 Sr-Nd 同位素组成，岩石$^{87}Sr/^{86}Sr$值为 0.70872～0.71091，初始（$^{87}Sr/^{86}Sr$)$_i$值为 0.70615～0.70752，$^{147}Sm/^{144}Nd$ 值为 0.1105～0.119，$^{143}Nd/^{144}Nd$ 为 0.512181～0.512278，$\varepsilon_{Nd}(t)$ 值为-6.5～-4.7，全岩 Nd 模式年龄为 1.27～1.5Ga。相比于碧口南西三个岩体，碧口北东阳坝岩体具有不一致的 Sr-Nd 同位素组成，阳坝花岗岩$^{87}Sr/^{86}Sr$ 值为 0.70588～0.70771，初始（$^{87}Sr/^{86}Sr$)$_i$值为 0.70419～0.70607，$^{147}Sm/^{144}Nd$ 值为0.512284～0.512335，$^{143}Nd/^{144}Nd$ 值为 0.0986～0.929，全岩 $\varepsilon_{Nd}(t)$ 值为-4.3～-3.1，花岗岩 Nd 模式年龄为 1.1～1.2Ga。阳坝两个镁铁质微粒包体$^{87}Sr/^{86}Sr$ 值分别为 0.70771 和 0.70612，初始 Sr 同位素比值为 0.70568 和 0.70516，$^{147}Sm/^{144}Nd$ 值为 0.512317 和 0.512305，$^{143}Nd/^{144}Nd$ 值为 0.1096 和 0.0964，$\varepsilon_{Nd}(t)$ 值均为-3.8，全岩 Nd 模式年龄为 1.2Ga 和 1.1Ga。

综上所述阳坝岩体相比于其他几个岩体具有更高的$^{147}Sm/^{144}Nd$ 值和更低的 Nd 同位素比值，且阳坝岩体具有更高的 $\varepsilon_{Nd}(t)$ 值和较低的初始 Sr 同位素比值（图 3-7）。阳坝寄主花岗岩和镁铁质微粒包体的全岩 Sr-Nd 同位素组成表现出均一化，并且在（$^{87}Sr/^{86}Sr$)$_i$-$\varepsilon_{Nd}(t)$ 图解上所有阳坝岩体样品均落入了岩石圈地

表 3-3　碧口岩体花岗岩类全岩 Sr-Nd 同位素组成

岩体	样号	$^{87}Rb/^{86}Sr$	$^{87}Sr/^{86}Sr$	2σ	$(^{87}Sr/^{86}Sr)_i$	$^{147}Sm/^{144}Nd$	$^{143}Nd/^{144}Nd$	2σ	$\varepsilon_{Nd}(t)$	$T_{DM}{}^2/Ga$	参考文献
麻山岩体	BB01-1	0.5088	0.707957	4	0.706	0.1102	0.512168	9	-6.7	1.45	吕崧等（2010）
	BB01-2	0.4711	0.707459	4	0.706	0.1263	0.512193	4	-6.7	1.67	吕崧等（2010）
	BB01-5	0.4905	0.707487	4	0.706	0.1249	0.512196	3	-6.6	1.64	吕崧等（2010）
	BB01-6	0.4213	0.707426	5	0.706	0.1127	0.512191	2	-6.5	1.51	吕崧等（2010）
木皮岩体	BB03-1	0.0874	0.705832	4	0.706	0.1123	0.51207	9	-8.7	1.62	吕崧等（2010）
	BB03-2	0.1619	0.7060	4	0.705	0.1202	0.512083	3	-8.7	1.74	吕崧等（2010）
	BB03-5	0.0968	0.705862	4	0.706	0.122	0.512051	7	-9.4	1.82	吕崧等（2010）
	BB03-6	0.107	0.705827	4	0.705	0.1159	0.51207	5	-8.8	1.68	吕崧等（2010）
	M-1	0.669	0.70802	1	0.70595	0.1114	0.512147	4	-7.2	1.5	Zhang 等（2007）
	M-2	0.177	0.70594	1	0.70539	0.126	0.521009	6	-8.5	1.83	Zhang 等（2007）
	M-3	0.134	0.70639	1	0.70597	0.1274	0.512132	5	-7.8	1.74	Zhang 等（2007）
	M-4	0.192	0.70606	1	0.70546	0.127	0.512109	6	-8.4	1.83	Zhang 等（2007）
阳坝岩体	YG-05	0.267	0.70599	2	0.7052	0.512286	0.1018	1	-4.3	1.2	Qin 等（2010）
	YG-09	0.258	0.70612	1	0.70535	0.512294	0.0991	1	-4.1	1.1	Qin 等（2010）
	YE-23	0.68	0.70771	2	0.70568	0.512317	0.1056	1	-3.8	1.2	Qin 等（2010）
	YE-24	0.321	0.70612	1	0.70516	0.512305	0.0964	1	-3.8	1.1	Qin 等（2010）
	YB-1	0.212	0.70673	1	0.70607	0.512335	0.0986	1	-3.1	1.1	Zhang 等（2007）
	YB-2	0.545	0.70588	1	0.70419	0.512284	0.929	1	-4	1.1	Zhang 等（2007）
南一里岩体	N-1	1.111	0.71080	2	0.70734	0.1105	0.512181	8	-6.5	1.43	Zhang 等（2007）
	N-2	0.433	0.70887	1	0.70752	0.113	0.512278	3	-4.7	1.32	Zhang 等（2007）
	N-3	0.826	0.70872	1	0.70615	0.119	0.512218	9	-6	1.5	Zhang 等（2007）
	N-5	0.818	0.70982	1	0.70728	0.1172	0.512263	2	-4.8	1.27	Zhang 等（2007）
	N-6	1.178	0.71091	1	0.70725	0.1114	0.512242	6	-5.5	1.43	Zhang 等（2007）

幔区（图 3-7）。$(^{87}Sr/^{86}Sr)_i$-$\varepsilon_{Nd}(t)$ 图解显示碧口地块西南几个岩体与扬子地块花岗岩样品具有一致的 Sr-Nd 同位素组成（图 3-7）。碧口地块晚三叠世花岗岩与新元古代碧口群变质玄武岩具有相似的 Sr-Nd 同位素组成，明显有别于 400 ~ 179Ma 形成的洋中脊玄武岩、俯冲洋壳形成的新生代埃达克岩和增厚新生玄武质下地壳熔融形成的埃达克岩（图 3-7）。

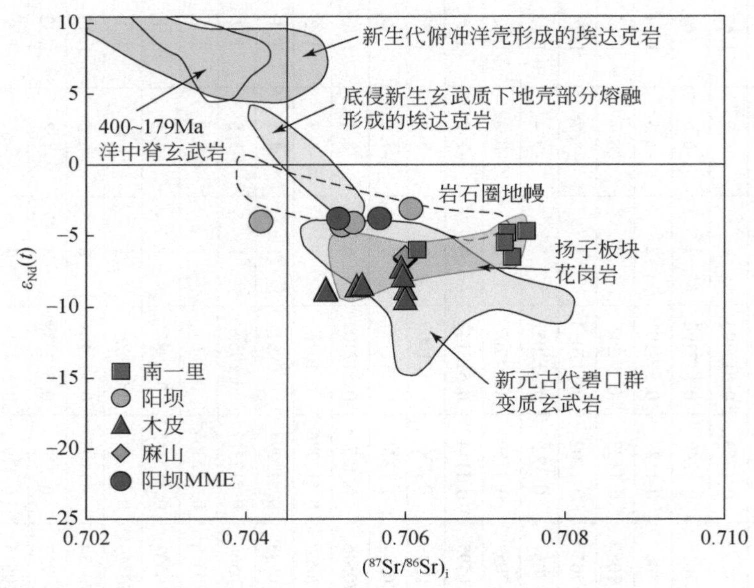

图 3-7　碧口晚三叠世花岗岩类岩体 $(^{87}Sr/^{86}Sr)_i$-$\varepsilon_{Nd}(t)$ 图解（底图据 Qin et al., 2010）

3.3.3　锆石 Lu-Hf 同位素地球化学

Lu-Hf 同位素分析样品与锆石 U-Pb 年龄样品一致，实验在中国地质调查局天津地质调查中心同位素实验室完成。锆石 Hf 同位素分析与 U-Pb 年龄分析在锆石同一位置或锆石同一环带位置，分析仪器为 Thermo Finnigan 公司 Neptune 型 MC-ICP-MS 和 New Wave 193-Fx-ArF 准分子激光器。激光束斑为 55μm，单点分析时间为 27s，使用 He 气作为运载气体来运输剥蚀的产物。锆石标样为 GJ-1，其 $^{176}Hf/^{177}Hf$ 加权平均值为 0.282013±7，详细实验步骤参考文献（Geng et al., 2017）。

五个样品 Hf 同位素分析结果如表 3-4 和表 3-5 所示，所有花岗闪长岩锆石 $^{176}Lu/^{177}Hf$ 值均小于 0.002，仅有少量石英斑岩锆石样品 $^{176}Lu/^{177}Hf$ 值大于 0.002，表明自锆石形成以来其 Lu-Hf 同位素体系相对稳定，具有较少的放射性

表 3-4　碧口地块木皮花岗岩类原位锆石 Hf 同位素组成

样号		t/Ma	$^{176}Hf/^{177}Hf$	2σ	$^{176}Lu/^{177}Hf$	2σ	$^{176}Yb/^{177}Hf$	2σ	$\varepsilon_{Hf}(0)$	$\varepsilon_{Hf}(t)$	$T_{DM}{}^{1}$/Ma	$T_{DM}{}^{2}$/Ma	$f_{Lu/Hf}$
19MP01 石英斑岩	19MP01. 1	219	0. 282531	0. 000017	0. 001754	0. 000013	0. 061687	0. 000673	-8. 5	-4. 0	1041	1342	-0. 95
	19MP01. 5	217	0. 282407	0. 000018	0. 002412	0. 000004	0. 088275	0. 000756	-12. 9	-8. 5	1240	1591	-0. 93
	19MP01. 10	218	0. 282460	0. 000021	0. 001528	0. 000012	0. 052151	0. 000417	-11. 0	-6. 5	1135	1480	-0. 95
	19MP01. 11	218	0. 282622	0. 000022	0. 002144	0. 000016	0. 087269	0. 000879	-5. 3	-0. 8	920	1167	-0. 94
	19MP01. 13	221	0. 282562	0. 000020	0. 002832	0. 000017	0. 101575	0. 000972	-7. 4	-3. 0	1026	1288	-0. 91
	19MP01. 14	224	0. 282493	0. 000021	0. 002523	0. 000012	0. 094624	0. 000627	-9. 9	-5. 3	1118	1421	-0. 92
	19MP01. 18	221	0. 282567	0. 000018	0. 002818	0. 000002	0. 101235	0. 000046	-7. 3	-2. 8	1019	1280	-0. 92
	19MP01. 23	220	0. 282468	0. 000017	0. 001599	0. 000014	0. 047951	0. 000475	-10. 7	-6. 2	1126	1464	-0. 95
	19MP01. 24	211	0. 282529	0. 000022	0. 002550	0. 000011	0. 076436	0. 000428	-8. 6	-4. 3	1066	1354	-0. 92
19MP02 石英斑岩	19MP02. 1	220	0. 282522	0. 000019	0. 001835	0. 000010	0. 074021	0. 000683	-8. 9	-4. 3	1057	1361	-0. 94
	19MP02. 2	217	0. 282498	0. 000018	0. 002027	0. 000016	0. 079649	0. 000820	-9. 7	-5. 2	1096	1410	-0. 94
	19MP02. 3	221	0. 282497	0. 000019	0. 002373	0. 000013	0. 089258	0. 000459	-9. 7	-5. 2	1108	1414	-0. 93
	19MP02. 6	223	0. 282587	0. 000019	0. 002064	0. 000011	0. 092200	0. 000748	-6. 6	-2. 0	969	1234	-0. 94
	19MP02. 11	224	0. 282325	0. 000018	0. 001384	0. 000008	0. 056334	0. 000498	-15. 8	-11. 1	1322	1740	-0. 96
	19MP02. 12	218	0. 282541	0. 000021	0. 002547	0. 000015	0. 109693	0. 000835	-8. 2	-3. 7	1048	1328	-0. 92
	19MP02. 19	216	0. 282615	0. 000016	0. 002531	0. 000015	0. 083931	0. 000782	-5. 6	-1. 2	940	1185	-0. 92
	19MP02. 23	211	0. 282532	0. 000015	0. 001820	0. 000028	0. 065052	0. 001079	-8. 5	-4. 1	1042	1345	-0. 95
	19MP02. 24	217	0. 282526	0. 000016	0. 001930	0. 000020	0. 072968	0. 000750	-8. 7	-4. 2	1053	1355	-0. 94

续表

样号		t/Ma	$^{176}Hf/^{177}Hf$	2σ	$^{176}Lu/^{177}Hf$	2σ	$^{176}Yb/^{177}Hf$	2σ	$\varepsilon_{Hf}(0)$	$\varepsilon_{Hf}(t)$	T_{DM}^{1}/Ma	T_{DM}^{2}/Ma	$f_{Lu/Hf}$
19MP05 花岗闪长岩	19MP05. 1	211	0. 282592	0. 000019	0. 001099	0. 000014	0. 041651	0. 000581	−6. 4	−1. 9	936	1220	−0. 97
	19MP05. 2	208	0. 282563	0. 000020	0. 001077	0. 000005	0. 042718	0. 000152	−7. 4	−3. 0	977	1278	−0. 97
	19MP05. 3	216	0. 282592	0. 000022	0. 001146	0. 000006	0. 045040	0. 000327	−6. 4	−1. 8	938	1220	−0. 97
	19MP05. 4	213	0. 282572	0. 000024	0. 001160	0. 000006	0. 045881	0. 000184	−7. 1	−2. 6	966	1259	−0. 97
	19MP05. 5	182	0. 282636	0. 000022	0. 001437	0. 000009	0. 047372	0. 000389	−4. 8	−1. 0	883	1148	−0. 96
	19MP05. 6	179	0. 282639	0. 000021	0. 001013	0. 000003	0. 039603	0. 000167	−4. 7	−0. 9	868	1139	−0. 97
	19MP05. 7	213	0. 282650	0. 000023	0. 001019	0. 000003	0. 039145	0. 000152	−4. 3	0. 2	853	1105	−0. 97
	19MP05. 8	215	0. 282654	0. 000025	0. 001153	0. 000004	0. 042003	0. 000118	−4. 2	0. 4	850	1097	−0. 97
	19MP05. 9	211	0. 282616	0. 000023	0. 001126	0. 000008	0. 045054	0. 000291	−5. 5	−1. 0	903	1173	−0. 97
	19MP05. 10	209	0. 282592	0. 000025	0. 001146	0. 000012	0. 040116	0. 000446	−6. 4	−1. 9	938	1222	−0. 97
	19MP05. 11	215	0. 282599	0. 000022	0. 001015	0. 000008	0. 037424	0. 000314	−6. 1	−1. 5	925	1205	−0. 97
	19MP05. 12	212	0. 282603	0. 000022	0. 000922	0. 000009	0. 033037	0. 000392	−6. 0	−1. 5	917	1198	−0. 97
	19MP05. 13	211	0. 282697	0. 000033	0. 001358	0. 000005	0. 046094	0. 000173	−2. 7	1. 8	794	1017	−0. 96
	19MP05. 14	158	0. 282553	0. 000025	0. 001149	0. 000005	0. 041035	0. 000227	−7. 7	−4. 4	993	1318	−0. 97
	19MP05. 20	212	0. 282607	0. 000020	0. 001349	0. 000001	0. 048671	0. 000091	−6. 6	1. 9	991	1179	−0. 92
	19MP05. 21	211	0. 282585	0. 000019	0. 001115	0. 000015	0. 040906	0. 000686	−11. 2	−2. 5	1144	1416	−0. 95
	19MP05. 22	214	0. 282552	0. 000017	0. 001131	0. 000007	0. 041139	0. 000176	−6. 3	8. 5	931	1027	−0. 97
	19MP05. 24	210	0. 282570	0. 000019	0. 001683	0. 000010	0. 054124	0. 000219	−18. 0	5. 6	1415	1528	−0. 96

表 3-5　碧口地块麻山花岗闪长岩锆石原位 Hf 同位素组成

样号		t/Ma	$^{176}Hf/^{177}Hf$	2σ	$^{176}Lu/^{177}Hf$	2σ	$^{176}Yb/^{177}Hf$	2σ	$\varepsilon_{Hf}(0)$	$\varepsilon_{Hf}(t)$	T_{DM}^{1}/Ma	T_{DM}^{2}/Ma	$f_{Lu/Hf}$
19MS03 花岗闪长岩	19MS03. 1	217	0. 282299	0. 000019	0. 001385	0. 000016	0. 054694	0. 000429	−16. 7	−12. 2	1359	1794	−0. 96
	19MS03. 2	215	0. 282616	0. 000016	0. 001080	0. 000004	0. 039772	0. 000312	−5. 5	−0. 9	902	1171	−0. 97
	19MS03. 4	222	0. 282597	0. 000016	0. 001281	0. 000001	0. 048307	0. 000257	−6. 2	−1. 5	935	1208	−0. 96
	19MS03. 8	209	0. 282600	0. 000017	0. 001834	0. 000008	0. 072947	0. 000678	−6. 1	−1. 8	944	1212	−0. 94
	19MS03. 9	213	0. 282551	0. 000018	0. 001418	0. 000004	0. 054229	0. 000292	−7. 8	−3. 3	1003	1303	−0. 96
	19MS03. 13	217	0. 282585	0. 000016	0. 001482	0. 000005	0. 056146	0. 000206	−6. 6	−2. 0	956	1234	−0. 96
	19MS03. 14	220	0. 282602	0. 000018	0. 001331	0. 000011	0. 048560	0. 000325	−6. 0	−1. 4	928	1199	−0. 96
	19MS03. 18	215	0. 282558	0. 000018	0. 001107	0. 000017	0. 044515	0. 000685	−7. 6	−3. 0	985	1287	−0. 97
	19MS03. 19	216	0. 282587	0. 000016	0. 001278	0. 000001	0. 048496	0. 000133	−6. 5	−2. 0	948	1229	−0. 96
	19MS03. 21	218	0. 282573	0. 000015	0. 001386	0. 000006	0. 051420	0. 000167	−7. 1	−2. 5	971	1258	−0. 96
	19MS03. 22	216	0. 282541	0. 000014	0. 001350	0. 000003	0. 041061	0. 000087	−8. 2	−3. 6	1016	1321	−0. 96
19MS04 花岗闪长岩	19MS04. 2	218	0. 282571	0. 000017	0. 001509	0. 000015	0. 054767	0. 000730	−7. 1	−2. 5	977	1262	−0. 95
	19MS04. 3	220	0. 282236	0. 000018	0. 002227	0. 000025	0. 083343	0. 000779	−19. 0	−14. 5	1481	1922	−0. 93
	19MS04. 4	219	0. 282588	0. 000016	0. 000962	0. 000010	0. 034060	0. 000452	−6. 5	−1. 8	938	1224	−0. 97
	19MS04. 5	222	0. 282633	0. 000016	0. 001114	0. 000002	0. 040366	0. 000238	−4. 9	−0. 2	880	1137	−0. 97
	19MS04. 6	222	0. 282580	0. 000016	0. 001200	0. 000021	0. 044395	0. 000674	−6. 8	−2. 1	956	1240	−0. 96
	19MS04. 7	223	0. 282555	0. 000017	0. 001233	0. 000005	0. 047325	0. 000463	−7. 7	−3. 0	992	1289	−0. 96

续表

样号		t/Ma	$^{176}Hf/^{177}Hf$	2σ	$^{176}Lu/^{177}Hf$	2σ	$^{176}Yb/^{177}Hf$	2σ	$\varepsilon_{Hf}(0)$	$\varepsilon_{Hf}(t)$	T_{DM}^{1}/Ma	T_{DM}^{2}/Ma	$f_{Lu/Hf}$
19MS04花岗闪长岩	19MS04. 8	217	0. 282542	0. 000016	0. 001504	0. 000009	0. 057240	0. 000191	−7. 5	8. 7	988	1072	−0. 96
	19MS04. 9	216	0. 282492	0. 000019	0. 001057	0. 000012	0. 040687	0. 000245	−7. 6	−2. 1	972	1266	−0. 98
	19MS04. 10	219	0. 282404	0. 000020	0. 000982	0. 000004	0. 036764	0. 000151	−4. 0	0. 5	850	1090	−0. 95
	19MS04. 11	221	0. 282599	0. 000017	0. 001041	0. 000005	0. 036479	0. 000227	−10. 0	0. 9	1098	1312	−0. 95
	19MS04. 19	218	0. 282611	0. 000017	0. 001207	0. 000006	0. 044063	0. 000070	−5. 7	−1. 1	913	1182	−0. 96
	19MS04. 13	217	0. 282514	0. 000021	0. 001346	0. 000016	0. 048967	0. 000295	−9. 1	−4. 5	1053	1372	−0. 96
	19MS04. 14	221	0. 282549	0. 000018	0. 001066	0. 000005	0. 041172	0. 000138	−7. 9	−3. 2	996	1300	−0. 97
	19MS04. 15	225	0. 282205	0. 000020	0. 000997	0. 000010	0. 034772	0. 000486	−20. 1	−15. 3	1476	1970	−0. 97
	19MS04. 16	218	0. 282536	0. 000017	0. 001636	0. 000003	0. 059229	0. 000132	−8. 3	−3. 8	1030	1331	−0. 95
	19MS04. 17	222	0. 282599	0. 000021	0. 001097	0. 000005	0. 039046	0. 000257	−6. 1	−1. 4	926	1202	−0. 97
	19MS04. 18	221	0. 282560	0. 000016	0. 001246	0. 000014	0. 045373	0. 000546	−7. 5	−2. 8	986	1281	−0. 96
	19MS04. 19	217	0. 282550	0. 000018	0. 000957	0. 000006	0. 032267	0. 000115	−7. 8	−3. 2	992	1299	−0. 97
	19MS04. 21	220	0. 282538	0. 000015	0. 001060	0. 000001	0. 035092	0. 000032	−8. 3	−3. 6	1011	1322	−0. 97
	19MS04. 23	217	0. 282557	0. 000018	0. 001194	0. 000046	0. 035604	0. 001203	−7. 6	−3. 0	989	1288	−0. 96
	19MS04. 24	223	0. 282580	0. 000018	0. 001381	0. 000005	0. 045301	0. 000292	−17. 2	−0. 5	1380	1603	−0. 96

成因 Hf 累积，因此$^{176}Lu/^{177}Hf$值能较好地反映形成过程中的 Hf 同位素组成（吴福元等，2007）。样品 19MP01 共有 9 个分析点，$^{176}Lu/^{177}Hf$ 值为 0.001528 ~ 0.002818，$^{176}Hf/^{177}Hf$ 值为 0.282407 ~ 0.282622，$\varepsilon_{Nd}(t)$ 值为-8.5 ~ -0.8，两阶段 Hf 模式年龄 $T_{DM}{}^2$ 为 1167 ~ 1591Ma。样品 19MP02 共有 9 个测试点，$^{176}Lu/^{177}Hf$ 值为 0.001384 ~ 0.002547，$^{176}Hf/^{177}Hf$ 值为 0.282325 ~ 0.282615，$\varepsilon_{Nd}(t)$ 值为 -11.1 ~ -1.2，两阶段 Hf 模式年龄 $T_{DM}{}^2$ 为 1185 ~ 1740Ma。样品 19MP05 共分析了 18 个点，所有测点$^{176}Lu/^{177}Hf$ 值和$^{176}Hf/^{177}Hf$ 值分别为 0.000922 ~ 0.001683 和 0.282552 ~ 0.0282697，锆石样品 $\varepsilon_{Nd}(t)$ 值为-4.4 ~ 8.5，其负值和正值分别为 -4.4 ~ -0.9和 0.2 ~ 8.5，正负 $\varepsilon_{Nd}(t)$ 值分别对应的 $T_{DM}{}^2$ 值为 794 ~ 1415Ma 和 1017 ~ 1528Ma。样品 19MS03 共有 11 个分析点，$^{176}Lu/^{177}Hf$ 值为 0.00108 ~ 0.001834，$^{176}Hf/^{177}Hf$ 值为 0.282299 ~ 0.282616，所有测点 $\varepsilon_{Nd}(t)$ 值为 -12.2 ~ -0.9大部分值为-3.6 ~ -0.9，二阶段 Hf 模式年龄为 902 ~ 1359Ma。样品 19MS04 分析了 21 个 Lu-Hf 同位素点，其$^{176}Lu/^{177}Hf$ 值为 0.000957 ~ 0.002227，$^{176}Hf/^{177}Hf$ 值为 0.282205 ~ 0.282633，$\varepsilon_{Hf}(t)$ 值为-15.3 ~ 0.9，大部分值为-10.0 ~ -4.0，对应 $T_{DM}{}^2$ 年龄值为 880 ~ 1970Ma，大部分二阶段 Hf 模式年龄值为 1022 ~ 1322Ma。

碧口阳坝岩体具有变化的 Hf 同位素组成，其镁铁质微粒包体 $\varepsilon_{Hf}(t)$ 值为 -8.0 ~ 8.7，大部分 $\varepsilon_{Nd}(t)$ 值介于-5 ~ 5 之间（图 3-8A ~ C），两阶段 Hf 模式年龄为 840 ~ 1520Ma（图 3-8A ~ D；表 3-4）。所有样品位于亏损地幔演化下之下，落在新生玄武质地壳再重熔和古老下地壳再重熔区域（图 3-8A）。阳坝二长花岗岩与镁铁质微粒包体具有相似锆石 Hf 同位素组成，其 $\varepsilon_{Nd}(t)$ 值为-9.4 ~ 3.9，对应 $T_{DM}{}^2$ 年龄值分别为 840 ~ 1520Ma，相比于阳坝 MME 寄主二长花岗岩具有相对较低的 $\varepsilon_{Hf}(t)$ 值（图 3-8）。此外在锆石 Hf 同位素图解上，阳坝二长花岗岩锆石也位于新生玄武质地壳再重熔和古老下地壳再重熔两个区域（图 3-8A）。上述 Lu-Hf 同位素结果表明，木皮花岗岩类锆石 Hf 同位素组成变化也较大，其 $\varepsilon_{Nd}(t)$值为-11.1 ~ 8.5，$T_{DM}{}^2$ 年龄值为 931 ~ 1740Ma，$\varepsilon_{Nd}(t)$ -锆石结晶年龄图解表明大部分样品来源于古老下地壳再重熔，少量锆石样品为新生玄武质地壳再重熔的产物（图 3-8）。麻山与木皮具有相类似的 Hf 同位素特征，其 $\varepsilon_{Hf}(t)$ 值为-19.0 ~ 8.7，主要介于-4.5 ~ 0.9 之间，对应二阶段 Hf 模式年龄为 1022 ~ 1591Ma（图 3-8），Hf 同位素图解显示麻山花岗岩锆石也主要来源于再重熔的古老下地壳（图 3-8A）。相比于碧口地块北东缘的阳坝岩体，南西缘的木皮和麻山两个岩体具有相对较窄的 Hf 同位素变化范围和更低 $\varepsilon_{Hf}(t)$ 值（图 3-8A、B）。此外阳坝寄主二长花岗岩锆石和木皮、麻山花岗岩锆石具有一致的二阶段 Hf 模式年龄（图 3-8D）。相反，MME 比花岗质岩石具有更高的 $\varepsilon_{Hf}(t)$ 值和较年轻的二阶段 Hf 模式年龄（图 3-8C、D）。

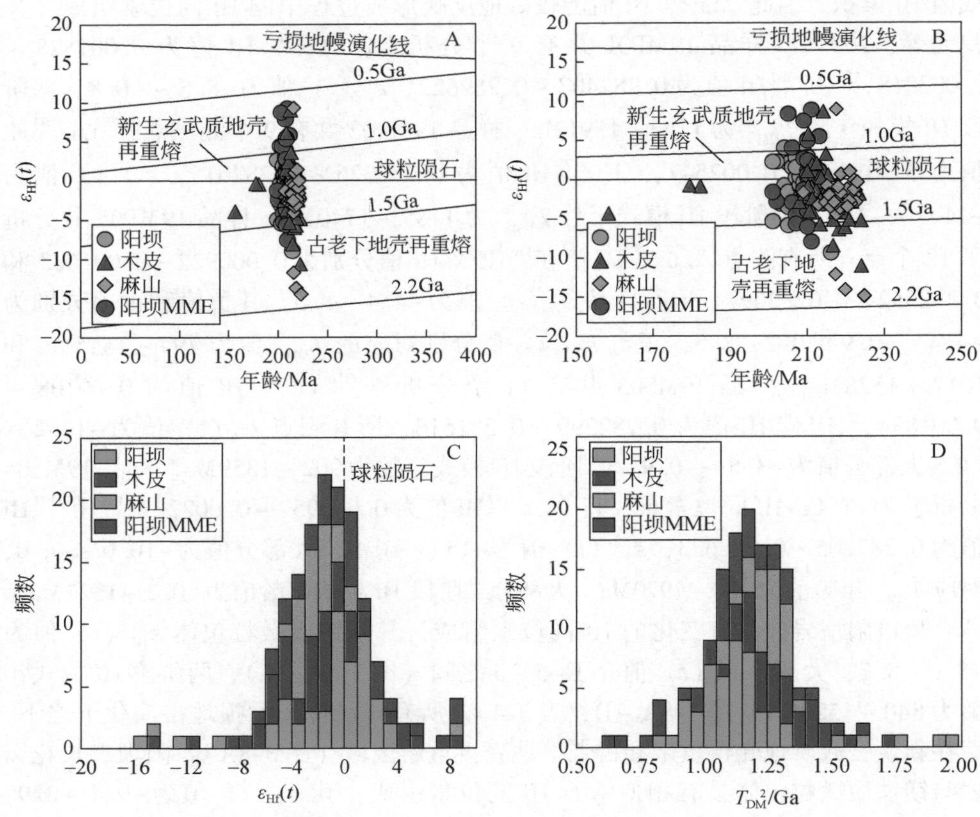

图 3-8　阳坝、木皮和麻山岩体花岗岩类锆石 Hf 同位素特征

（亏损地幔演化线据 Griffin et al.，2002）

A、B：阳坝、木皮和麻山岩体花岗岩类锆石 Hf 同位素图解；C、D：锆石 ε_{Hf}（t）值与二阶段 Hf 模式年龄频率分布直方图

3.4　岩石成因及岩浆源区

3.4.1　暗色包体成因及基性岩浆源区

关于暗色微粒包体的形成主要有以下三种成因认识：①重结晶碎块或者来源于花岗岩源区的难熔变质岩残留物（White et al.，1999）；②寄主岩浆早期结晶产生的矿物晶体（Donaire et al.，2005）；③少量基性岩浆注入寄主酸性岩浆房并与之混合（Liu et al.，2013；Wang et al.，2017a）。目前对于碧口花岗岩类的研究

不支持残留模型，因为在暗色微粒包体中缺少变质或残余沉积组构，并且暗色微粒包体和寄主花岗岩具有一致的锆石 U-Pb 年龄（Qin et al.，2010；秦江锋等，2005）。此外寄主花岗岩更高的总稀土和 Pb 含量，以及变化的 Hf 同位素组成也排除了同源岩浆早期结晶分异的模型（Sun and McDonough，1989）（图 3-8A）。因此，我们认为阳坝镁铁质微粒包体是由较基性的岩浆注入寄主酸性岩浆房并与之混合/混染而形成。下列几条证据支持了阳坝镁铁质微粒包体形成于基性岩浆与酸性岩浆的混合。

首先，Yang 等（2015c）发现阳坝岩体的暗色包体呈椭球形到球形，与寄主花岗岩之间以渐变式接触，此外包体中还含有针状磷灰石，斜长石具有明显环带结构。这些岩相学特征均表明有基性熔体注入寄主酸性岩浆中。其次，这些镁铁质微粒包体的成分介于辉长岩和石英二长岩或者花岗闪长岩之间（图 3-4A），这也表明它们形成于基性与酸性岩浆的混合。再者地球化学数据也支持了岩浆混合的起源。在主微量元素哈克图解上寄主花岗岩与镁铁质微粒包体表现出负相关性（图 3-9A ~ R），花岗岩和暗色微粒包体均富集轻稀土、大离子亲石元素和亏损 Nb-Ta-Ti-P 等高场强元素（图 3-5A、B），这些地球化学特征也表明了基性岩浆与酸性岩浆的相互作用。Langmuir 等（1978）作了全岩主量和微量元素比值图解，表示岩浆混合过程的数据将呈双曲线分布，然而当两个比值的分母一致时表示岩浆混合的数据将呈线性分布。在 La/Hf-La 图、Sc/Ga-Sr/Sc 图和 SiO_2/MgO-MgO/Al_2O_3图中，花岗岩和镁铁质微粒包体样品均呈双曲线分布，并分为不同的端元（图 3-10A ~ C），此外在 Na_2O/CaO-Al_2O_3/CaO 图解上样品数据呈现出线性趋势（图 3-10D）。这些特征表明阳坝岩体中的镁铁质包体形成于岩浆混合。最后，锆石 Hf 同位素与全岩 Sr-Nd 同位素数据也为暗色微粒包体的成因提供了更为可靠的定性约束。阳坝花岗岩和镁铁质包体均表现出广泛的 $\varepsilon_{Hf}(t)$ 值，其值分别为−9.4 ~ 3.9 和−8 ~ 8.7，并且花岗岩 $\varepsilon_{Hf}(t)$ 值更低。岩石如此宽泛的 Hf 同位素组成并不能通过封闭体系下单一岩浆房的演化所形成（Langmuir et al.，1978）。因此岩浆混合可能是形成阳坝花岗岩和镁铁质包体 Hf 同位素组成的主要原因。此外花岗岩样品［$\varepsilon_{Nd}(t) = -4.30 \sim -3.10$，$(^{87}Sr/^{86}Sr)_i = 0.7052 \sim 0.7061$］和镁铁质微粒包体［$\varepsilon_{Nd}(t) = -3.8$，$(^{87}Sr/^{86}Sr)_i = 0.7052 \sim 0.70757$］具有一致的全岩 Sr-Nd 同位素组成，这也进一步支持寄主花岗质岩浆与基性岩浆的混合（图 3-7）。

综上所述，阳坝岩体中镁铁质包体极有可能是注入酸性岩浆房的基性岩浆残余组分。总体来说，暗色微粒包体的基性岩浆可能起源于次大陆岩石圈地幔或者亏损的软流圈地幔（Hu et al.，2020；Yuan et al.，2019）。亏损软流圈地幔趋向于产生类似洋岛玄武岩（OIB）或者洋中脊玄武岩（MORB）似的岩浆，然而阳

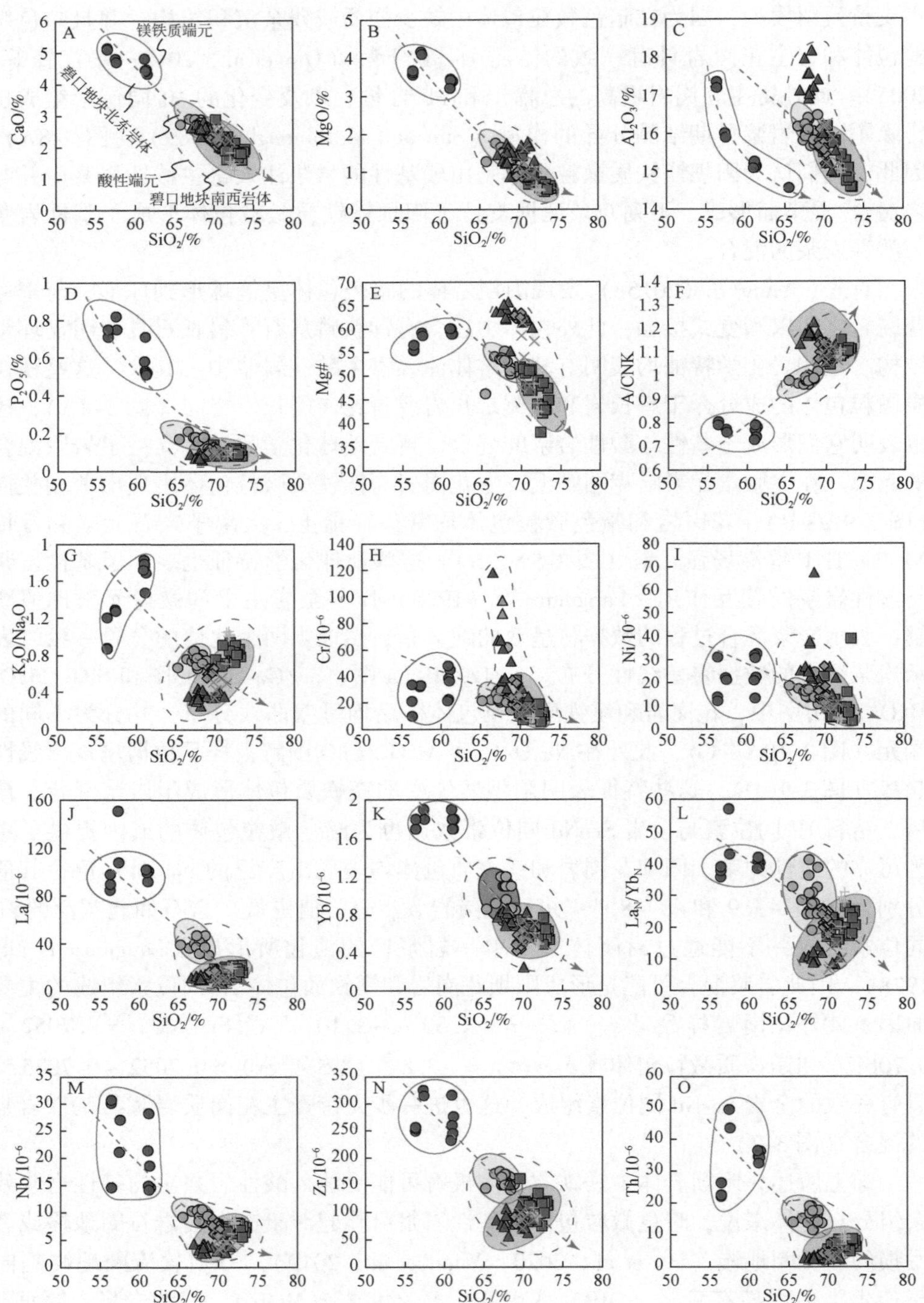
镁铁质端元
碧口地块北东岩体
酸性端元
碧口地块南西岩体

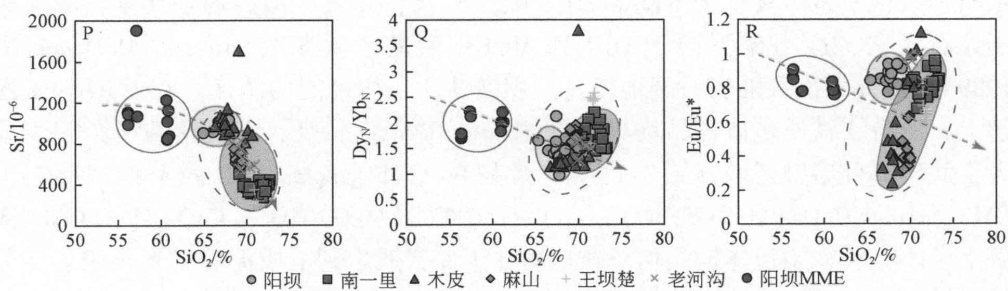

图 3-9　碧口地块花岗岩类岩体主微量元素哈克图解

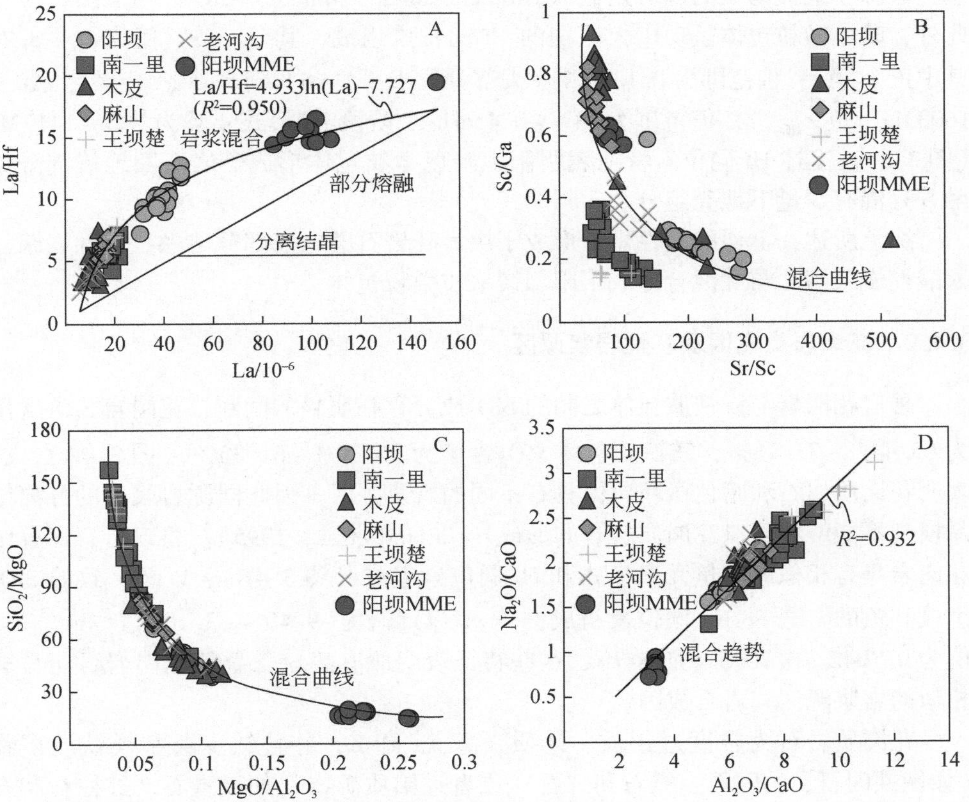

图 3-10　碧口地块花岗岩类岩体比值图解

图解反映碧口地块的岩浆混合作用

坝暗色镁铁质包体具有十分陡的 REE 配分模式，并且亏损高场强元素富集大离子亲石元素，这明显不同于 OIB 和 MORB 型基性岩浆（Sun and McDonough，1989）。因此，次大陆岩石圈地幔是阳坝镁铁质包体可能的源区。在 MgO-SiO_2图解上，所有镁铁质包体样品均具有低 SiO_2和高 MgO 特征，并且落在了角闪岩或者玄武岩部分熔融区域（图 3-11A）。此外在 AFM［molar Al_2O_3/(MgO+TFeO)］-CMF［molar CaO/(MgO+TFeO)］和 CaO/(TFeO+MgO+TiO_2)-CaO+TFeO+TiO_2图解上，所有镁铁质包体样品均一致地落在了变玄武岩到变质泥岩或者角闪岩部分熔融区（图 3-11B、C），表明镁铁质包体来源于地幔源区（Altherr et al.，2000；Martin et al.，2005）。样品低 Ba/La 值和 Sr/Th 值表明幔源衍生熔体主导了包体的形成（图 3-11D、E，据 Woodhead et al.，2001），另外，样品低 Rb/Sr 值也支撑其起源于地幔物质的部分熔融（Kirchenbaur and Münker，2015）（图 3-11F）。此外，暗色微粒包体呈现出大范围的 Hf 同位素组成，其 $\varepsilon_{Hf}(t)$ 值为-8～8.7。其中正 $\varepsilon_{Hf}(t)$ 值范围为 0.1～8.7（大部分位于 0.1～5）对应 $T_{DM}{}^2$ 年龄为 620～1603Ma，负 $\varepsilon_{Hf}(t)$ 值范围为-8～-0.4 对应二阶段 Hf 模式年龄为 795～1417Ma（图 3-8）。上述 Hf 同位素特征表明阳坝暗色微粒包体形成于岩石圈地幔部分熔融并且混有少量下地壳组分。

综上所述，上涌的基性岩浆形成于次大陆岩石圈地幔部分熔融。基性岩浆注入酸性岩浆房并与之混合形成了阳坝镁铁质微粒包体。

3.4.2 花岗岩类成因及基性岩浆源区

碧口花岗岩与镁铁质包体之间的 SiO_2成分存在明显的间断，花岗岩 SiO_2含量为 65.44%～73.41%，镁铁质包体 SiO_2含量为 56.39%～61.33%（图 3-4A），这表明花岗质岩石和暗色微粒包体具有不同的岩浆源区。因此同源岩浆房的分离结晶模型不能解释碧口花岗质岩石的形成（Garland et al.，1995）。碧口所有三叠纪花岗岩具有相似的微量元素模式和 Hf 同位素组成（图 3-4B），以及一致的 SiO_2组成和负的全岩 Sr-Nd 同位素组成，其 $\varepsilon_{Nd}(t)$ 值为-9.40～-3.10，$(^{87}Sr/^{86}Sr)_i$值为 0.7042～0.7075（图 3-7），这些特征表明所有碧口三叠纪花岗岩可能具有相似的岩浆源区和岩石成因。

花岗质岩石为轻度过铝质、镁质、高 Ca 高 K，并且缺少典型镁铁质矿物（如钠铁闪石、钠闪石、霓石和辉石）或者过铝质矿物（如堇青石、红柱石和石榴子石）(表 3-1)。因此，它们是典型 I 型花岗岩（Chappell and White，2015）。这种钙碱性 I 型花岗质岩浆的形成一般有两种成因机制，一种是幔源基性岩浆与壳源酸性岩浆相互混合形成（Kemp et al.，2007），另一种是镁铁质-中性变质或火成地壳岩石部分熔融形成（Chappell and White，2015）。考虑到阳坝岩体中与花岗岩同期镁铁质微粒包体的存在，我们倾向于第一种成因机制。碧口花岗岩一致的地球化学特征也可能支撑了这一解释。首先，花岗岩亏损高场强元素，Nb、Ta 等表现出负异常，并且富集大离子亲石元素和轻稀土（图 3-4），此外具有高 $Mg^{\#}$值（38～65）和高浓度的 Ni、Cr，其含量分别为 4×10^{-6}～8×10^{-6}和 6×10^{-6}～118×10^{-6}，暗示了地幔物质对岩浆源区的贡献（Douce，1999）。哈克图解上碧口花岗岩和阳坝岩体镁铁质包体明显分为酸性和基性两个端员（图 3-9）。再者，La/Hf-La，Sc/Ga-Sr/Sc，SiO_2/MgO-MgO/Al_2O_3 和 Na_2O/CaO-Al_2O_3/CaO 图解也为岩浆混合这一成因机制提供了证据（图 3-10）。碧口花岗岩锆石 ε_{Hf}（t）值为 -9.4～3.9，并且具有相似的两阶段 Hf 模式年龄，其 $T_{DM}{}^2$ 值为 840～1970Ma（大部分值为 950～1450Ma；中-新元古代）（图 3-8D），表明其源区被幔源衍生成分所混染。因此，碧口花岗岩的模式年龄和 ε_{Hf}（t）值表明碧口花岗质岩浆为亏混地幔源和再重熔古老下地壳相混合的产物。

此外这些花岗岩具有相似的主微量特征：高 SiO_2，低 MgO，高 Sr 和 La，低 Y 和 Yb，所有这些特征均与典型埃达克质岩石特征相一致。在 Sr/Y-Y 和 La/Yb-Yb 判别图解上，所有花岗质岩石样品均落入了埃达克岩区域（图 3-6）。埃达克岩具有三种可能的成因机制：①下地壳部分熔融；②地壳熔体与地幔橄榄岩平衡或相互作用的产物（Chung et al.，2003）；③玄武质岩浆的分离结晶（Rooney et al.，2011）。岩石具有相对低的 MgO、Ni 和 Cr 含量，表明岩浆源区没有地幔橄榄石部分熔融（Castillo，2012）。同时代基性岩的缺少（如玄武岩），也表明玄武质基性岩浆的分离结晶作用可能并非是碧口花岗岩的成因机制。因此下地壳部分熔融可能是碧口花岗岩类的成因机制。再者所有花岗质岩石具有高 Sr（$>400\times10^{-6}$）和 Nd（4×10^{-6}～10×10^{-6}）含量，通常这些元素特征继承于岩浆源区，这也表明碧口花岗岩类具有一个深的下地壳源区，因为分离结晶和中上地壳混染不能产生类埃达克岩的高 Sr-Nd 成分。此外碧口花岗质岩石具有高浓度的 SiO_2（>56%），Al_2O_3（>15%）和 Na_2O（>4%），低的 Nb、Ta 含量，这表明碧口花岗质岩石可能起源于角闪岩高压部分熔融。这一结论也得到了 MgO-SiO_2图解中所有花岗质样品落入玄武岩或角闪岩部分熔融区的支持（图 3-11A）。此外花岗质岩石具有高的 Sr 和 Sr/Y 值以及低的 Y 含量，这表明花岗质岩浆可能形成于斜长石、石榴子石、角闪石和斜辉石的部分熔融（Castillo，2012）（图 3-6）。在 AFM-CMF 图解中这些花岗岩落入了变杂质砂岩部分熔融区（图 3-11B），表明岩浆形成过程中可能有中上地壳物质输入（Altherr et al.，2000）。此外，CaO/（TFeO+MgO+TiO_2）-CaO+TFeO+TiO_2图解中这些花岗质样品也落入了杂砂岩到角闪石熔融区（图 3-11C），表明岩浆源区中包含了镁铁质基性物质和中上地壳物

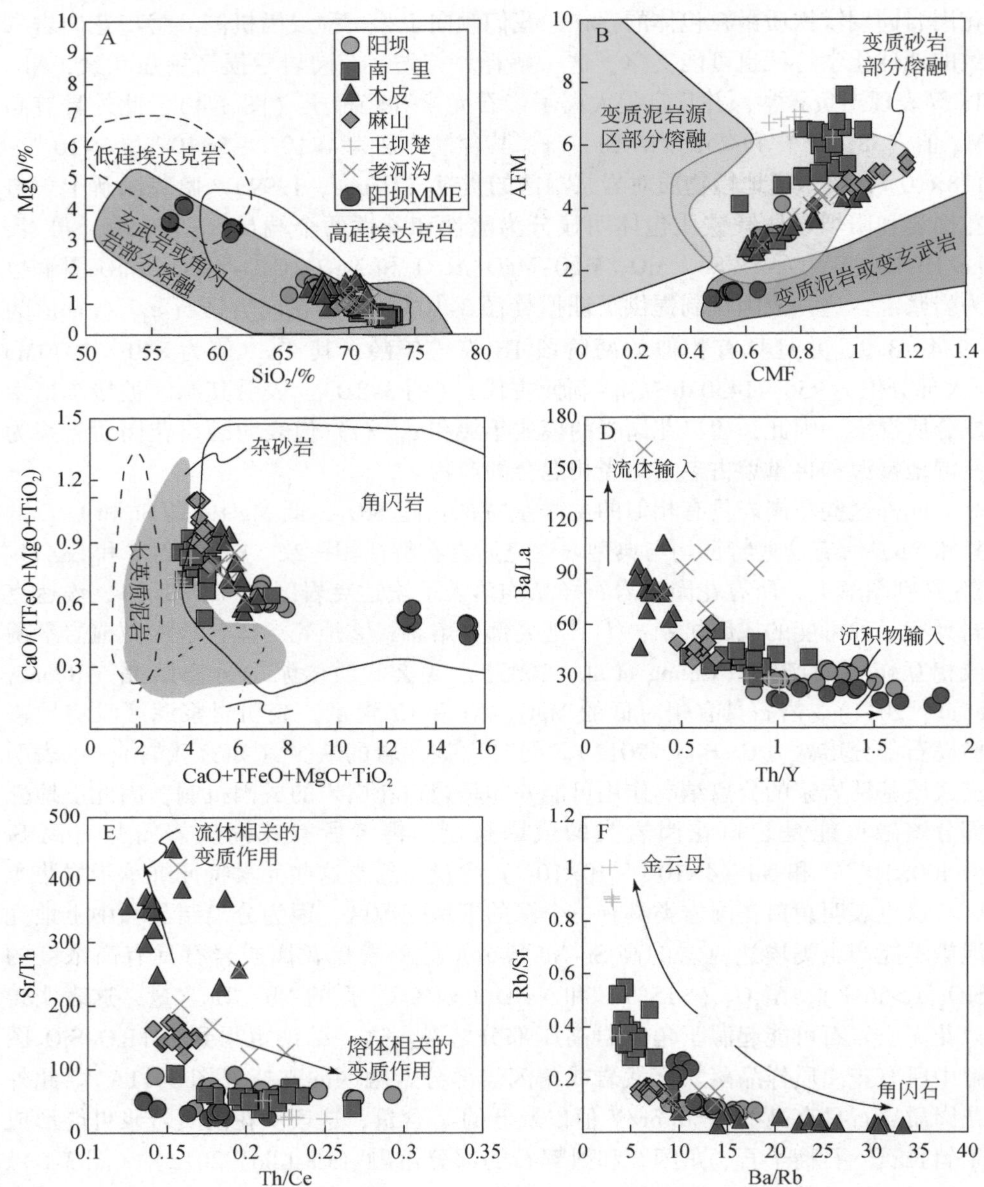

图 3-11　碧口花岗岩和暗色微粒包体成岩鉴别图解

A：MgO-SiO_2图（底图据 Chappell and White，2015）；B：AFM［molar Al_2O_3/（$MgO+FeOT$）］-CMF［molar CaO/（$MgO+FeOT$）］图解（底图据 Kirchenbaur and Münker，2015）；C：CaO/（$TFeO+MgO+TiO_2$）-$CaO+TFeO+MgO+TiO_2$图解（底图据 Douce，1999）；D、E：Ba/La-Th/Y、Sr/Th-Th/Ce 图解表明源区不同物质的富集贡献（底图据 Woodhead et al.，2001）；F：Rb/Sr-Ba/Rb 图解反映交代源区熔融过程中角闪石和金云母贡献

质（Martin et al.，2005）。花岗岩锆石呈现出变化的 Hf 同位素组成，其 $\varepsilon_{Hf}(t)$ 值为-18.09～8.75，大部分值为-10～8.75，并且落入了新生玄武质地壳再重熔和古老下地壳再重熔区域（图 3-8A、B），锆石对应的二阶段 Hf 模式年龄主要为 950～1450Ma（图 3-8D），表明岩浆源区主要为中新元古代下地壳物质。因此，上述 Hf 同位素特征表明这些花岗质岩石主要起源于新元古代新生下地壳，并且有少量中元古代古老下地壳物质的加入。此外，花岗岩样品具有负的 $\varepsilon_{Nd}(t)$ 值，其值范围为-9.40～-3.10，中等（$^{87}Sr/^{86}Sr)_i$ 值（0.7042～0.7075）（图 3-7）暗示了一个可能的下地壳源区。综上所述，碧口花岗质岩浆形成于下地壳部分熔融，并混有少量中上地壳物质。

3.5　不均匀壳幔相互作用及地块南西向挤出

3.5.1　不均匀壳幔相互作用

岩石学和地球化学资料表明，尽管碧口花岗岩的形成均包含有地幔衍生组分的贡献，但是从地块北东到南西地幔物质输入则是不均匀的。碧口北东侧阳坝岩体包含有丰富的镁铁质微粒包体。相反，地块南东侧其他岩体缺少镁铁质微粒包体和同期镁铁质岩石（表 3-1）。此外碧口花岗岩 SiO_2 组成也略有差别，相比于地块南西的花岗质侵入体，阳坝花岗岩体具有低 SiO_2 和 Al_2O_3 的特征。哈克图解上这些花岗质岩石表现出明显的两极性（图 3-9）。因此，碧口地体北东-南西可能存在不均匀壳幔相互作用和不对称岩浆活动。陆相储层中 Zr/Hf 和 Nb/Ta 值的变化对于了解壳幔相互作用和俯冲过程具有重要意义（Green，1995）。

一般认为，硅酸盐地球储层中离子半径几乎相同的元素对 Zr-Hf 和 Nb-Ta 的值与球粒陨石基本一致，球粒陨石 Zr/Hf 值为 36.6 或 34.2，Nb/Ta 值为 17.6（Weyer et al.，2002）。随着分析技术的发展和分析精度的提高，陆相岩石 Nb/Ta 和 Zr/Hf 值发生了明显的变化，这些比值与球粒陨石平均值有较大偏差，这与 Nb、Ta、Zr 和 Hf 在矿物-熔体中的分配特征是一致的（Weyer et al.，2002）。Green（1995）认为流体或熔体分馏可能是 Nb 和 Ta 分馏的关键，流体中 Ta 优先于 Nb，随着流体向上运动和地壳的演化，Ta 相对于 Nb 更加富集在中上地壳层。近几十年来，实验研究表明 Hf 比 Zr 兼容 1.5～2 倍，D_{Ta}/D_{Nb} 为 2～3（Kirchenbaur and Münker，2015）。在 Nb/Ta-Nb 图中，镁铁质微粒包体 Nb/Ta 值最大，主要分布在亏损地幔边界和球粒边界之间，后两者 Nb/Ta 值分别为 15.5 和 19.9（图 3-12A）。同时期寄主花岗岩具有较低 Nb/Ta 值，介于原始地幔（Nb/Ta=17.5，据 Green，1995）和大陆地壳之间（Nb/Ta=11～12，据 Weyer et al., 2002；图3-12A)。

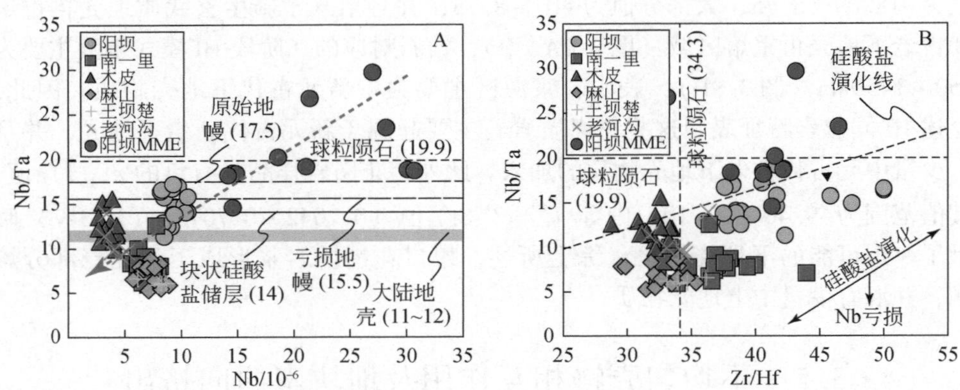

图3-12 Nb/Ta-Nb和Nb/Ta-Zr/Hf图解（Tichomirowa et al., 2019；Weyer et al., 2002）反映碧口地块壳幔相互作用的不均一性

此外，碧口岩体西南部其他花岗岩的Nb/Ta值较阳坝花岗岩低，其值主要分布在陆壳储层上和块状硅酸盐储层之上（Nb/Ta = 14；据Weyer et al., 2002）(图3-12A)。此外有少量镁铁质包体样品的Nb/Ta值比球粒陨石更高（图3-12A)，这可能是俯冲带残留金红石和榴辉岩部分熔融富集弧下地幔源的结果(Garland et al., 1995)。元素对Zr-Hf和Nb-Ta具有相似特征，阳坝岩体Zr/Hf值比碧口地体西南部其他侵入体高（图3-12B)。综上所述，碧口地块南西侧侵入体相对更亏损Nb、Zr，从而导致Nb/Ta、Zr/Hf值较低。因此，我们认为在碧口花岗岩的形成过程中岩石圈地幔熔体贡献是不均匀的，这一结论也得到了Nb/Ta和Zr/Hf等值线图的支持（图3-13A、B)。

δEu等值线图显示，阳坝岩体为弱负Eu异常，而碧口地块西南部其他侵入体为中度负Eu异常（图3-13C)。因此，我们认为碧口地块南西缘花岗岩主要来源于下地壳部分熔融，较少受到次大陆岩石圈地幔部分熔融产物的混染。相比于南西碧口花岗岩的Sr-Nd同位素组成，其（$^{87}Sr/^{86}Sr)_i$ = 0.7050 ~ 0.707，$\varepsilon_{Nd}(t)$ = −9.4 ~ −4.7，阳坝寄主花岗质岩石具有相对更低的（$^{87}Sr/^{86}Sr)_i$值（0.7042 ~ 0.7061）和更高的$\varepsilon_{Nd}(t)$（−4.3 ~ −3.1）(图3-13D)。全岩Sr-Nd同位素结果也表明花岗岩岩浆受到来自次大陆岩石圈地幔熔体的混染，且地幔物质贡献从地块北东向南西逐渐减少。

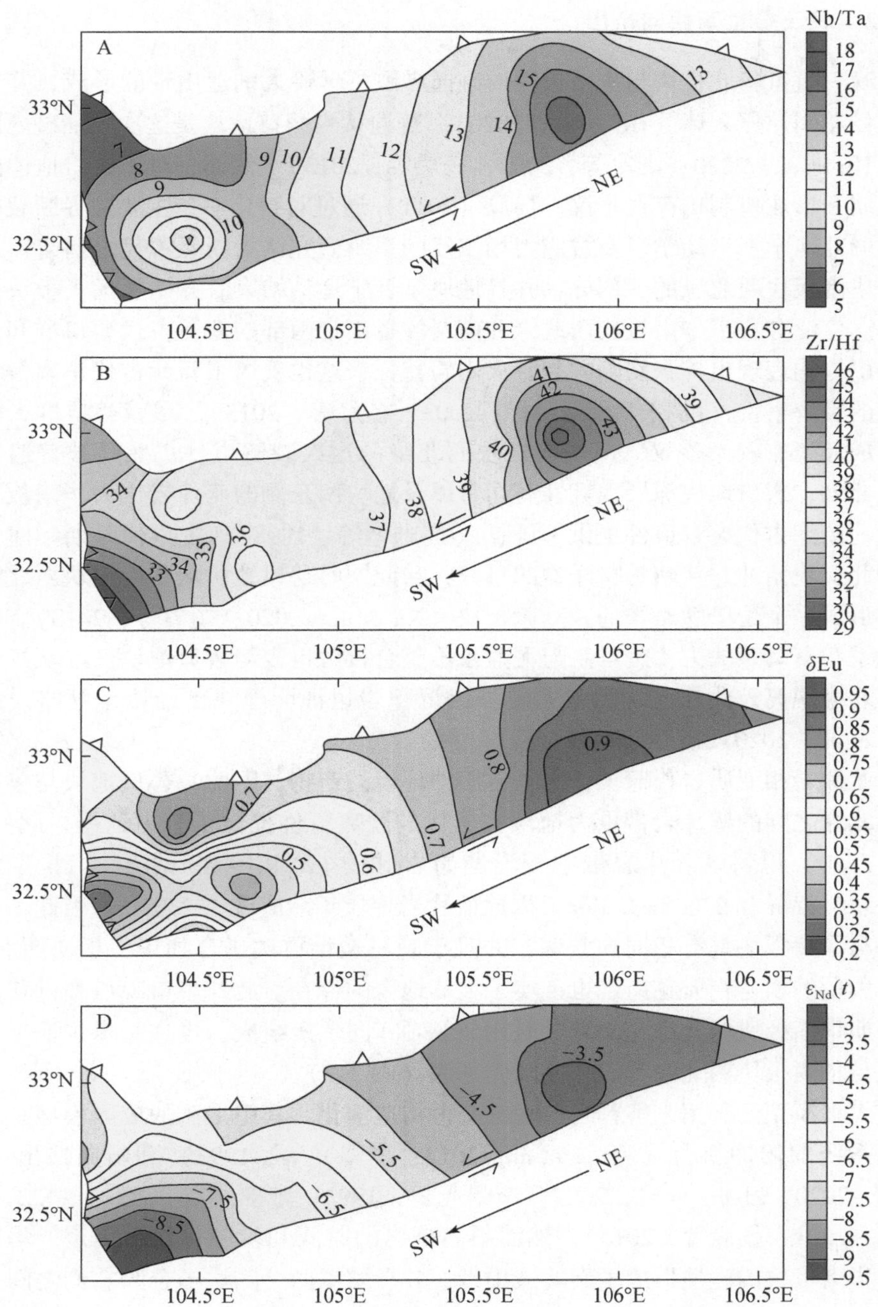

图 3-13　碧口地块 Nb/Ta（A）、Zr/Hf（B）、δEu 值（C）和 $\varepsilon_{Nd}(t)$（D）等值线图

3.5.2 晚三叠世南西向挤出

晚三叠世华北板块与华南板块的碰撞导致了秦岭大别造山带的形成，并伴生了大量花岗质侵入体（Hu et al.，2020）。普遍认为碧口地块是这次大陆碰撞的产物（Hu et al.，2020；汤军等，2002；杨晨等，2013）。然而，对于碧口地体的构造归属和形成机制仍存在争议。杨晨（2011）通过对碧口三条主要边界断裂构造变形的几何学、运动学以及古应力场恢复的系统研究认为新元古代之前碧口地块属于华南板块西北缘的一部分，并且地块于晋宁运动结束时开始从扬子板块西北裂解。广泛分布于华南板块西北缘和南秦岭造山带南部的新元古代碧口群和西乡群火山岩均表现出扩张裂陷的裂谷火山岩特征，这也支撑了新元古代华南板块西北缘的裂解事件（陆松年和蒋明媚，2003；杨晨等，2013）。尽管碧口群火山岩的形成环境有较大争议，但华南板块西北缘的这次裂解事件仍然是被普遍认可的。此外，碧口地块深层次韧性剪切带以及地块南东侧的蓝片岩也为华南板块西北缘的新元古代裂解事件提供了证据（许志琴等，1998）。古生代时期华南板块向华北板块俯冲并伴随勉略洋盆的打开，与此同时碧口地块从华南板块西北缘脱离，形成一个位于勉略洋的独立微板块（Xu et al.，2020；杨晨等，2013）。碧口寒武系和奥陶系缺失，震旦系与泥盆系不整合接触也表明碧口地块已经从扬子板块西北缘脱离，此外地块泥盆系踏坡组沉积岩也证明地块已经位于勉略洋南侧（Hu et al.，2020；杨晨，2011）。

蓝片岩相变质岩普遍被认为是古俯冲环境的产物，因此，碧口地块与华南板块西北缘之间的蓝片岩带也为地块古生代的脱离事件提供了有力证据。此外 Xu 等（2020）得到该蓝片岩带中变形花岗岩脉的 LA-ICP-MS 锆石 U-Pb 年龄为 232.3±6.8Ma 和 230.3±4.3Ma，因此蓝片岩变质年龄应晚于 230Ma。因此，碧口地块与华南板块具有相同的基底，并且于晚三叠世再次拼合到华南板块西北缘。地块大量的埃达克质花岗岩也证实了大陆地壳的存在。此外碧口晚三叠世花岗岩与同期华南板块西北缘花岗岩具有相似 Sr-Nd 同位素组成，也进一步佐证了碧口地块与华南板块西北缘具有相同陆壳基底（图 3-7）。

大量模型已经用来解释碧口晚三叠世构造演化，其中主流的成因模型有弧后盆地系统的俯冲拼合（Wang et al.，2012；李曙光等，1993）和斜向挤出（Hu et al.，2020；Zhang et al.，2007；李曙光等，1993；李亚林等，2001；王二七和张旗，2001；杨晨等，2013），然而斜向挤出的时间和机制仍然不确定。华北板块与华南板块的碰撞形成了秦岭造山带，并导致了两个陆块辐合和它们之间大量微板块/地体的形成。沉积学和古地磁研究表明，两板块之间的碰撞始于晚二叠世—早三叠世，并且形成了大别-苏鲁造山带，随后华南板块开始顺时针旋转

（Meng et al.，2018）。Hu 等（2020）认为大别–苏鲁造山带的大陆碰撞开始于 250～235Ma，而秦岭造山带大陆碰撞于 235～225Ma 开始（Dong et al.，2011b）。此外，勉略缝合带蛇绿岩年龄为 221～345Ma，记录了勉略洋盆石炭纪—晚三叠世勉略洋关闭过程和晚三叠世华南板块与华北板块之间的碰撞事件（Dong et al.，2011b）。这也进一步支撑了秦岭造山带的晚三叠世碰撞。Yan 等（2018）得到勉略缝合带云母片岩 Ar-Ar 年龄为 219～226Ma，并且武当地区蓝片岩相变质作用和逆冲褶皱变形发生在 237～226Ma（Hacker et al.，2004），这也佐证了秦岭造山带 235～225Ma 的碰撞时期。构造环境判别图解显示碧口地体内 220～210Ma 的花岗岩体为后碰撞构造背景（图 3-14），与秦岭造山带碰撞时代相一致。华北板块与华南板块之间的碰撞是斜向的，并且这次陆陆碰撞在秦岭造山带发生于晚三

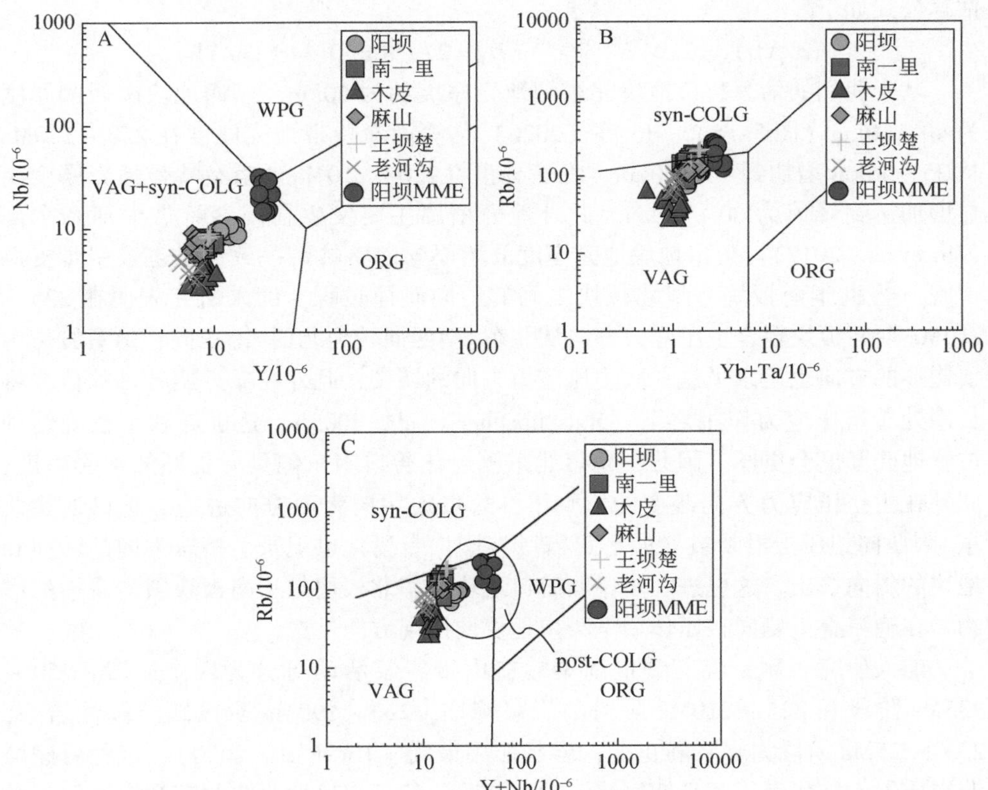

图 3-14　碧口三叠纪侵入体花岗岩类构造环境判别图解

A：Nb-Y 图解；B：Rb-Yb+Ta 图解；C：Rb-Y+Nb 图解，表明碧口花岗岩为后碰撞构造环境（Pearce，1996；Pearce et al.，1984）。WPG：板内花岗岩；syn-COLG：同碰撞花岗岩；post-COLG：后碰撞花岗岩；VAG：火山弧花岗岩；ORG：洋中脊花岗岩

叠世235～225Ma。因此，印支期南西向构造挤出模型对于碧口地块的形成可能更加合理。晚三叠世，随着绵略洋闭合，碧口地块与华南板块西北缘相拼合。在华北板块与华南板块之间侧向挤压作用下，碧口地块向南西方向侧向挤出。

陆块斜向碰撞过程中，往往会导致不一样的部分熔融机制，因此不对称岩浆作用是斜向陆块碰撞的重要特征（Hu et al.，2020）。此外，板块构造挤出过程中在板块内部或者边界位置往往伴随着不均一的中下地壳层流动（Liu et al.，2020）。因此，推断碧口地块不对称分布的岩浆作用和不均一的岩石圈地幔熔体贡献可能是斜向构造挤出的产物。

花岗岩类能有效记录大陆碰撞造山带地壳厚度（Hu et al.，2017；Tang et al.，2021）。根据Hu等（2017）提出的方法估算了碧口地块的地壳厚度，其估算公式如下：

$$(\mathrm{La/Yb})_N = 2.94\, e^{(0.036D_M)} \text{ or } D_M = 27.78\ln[0.34\,(\mathrm{La/Yb})_N]$$

基于我们的估算碧口地块北东侧地壳厚度约为60km，然而地块南西侧厚度为40～50km（图3-15）。Hu等（2020）估算南秦岭带地壳厚度在250～230Ma从35～45km增加到40～50km，晚三叠世（220～210Ma）南秦岭带地壳厚度明显增加达到峰值为60～70km。此外地壳增厚主要发生在南秦岭带中部和东部（Hu et al.，2017）。碧口地块地壳厚度的增厚与南秦岭带一致，这也进一步支撑了晚三叠世华南板块与华北板块之间的斜向碰撞过程。前人研究表明在225～210Ma期间板块辐合主压应力方向从北东-南西向转为北西-南东向，南秦岭带主要构造的方向也记录了这一次主压应力方向的转变，此外在靠近旋转轴的位置将长期处于挤压应力作用之下（Ratschbacher et al.，2003），这也导致了在旋转轴位置地壳厚度会更厚。因此，碧口北东侧会比碧口南东侧具有更厚的地壳厚度，此外在主挤压应力方向改变的影响下，碧口地块向南西方向逃逸。碧口地块北东-南西向扭压走滑断裂（如平武-青川-阳坝断裂）也记录了挤压方向的转换和地块的斜向挤出。这也进一步说明碧口地块为华北板块与华南板块斜向碰撞的产物，在晚三叠世侧向挤压作用下碧口地块向西南方向逃逸。

前人研究表明，晚三叠世南秦岭造山带岩浆活动可分为四个阶段：250～235Ma阶段和225～210Ma阶段的岩浆峰期，210～190Ma阶段缺乏基性岩浆，235～225Ma阶段为岩浆静止期，岩浆作用最弱（Hu et al.，2020）。这些后碰撞花岗质侵入体代表了第Ⅲ期岩浆活动，该阶段位于碧口地块东北部和南秦岭带的侵入体中含有丰富的镁铁质微粒包体，表明了强烈的壳幔相互作用（Yang et al.，2015c；Zhang et al.，2004；骆金诚等，2010，2011；秦江锋等，2005）。

关于秦岭造山带晚三叠世花岗岩类成因，前人主要有以下几种成因模型：板片断裂（Deng et al.，2016）、板片回撤（Jiang，2017；Zheng et al.，2019）、岩

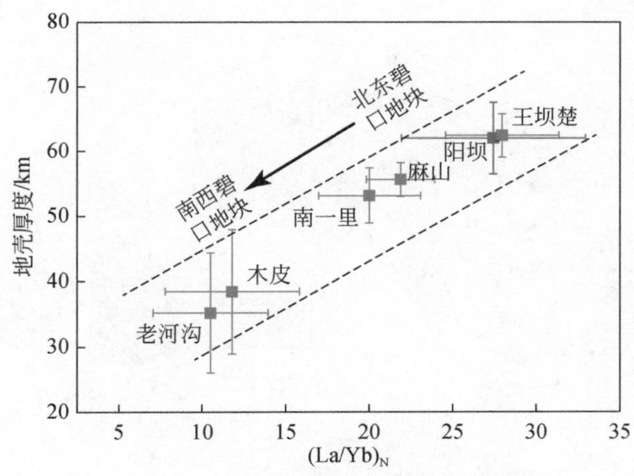

图3-15 地壳厚度-$(La/Yb)_N$图

该图显示了碧口地体南西和北东两侧不均匀地壳增厚。红色点和蓝色点分别代表碧口地体北东侧岩体和南西侧岩体

石圈拆沉（Göğüş et al.，2017）和板片回撤与板片断裂相互作用（Hu et al.，2020）。225～210Ma期间，与华北克拉通东部相比，碧口地块地壳厚度不足以引发生岩石圈拆沉（图3-15）。板片回撤一般与上覆板片的伸展相伴生，然而这与晚三叠世秦岭造山带碰撞后的挤压背景以及侵入体与缝合带之间的距离不一致（Kemp et al.，2007）。Menant等（2016）认为高角度的板片回撤有利于发生板片断裂。Freeburn等（2017）认为深部板片断裂往往不足以导致大规模的岩浆作用，如大别-苏鲁造山带。与大别-苏鲁造山带相比，南秦岭造山带缺乏超高压变质岩，板片断裂可能只发生在相对较浅的深度（Hu et al.，2020）。板片断裂后，由于南秦岭带缺少俯冲板片的拉力，从而阻碍了大陆地壳的深俯冲，进一步导致高压麻粒岩在缝合带处折返（梁莎等，2013）。230～210Ma期间，碧口地块南东侧蓝片岩从古俯冲通道被剥蚀出来，这也进一步佐证了板片断裂模型。在这种浅部板片断裂作用下，碧口地块东北缘和南秦岭带地区发生大规模岩浆作用和强烈的壳幔相互作用（Schildgen et al.，2014）。在斜碰撞过程中，板片断裂开始于碰撞初始一侧，并向另一侧传播（Schildgen et al.，2014），这也解释了碧口地块北东侧和南西侧岩浆作用的差异。在板片断裂边缘附近，软流圈上涌诱发岩石圈地幔部分熔融，产生基性岩浆。浅部地壳受软流圈和基性岩浆热侵蚀而发生部分熔融，基性岩浆注入酸性岩浆房并与之混合，形成晚三叠世花岗质侵入体。相反远离板片断裂边缘一侧的岩体则只受到岩石圈地幔部分熔

融熔体的微弱混染。

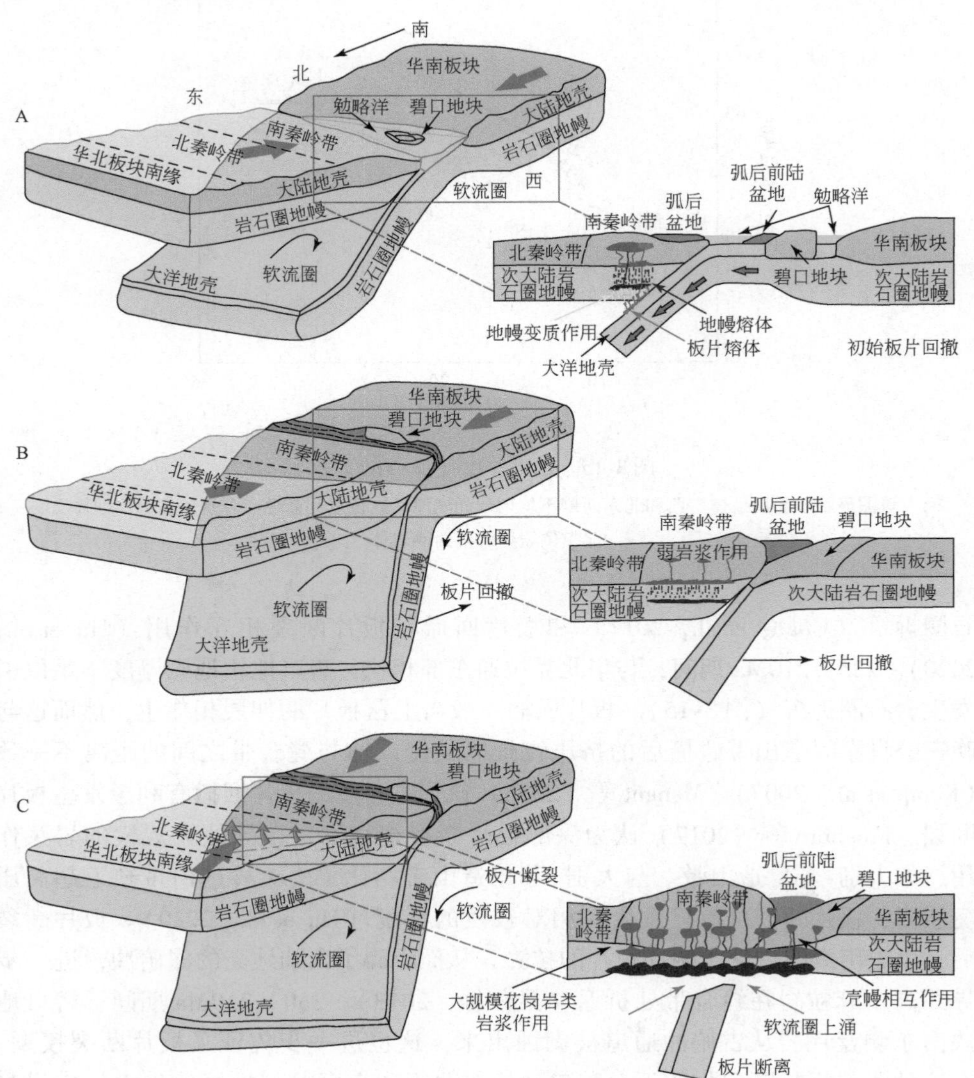

图 3-16　华南板块与秦岭造山带俯冲-碰撞及碧口地块形成过程示意图

（据 Hu et al.，2020；Xu et al.，2020 修编）

A：250～235Ma 期间，桐柏-红安-大别-苏鲁造山带大陆碰撞及勉略残余洋壳俯冲；B：235～225Ma 期间，勉略残余洋盆闭合，碧口地块加积到华南板块西北缘；C：225～210Ma 期间，板片回撤和自东向西的板片断裂板，导致广泛的壳幔相互作用，并在碧口地块内形成了大量花岗岩类侵入体

综上所述，在早–中三叠世勉略洋向北俯冲至南秦岭造山带之下（图 3-16A）。晚三叠世 235 ~ 225Ma 期间，由于华南板块与南秦岭带之间的碰撞，碧口地块被再次拼合到华南板块西北缘（图 3-16B）。在 225 ~ 210Ma 期间，主压应力方向由北东–南西向北西–南东转变，导致碧口地块向南西方向斜向挤出。此外，板片自东向西的断裂和侧向逃逸导致了不对称的壳幔相互作用和不均匀的地壳增厚（图 3-16C）。

第 4 章　典型矿床特征

4.1　德乌鲁铜矿床

4.1.1　矿床地质特征

德乌鲁铜矿床位于甘肃省合作市北东约 12km 处（图 4-1A）。矿区主要出露二叠系石关组浅海陆源碎屑岩夹碳酸盐岩沉积地层，地层总体走向与区域构造线方向一致，为北西向展布，地层产状 350° ~ 40° ∠50° ~ 80°，地层总厚度 6970.9m。矿区范围内表现为一单斜构造，属于石关组上部砂、板岩层层位，矿区地层从上至下岩性包括长石石英砂岩、石灰岩及砂砾质灰岩、绢云母砂岩（图 4-1B）。

矿区内不发育较大规模构造，在近侵入体接触带附近发育岩层小型褶曲及断裂，以层间断裂最显著，其次是平推断裂（图 4-1B）。层间断裂沿地层与侵入体接触带或地层层面间发育，断距不大，属于层间滑动，其中有摩擦镜面及角砾岩化现象等。平推断裂（横向断裂）局部可见，沿岩层倾向方向错断，走向北东 30° ~40°，实测断距约 10m，受岩浆岩侵位影响，两侧有许多微断裂出现，其中有岩脉侵入，并易于富集形成良好矿化。矿区内岩层节理较发育，其三组走向分别为 25°、45°、60°，深部节理发育程度较地表差。

4.1.2　矿体地质特征

德乌鲁岩体主要出露在矿区东北部呈北西向展布，出露面积为 18.75km^2，其中发育大量暗色微粒包体，与上三叠统砂岩和粉砂岩围岩陡倾斜侵入接触（图 4-1B、C）。德乌鲁岩体主体岩相为石英闪长岩（图 4-2A），同源岩浆脉动侵入形成石英闪长斑岩和微晶石英闪长岩。石英闪长岩主要由斜长石（50%）、石英（15%）、角闪石（10%）、黑云母（10%）、钾长石组成，其余长英质隐晶质占 10%。副矿物主要为磷灰石和锆石。部分大颗粒石英中包裹斜长石和黑云母，少部分未发生蚀变的中长石颗粒可见环带结构，大部分中长石发生了绢云母化和泥化蚀变现象（图 4-2C、E）。

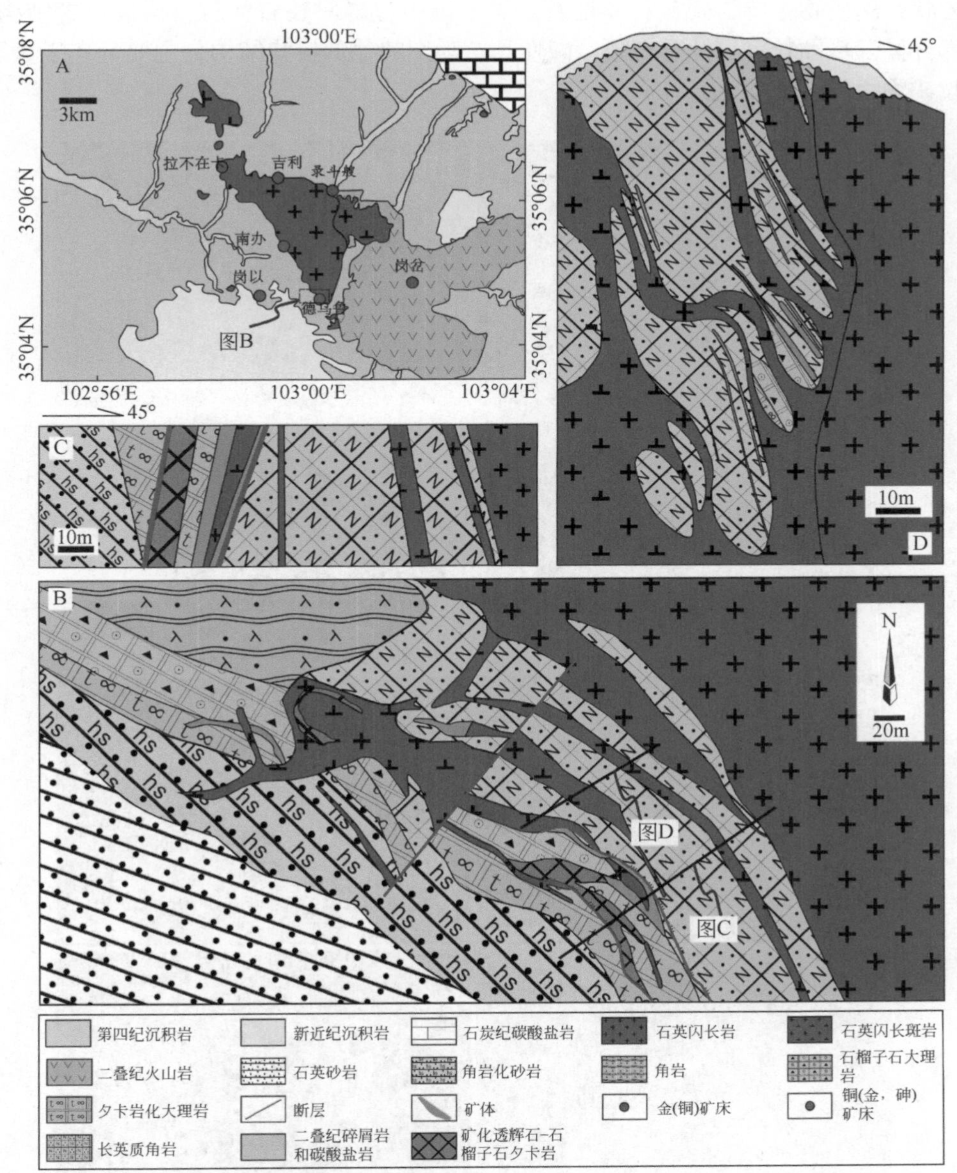

图4-1　德乌鲁地区地质简图（A）、德乌鲁铜矿床矿区地质简图（B）和勘探线剖面（C、D）

石英闪长斑岩呈灰白色，斑状结构。斑晶主要由斜长石（50%）、石英（15%）、角闪石（10%）和黑云母（5%）组成，基质由斜长石（20%）、石英（15%）、黑云母（20%）、角闪石（10%）组成，基质中的斜长石和石英呈他形粒状，副矿物主要为磷灰石和锆石。黑云母中包裹斜长石颗粒，构成包含结构，部分黑云母颗粒可见蚀变现象，碱性长石为细粒他形板状结构，主要分布于大颗粒矿物之间（图4-2D、F）。

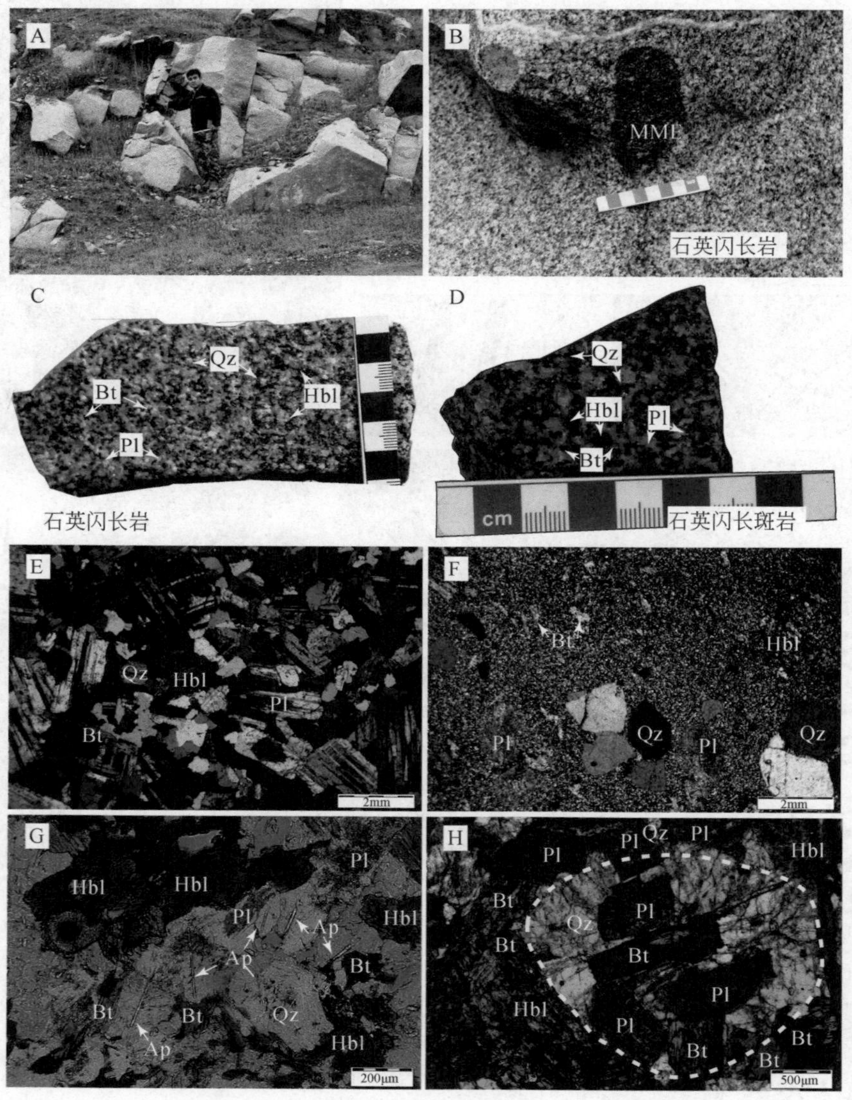

图4-2　德乌鲁岩体及其暗色微粒包体岩相学照片

MME：暗色微粒包体；Qz=石英，Bt=黑云母，Pl=斜长石，Hbl=角闪石，Ap=磷灰石

暗色微粒包体在石英闪长岩中发育广泛，直径为10~30cm不等，形状从椭圆形至圆形。寄主石英闪长岩与包体界限较细，一些包体在与寄主石英闪长岩边界上形成了冷凝边。MME具有似斑状结构，斑晶由角闪石（10%）、斜长石（5%）、石英（5%）、黑云母（3%）组成，基质由微斜长石（45%）、黑云母（20%）、角闪石（10%）组成（图4-2B、F、G）。

4.1.3　热液蚀变

德乌鲁矿床围岩蚀变分带明显（图4-1B~D），距主侵入体1000m外的围岩基本未受接触变质作用影响，为下二叠统灰黑色泥板岩及黄褐色石英砂岩，夹薄层角砾状石灰岩等。距主侵入体1000m范围内，围岩均受到不同程度接触变质作用影响，并受不同程度的热液蚀变叠加。热液蚀变与接触变质均相互叠加，其中以透辉石及石榴子石夕卡岩受蚀变作用强烈，蚀变作用以绿帘石化、黝帘石化及绿泥石化、方解石化、绢云母化为主，局部在大理岩中有蛇纹石化、白云石化。接触变质及热液蚀变分为内、外接触变质两个带，包括内接触变质带与围岩接触部位，发生同化作用，局部出现有石英脉及磁硫铁矿毒砂矿脉。外接触变质带由内向外可大致分为黑云母磁铁长英角岩、夕卡岩带，以透辉石为主的石榴子石夕卡岩、长英角岩带，以石榴子石为主的夕卡岩、石英角岩带，以石榴子石化大理岩为主及角岩化砂岩带等四个带。

4.1.4　矿石与矿物

地表揭露及钻探控制显示，德乌鲁矿带控制长度达800m，宽度10~100m，矿化均集中于侵入体岩脉穿插较复杂地段，矿体富集带均产于侵入体内凹地段或岩枝伸出地段（图4-1）。共圈出矿体23个，其中含铜夕卡岩9个，含铜长英角岩14个（图4-1B~D）。地表含铜夕卡岩带仅在矿带中部少量出露，东西均被第四系及新近系沉积物覆盖。东部矿带以裂隙充填的铜、砷、金长英角岩为主，矿体产状45°∠70°左右，以脉状矿体为主，厚度较薄，一般3~4m，铜品位较低，但砷与金含量较高，沿走向延伸较大，沿倾向较小，长度与深度比为3：1。西部矿带以含黄铜矿、斑铜矿、磁黄铁矿的夕卡岩为主，交代作用显著，矿体产状60°∠70°左右，以不规则小扁豆状及囊状矿体为主，形状很不规则，沿走向及倾斜呈急剧尖灭，有时矿体厚度十余米，沿走向20~30m完全尖灭，或被断裂破坏，铜品位较高，局部很富，呈致密块状矿石。

4.1.5　成矿阶段与矿物共生组合

矿石类型主要为裂隙充填的脉状矿石和夕卡岩型矿石。矿化以热液型铜矿化和接触交代夕卡岩型铜矿化为主。矿石矿物主要为黄铜矿、磁黄铁矿，其次为毒砂，斑铜矿，伴生矿物有黄铁矿、白铁矿、闪锌矿、斑铜矿、黝铜矿、方铅矿等；磁黄铁矿与黄铁矿、毒砂与白铁矿、黄铜矿与斑铜矿、黝铜矿、闪锌矿、方铅矿等常相伴共生（图 4-3）。表生成矿期主要为原生矿石在近地表 1～3m 的范围内发生氧化作用，形成次生的孔雀石、蓝铜、褐铁矿等氧化矿物。

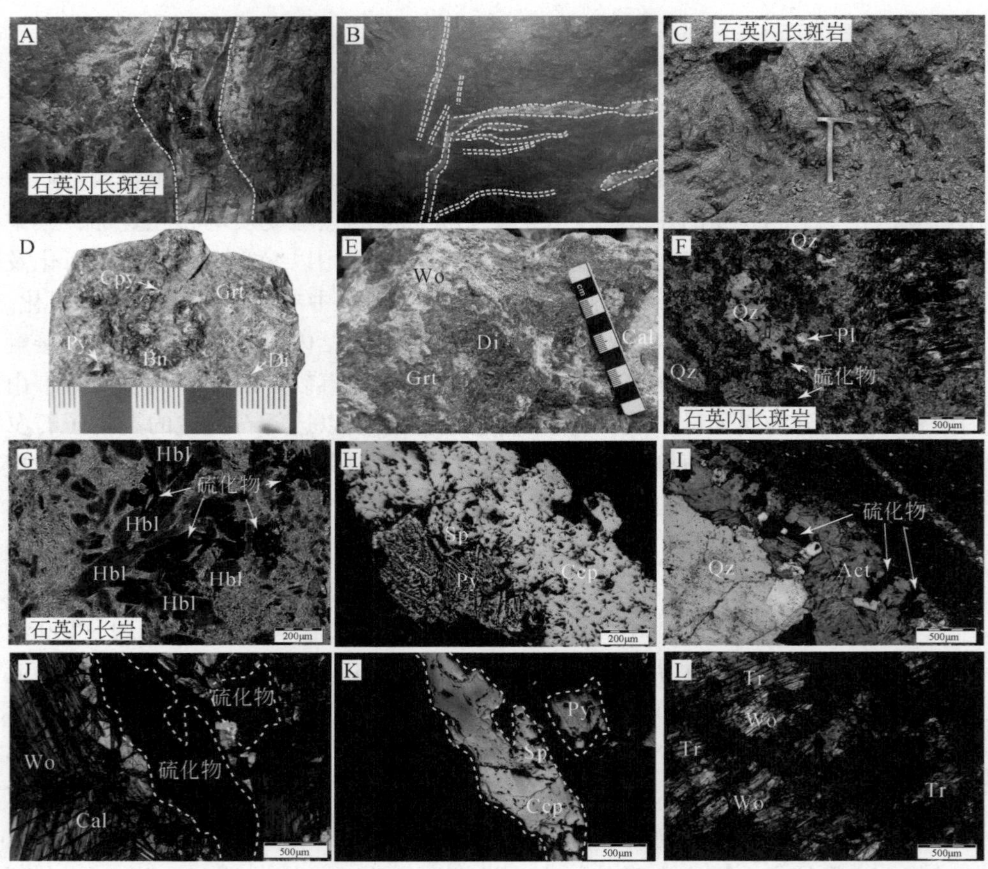

图 4-3　德乌鲁铜矿床夕卡岩、矿石、矿化、矿物特征

Ccp＝黄铜矿，Py＝黄铁矿，Bn＝斑铜矿，Grt＝石榴子石，Qz＝石英，Di＝透辉石，Wo＝硅灰石，Hbl＝角闪石，Sp＝闪锌矿，Cal＝方解石，Pl＝斜长石，Tr＝透闪石，Act＝阳起石

4.1.6　成岩-成矿年代格架

分选自暗色微粒包体的 22 件锆石颗粒自形程度较好，多呈短柱状、柱状，少数呈板状，长度为 100～250μm，长宽比在 3∶1 和 1∶1 之间，阴极发光照相

显示大多数锆石均发育较好的振荡环带结构，具有岩浆锆石特点，锆石 Th/U 值较高，也显示其岩浆成因（图 4-4）。22 个锆石的$^{206}Pb/^{238}U$ 年龄从 235 ~ 269Ma，锆石 U-Pb 加权平均年龄为 247. 0±2. 2Ma（MSWD=3. 1，n=22）。

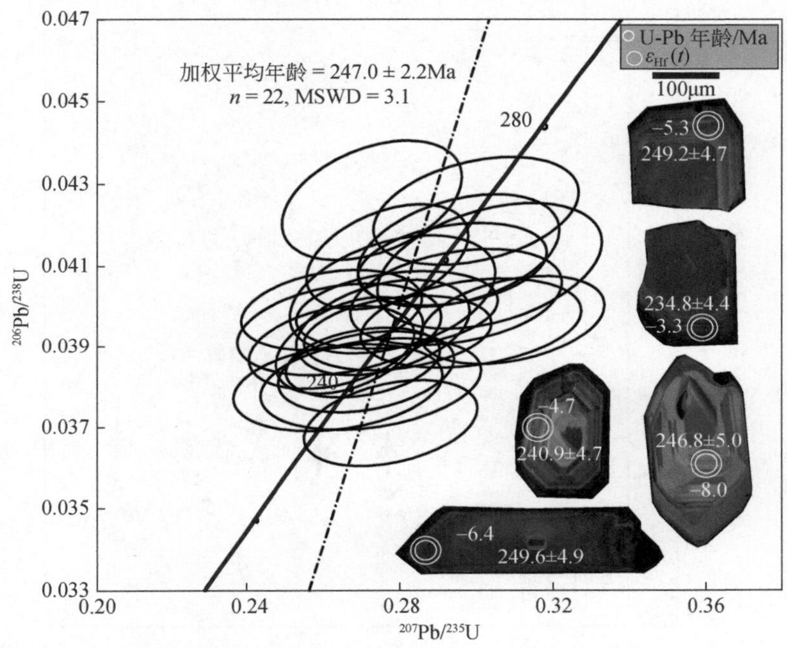

图 4-4　德乌鲁矿床暗色微粒包体的 LA-ICP-MS 锆石 U-Pb 年龄

在青海同仁市隆务峡—甘肃夏河县甘加一带二叠纪地层陆续发现局部小洋盆蛇绿混杂岩和深海-半深海浊积岩和枕状玄武岩-碳酸盐岩建造，其岩石组合包括纯橄岩、辉石橄榄岩、辉长岩、辉绿岩、枕状玄武岩等。对两侧沉积岩化石研究表明，该蛇绿岩的形成于二叠纪。王绘清等（2010）对上述蛇绿岩中的辉长岩进行 LA-ICP-MS 锆石 U-Pb 定年（250. 1±2. 2Ma），进一步根据蛇绿岩和侵入其中的花岗闪长岩接触关系及其侵位年龄（244. 1±1. 4Ma），认为隆务峡蛇绿岩是晚二叠世—早三叠世西秦岭与南祁连之间古洋盆扩张过程中岩浆活动的产物，这进一步约束了古特提斯洋的俯冲持续至 244Ma（图 4-5）。同时，区域构造地质研究表明，夏河-合作地区在晚二叠世—早三叠世时期仍处于半深海的活动大陆边缘，此时勉略洋仍然处于俯冲过程中并形成了岛弧岩浆。因此，德乌鲁杂岩体是活动大陆边缘与俯冲构造背景相关的弧岩浆活动产物。

德乌鲁杂岩体在空间上与周围一些斑岩和夕卡岩矿床密切相关（靳晓野，

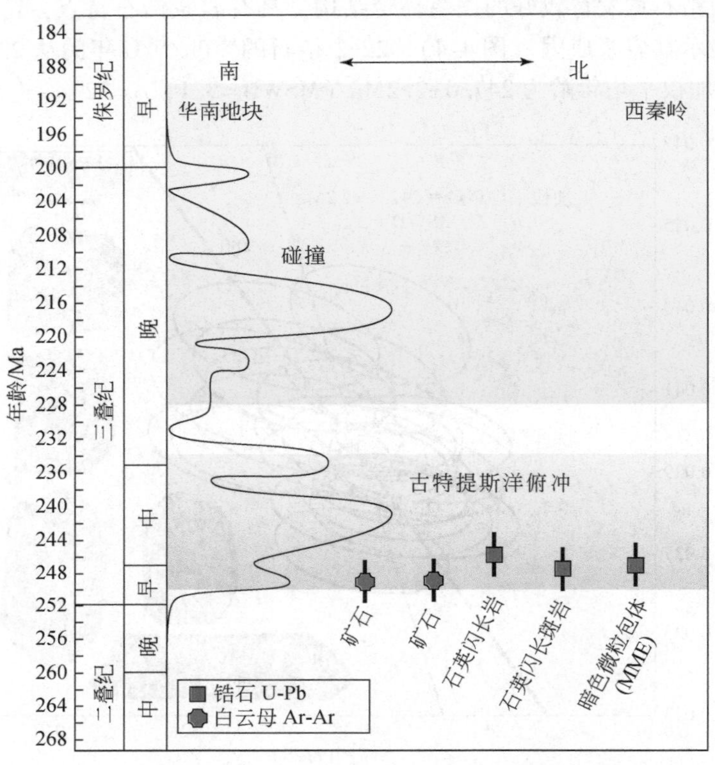

图 4-5　西秦岭区域演化示意图

2013；邱昆峰，2015)，包括岗以铜矿床、南办铜矿床、德乌鲁铜矿床、拉不杂卡铜金矿床、老豆金铜矿床、吉利金矿、牙日嘎铜矿等。这些岩浆在板块俯冲过程中与岛弧岩浆的岩石成因有直接关系，并且具有相对较高的氧逸度（ΔFMQ = +3. 3）和 H_2O（>4%），富集碱金属，S、Cl 和一些金属元素。暗色微粒包体 LA-ICP-MS 锆石 U-Pb 年龄说明闪长质暗色微粒包体形成于 247. 0±2. 2Ma 的岩浆混合作用过程中，与寄主石英闪长岩（245. 8±1. 7Ma）和石英闪长斑岩（247. 6±1. 3Ma）侵位年龄一致。

靳晓野（2013）认为德乌鲁岩体北侧边缘老豆铜金矿床与成矿相关的热液绢云母 $^{40}Ar/^{39}Ar$ 坪年龄结果为 249. 1±1. 6Ma 和 249. 0±1. 5Ma，与德乌鲁岩体的侵位年龄基本属于同一时期。这些年龄说明成矿作用与德乌鲁杂岩体侵位近于同时。德乌鲁矿床野外地质和钻孔观察显示矿体位置没有严格受围岩岩性的控制，大多数矿体并不是层状的，而是在石英闪长岩、石英闪长斑岩与二叠纪地层之间呈似层状、透镜状和脉状。一些较小的矿体发育在与主矿体较接近的变质凝灰岩或大理岩中。

4.1.7　岩浆混合作用

夕卡岩矿床的形成与岩浆岩具有密切关系，明确岩浆岩组成、成因和演化是重建岩浆-热液过程的关键（Meinert et al., 2005）。花岗岩中的镁铁质包体成因主要有三种可能模型，分别是残余体分离模型（Chappell and White, 1992；Chappell et al., 1987）、同源矿物碎片的堆积模型（Chen et al., 2009；Noyes et al., 1983）和岩浆混合作用（Vernon, 1984；Hawkesworth and Kemp, 2006）。

残余体分离模型（地壳部分熔融期间形成的耐熔的残余岩石碎块）由于以下证据首先被排除。首先，暗色微粒包体全岩 Sr-Nd 组成与围岩相同，表明包体可能为岩浆源区残余体，或者同源堆积。然而，我们并没有观察到变质或残余体沉积构造（图 4-3B、G、H）。其次，闪长质暗色微粒包体结晶时间为 247.0±2.2Ma，与石英闪长岩（245.8±1.7Ma）和石英闪长斑岩（247.6±1.3Ma）形成时间在分析误差范围内一致。这与残余体分离模型中残余体的时间应该早于围岩的结晶时间相违背。另外，包体中没有发现继承锆石，同样不符合残余体模型。

同源矿物碎片的堆积模型由于以下证据被排除。MME 发育大量针状磷灰石。针状磷灰石被认为是高温的镁铁质岩浆与温度相对较低的长英质岩浆混合后快速冷却形成的（Sparks and Marshall, 1986）。虽然暗色微粒包体与寄主岩石有着相似的矿物组成和同位素年龄，但缺乏堆积结构。而且，在哈克图解中暗色微粒包体和寄主花岗岩的化学组成介于长英质寄主岩石和镁铁质端元之间，大多数元素和 SiO_2 的含量有着线性关系（图 4-6）。

因此，我们认为暗色微粒包体是由岩浆混合作用形成。岩石学观察发现暗色微粒包体呈球状至椭圆状，与火成岩具有相同的矿物组合（图 4-3B）。发育典型的针状磷灰石，斜长石具有震荡环带现象（图 4-2），石英斑晶被斜长石、黑云母和角闪石包裹（图 4-3H），这些说明了接近液态的镁铁质岩浆加入到长英质岩浆中并发生混合（Lowell and Young, 1999），在长英质岩石中迅速冷凝并结晶。

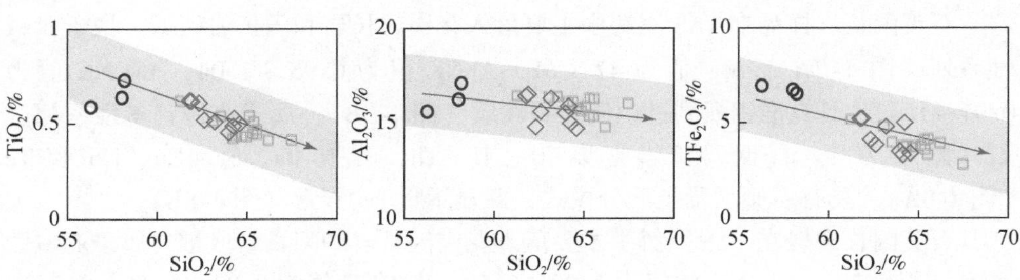

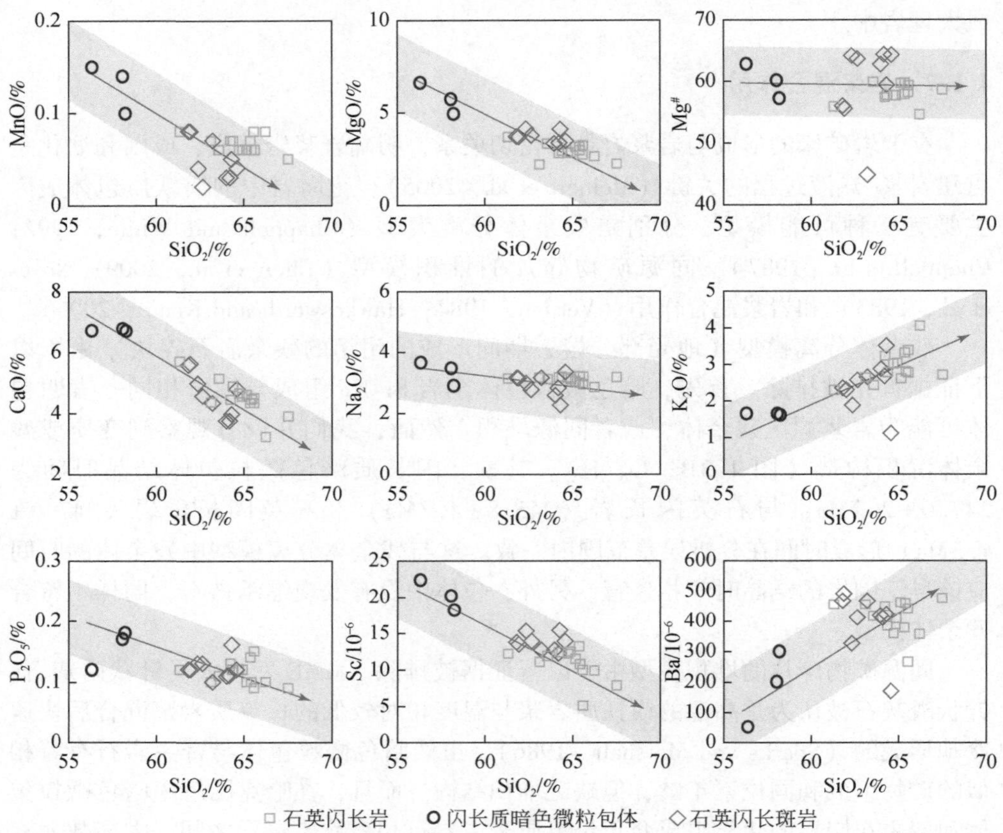

图 4-6　德乌鲁岩体石英闪长岩、石英闪长斑岩、闪长质暗色微粒包体哈克图解

这些证据表明，在结晶生长过程中，熔体化学条件或热量的变化是岩浆混合作用的结果（Baxter and Feely, 2002; Grogan and Reavy, 2002）。

4.1.8 岩石成因

石英闪长岩样品在 TAS 图解中主要落入花岗闪长岩和闪长岩区域，属于亚碱性系列（图 4-7A）。Mg# 值为 47 ~ 61，A/NK 值为 0.95 ~ 1.04，A/CNK 值为 0.91 ~ 1.12，具有准铝质到过铝质岩石性质（图 4-7B），属于高钾钙碱性系列岩石（图 4-7C）。石英闪长岩富集 Rb、U、Th，亏损 Ba、Sr、Eu、Nb 和 Ta（图 4-8A），具有右倾型稀土配分模式，并显示负 Eu 异常（图 4-8B）。

石英闪长斑岩在 TAS 图解中主要落入花岗闪长岩和闪长岩区域，属于亚碱性系列（图 4-7A）。A/NK 的值为 1.90 ~ 2.38，A/CNK 值为 0.83 ~ 1.15，具有准

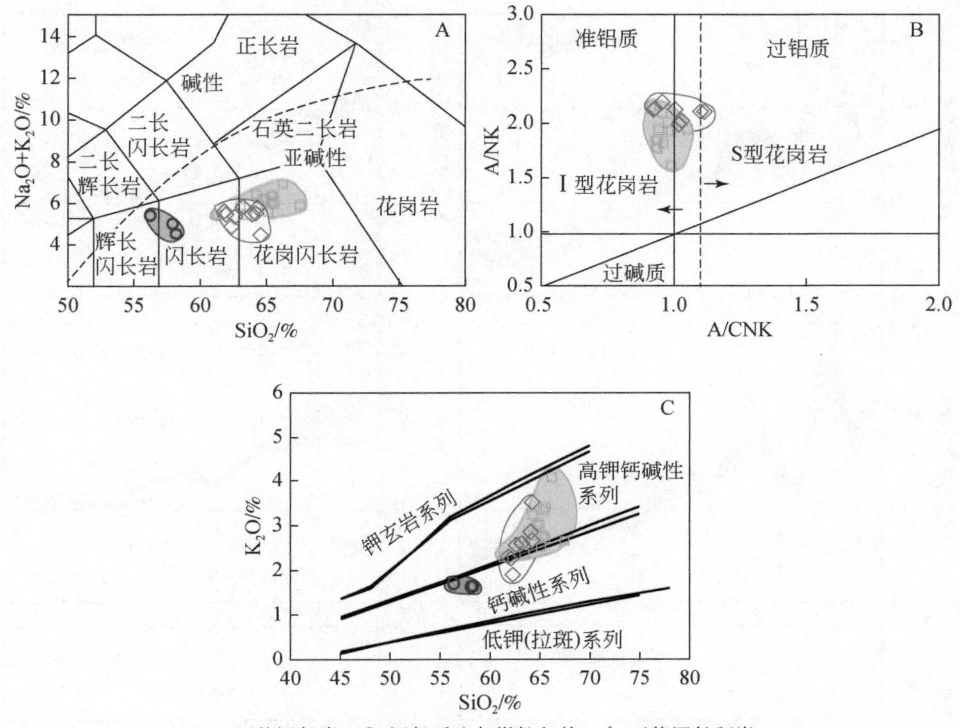

图 4-7　德乌鲁矿床岩体岩石地球化学图解

$A/NK=Al_2O_3/(Na_2O+K_2O)$，$A/CNK=Al_2O_3/(Na_2O+K_2O+CaO)$

铝质到过铝质岩石性质（图 4-7B），属于碱性系列至高钾钙碱性系列岩石（图 4-7C）。石英闪长斑岩富集 Rb、U、Th，亏损 Ba、Sr、Eu、Nb 和 Ta（图 4-8C），显示右倾型稀土配分模式，具有负 Eu 异常（图 4-8D）。

暗色微粒包体在 TAS 图解中主要落入辉长闪长岩和闪长岩区域，同样属于亚碱性系列（图 4-7A）。MgO 含量为 4.94%～6.61%，A/NK 的值为 1.92～2.70，A/CNK 值为 0.75～0.89，具有准铝质岩石性质（图 4-7B），属于碱性系列岩石（图 4-7C）。MME 与寄主岩石相似，富集 Rb、U、Th，亏损 Ba、Sr、Eu、Nb 和 Ta（图 4-8E），显示右倾型稀土配分模式，但相对较弱的 Eu 负异常（Eu/Eu^* = 0.47～0.77）。石英闪长斑岩中 MME 样品（DWL-ME1）的 22 个测点的 Lu-Hf 同位素测试结果显示，$^{176}Lu/^{177}Hf$ = 0.000376～0.000761，$^{176}Hf/^{177}Hf$ = 0.282396～0.282536。样品的单阶段亏损地幔模式年龄（$T_{DM}{}^1$）由锆石（寄主岩石）生长轨迹与亏损地幔演化曲线交点计算所得（Vervoort and Blichert-Toft，1999）。二阶

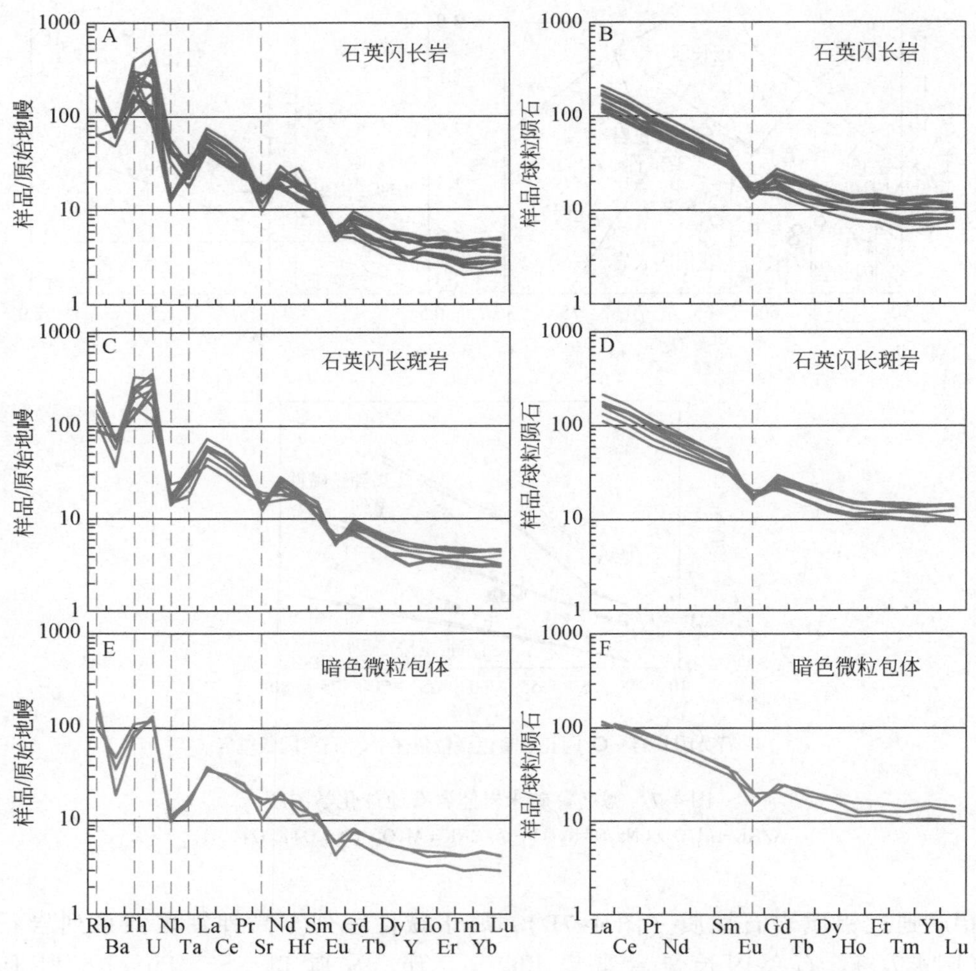

图 4-8　德乌鲁矿床含矿岩浆岩微量元素蛛网图与稀土元素配分曲线

段模式年龄（$T_{DM}{}^2$）用来计算岩浆源区，假设平均大陆地壳$^{176}Lu/^{177}Hf$值为0.015（Griffin et al.，2002），MME锆石的ε_{Hf}（t）为-8.0～-3.3，其对应的$T_{DM}{}^2$年龄为1.48～1.78Ga（图4-9）。

暗色微粒包体和寄主花岗质岩石的地球化学和同位素组成也支持了这一观点。哈克图解显示寄主岩石与MME呈连续的SiO_2与TiO_2、Al_2O_3、TFe_2O_3、MnO、MgO、$Mg^{\#}$、CaO、Na_2O、K_2O、P_2O_5、Sc和Ba演化趋势（图4-6）。这表明镁铁质岩浆与长英质岩浆的混合可能导致了MME化学组成的变化，这与MME

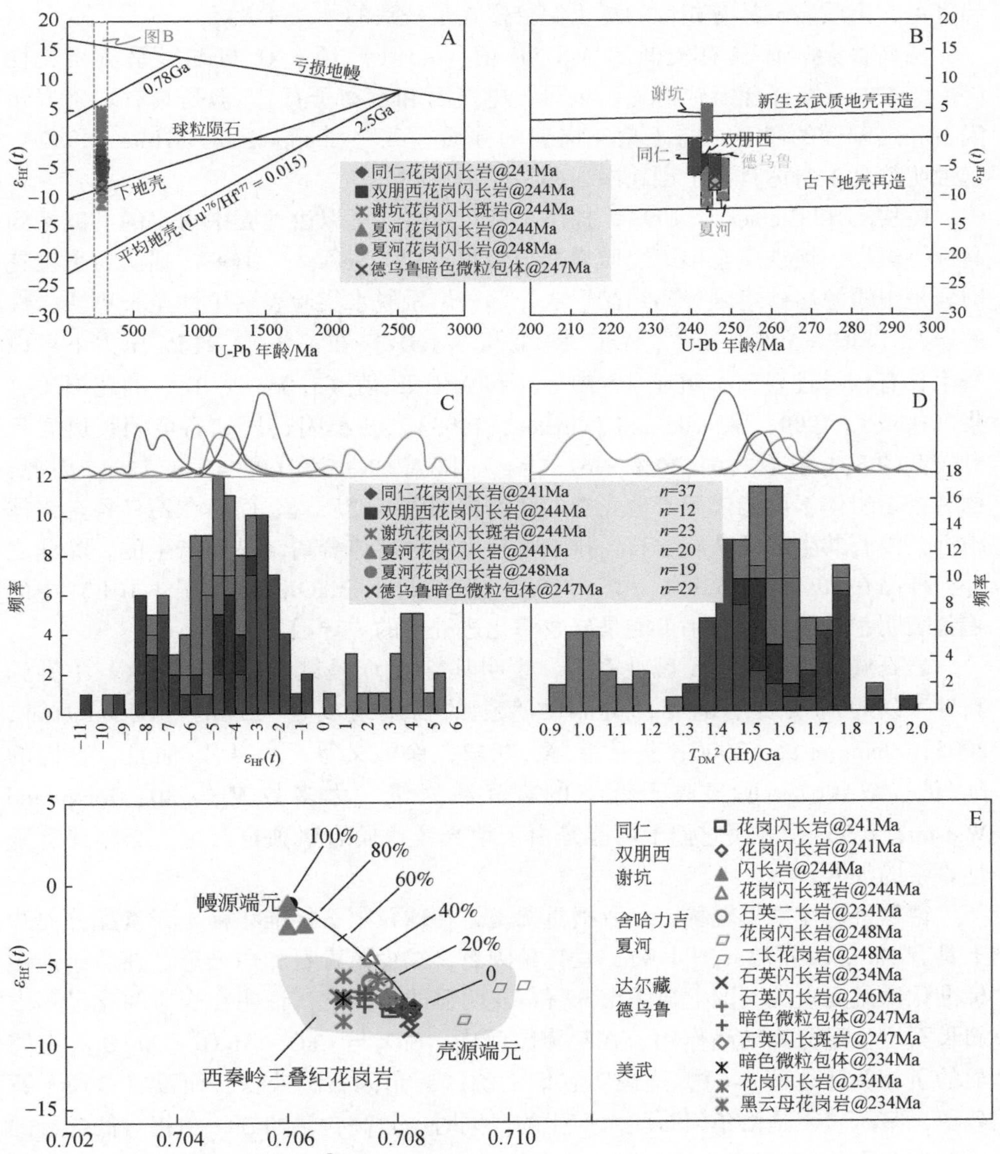

图 4-9　合作地区三叠纪岩体锆石特征

A、B：合作地区三叠纪岩体锆石铪同位素特征；C：$\varepsilon_{Hf}(t)$ -频率直方图；

D：$T_{DM}{}^2$ 频率直方图；E：I_{Sr}-$\varepsilon_{Nd}(t)$ 图解

和寄主花岗质岩石具有相似的稀土配分模式是一致的（图4-8）。

德乌鲁杂岩体具有较低的 A/CNK 值（<1.1）且 P_2O_5 与 SiO_2 呈负相关性（图4-6），不发育含铝矿物（白云母，电气石和石榴子石），但是具有岩浆岩角闪石和黑云母的组合，与 I 型花岗岩的性质一致（Chappell and White，1992）。这说明德乌鲁岩体具有 I 型花岗岩的特征。

Roberts 和 Clemens（1993）提出 I 型花岗岩，可以由地壳中含水的钙碱性到高钾钙碱性，镁铁质至中级变质岩部分熔融产生。Soesoo（2000）则认为 I 型花岗岩是由幔源熔体熔融分离结晶形成。部分熔融脱水实验表明中性至长英质岩性的岩石（SiO_2=59%~70%，A/CNK=0.90~1.04）在1.0~3.2GPa 压力下可以产生具有相对较高 SiO_2组成（>70%）和 A/CNK 值（1.03~2.07）的花岗质岩浆（Douce，1999；Skjerlie and Johnston，1993）。石英闪长岩和石英闪长斑岩具有较低的 SiO_2组成（61.30%~67.51%）和 A/CNK 值（0.94~1.13）。因此，德乌鲁杂岩体不可能来源于地壳中的镁铁质到中级变质岩。而且在德乌鲁杂岩体附近，没有共生的镁铁质岩石，排除了是由幔源熔体分离结晶而产生的。除此之外，样品在 Rb/Nd-Rb 图解（图4-10A）和 TFe_2O_3-MgO 图解（图4-10B）中的趋势表明，岩浆混合作用可能是岩浆演化过程中的主导因素。

岩石属准铝质高钾钙碱性系列，表明其富 K_2O 是继承自源区。这与中钾到高钾系列的镁铁质下地壳部分熔融产生的物质组成是一致的（Sisson et al.，2005；Zhang et al.，2006；骆必继等，2012；徐学义等，2014）。而且，它们的 $Mg^\#$值（47~67）明显高于标准的玄武质岩浆（大多数 $Mg^\#$<40；Rapp and Watson，1995），表明它们不可能是由下地壳镁铁质岩浆独自产生，必须要有基性岩浆的加入。

德乌鲁岩体富集轻稀土，亏损重稀土，在球粒陨石标准化稀土元素配分曲线上具有 Eu 的负异常（图4-8），发育角闪石，缺少堇青石和白云母。在原始地幔标准化微量元素蛛网图上显示出 Sr 和 Eu 明显的负异常，证明在岩浆演化过程中斜长石发生过分离结晶作用。在哈克图解中，SiO_2与 CaO、Al_2O_3、Na_2O 具有明显的负相关性（图4-6），这说明它们的源区有角闪石的残留，而没有石榴子石残留，暗示岩浆是由角闪石脱水产生的。同时，较高含量的 SiO_2和相对低含量的 K_2O 组分也排除了钾长石的分离作用。所有样品都具有较低的 Al_2O_3/（FeO+MgO+TiO_2）值，落入角闪石的部分熔融区域（图4-10C），进一步说明它们主要来源于玄武质变质镁铁质岩石的部分熔融。

镁铁质暗色微粒包体具有较低的 SiO_2组成（56.28%~58.18%），较高的 Ni（41.6×10^{-6} ~ 69.0×10^{-6}）、Cr（170×10^{-6} ~ 378×10^{-6}）和 MgO（4.94%~6.61%），说明形成包体的岩浆可能是玄武质岩浆或者由地幔物质的加入。而且，

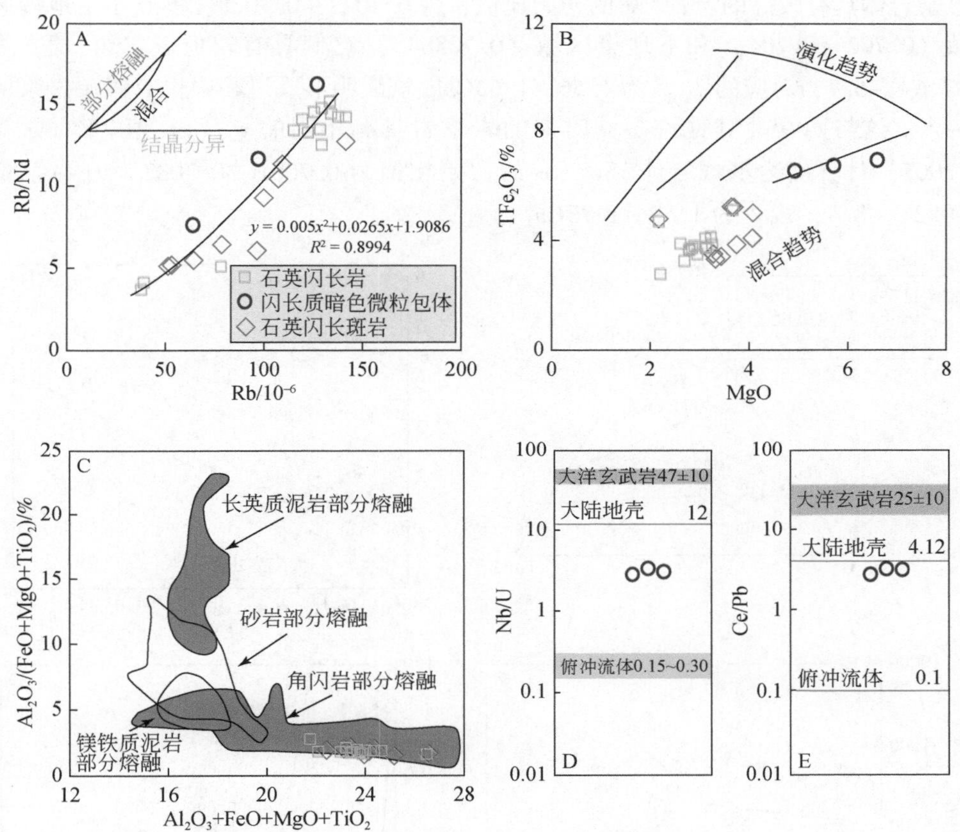

图 4-10　德乌鲁岩体地球化学图解（一）

A：Rb/Nd-Rb 图解；B：TFe_2O_3-MgO 图解；C：$Al_2O_3/(FeO+MgO+TiO_2)$-$Al_2O_3+FeO+MgO+TiO_2$图解；D、E：暗色微粒包体 Nb/U、Ce/Pb 图解

它们具有比标准的玄武质岩浆（通常 $Mg^\#<40$，Rapp and Watson，1995）更高的 $Mg^\#$（60～65），较低的 Sr/Y 值，与标准的岛弧安山岩类似（图4-11D），表明在 MME 的形成过程中有地幔物质的加入。暗色微粒包体 Nb/U 值为 2.8～3.4，Ce/Pb 值为 2.8～3.2（图 4-10D、E）低于大洋玄武岩（Nb/U＝47±10，Hofmann et al.，1986；Ce/Pb＝25±5，Sun and McDonough，1989），也低于大陆地壳（Nb/U＝12，Ce/Pb＝4.12，Taylor and Mclennan，1995），但高于俯冲流体的相关组成。这些特征说明 MME 初始岩浆可能是受板片流体或熔体交代的地幔橄榄岩发生部分熔融作用的产物。

全岩 Sr-Nd 同位素数据和 Hf 同位素数据也支持这一认识（图 4-9E）。德乌鲁杂岩体具有较高的$^{87}Sr/^{86}Sr$的初始比值，为0.7073～0.7078，落点于上地幔区域（0.702～0.704）和下地壳区域（0.70884）。它们具有较低$\varepsilon_{Nd}(t)$值，为-7.6～-6.7，对应的$T_{DM}{}^2$为1.56～1.63Ga。这表明形成过程中也有幔源岩浆的混入。这与西秦岭其他许多同时期的岩浆岩具有相同的$\varepsilon_{Nd}(t)$值。Zhang等（2007）计算出达尔藏岩体$^{87}Sr/^{86}Sr$的初始比值为0.7081～0.7082，$\varepsilon_{Nd}(t)$值-9.2～-8.4，$T_{DM}{}^2$为1.59～1.73Ga。

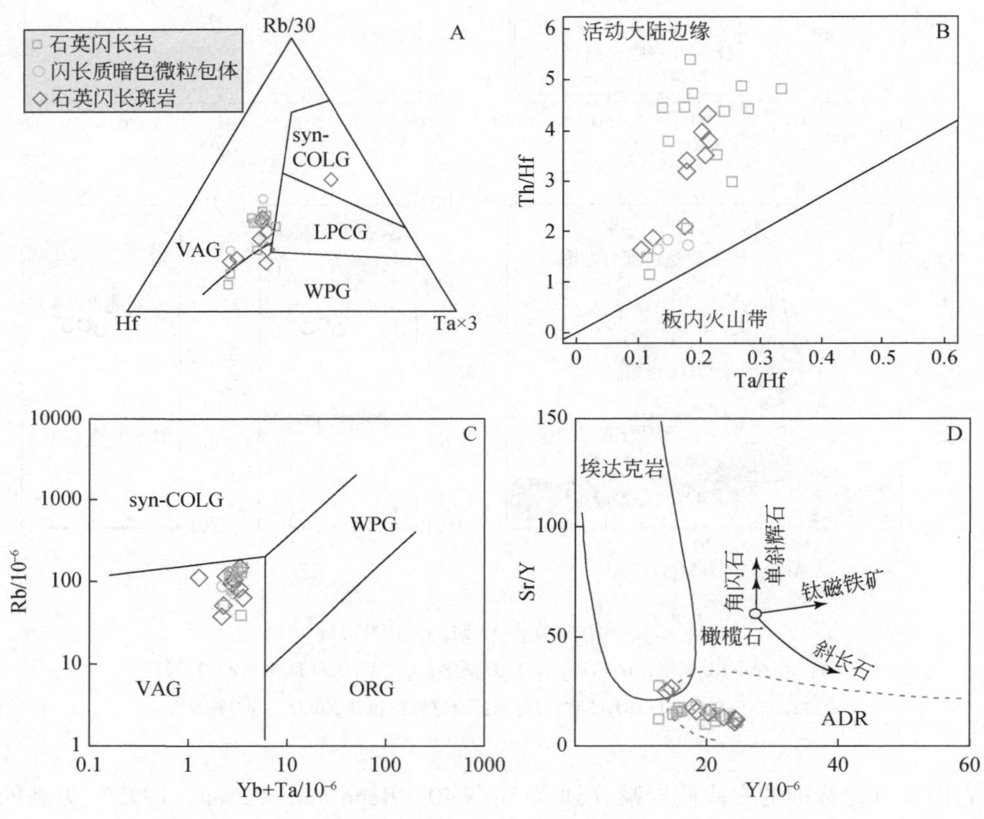

图4-11　德乌鲁岩体地球化学图解（二）

A：Rb/30-Hf-Ta三角图解；B：Th/Hf-Ta/Hf图解；C：Rb-Yb+Ta图解；D：Sr/Y-Y图解。WPG=板内花岗岩，syn-COLG=同碰撞花岗岩，VAG=火山弧花岗岩，ORG=洋中脊花岗岩，LPCG=晚碰撞-碰撞后花岗岩，ADR=岛弧安山岩-英安岩-流纹岩

Zhang等（2007）和骆必继等（2012）得出美武岩体花岗闪长岩和黑云母花岗岩$^{87}Sr/^{86}Sr$的初始值为0.7069～0.7076，$\varepsilon_{Nd}(t)$值为-8.5～-5.7，对应$T_{DM}{}^2$为1.28～1.72Ga。Luo等（2012b）报道双朋西岩体$^{87}Sr/^{86}Sr$的初始值为0.7081～

0.7083，$\varepsilon_{Nd}(t)$ 值为-8.0～-7.6，对应 $T_{DM}{}^{2}$ 为 1.53～1.70Ga。韦萍等（2013）得出夏河岩体二长花岗岩$^{87}Sr/^{86}Sr$ 的初始值为 0.7071～0.7074，$\varepsilon_{Nd}(t)$ 值为-8.4～-6.2，对应 $T_{DM}{}^{2}$ 为 1.51～1.70Ga。黄雄飞等（2013）得出舍哈力吉岩体石英二长岩$^{87}Sr/^{86}Sr$的初始值为 0.7075～0.7077，$\varepsilon_{Nd}(t)$ 值为-6.3～-6.1，对应 $T_{DM}{}^{2}$ 为 1.25～1.33Ga。Li 等（2015a）得出同仁岩体花岗闪长岩$^{87}Sr/^{86}Sr$ 的初始值 0.7076～0.7082，$\varepsilon_{Nd}(t)$ 值-7.9～-7.5，对应 $T_{DM}{}^{2}$ 为1.60～1.66Ga。这些证据支持这些 250～235Ma 岩体可能是由下地壳富钾玄武质岩浆部分熔融产生的推测。

德乌鲁岩体闪长质暗色微粒包体锆石 ε_{Hf}（t）为-8.0～-3.3，对应的 $T_{DM}{}^{2}$ 为 1.48～1.78Ga，投点位于亏损地幔线以下，在下地壳区域内（图 4-9）。与同仁-夏河-合作区域的其他同时期的花岗质岩石同位素组成一致。双朋西岩体花岗闪长岩 ε_{Hf}（t）值为-4.7～-3.4，$T_{DM}{}^{2}$ 为 1.63～1.49Ga（骆必继等，2012），夏河岩体花岗闪长岩 ε_{Hf}（t）值为-11.0～-4.0，$T_{DM}{}^{2}$ 为 1.53～1.97Ga（韦萍等，2013），同仁岩体花岗闪长岩 ε_{Hf}（t）值为-5.6～-0.6，$T_{DM}{}^{2}$ 为 1.64～1.31Ga（Li et al.，2015a）。

德乌鲁杂岩体属过铝质的，钙碱性至高钾钙碱性系列，富集轻稀土元素和大离子亲石元素，亏损重稀土元素和高场强元素，具有 Eu 的明显的负异常，表明其与岛弧岩浆岩性质类似。而且，它们均落点于火山岛弧岩浆岩区域（图 4-11A）和活动大陆边缘花岗岩区域（图 4-11B）。它们与岛弧安山岩、英安岩和流纹岩具有类似的地球化学性质。

4.1.9　岩浆氧逸度

对德乌鲁铜矿床含矿暗色微粒包体（MME）的锆石 LA-ICP-MS 微量元素分析，使用锆石晶格应变模型对全岩地球化学数据和锆石微量元素含量进行计算，获得其形成温度和熔体氧逸度，讨论氧逸度对成矿作用的贡献。样品均采自德乌鲁矿区地表露头，蚀变矿化较弱，对分析结果产生影响较小。样品处理在河北省廊坊市地科勘探技术服务有限公司岩矿实验室完成，全岩主微量和锆石单矿物微量元素分析测试在广州澳实分析检测有限公司和合肥工业大学实验室完成。相关详细样品处理方法、流程与测试条件见 Qiu 和 Deng（2017）。

暗色微粒包体锆石稀土元素总量∑REE 为 257.46×10^{-6}～865.78×10^{-6}，平均值为 424.66×10^{-6}，LREE/HREE＝0.02～0.21，平均值为 0.04。Ce 异常范围为 18.8～119.69，平均值为 62.63。在球粒陨石标准化稀土元素配分曲线显示，锆石轻稀土元素亏损，重稀土元素富集，球粒陨石标准化配分曲线图呈左倾斜样式，有明显的 Eu 负异常，Ce 相对于相邻的轻稀土元素强烈富集，表现明显的 Ce 正异常。

德乌鲁矿床暗色微粒包体的锆石微量元素组成由 ZOFIT 软件（Qiu et al., 2014）计算。22 个锆石的氧逸度范围为-17.69～6.14，ΔFMQ 范围为-2.81～11.94，这些数据投点主要落在赤铁矿-磁铁矿（HM）和铁橄榄石-磁铁矿-石英（FMQ）的区间内（图 4-12），五个锆石颗粒的数据落在 FMQ 和铁-方铁矿区间内，闪长质暗色微粒包体微量元素组成平均 ΔFMQ 组成为 3.3（图 4-13）。其中三个锆石颗粒（DWL-ME.05、DWL-ME.22 和 DWL-ME.27）计算氧逸度数据过高，与实际不相符，可能是由于在较高 Ti 浓度（1559×10^{-6}～1742×10^{-6}）下岩浆的氧逸度不确定性引起的，所以从投点和氧逸度的计算中去除掉。

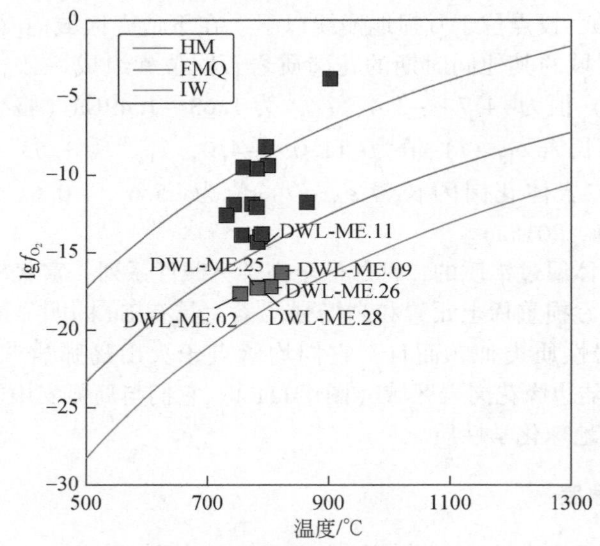

图 4-12　MME 锆石氧逸度-温度关系图

HM 为 Fe_2O_3-Fe_3O_4 缓冲剂的缓冲线；FMQ 为 Fe_2SiO_4-Fe_3O_4-SiO_2 缓冲剂的缓冲线；IW 为 Fe-FeO 缓冲剂的缓冲线

德乌鲁铜矿床含矿岩浆岩发育暗色微粒包体，源于中元古代基性下地壳部分熔融，同时源区发生了与幔源玄武质基性岩浆（包体的原始岩浆）的混合作用，属于印支早期活动大陆边缘与俯冲构造背景相关的弧岩浆活动产物（Qiu and Deng, 2017）。包体的原始岩浆来自交代改造的岩石圈地幔，因而提高了其氧逸度，有利于形成斑岩铜矿床。

4.1.10　矿床成因

基于以上的地质、地球化学和矿物学证据，我们认为德乌鲁杂岩体形成与古特提斯洋板块的向北俯冲有关系（图 4-14A）。它们来源于部分熔融的被熔体交

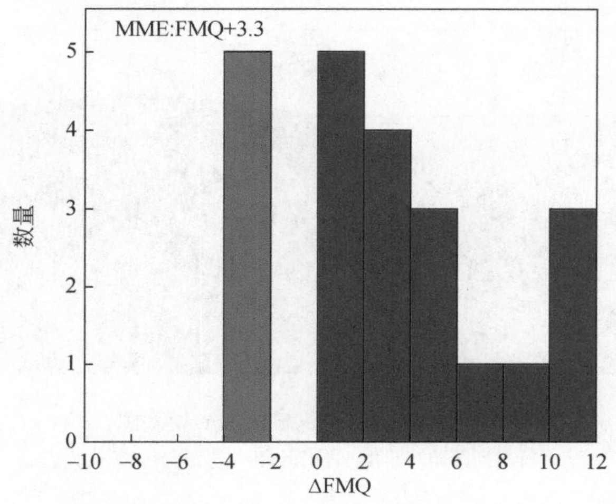

图 4-13　德乌鲁 MME 岩浆氧化价态直方图

FMQ 为 Fe_2SiO_4-Fe_3O_4-SiO_2 缓冲剂的缓冲线

代作用改造的大陆岩石圈地幔，形成高温幔源玄武质基性岩浆，侵于下地壳导致西秦岭中元古代基性下地壳中的角闪石等含水矿物脱水，并诱发下地壳部分熔融形成中酸性岩浆，这种中酸性岩浆与内侵的基性岩浆发生岩浆混合作用先后上侵固结成岩（图 4-14B），最终导致德乌鲁杂岩体及暗色微粒包体的形成。随后与岩石圈上部发生交代作用，提供必要的热源和挥发分引起下地壳的部分熔融，与下地壳的混合岩浆就位一致，富集 S、Cl、H_2O 和一些金属元素的热液流体引起了蚀变的广泛发育，在花岗岩和二叠纪地层之间形成了夕卡岩和这个地区的相关的铜矿床（图 4-14C）。

甘南地区早三叠世岩浆活动发育广泛。金维浚等（2005）认为夏河和冶力关岩体具有埃达克质地球化学特征，它们形成于印支期古特提斯洋汇聚和消亡的活动大陆边缘。Zhang 等（2007）认为同仁花岗闪长岩与俯冲板片断裂有关。Li 等

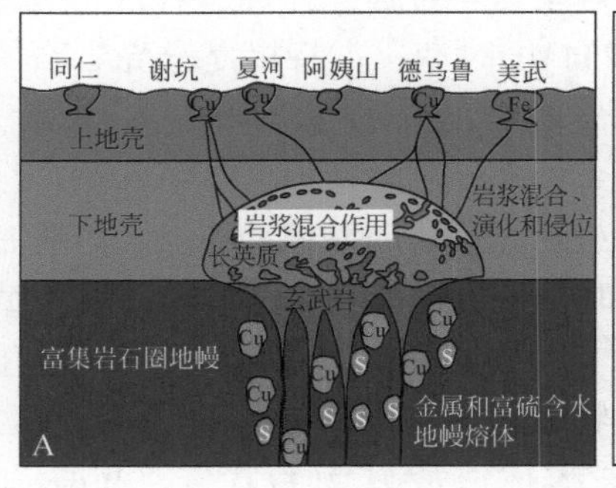

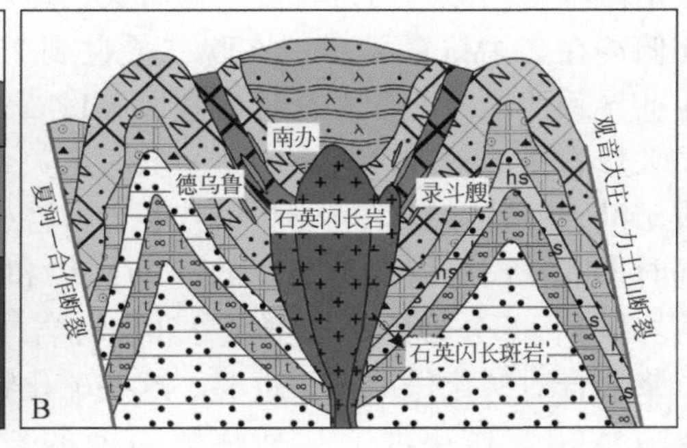

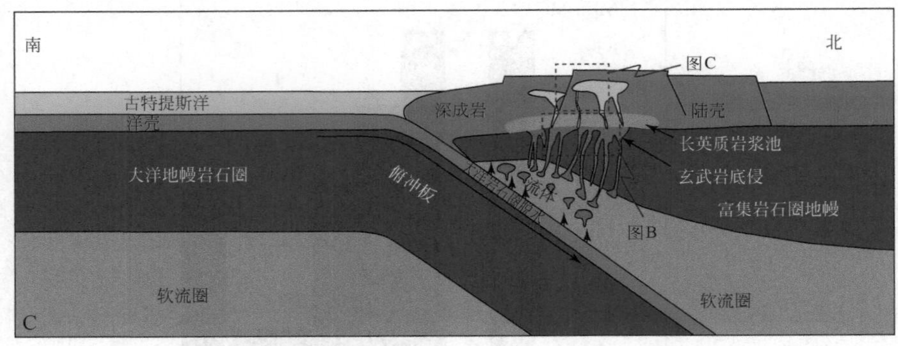

图 4-14　德乌鲁铜矿床成矿模式图

A：特提斯洋俯冲；B：岩浆混合；C：夕卡岩矿化模型

(2015d) 认为同仁花岗闪长岩侵位于241Ma，形成于俯冲环境，与北向俯冲的阿尼玛卿-勉略大洋岩石圈板片折返有关。Luo 等（2012b）研究了由花岗闪长岩、黑云母花岗岩和 MME 组成的美武岩体印支早期（245～242Ma）的岩浆混合作用，认为其形成与俯冲的阿尼玛卿洋壳的断裂有关。岗岔侵入杂岩（包括江里沟黑云母花岗岩、双朋西花岗闪长岩和谢坑辉长岩闪长岩）侵位于 244～234Ma，被认为是古特提斯洋北向俯冲在西藏东北部消亡的大陆边缘弧（Guo et al., 2012；Zhang et al., 2014b；徐学义等，2014）。韦萍等（2013）认为夏河花岗岩形成于大陆边缘弧环境，这也表明西秦岭地区阿尼玛卿-勉略洋盆的闭合不早于 244Ma。黄雄飞等（2013）得到舍哈里吉石英二长岩侵位于 235Ma，认为印支早期（248～235Ma）花岗岩类形成于活动大陆边缘，可能与古特提斯洋壳俯冲方向突然改变而引起的局部延伸作用有关（Ding et al., 2013；Yan et al., 2012；Zhang et al., 2012）（图 4-15）。此外，它们与东昆仑广泛分布花岗岩类的年龄一致（Li et al., 2015c）。西秦岭和东昆仑地区同样广泛发育的印支早期岩浆活动限定了区域上相似的与古特提斯洋有关的地球动力学过程，并标志着古特提斯洋向北俯冲在 234Ma 的消亡。在晚二叠世到 234Ma 时期，古特提斯洋壳岩石圈向北俯冲导致西秦岭北部发育弧后盆地（Li et al., 2015d；Qiu et al., 2016）。

大量岩浆活动和热液矿床之间的时空关系，显示出甘南地区铜矿和金矿巨大的成矿潜力，这些矿床可能与早三叠世古特提斯洋板块向北俯冲有关。尽管一部分同时期的花岗质岩石是贫矿的（如同仁和阿姨山岩体）或弱矿化（如美武和夏河岩体），部分岩体（如德乌鲁和谢坑岩体）含矿明显。我们认为可能的原因为岩浆混合对矿化作用至关重要。这些硫化物在岩浆混合过程中受到了与俯冲带含水流体相互作用的交代地幔岩石圈的新熔体或挥发物的富集（Wilkinson,

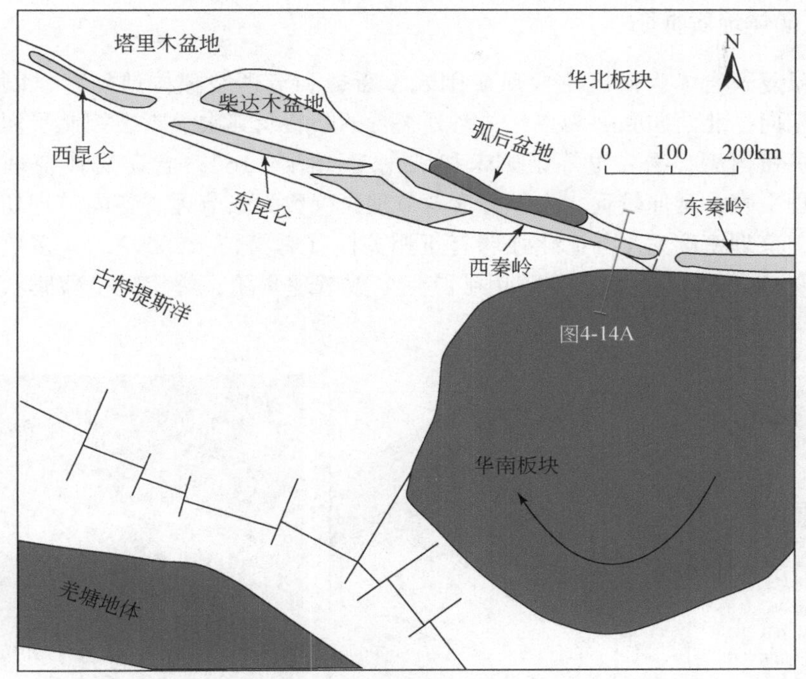

图 4-15　西秦岭晚古生代和中生代早期的构造演化模式图

2013）。俯冲改造后的岩石圈可能沿着北西向不均匀分布。这种不均匀分布可能导致了甘南地区数十公里至数百公里范围内地区的岩浆岩源区或富集或贫化成矿金属元素。此外，只有在特定条件下，区域和局部尺度构造等成矿条件有效结合，才能最终成功地将大量金属富集（Tosdal et al.，2001），并且集中在岩石圈内或底部成矿（Chiaradia，2014）。

4.2　温泉钼矿床

4.2.1　矿床地质特征

温泉钼矿床产于西秦岭天水地区温泉岩体中（105°40′E ~ 105°80′E，34°35′N ~ 34°38′N），北以武山-天水-宝鸡深大断裂带与祁连造山带为邻，南以武山-娘娘坝深大断裂带与海西褶皱带相邻。温泉复式岩体地表轮廓为近圆形，面积约为 260km^2，侵位于古元古代至中元古代秦岭群高绿片岩相火山—沉积变质岩系和泥盆纪大草滩群碳酸盐岩、砂岩和页岩中。

4.2.2 矿体地质特征

温泉复式岩体为矿区主要赋矿围岩，断裂和节理裂隙构造发育。以近南北向、北东向、北西向断裂为主，一系列平行的断裂及其次级断裂控制了温泉、陈家大湾、松树湾、物妥里等钼矿床和矿化点（图4-16）。含矿岩体节理裂隙发育，节理平直，延伸较远，大部分为剪节理，少数为张节理。各向节理切错交汇在一起，节理密度大小与矿化强弱有正相关性（韩海涛，2009）。大多数节理内充填烟灰色–深灰黑色细石英辉钼矿脉，少数节理紧闭，辉钼矿呈薄膜状充填其内（图4-16）。

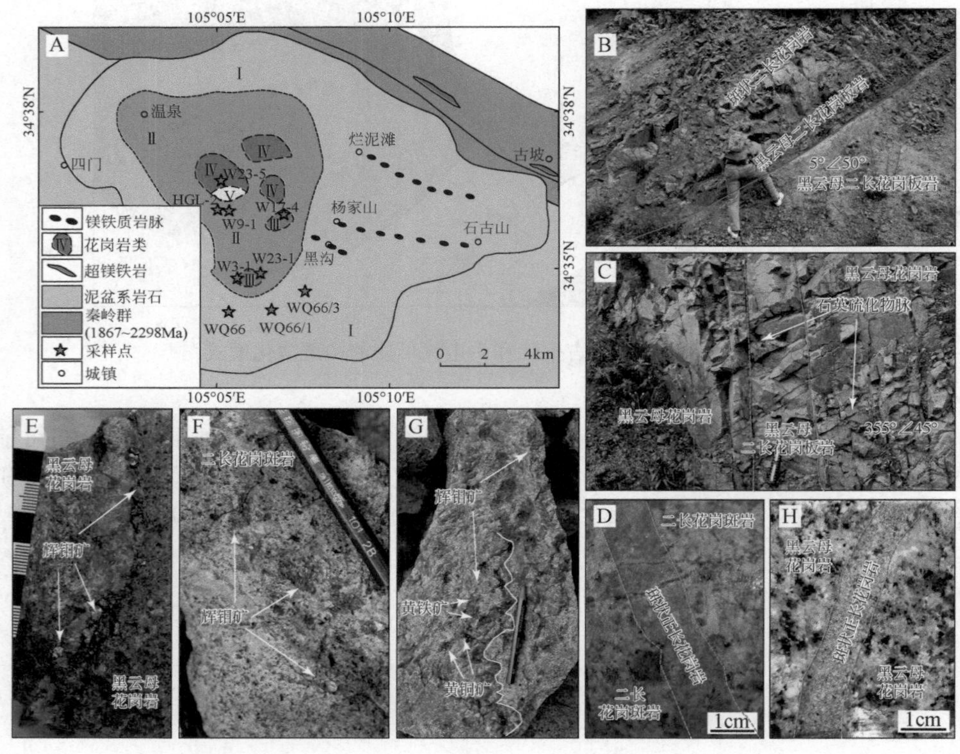

图4-16　温泉钼矿床典型矿化样式

温泉复式岩体由五个岩相单元组成，分别为粉色中细粒黑云母花岗岩（Ⅰ）、灰白色细粒黑云母二长花岗斑岩（Ⅱ），浅肉红色至灰白色中细粒似斑状二长花岗岩（Ⅲ）、粉色中粗粒二长花岗斑岩（Ⅳ）和粉色至红色似斑状正长花岗岩（Ⅴ）。

粉色中细粒黑云母花岗岩位于岩体最外围，主要矿物为钾长石（30%~40%）、斜长石（20%~30%）、石英（20%~25%）和黑云母（10%~15%），副矿物为锆石、磷灰石、榍石和磁铁矿（图4-17）。

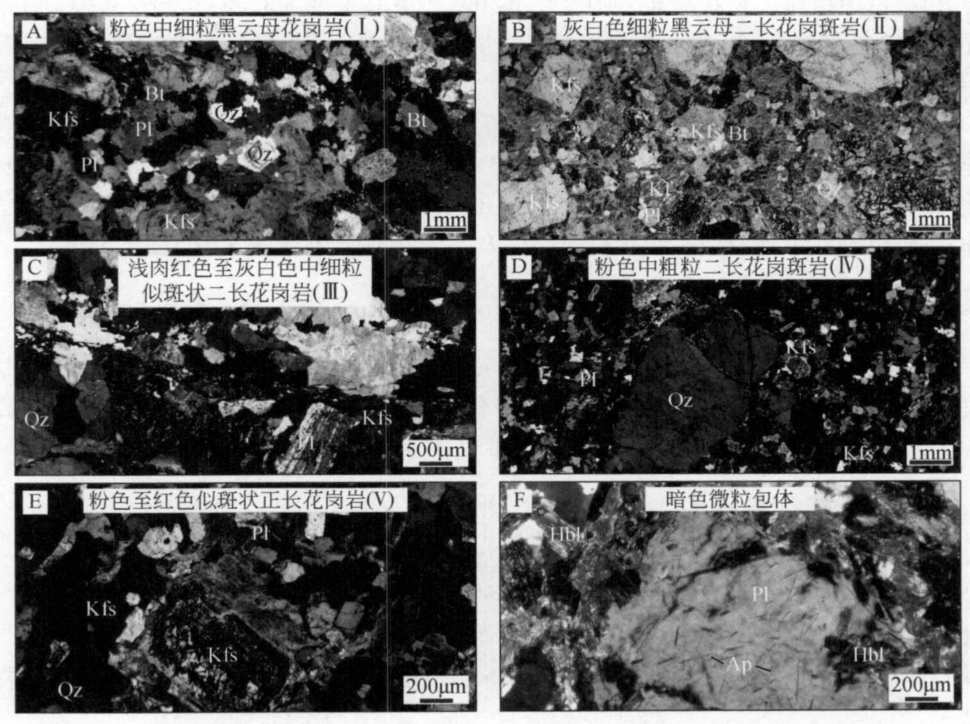

图4-17　温泉复式岩体不同岩相单元显微岩相学特征

Bt=黑云母，Pl=斜长石，Kfs=钾长石，Qz=石英，Hbl=角闪石，Ap=磷灰石

灰白色细粒黑云母二长花岗斑岩位于粉色中细粒黑云母花岗岩内侧，斑晶主要为钾长石（10%），基质为钾长石（30%~35%）、斜长石（35% ~40%）、石英（15%~20%）和黑云母（10%~15%），副矿物以锆石、磷灰石、榍石和磁铁矿为主（图4-17）。

浅肉红色至灰白色中细粒似斑状二长花岗岩和粉色中粗粒二长花岗斑岩侵入至灰白色细粒黑云母二长花岗斑岩。前者斑晶含量和粒径大于黑云母二长花岗斑岩。钾长石、斜长石、石英斑晶占10%~40%，基质主要为钾长石（20%~30%）、斜长石（25%~30%）、石英（10%~20%）和黑云母（5%~8%），副矿物为锆石、磷灰石、榍石和磁铁矿。相较于黑云母二长花岗斑岩和似斑状二长花岗岩，二长花岗斑岩斑晶含量低，粒径小。其斑晶主要为斜长石和石英（5%~

8%）。基质主要有斜长石（25%~35%）、钾长石（30%~40%）、石英（20%~25%）和黑云母（3%~5%）。

粉色至红色似斑状正长花岗岩出露较少，主要侵入至粉色中细粒黑云母花岗岩和粉色中粗粒二长花岗斑岩中（图4-16）。斑晶主要为石英（2%~3%）和钾长石（3%~5%），基质主要为钾长石（40%~50%）、斜长石（15%~20%）、石英（20%~30%）。

黑云母二长花岗斑岩和似斑状二长花岗岩发育大量暗色微粒包体，主要由斜长石（55%~60%）、角闪石（30%~35%）、钾长石（5%~10%）和少量黑云母、石英及锆石、磷灰石等副矿物组成（图4-17）。钼矿化主要赋存于黑云母二长花岗斑岩、中细粒似斑状二长花岗岩及二者接触带内（图4-16）。

4.2.3 热液蚀变

温泉矿床围岩蚀变分带发育良好，从内向外依次为钾化带、绢英岩化带和青磐岩化带，并在靠近绢英岩化带附近有轻微的泥化发育，但界限不明显，钼矿（化）体主要分布在钾化带和绢英岩化带（图4-18）。

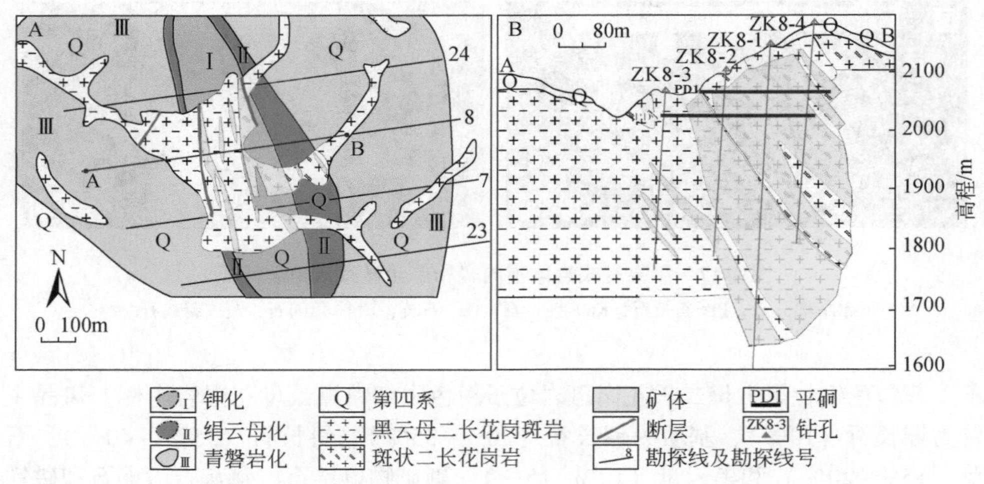

图4-18 温泉钼矿床蚀变分带（A）及勘探线剖面图（B）

钾化带主要蚀变矿物为黑云母、钾长石、石英和绢云母，矿物组合为辉钼矿、黄铜矿和少量黄铁矿、斑铜矿，辉钼矿集合体主要发育在石英脉与围岩接触部位、石英脉内部发育较小集合体，在围岩内部发育浸染状辉钼矿颗粒。绢英岩化带发育石英、绢云母和黄铁矿，矿物组合为黄铁矿和少量黄铜矿、斑铜矿、闪锌矿、方铅矿，大颗粒黄铁矿内部裂隙及边部发育黄铜矿、方铅矿和闪锌矿。青磐岩化带主要蚀变矿物为绿泥石、绿帘石、石英和方解石，发育黄铁矿和黄铜矿，石英脉中发育大颗粒黄铁矿，且均比较明显发育裂隙，并被后阶段的金属硫化物充填（图4-19）。

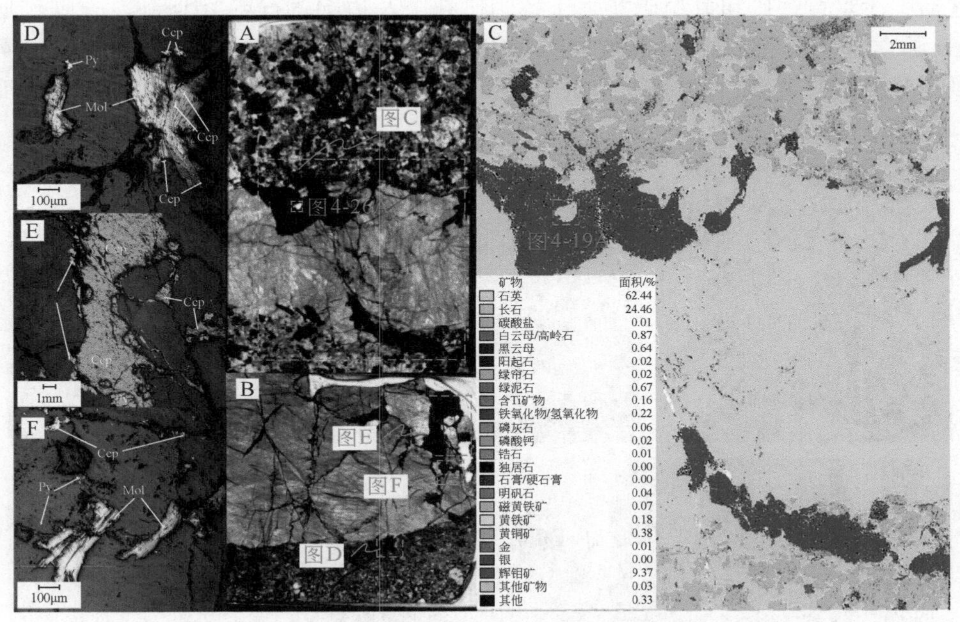

图4-19 温泉矿床石英-辉钼矿-黄铜矿-黄铁矿脉及其围岩结构及矿物

Py＝黄铁矿，Ccp＝黄铜矿，Mol＝辉钼矿

4.2.4 矿石与矿物

钼矿体呈似层状、不规则脉状赋存于中粒似斑状二长花岗岩和细粒黑云二长花岗斑岩体的破碎蚀变带和节理裂隙中（图4-18）。矿石类型主要为网脉状、细脉状和浸染状。矿石矿物主要为辉钼矿、黄铁矿、黄铜矿和少量斑铜矿、黝铜矿、闪锌矿，脉石矿物包括石英、方解石、钾长石、斜长石、黑云母、绢云母、绿泥石、绿帘石和磷灰石等（图4-19）。

4.2.5 成矿阶段与矿物共生组合

温泉矿床石英-硫化物网脉包括钾长石-黑云母-石英脉（A脉）、石英-黄铜矿脉、石英-辉钼矿脉（B脉）和石英-绢云母-黄铁矿脉（D脉）。钾长石-黑云母-石英脉（A脉）是斑岩系统岩浆-热液演化的最早期脉体，主要矿物组合为钾长石+黑云母+石英+黄铁矿±磁铁矿±磷灰石±黄铜矿，代表了引起早期基性岩浆矿物被蚀变为黑云母的流体通道；空间上，石英–黄铜矿脉与钾长石化蚀变关系密切，围岩中斜长石斑晶大量被蚀变为钾长石。石英–辉钼矿脉（B 脉）切割所有早期黑云母化–钾化蚀变阶段的石英–硫化物网脉，并形成于所有斑岩侵位之后，少量黄铁矿和黄铜矿共生于辉钼矿裂隙及边部。石英–绢云母–黄铁矿脉（D 脉）是斑岩系统岩浆–热液成矿作用的最晚期事件，其主要被黄铁矿和石英及少量黄铜矿填充，发育晚期的绢英岩化和泥化蚀变，长石多发生破坏性蚀变（图 4-20）。

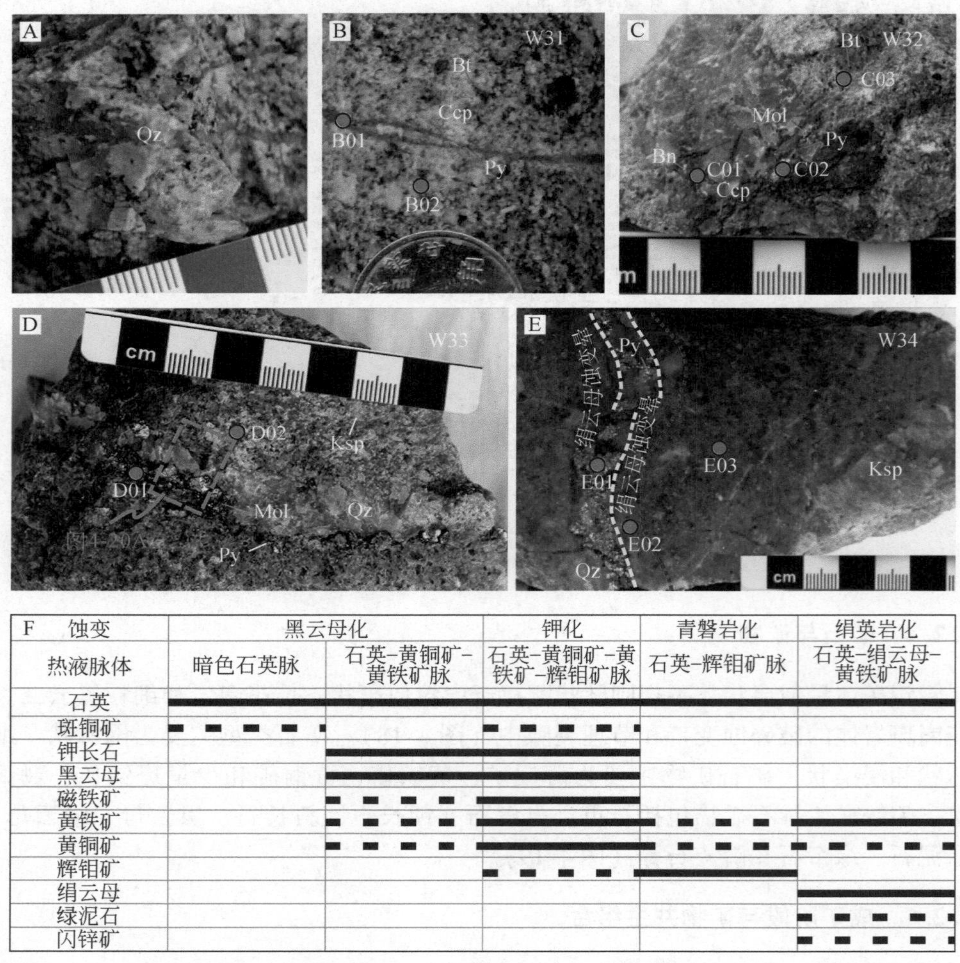

图 4-20　温泉斑岩钼矿床石英硫化物脉与矿物世代

Qz = 石英，Py = 黄铁矿，Ccp = 黄铜矿，Mol = 辉钼矿，Bt = 黑云母，Bn = 斑铜矿，Ksp = 钾长石

B01、B02、C01、C02、D01、D02、E01 ~ E03 为样品位置编号（见图 4-29）

4.2.6 成岩–成矿年代格架

甘肃省地质局武山地质队①首先得出了干池下和济梁沟含矿斑岩的钾长石 K-Ar 年龄为 420Ma 和 527Ma，但这一年代学结果违背了该岩体均侵入晚泥盆纪大草滩群这一地质事实，可能是后期热液活动导致 K-Ar 系统的重置引起的。近年来，多位学者对该区含矿岩浆岩开展了黑云母 K-Ar 和高精度的 LA-ICP-MS 锆石 U-Pb 年代学研究（表 4-1，图 4-21）。

表 4-1 温泉矿床已有成岩、成矿同位素年龄

样品号	岩性	年龄/Ma	1σ	定年矿物	定年方法
W23-5	二长花岗岩	216.2	1.7	锆石	LA-ICP-MS 锆石 U-Pb
W17-4	细粒黑云母二长花岗斑岩	217.2	2	锆石	LA-ICP-MS 锆石 U-Pb
W23-1	二长花岗岩中 MME	217.4	2	锆石	LA-ICP-MS 锆石 U-Pb
2-1	二长花岗斑岩	223	7	锆石	SHRIMP 锆石 U-Pb
3-1	花岗闪长岩	216.3	1.4	锆石	LA-ICP-MS 锆石 U-Pb
2-2	二长花岗斑岩	222.5	2.8	锆石	LA-ICP-MS 锆石 U-Pb
2-3	中细粒似斑状二长花岗岩	224.6	2.5	锆石	LA-ICP-MS 锆石 U-Pb
B4-602	次火山黑云花岗闪长斑岩	216	未提及	黑云母	K-Ar
A	细粒黑云母二长花岗岩	210	未提及	黑云母	K-Ar
B4-464	斑状黑云花岗闪长岩	207	未提及	黑云母	K-Ar
B4-313	中粗粒斑状黑云花岗闪长岩	208	未提及	黑云母	K-Ar
B4-579	中细粒含斑黑云花岗闪长岩	209	未提及	黑云母	K-Ar
Ws-zk-1	辉钼矿–石英脉	214.3	2.7	辉钼矿	Re-Os
Ws-zk-2	辉钼矿–石英脉	212.7	2.6	辉钼矿	Re-Os
Ws-5	辉钼矿–石英脉	213.8	2.5	辉钼矿	Re-Os
Ws-3	辉钼矿–石英脉	215.1	2.6	辉钼矿	Re-Os
Ws-1	辉钼矿–石英脉	214.4	2.9	辉钼矿	Re-Os

王飞（2011）和 Zhu 等（2011）对温泉岩体似斑状二长花岗岩和二长花岗斑岩的锆石 U-Pb 测年表明其侵位于 217.2±2Ma 和 216.2±1.7Ma。曹晓峰等（2012）得出中粒斑状二长花岗岩和粗粒斑状二长花岗岩锆石 U-Pb 年龄集中在

① 甘肃省地质局武山地质队，1976. 武山阳坡山钼矿检查评价报告.

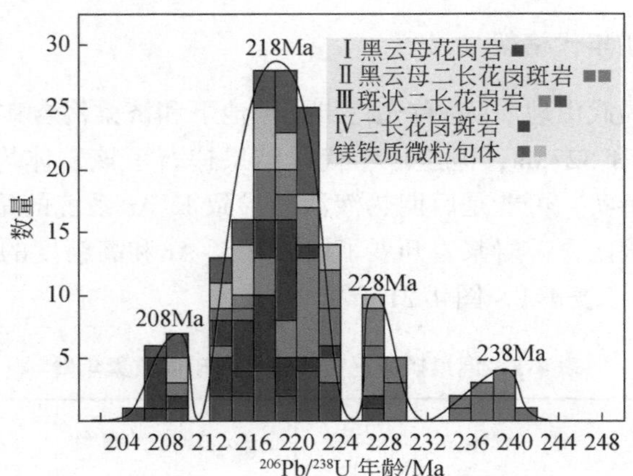

图 4-21 温泉复式岩体不同岩相单元 LA-ICP-MS 锆石 $^{206}Pb/^{238}U$ 年龄统计直方图

210～225Ma，谐和年龄为 214.1±2.8Ma 和 217.0±5.0Ma。Xiong 等（2016）得出黑云母二长花岗斑岩和似斑状二长花岗岩侵位年龄为 221±1Ma 和 218±2Ma。王飞（2011）得出斑状二长花岗岩中 MME 锆石 U-Pb 年龄为 217±2Ma，Xiong 等（2016）得出黑云母二长花岗岩和似斑状二长花岗岩中 MME 锆石 U-Pb 年龄为 218±3Ma 和 217±2Ma。因此，温泉寄主花岗岩在误差范围内与 MME 结晶年龄一致，可能是晚三叠世长英质和镁铁质岩浆发生岩浆混合作用的产物。Qiu 等（2018）结合前人获得的多组锆石年龄数据和野外各岩相接触关系，总结认为温泉岩体前四种岩相的年龄反映该区存在着 238Ma、228Ma、218Ma 和 208Ma 的岩浆活动峰值，响应西秦岭印支期构造体制由俯冲向同碰撞和后碰撞环境的转换阶段。

此外，辉钼矿 Re-Os 定年结果（Xiong et al.，2016；Zhu et al.，2009；韩海涛，2009）限定温泉矿床的钼成矿作用发生在 219±5.2Ma～214.4±7.1Ma，与含矿斑岩侵位年龄在误差范围内一致，表明温泉钼成矿作用在时间和空间上与晚三叠世岩浆作用具有密切关系（图 4-22）。

4.2.7 岩石成因

温泉复式岩体五种岩相在 TAS 图解中大部分落入花岗岩区域，表现出高硅特征，在 A/NK-A/CNK 图解上大部分样品显示出偏铝质特征，并落入Ⅰ型花岗岩内，Na_2O-K_2O 图解显示属于高钾钙钾性系列和钾玄岩系列。在球粒陨石标准化稀土元素配分图中，五种岩相均具有总体右倾，轻稀土富集、重稀土相对亏损的特征。Eu 负异常均较明显，Ce 异常微弱。N-MORB 标准化微量元素蛛网图显示，所有样品富集 Rb、Th、Ta，亏损 Ba、Nb、Eu（Qiu et al.，2018）。

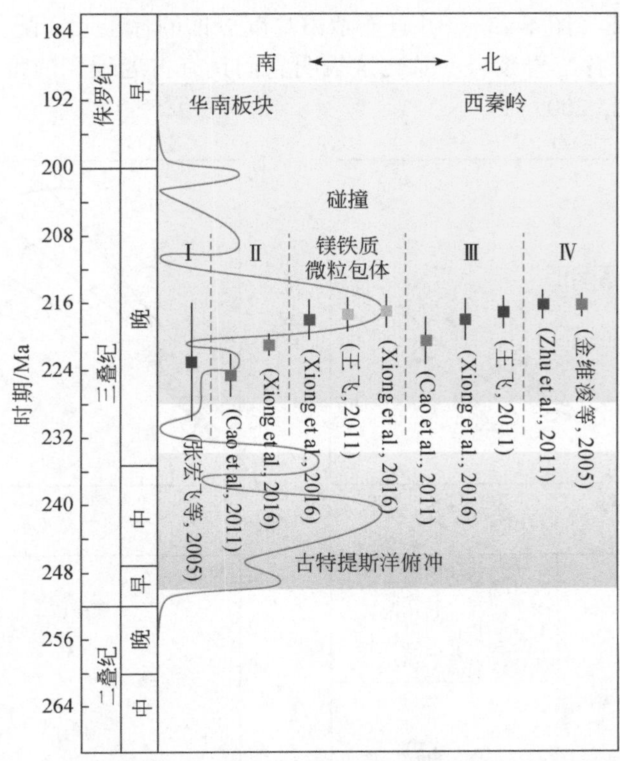

图4-22 温泉钼矿床成岩-成矿年代与西秦岭区域构造-岩浆-成矿格架关系

温泉复式岩体副矿物主要为磷灰石和磁铁矿，缺少含铝矿物如白云母、电气石和石榴子石。其偏铝质和高钾钙碱性—钾玄岩特征表明源区富钾，并与中高钾镁铁质下地壳部分熔融产生的熔体组成一致。岩体具有比下部大陆地壳（5.3）和上部大陆地壳（15.5）更高的 La_N/Yb_N 值，表明其存在显著的 REE 分馏。另外，Harker 图解显示主要氧化物（Al_2O_3、P_2O_5、CaO、Fe_3O_4、TiO_2 和 MgO）和 SiO_2 之间具有明显的负相关关系（Qiu et al.，2018），这些特征与 I 型花岗岩一致。

I 型花岗岩的成因通常有以下几点认识。有学者认为，I 型花岗岩可能是源于部分熔融成钙碱性至高钾钙碱性岩浆的基性、中基性变火成岩地壳（Chappell and White，1992；Roberts and Clemens，1993）。Soesoo（2000）认为 I 型花岗岩也可能是由地幔熔融分离结晶产生的。此外，一些学者也提出 I 型花岗岩可以通过混合地壳物质和地幔来源的岩浆形成（Kemp et al.，2007）。

全岩地球化学判别图解显示温泉岩体在岩浆演化过程中有岩浆混合趋势，这一特征排除了它们是由地幔熔融分离结晶产生的可能性。同时，温泉岩体具有高

Sr、Ba 含量特征（图 4-23），并且显示出高度分馏的稀土元素配分模式和 Eu 负异常，与区域三叠纪岩浆岩一致，这表明它们具有古老地壳的特征（Qiu et al., 2017；Zhu et al., 2009）。

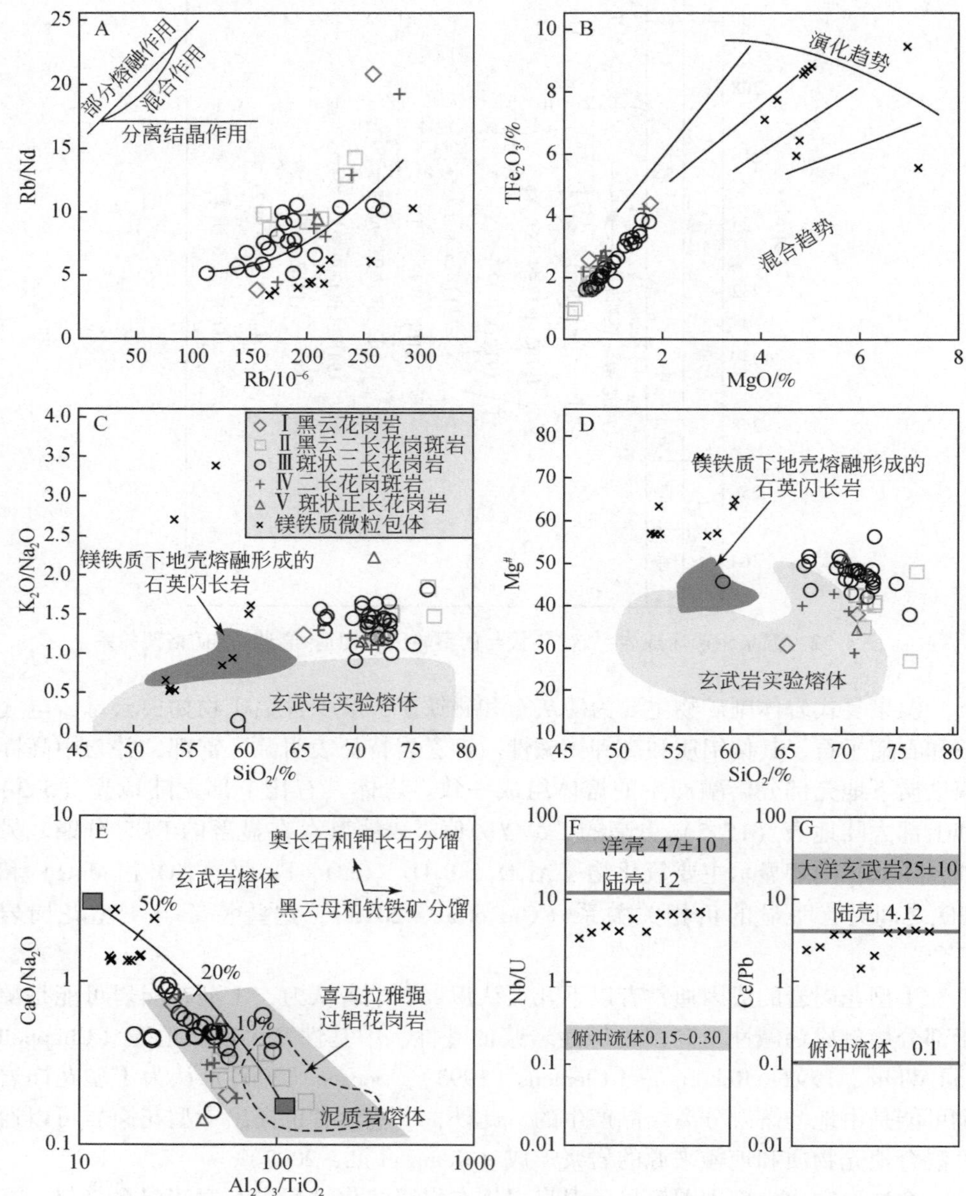

图 4-23　温泉复式岩体岩石成因判别图解

此外，前人对温泉岩体和镁铁质包体中锆石的 Hf 同位素等地球化学信息组成研究表明，温泉复式岩体锆石 ε_{Hf}（t）值大部分范围为-3.6 ~ -0.1，对应 $T_{DM}{}^2$ 为 1.01 ~ 1.23（Qiu et al.，2018），且 Pb 同位素值与华南地块的花岗岩一致（Qiu et al.，2018），表明温泉岩体可能起源于中新元古代华南地块中下地壳的部分熔融作用（Qiu et al.，2017；Xiong et al.，2016；Zhu et al.，2009）。镁铁质微粒包体锆石 ε_{Hf}（t）值跨度很大，范围为-10.1 ~ 10.8，加之低硅高镁等特征暗示其可能起源于新元古代裂解形成的富集岩石圈地幔经三叠纪重熔作用而产生的镁铁质岩浆（Zhu et al.，2009；王飞，2011）。

4.2.8　岩浆氧逸度

选取温泉复式岩体四个主要岩相单元，包括黑云母花岗岩（WQ01）、黑云母二长花岗斑岩（WQ02）、似斑状二长花岗岩（WQ03）和二长花岗斑岩（WQ04），通过对全岩主微量地球化学分析和分选的锆石单矿物 LA-ICP-MS 微量元素分析，使用锆石晶格应变模型对全岩地球化学数据和锆石微量元素含量进行计算（Smythe and Brenan，2015；Smythe and Brenan，2016），得到不同岩相的形成温度和熔体 Ce^{4+}/Ce^{3+} 值并计算出氧逸度，讨论岩浆岩锆石氧逸度对成矿作用的约束。样品均采自温泉岩体地表露头，蚀变矿化较弱，对分析结果影响较小。样品处理工作在河北省廊坊市地科勘探技术服务有限公司岩矿实验室完成，全岩主微量和锆石单矿物微量元素分析测试在中国地质调查局天津地质调查中心分析测试实验室完成。相关详细样品处理方法、流程与测试条件见 Qiu 等（2017）。

温泉复式岩体四个岩相单元的锆石单矿物多呈长柱状或短柱状，晶形完整，为半自形-自形，长 100 ~ 200μm，宽 50 ~ 100μm，长宽比为 2 ~ 4，晶面平直，棱角清晰，无蚀变边，阴极发光图像下可见清晰的震荡环带。

LA-ICP-MS 锆石微量元素测试结果显示：黑云母花岗岩（WQ01）锆石 Ta 含量为 1.43×10^{-6} ~ 20.5×10^{-6}，Yb 含量为 190.76×10^{-6} ~ 576.84×10^{-6}，Gd 含量为 10.78×10^{-6} ~ 65.15×10^{-6}，Yb/Gd 值为 7.53 ~ 19.96，平均值为 14.22；δCe 为 15.05 ~ 365.85，平均值为 99.24；δEu 为 0.24 ~ 0.95，平均值为 0.39；T 为 691.13 ~ 804.56℃，平均值为 736.55℃；$\lg f_{O_2}$ 为 -18.37 ~ -15.01，平均值为 -16.84；ΔFMQ 为 -1.75 ~ 0.19，平均值为 -0.61。

黑云母二长花岗斑岩（WQ02）锆石 Ta 含量为 1.96×10^{-6} ~ 4.07×10^{-6}，Yb 含量为 172×10^{-6} ~ 738×10^{-6}，Gd 含量为 13.87×10^{-6} ~ 507.76×10^{-6}，Yb/Gd 值为 4.81 ~ 17.66，平均值为 10.90；δCe 为 12.78 ~ 349.36，平均值为 109.01；δEu 为 0.29 ~ 0.92，平均值为 0.46；T 为 699.11 ~ 787.58℃，平均值为 735.52℃；$\lg f_{O_2}$ 为 -15.99 ~ -14.19，平均值为 -14.94；ΔFMQ 为 0.91 ~ 1.77，平均值

为1.35。

似斑状二长花岗岩（WQ03）锆石 Ta 含量为$1.48\times10^{-6}\sim6.00\times10^{-6}$，Yb 含量为$227\times10^{-6}\sim739\times10^{-6}$，Gd 含量为$14.02\times10^{-6}\sim132.74\times10^{-6}$，Yb/Gd 值为5.57～17.46，平均值为11.77；δCe 为1.42～106.72，平均值为38.86；δEu 为0.29～0.83，平均值为0.47；T为679.88～813.83℃，平均值为734.95℃；$\lg f_{O_2}$为-16.54～-12.88，平均值为-14.93；ΔFMQ 为0.83～2.41，平均值为1.38。

二长花岗斑岩（WQ04）锆石 Ta 含量为$2.00\times10^{-6}\sim4.84\times10^{-6}$，Yb 含量为$199\times10^{-6}\sim547\times10^{-6}$，Gd 含量为$12.87\times10^{-6}\sim56.54\times10^{-6}$，Yb/Gd 值为7.77～17.39，平均值为12.85；δCe 为1.47～205.15，平均值为58.83；δEu 为0.27～0.72，平均值为0.37；T为690.6～787.36℃，平均值为737.61℃；$\lg f_{O_2}$为-18.36～-15.47，平均值为-16.93；ΔFMQ 为-1.69～0.19，平均值为-0.73。

温泉复式岩体四种岩相锆石稀土元素球粒陨石标准化蛛网图（图4-24）大部分表现出轻稀土强烈亏损和重稀土富集特征，均有强烈的 Ce 正异常和相对较弱的 Eu 负异常，且锆石颗粒洁净包裹体较少，不发育蚀变边，表明其为岩浆成因锆石（Kirkland et al.，2009）。所有样品 Ta 含量均大于0.2×10^{-6}，Yb/Gd 值低于20，表明岩浆演化过程中可能没有受到钛铁矿结晶的影响（Loader et al.，2017）。通常情况下，中酸性岩体SiO_2的活度可定为1，TiO_2的活度在没有金红石结晶的情况下为0.6～0.9，出现钛铁矿的情况下为0.6（Yang et al.，2017）。若SiO_2活度或TiO_2活度变化0.1，温度计算结果也只有10℃左右的偏差。考虑到样品本身可能没有结晶出钛铁矿且锆石钛温度计计算方法本身仍有50℃以上的不确定性，为简化起见，将SiO_2和TiO_2活度分别假设为1和0.6（Zhang et al.，2017）。通常长英质熔体含水量为2.5%～6.5%（Smythe and Brenan，2016），温泉岩体各岩相均未见到角闪石斑晶晶出，基质中也仅见到少量角闪石，表明其含水量应不超过4.5%，斑岩钼矿床含水量通常也低于斑岩金矿床（Hou et al.，2015；鲍新尚等，2017；侯增谦和杨志明，2009）。为此，将熔体中水含量假定为3%。锆石稀土元素球粒陨石标准化蛛网图（图4-24）和线性拟合图显示有少量测点具有异常高的 La、Pr，可能是受锆石中富轻稀土矿物包裹体影响所致（Ballard et al.，2002；Smythe and Brenan，2016），因此并未对异常测点进行计算。在拟合过程中，因 La 和 Pr 在锆石中含量很低且变化很大，U 是变价元素，在熔体中可以U^{4+}、U^{5+}和U^{6+}形式存在，会对线性拟合造成影响，因此这三种元素不参与拟合。

温泉复式岩体含矿斑岩细粒黑云母二长花岗斑岩和中细粒似斑状二长花岗岩具有相对较高的氧逸度，普遍大于 FMQ+0.5，大多在 FMQ+1～FMQ+2 之间，平均值分别为 FMQ+1.35 和 FMQ+1.38，位于 NNO 之上（图4-25）。而中细粒黑云

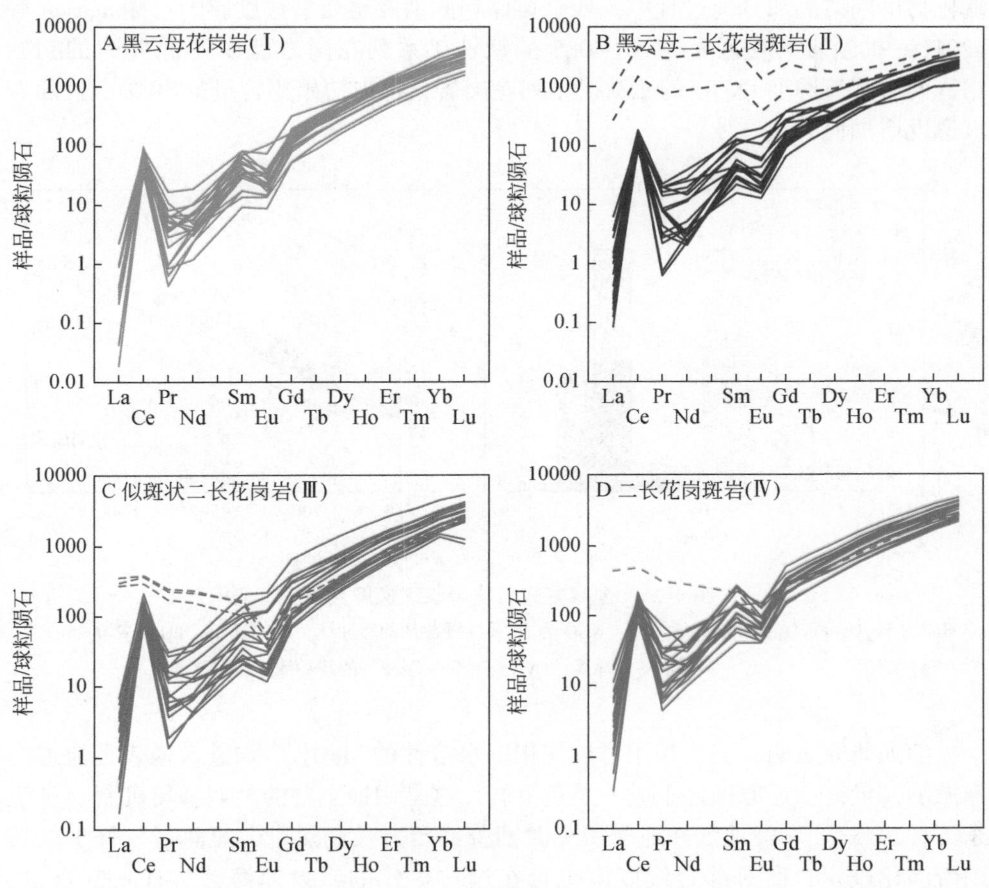

图 4-24　温泉复式岩体锆石球粒陨石标准化稀土元素配分曲线

图 B、C、D 中轻稀土异常高的数据（虚线）表示该锆石可能受到富含轻稀土矿物包裹体的干扰

母花岗岩和中粗粒二长花岗斑岩这些贫矿岩体的氧逸度较低，大多位于 FMQ 之下，平均值分别为 FMQ-0.61 和 FMQ-0.73。岩浆的氧化程度因控制硫的价态从而强烈影响岩浆中硫的溶解度。高氧逸度条件下，S 以高价态形式（SO_4^{2-}、SO_2）存在，Mo 易与 SO_4^{2-}络合进入岩浆并随岩浆迁移，形成含矿岩浆。而低氧逸度条件下，S 则以低价态形式（S^{2-}）存在，Mo 则容易与 S^{2-}形成硫化物而过早沉淀，不利于残余熔体中 Cu、Mo 的富集（Gao et al.，2017；张聚全等，2018）。岩浆中 Mo 的价态亦受氧逸度控制。Mo 在 NNO 或更高氧逸度岩浆中主要以 MoO_4^{2-}的形式存在，因此不能在结晶形成富 Fe、Ti 的矿物时替代 Ti，也不能与还原硫结合形成 MoS_2，从而有利于 Mo 富集于残余熔体，成为高度不相容元素。另外，在

硫化物早期结晶和分离过程中，残余熔体钼的消耗也受氧逸度影响。Mengason 等（2011）推断岩浆氧逸度<NNO−0.5 的钛铁矿系列花岗岩已损失了 90% 的初始钼，而岩浆氧逸度>NNO 的磁铁矿系列花岗岩只损失初始钼含量的 14%，且随着氧逸度增加而降低。

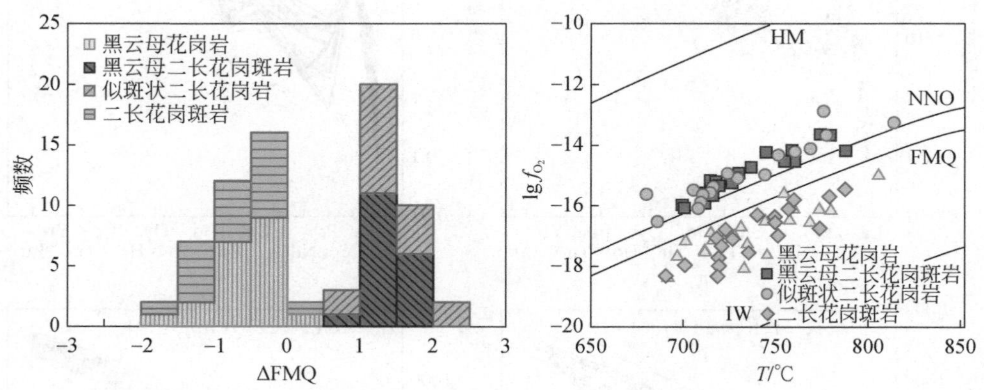

图 4-25　温泉复式岩体岩浆氧逸度判别图

HM 为 Fe_2O_3-Fe_3O_4 缓冲剂的缓冲线；NNO 为 Ni-NiO 缓冲剂的缓冲线；FMQ 为 Fe_2SiO_4-Fe_3O_4-SiO_2 缓冲剂的缓冲线；IW 为 Fe-FeO 缓冲剂的缓冲线

前人研究表明，表生作用可以使钼以水溶性的 MoO_4^{2-} 形式进入地表径流或海洋湖泊，最终在还原条件下进入黑色页岩，这是钼最主要的早期富集机制（孙卫东等，2015）。秦岭地区在地质历史时期曾经历过长期热带、亚热带气候下的造山带演化过程，商丹缝合线以南也存在过古生代的半封闭海盆（Hongfu et al., 2004；孙卫东等，2015），这种高温、高氧、强风化的古气候、古地理条件十分有利于富钼沉积物的形成。因此，在晚三叠世华北、华南板块碰撞造山后的板内造山和伸展过程中，扬子下地壳发生部分熔融形成温泉复式岩体。细粒黑云母二长花岗斑岩和中细粒似斑状二长花岗岩形成期间有富集岩石圈地幔物质的加入，发生岩浆混合作用，提高了氧逸度，将富钼沉积物中的钼氧化并萃取到熔体中，形成富钼的花岗质岩浆，最终成矿。

4.2.9　矿床成因

温泉钼矿床早期石英普遍发育三相流体包裹体（图 4-26），这些流体包裹体形态为负晶形，并且具有比较一致的气液比，显示其应该为一个流体包裹体群，其均一温度为 T_h=213℃（n=9），由于该温度代表了成矿流体形成时候的最低温度，且流体包裹体特征显示其应为静岩压力条件下与斑岩矿床钾–硅酸盐化蚀变阶段关系密切的早期石英捕获的流体特征，因此，该期流体的捕获温度应接近于典型斑岩矿床早期脉体捕获的流体温度（550～650℃），进而沿着相对比较低的等密度线演化，因此，尽管我们测得的流体包裹体群的均一温度为低温，但是这并不能表明其形成于低温环境。所以，温泉矿床是一个典型的形成于深部斑岩环境的斑岩矿床，与美国 Butte 矿床相近。

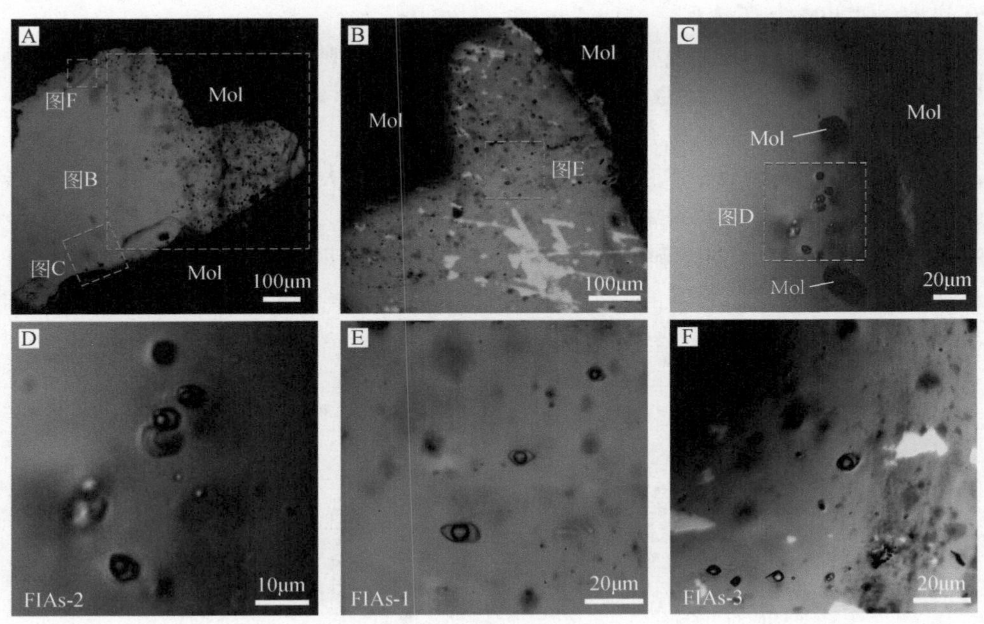

图 4-26　温泉钼矿床流体包裹体显微照片

Mol = 辉钼矿，FIAs = 流体包裹体群

氢氧同位素系统可以很好地示踪成矿热液流体的来源（Clayton et al., 1972）。选择温泉钼矿床 7 件不同矿化样式和石英硫化物网脉样品，包括 1 件浸染状矿化斑岩的钾长石、2 件石英-黄铜矿脉的钾长石、4 件石英-黄铁矿-黄铜矿脉的绢云母，开展 H（δD_{SMOW}）和 O（$\delta^{18}O_{SMOW}$）同位素分析。样品分析测试工作在美国地质调查局 USGS 同位素实验室完成。

浸染状矿化斑岩钾长石的 $\delta^{18}O_{SMOW}$ 值为 2.8‰，石英-黄铜矿脉内钾长石的 $\delta^{18}O_{SMOW}$ 值为 0.6‰～1.4‰，石英-黄铁矿-黄铜矿脉内绢云母的 $\delta^{18}O_{SMOW}$ 值为 -1.4‰～3.6‰，δD_{SMOW} 值为 -105‰～-98‰。参照典型斑岩矿床石英斑晶、钾-硅酸盐化蚀变和绢英岩化蚀变温度，分别取其形成温度为 650℃、550℃ 和 350℃，计算与钾长石和绢云母达到同位素分馏平衡流体 $\delta^{18}O_{H_2O}$ 和 δD_{H_2O} 值。浸染

状矿化斑岩流体的 $\delta^{18}O_{H_2O}$ 值为 2.7‰，石英–黄铜矿脉流体的 $\delta^{18}O_{H_2O}$ 值为 −0.5‰ ~ −0.2‰，石英–黄铁矿–黄铜矿脉流体的 $\delta^{18}O_{H_2O}$ 值为 −3.7‰ ~ −1.4‰，δD_{H_2O} 值为 −68‰ ~ −60‰。温泉斑岩矿床的氢、氧同位素组成投影点均落在岩浆水和大气降水之间，更偏向岩浆水（图 4-27）。相对于太阳山斑岩矿床，其氢、氧同位素组成总体向大气降水方向漂移，表明成矿流体主要为岩浆水，而矿床附近大量的热泉地下水也参与了成矿。

前人（韩海涛，2009；任新红，2009；王飞，2011）研究发现与辉钼矿伴生的石英脉中 δD_{SMOW} 和 $\delta^{18}O_{SMOW}$ 值的变化范围分别为 −96‰ ~ −68‰和 8.0‰ ~ 9.5‰，氢、氧同位素组成介于岩浆水与大气水之间，更接近岩浆水区域（图 4-27），暗示其成矿热液中水主要为岩浆水，并有部分大气降水参与，与典型斑岩钼矿床成矿流体来源特征相一致（δD_{H_2O}：−80‰ ~ −40‰，$\delta^{18}O_{H_2O}$：5.5‰ ~ 9.0‰），即上升岩浆热液和地下水发生对流循环的结果，地下水不仅提供了部分成矿物质，而且由于其富含 Na^+、Cl^- 和 Ca^{2+} 等组分，还促进了矿石的沉淀和堆积。

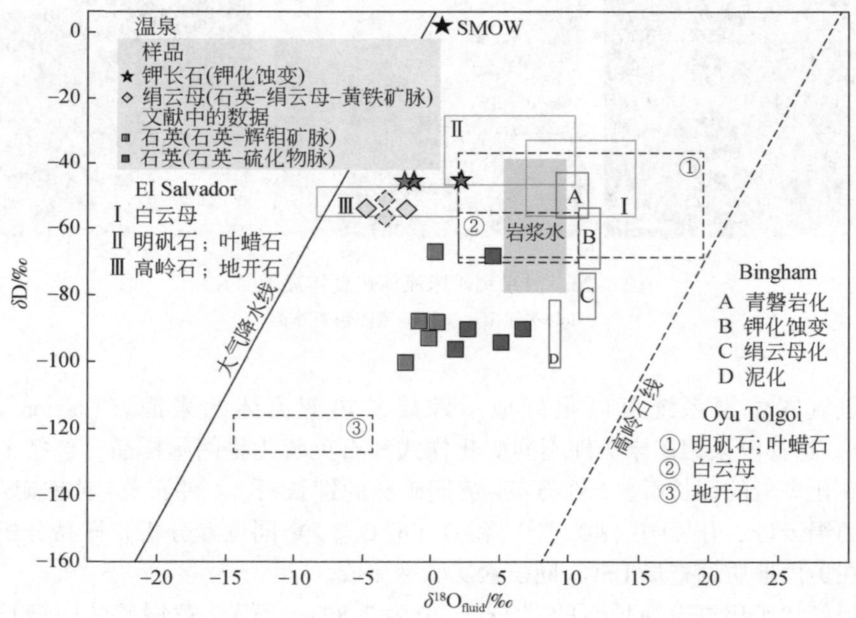

图 4-27　温泉斑岩钼–铜矿床 H-O 同位素

硫元素是形成硫化物矿床的主要矿化剂，热液金属矿物硫同位素组成受控于源区物质 $\delta^{34}S$ 值及其在热液中迁移沉淀时的物理化学条件，矿床中硫同位素的组成特征对于成矿金属元素物质来源示踪更是具有重要意义（Rollinson，1993）。选取温泉矿床不同赋矿围岩和石英硫化物脉中分选出的硫化物开展硫同位素研究，实验测试在 USGS 同位素实验室完成。

分析结果显示，温泉矿床硫化物（黄铁矿、辉钼矿、黄铜矿）具有相似的硫同位素组成（图 4-28），落入典型的岩浆熔体硫同位素的组成范围内（Marini et al.，2011；Ohmoto，1972），反映了温泉矿床的硫主要来自晚三叠世花岗质岩浆在结晶分异过程中产生的岩浆热液。

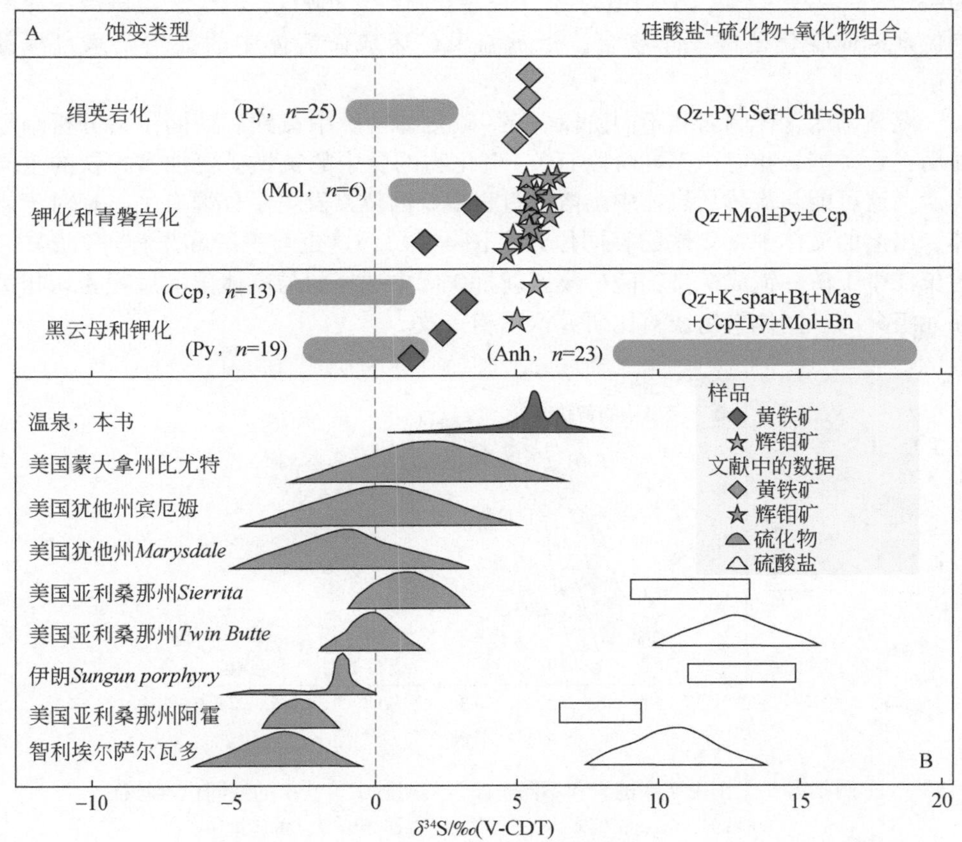

图 4-28　温泉矿床金属硫化物（黄铁矿、辉钼矿、黄铜矿）硫同位素组成

Py＝黄铁矿，Mol＝辉钼矿，Qz＝石英，Ccp＝黄铜矿，Ser＝绢云母，Chl＝绿泥石，Sph＝榍石，Bt＝黑云母，Mag＝磁铁矿，Bn＝斑铜矿，Anh＝硬石膏，K-spar＝钾长石

石英–辉钼矿脉阶段的辉钼矿的硫同位素组成非常稳定均一，与美国蒙大拿州典型深部斑岩环境形成的比尤特（Butte）斑岩矿床具有比较一致的硫同位素

演化曲线（Field et al., 2005），反映了它们均形成于深部斑岩环境，同时在岩浆-热液演化过程中，辉钼矿在结晶沉淀时，成矿流体中没有发生硫同位素的强烈分馏。早期阶段石英网脉状中的黄铁矿和晚期阶段石英网脉状中黄铁矿的硫同位素组成具有明显的差异，反映了黄铁矿在早期钾-硅酸盐化蚀变阶段和晚期绢英岩化蚀变阶段，分别在静岩压力和静水压力环境下，受岩浆水和一定量大气水影响的结果。

此外，温泉矿床贫矿石英-方解石脉中分选的方解石单矿物 $\delta^{13}C_{PDB}$ 变化范围为-8.28‰～-7.92‰，平均值为-8.1‰（任新红，2009），其变化范围与深源碳同位素组成变化范围基本吻合，指示温泉矿床成矿流体中的碳主要来自深部岩浆。

温泉矿床含矿围岩和不同阶段石英-硫化物网脉中黄铁矿铁同位素分析结果显示，含矿围岩相对于不同阶段石英-硫化物网脉中的黄铁矿更加富集铁的重同位素，这可能与流体从岩体中出溶的过程中铁同位素发生了分馏有关，相对于岩体，出溶的流体中富集铁的轻同位素（图 4-29），这也与王跃和朱祥坤（2011）对长江中下游铁铜成矿带铜陵矿集区新桥矿床中选择的与流体出溶过程密切相关端元组分的铁同位素组成对比研究认识相一致。

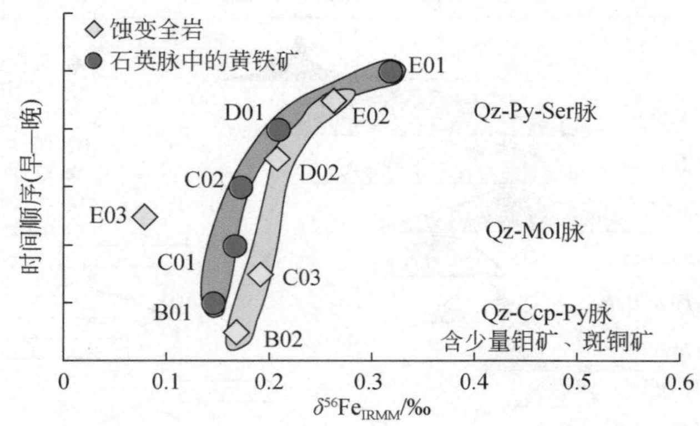

图 4-29　太阳山矿床围岩和不同阶段石英网脉中黄铁矿的铁同位素特征

Qz=石英，Ccp=黄铜矿，Py=黄铁矿，Ser=绢云母，Mol=辉钼矿

此外，温泉矿床石英-硫化物网脉中黄铁矿的铁同位素也呈现规律性变化，从早到晚相对富集铁的重同位素，表现出铁同位素的时间分带性，其原因可能是矿物结晶沉淀过程导致了铁同位素的分馏，这也与陈晓锋和朱祥坤（2011）对铜绿山矿床中不同成矿阶段的含铁矿物的铁同位素组成研究的认识相一致，即随着晚期硫化物的沉淀，流体逐渐朝着富集铁的重同位素的方向演化。

铅同位素对示踪物质来源组成具有明显的“指纹特征”，其也是被广泛应用于造山带岩石地球化学和矿床研究中示踪成矿物质来源的有效方法（Kelly and Rye，1979；Zartman and Doe，1981）。温泉斑岩矿床含矿花岗岩全岩、钾长石、矿化石英脉、黄铁矿和辉钼矿的铅同位素结果显示（图4-30），温泉钼矿床花岗岩具有与华南板块相近的铅同位素特征，同时含矿花岗岩中的钾长石和石英-硫化物脉、辉钼矿和黄铁矿等总体上与南秦岭花岗岩具有相似的铅同位素特征，且大多数点位于地壳和造山带演化线之间，靠近造山带演化线附近，表明铅同位素为造山带和地壳的混合来源。

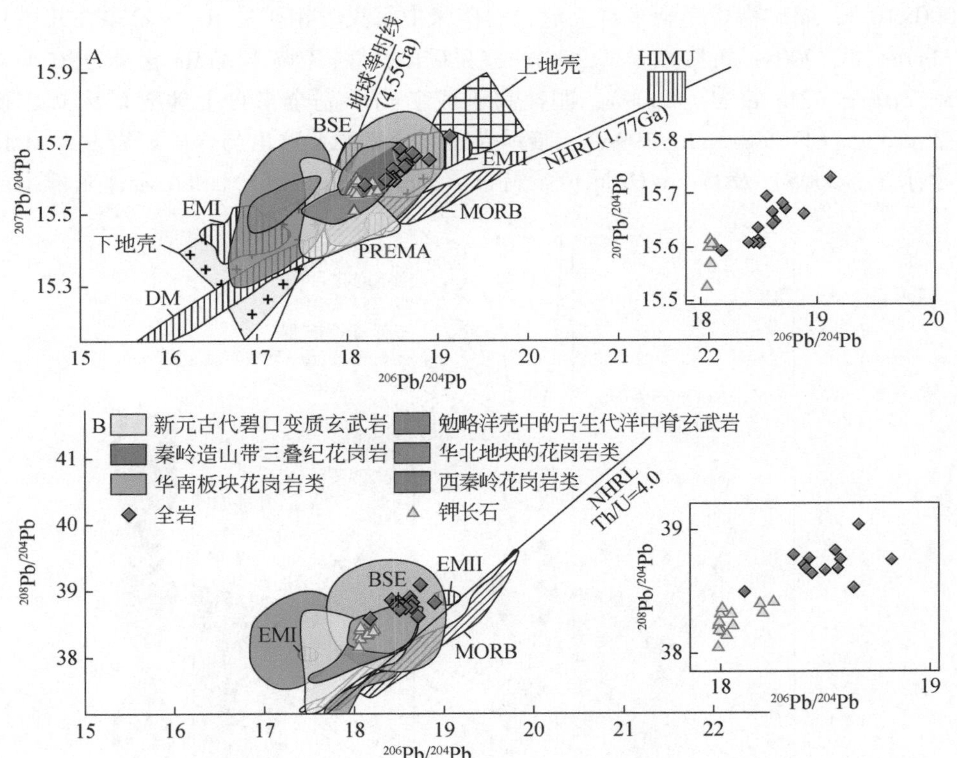

图4-30 温泉钼矿床Pb同位素组成

MORB=洋中脊玄武岩，DM=亏损地幔，EMⅠ=Ⅰ型富集地幔，EMⅡ=Ⅱ型富集地幔，BSE=全硅酸盐地球，PREMA=普遍地幔，NHRL=北半球参考线，HIMU=高μ地幔端元

石英-硫化物脉、黄铁矿和辉钼矿的铅同位素结果显示温泉斑岩钼-铜矿床具有较高的放射成因铅，可能表明其形成过程中混入了上地壳来源的铅。相对含矿花岗岩的钾长石铅同位素含量而言，石英硫化物脉和矿石矿物的较大变化范围

且比值相对较高的铅同位素特征说明了铅并非主要来自地层岩石，而是来自晚三叠世花岗岩结晶过程中产生的岩浆热液。因为如果有围岩泥盆纪地层中因 U 和 Th 衰变而来的放射性铅加入的话，铅的比值应该会更高。

此外，Re-Os 同位素体系不仅可以精确厘定斑岩矿床形成的时间，而且可以示踪成矿物质来源以及指示成矿过程中不同来源物质混入的程度，一般从幔源到壳幔混合源再到壳源，辉钼矿中 Re 的含量是逐渐降低的（Stein et al.，1997）。对于壳幔混合成矿物质来源的矿床，每克辉钼矿的 Re 含量多在十几至几十微克，若成矿物质来自地幔或者以地幔物质为主，其辉钼矿 Re 含量通常在 10×10^{-6} ~ 1000×10^{-6}，成矿物质完全来自上地壳的矿床中每克辉钼矿的 Re 含量多在几微克（Mao et al.，2008；黄典豪等，1994）。温泉矿床 5 件辉钼矿样品 Re 含量为 20.47 ~ 33.52μg/g（Zhu et al.，2009），明显高于成矿物质完全来自上地壳矿床辉钼矿（数 μg/g）（Foster et al.，1996），暗示壳幔混合来源，这也与含矿斑岩发育 MME（李永军，2005）及其 Lu-Hf 同位素特征（Zhu et al.，2011）和在岩体东部出露

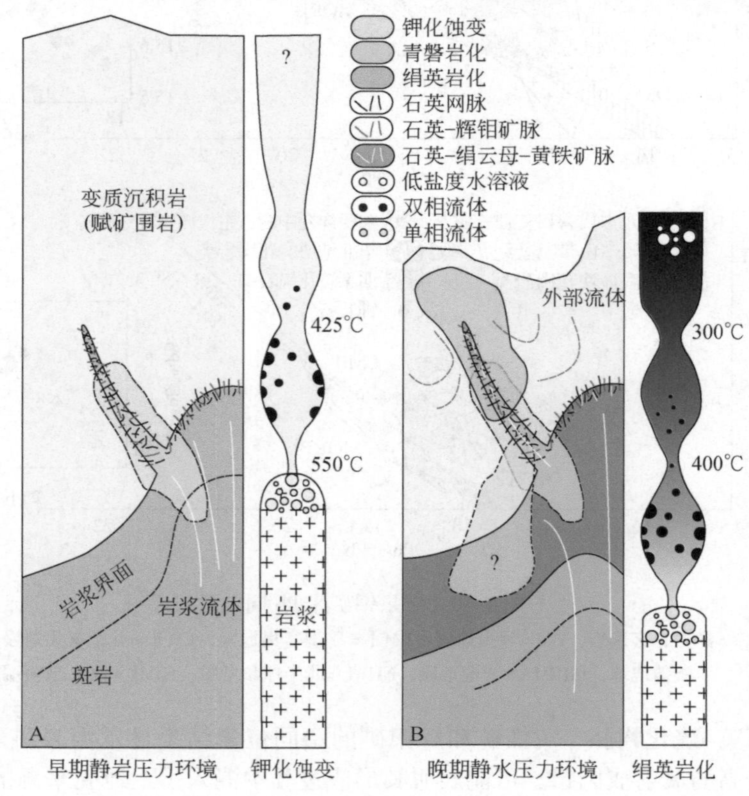

图 4-31　温泉钼矿床成矿作用模式图

的基性岩墙（即烂泥滩-大卜峪岩墙长约8km；杨家山-石谷山岩墙长约8km；黑沟岩墙长约4km）等地质地球化学证据相一致。

因此，成矿元素和稀土元素含量、Re和S-Pb-Fe同位素特征表明，温泉矿床成矿物质来源与含矿斑岩具有密切成因关系，并且与世界范围典型斑岩矿床特征相一致，反映其斑岩矿床成因。同时，Fe和S同位素结果显示成矿流体演化具有明显的“时间分带性”，这可能反映了成矿流体和物质演化从早期钾化蚀变阶段的静岩压力环境向晚期绢英岩化蚀变的静水压力转变过程中，物理化学环境的改变以及早期岩浆水被后期阶段大气水注入的影响（图4-31）。

4.3　太阳山铜矿床

4.3.1　矿床地质特征

太阳山矿床（也称火麦地）位于甘肃省天水市，矿区范围东起周家沟，西至红铜沟，长4.5km，宽1.3km，火麦地与红铜沟大致为其南北边界，面积约为6.07km^2。矿区地层除正常沉积岩外，还大量分布火山碎屑沉积岩、火山熔岩。其中，火山碎屑沉积岩分布于正常沉积岩上部。除古近系-新近系红层及第四系黄土大面积分布外，正常沉积岩主要为上泥盆统大草滩群石英砂岩、长石石英砂岩、夹粉砂岩等（图4-32）。

火山碎屑沉积岩主要为凝灰质含砾砂岩、凝灰质角砾岩和凝灰质砂砾岩。角砾成分为片岩、板岩、石英砂岩和各种斑岩及熔岩岩屑，胶结物以凝灰物质、泥砂质为主。西区地表呈环状，北部南倾，南部北倾，浅部倾角较陡，60°~70°，至底部似“锅底”状。地表局部呈楔形，插入花岗斑岩体中，具侵入与爆发角砾岩特征，与下伏泥盆系大草滩群呈不整合接触关系。

4.3.2　矿体地质特征

矿区位于内陆断陷盆地中，南北两侧分别发育F2、F1断层破碎带，呈北西-南东向展布，宽40~50m，断距较大，断裂控制着本区的矿化、蚀变及火山活动的分布。F1北倾，倾角为32°~50°，F2北倾或南倾，倾角为45°~85°。基底为上泥盆统大草滩群，呈单斜构造，褶皱不发育。西区为火山角砾岩筒，东区为地堑。矿区断层发育，主要发育北西-北北西向、近南北向、近东西向和半环状断裂系统，其表现形式有破碎带、凝灰质角砾岩、熔岩及次火山岩相侵入体等。太阳山矿床岩浆岩主要为次火山岩相，包括含矿斑岩石英闪长斑岩（QDP）、石英二长斑岩（QMP）和二长斑岩（MP）以及在矿区东南部零星出露的贫矿斑状花

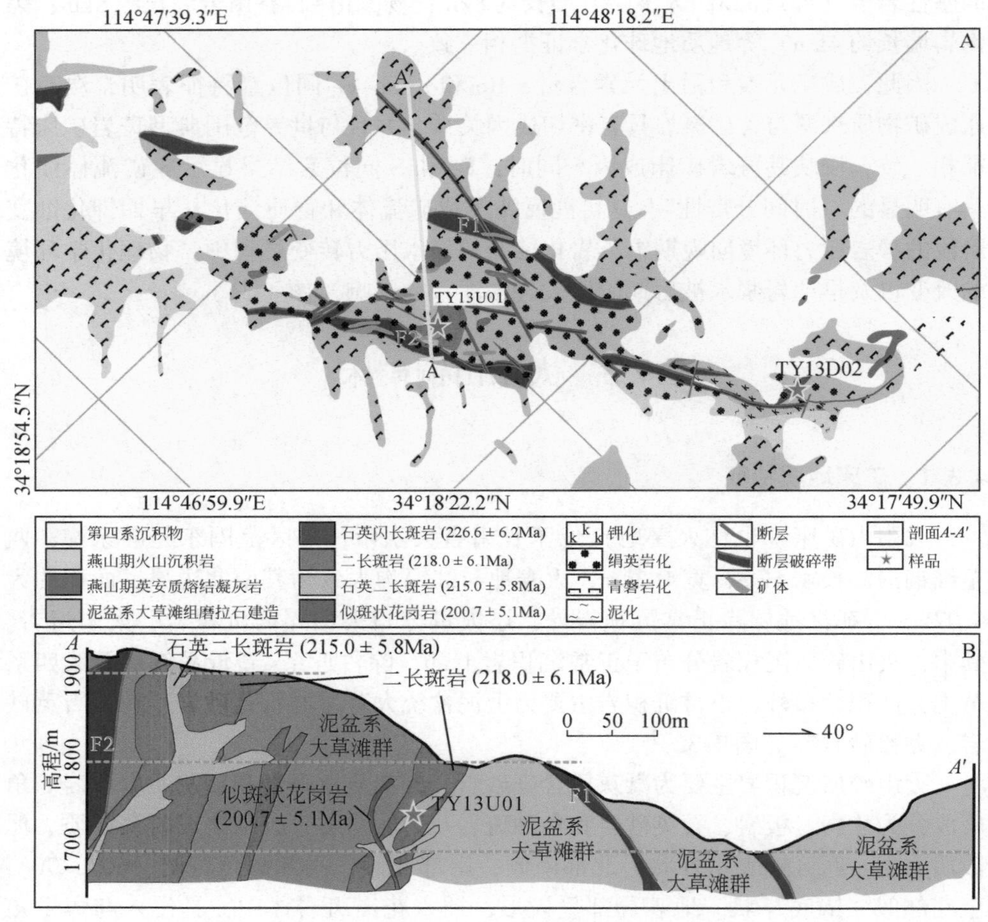

图 4-32　太阳山斑岩铜矿床平面（A）和剖面地质图（B）

岗岩（PG）等，受 F1、F2 断层破碎带控制，多分布于此二断层之间，呈小岩枝或脉状产出，与围岩泥盆系大草滩群（DHR）呈侵入接触关系（图 4-33）。

矿床以 0#勘探线为界，矿化赋存部位东西各异。0#勘探线以东矿化主要赋存在花岗斑岩、石英二长斑岩外接触带蚀变的泥盆系石英砂岩地层。0#勘探线以西矿化主要发育在角砾岩筒构造呈半环状分布的凝灰质角砾岩内及其外侧的构造裂隙中。在凝灰质角砾岩带内凹部位的边部及底部矿化较富集。矿化空间分布西区（0～27#勘探线）较低，东区（16～40#勘探线）较高。

矿体形态以脉状、扁豆状为主，膨缩、分枝、尖灭再现等现象均有表现。矿体产状均受北西向构造线控制。西区主要控矿构造为火山角砾岩筒及大致平行其

图4-33　太阳山斑岩铜-钼矿床地质体类型及穿插关系

Py=黄铁矿，Ccp=黄铜矿，Mol=辉钼矿，DHR=泥盆系大草滩群，QDP=石英闪长斑岩，MP=二长斑岩，QMP=石英二长斑岩，PG=斑状花岗岩

边部的压扭性裂隙；矿体群总体走向310°~330°，倾向与角砾岩筒边部接触线倾斜方向一致，倾向南西或北东，倾角在不同部位有所变化。从剖面上看，上部及下部较缓，倾角20°~40°，中部较陡，倾角50°~70°，局部反倾（图4-34）。

4.3.3　热液蚀变

太阳山矿床主要发育钾化、硅化、绢云母化、碳酸盐化、高岭石化、绿泥石化、黄铁矿化、电气石化蚀变。蚀变带呈北西向，与构造线方向一致，内部的钾

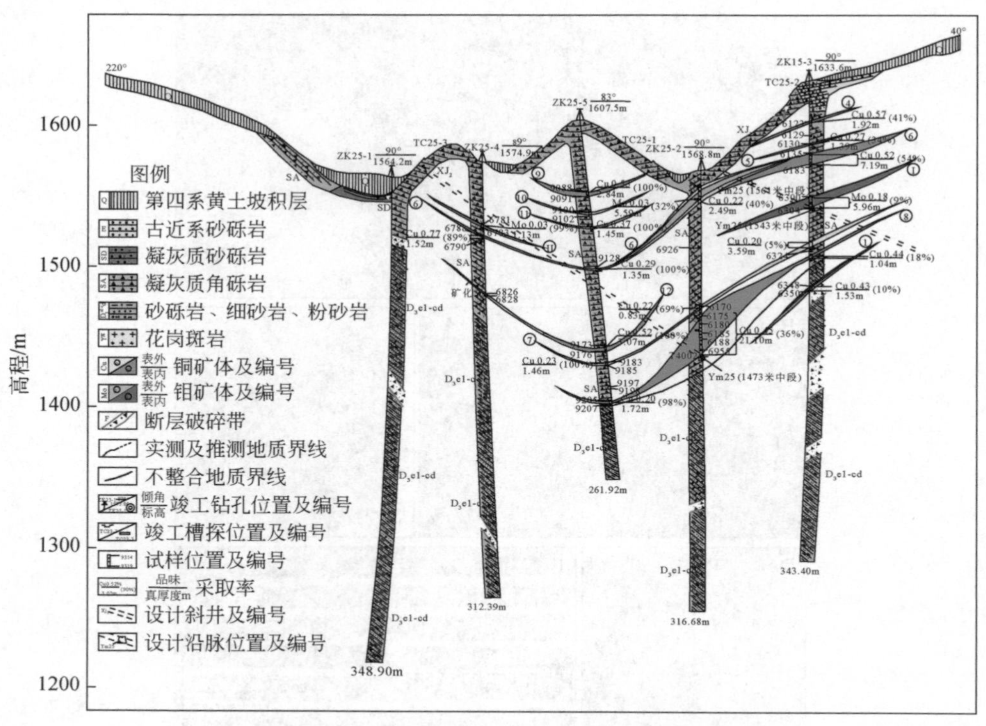

图 4-34　太阳山矿床西区 25#勘探线剖面图

化带、石英绢云母化带均分布在南北断裂带 F1、F2 之间，青磐岩化带一般在此二断裂带外侧，西区蚀变分带不明显，东区地表蚀变具面型和对称性，四个典型蚀变分带与区域构造线方向一致，与黄铁矿化、硅化、绢云母化等关系最为密切的含矿部位的蚀变程度较强（图 4-35）。西区发育氧化矿石和原生矿石，而东区以原生矿石为主。

4.3.4　矿石与矿物

矿石的结构主要有自形结构、他形-半自形粒状结构、他形不规则状结构、交代结构和包含结构，同时也有含矿围岩发育碎屑结构。矿石的构造主要有浸染状构造、脉状构造、星点状构造和块状构造。矿石矿物有黄铁矿和黄铜矿，其次为斑铜矿、黝铜矿、闪锌矿、方铅矿、褐铁矿等。脉石矿物有石英、绢云母、黑云母和少量碳酸盐矿物等。氧化矿石发育孔雀石、硅孔雀石、蓝铜矿、黑铜矿、自然铜、褐铁矿、软锰矿、斑铜矿和黄钾铁钒等表生矿物（图 4-36）。

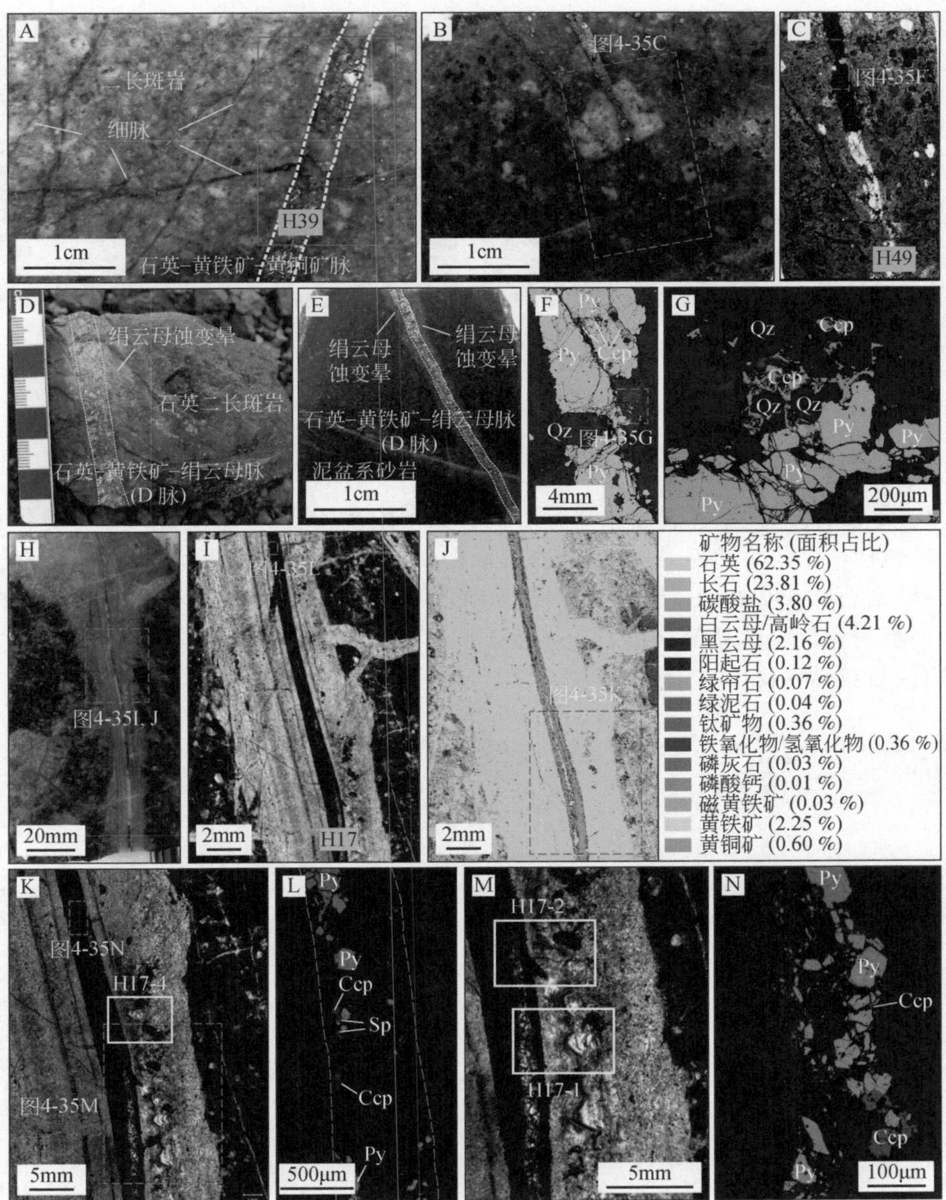

图 4-35　太阳山矿床典型热液脉体和金属矿物岩相学特征

Py＝黄铁矿，Qz＝石英，Ccp＝黄铜矿，Sp＝闪锌矿

图 4-36　太阳山矿床表生脉状（A）和浸染状（B）矿石矿物

4.3.5　成矿阶段与矿物共生组合

系统的穿插关系和岩相学研究表明，太阳山矿床石英（±方解石）-硫化物网脉包括：①与早期钾-硅酸盐蚀变关系密切的早期钾长石-黑云母-石英±磁铁矿±磷灰石脉；②处于过渡期的钾长石-绿泥石-黄铁矿-黄铜矿-石英脉；③与晚期绢英岩化蚀变关系密切的石英-绢云母-黄铁矿脉和成矿后低温热液阶段的方解石-石英脉（图 4-37）。

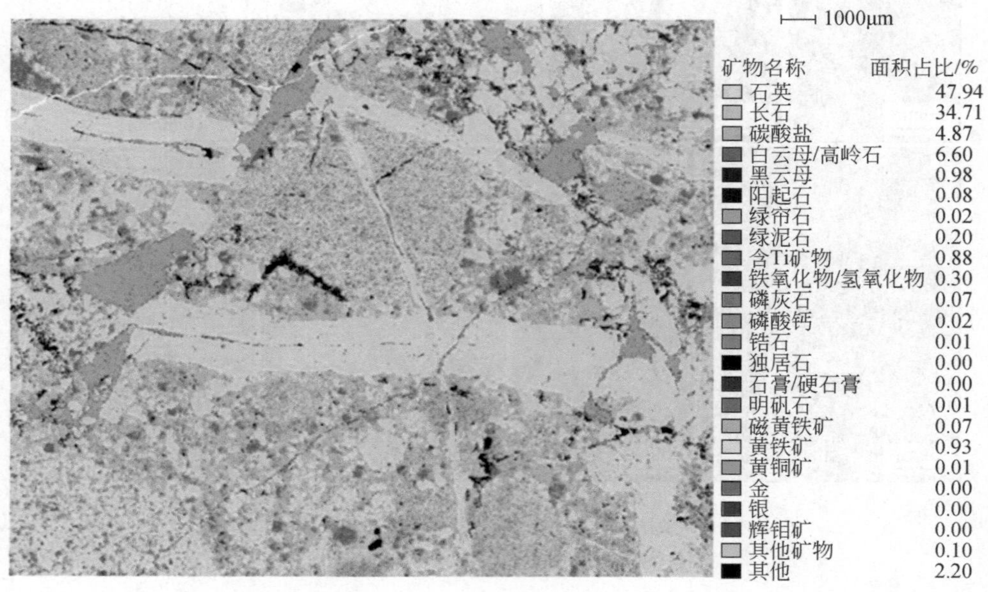

图 4-37　太阳山矿床含矿斑岩与石英（±方解石）-硫化物网脉 QEMScan 照片

钾长石-黑云母-石英±磁铁矿±磷灰石脉是斑岩系统岩浆-热液演化的最早期脉体，与早期钾-硅酸盐蚀变（钾化蚀变，也有学者称为黑云母-钾长石化蚀变）关系密切，代表了引起早期基性岩浆矿物被蚀变为黑云母和斜长石被蚀变为钾长石的流体通道。

处于过渡期的钾长石-绿泥石-黄铁矿-黄铜矿-石英脉切割早期钾长石-黑云母-石英±磁铁矿±磷灰石脉，脉体的宽度为 0.5 ~ 6cm，相比于早期钾长石-黑云母-石英±磁铁矿±磷灰石脉而言，沿着其脉的边部普遍发育更宽的钾化蚀变晕，并且该期脉体可能在早期脉体上叠加产出，同时也可能成为后期脉体或者下一期岩浆-热液活动中流体涌入的通道，乃至成矿后的方解石-石英脉沉淀的场所。

作为太阳山斑岩矿床岩浆-热液活动的最晚期脉体，石英-绢云母-黄铁矿脉（D 脉）切割矿区内所有地质体及早期脉体。如钻孔的岩心样品中石英-绢云母-黄铁矿脉（D 脉）切割矿化的石英闪长斑岩（QDP）和二长斑岩（MP），地表样品石英-绢云母-黄铁矿脉（D 脉）切割矿化闪长斑岩和泥盆系。

4.3.6　成岩-成矿年代格架

以野外地质体穿切关系初步厘定的斑岩体演化时间序列为基础，研究选取太阳山矿床四种斑岩体进行锆石 U-Pb 年代学研究，分别为含矿石英闪长斑岩、含矿二长斑岩、含矿石英二长斑岩和成矿后斑状花岗岩。

石英闪长斑岩（TY13D02）锆石多为无色至浅黄色，自形柱状-长柱状，长 150 ~ 200μm，长短轴比约为 2∶1 到 3∶1（图 4-38）。阴极发光显示锆石具有典型岩浆成因特征的同心震荡环带，无继承核，与典型岩浆成因锆石相近（Corfu et al., 2003）。20 个测试点的 U 和 Th 含量主要集中在 495×10^{-6} ~ 1129×10^{-6} 和 261×10^{-6} ~ 1693×10^{-6} 范围内，Th/U 值为 0.60 ~ 1.50，反映其岩浆成因。因此，锆石 U-Pb 谐和年龄 226.6±6.2Ma（MSWD = 2.20，n = 20）代表了石英闪长斑岩的岩浆侵位时间（图 4-39）。

二长斑岩（TY13U01）的 13 个测试数据显示其 U、Th 含量分别为 663×10^{-6} ~ 3485×10^{-6}、336×10^{-6} ~ 813×10^{-6}，其 Th/U 值为 0.14 ~ 0.66。年龄约为 218Ma 的锆石多呈自形，无色、透明，且大部分为柱状，长短轴比为 2∶1 ~ 5∶1，此外，CL 图片显示这些锆石具有较宽的同心震荡环带（图 4-38），暗示其岩浆成因，11 个点的谐和年龄为 218.0±6.1Ma（MSWD = 1.50，n = 11），代表了含矿二长斑岩的侵位时间。年龄分别为 552Ma 和 628Ma 的两颗锆石可能是岩浆侵位时的继承锆石。

石英二长斑岩（TY13S04）的 13 个点的测试数据显示其 U、Th 含量范围为 511×10^{-6} ~ 930×10^{-6} 和 233×10^{-6} ~ 665×10^{-6}，其 Th/U 值为 0.46 ~ 0.72。这些锆

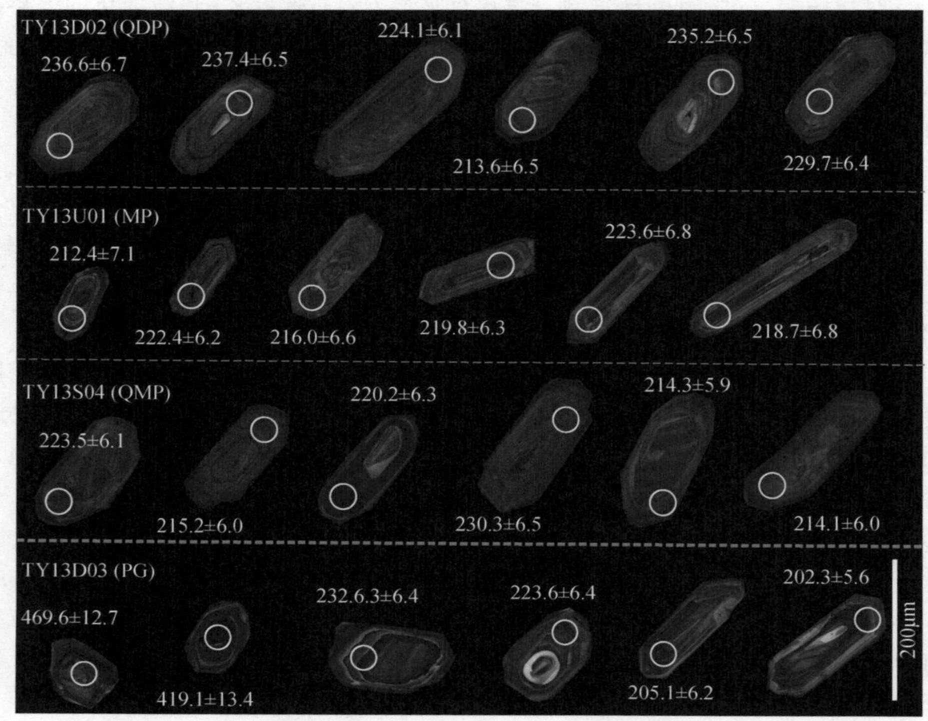

图 4-38 太阳山斑岩铜-钼矿床锆石阴极发光特征及对应点锆石年龄

QDP＝石英闪长斑岩，MP＝二长斑岩，QMP＝石英二长斑岩，PG＝斑状花岗岩

石无色、透明、自形，长短轴比为 1∶1～2∶1。CL 图片显示这些锆石具有震荡环带，表明它们为岩浆成因（Corfu et al.，2003）。其谐和年龄加权平均值为215±5.8Ma（MSWD＝1.20，n＝13），反映了含矿石英二长斑岩侵位时间。

不含矿斑状花岗岩锆石 LA-ICP-MS 年龄结果范围跨度比较大。20 个测点中，6 个椭圆形且发育震荡环带的锆石测试结果具有 U 和 Th 含量分别为 172×10^{-6} ～ 534×10^{-6} 和 87×10^{-6} ～ 393×10^{-6}，Th/U 值为 0.45～0.95。$^{206}Pb/^{238}U$ 年龄为 419±13.4Ma。20 个测试点中的 9 个 $^{206}Pb/^{238}U$ 年龄在 224±6.4Ma 到 253±7.2Ma 之间，U、Th 含量的范围分别为 246×10^{-6} ～ 1191×10^{-6} 和 150×10^{-6} ～ 829×10^{-6}，Th/U 值为 0.41～0.76，这些锆石为短柱状，具有弱震荡环带。其余 5 颗锆石为透明、无色、细长柱形，具有震荡环带，U、Th 含量的范围为 1217×10^{-6} ～ 1747×10^{-6} 和 622×10^{-6} ～ 1047×10^{-6}，Th/U 值 0.41～0.62，加权平均年龄 200.7±5.1Ma（MSWD＝0.53，n＝5）。200.7±5.1Ma 代表斑状花岗岩侵位年龄，年龄较老的两组锆石可能来自岩浆侵位时捕获的早期侵入体或泥盆系地层中的继承锆石。

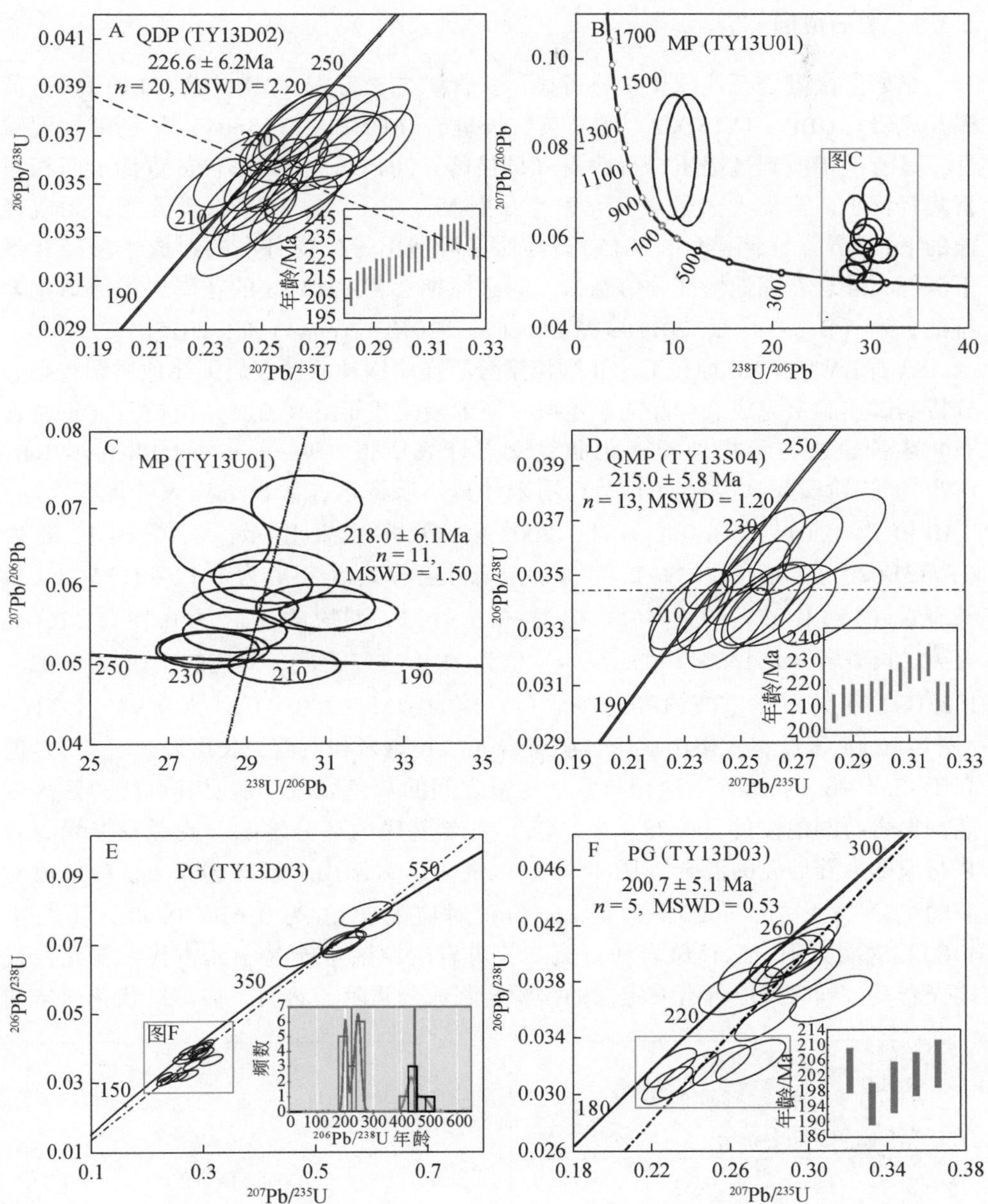

图4-39　太阳山斑岩铜矿床斑岩体锆石 LA-ICP-MS U-Pb 年龄

QDP=石英闪长斑岩，MP=二长斑岩，QMP=石英二长斑岩，PG=斑状花岗岩

4.3.7 岩石成因

全岩主微量岩石地球化学分析显示，含矿二长斑岩（MP，TY13U01）、石英闪长斑岩（QDP，TY13D02）和石英二长斑岩（QMP，TY13S04）呈钙碱性到碱性，具有准铝质到过铝质岩石性质（邱昆峰，2015）。含矿斑岩贫重稀土而相对富集轻稀土，富集大离子亲石元素，亏损 Nb、Ta、Zr、Hf、Ti 等元素，无或轻微的 Eu 负异常（邱昆峰，2015）。与西秦岭造山带广泛分布的形成于碰撞背景下深部大陆岩石圈地幔部分熔融的、同碰撞期 228～215Ma 的花岗岩类地球化学特征一致（Dong et al.，2011a；Wang et al.，2013；Yang et al.，2015b）。

锆石 LA-ICP-MS 原位 Lu-Hf 同位素分析在中国地质调查局天津地质调查中心分析测试实验室完成。样品的单阶段亏损地幔模式年龄（$T_{DM}{}^1$）由锆石（寄主岩石）生长轨迹与亏损地幔演化曲线交点计算所得（Vervoort and Blichert-Toft，1999）。二阶段模式年龄（$T_{DM}{}^2$）用来计算岩浆源区，假设平均大陆地壳^{176}Lu/^{177}Hf 值为 0.015（Griffin et al.，2002）。分析结果显示，石英闪长斑岩（TY13D02）的 ε_{Hf}（t）为-2.4～0.3，其对应的 $T_{DM}{}^2$ 年龄为 1.12～1.25Ga。二长斑岩（TY13U01）的 ε_{Hf}（t）值为-0.6～6.1，对应的 $T_{DM}{}^2$ 为 0.78～1.16Ga。石英二长斑岩（TY13S04）的 ε_{Hf}（t）值为-2.0～1.7 之间，对应的 $T_{DM}{}^2$ 为 1.02～1.23Ga。花岗斑岩（TY13D03）ε_{Hf}（t）值为-1.8～2.9，$T_{DM}{}^2$ 为 0.94～1.21Ga（图 4-40）。因此，太阳山矿床含矿斑岩（二长斑岩和石英二长斑岩）ε_{Hf}（t）值介于-2.4～6.1，落入下地壳与亏损地幔之间的灰色区域，表明其可能源区为古老富集岩石圈地幔的（0.78～1.25Ga）古老基底的部分熔融，或者亏损幔源岩浆与成熟大陆地壳的混合（图 4-40A）。此外，太阳山含矿斑岩正 ε_{Hf}（t）值对应的 $T_{DM}{}^2$ 为 1.15～1.23Ga，负 ε_{Hf}（t）对应的 $T_{DM}{}^1$ 为 0.61～0.90Ga（图 4-40C），表明太阳山二长斑岩和石英二长斑岩的源区可能是中元古代—新元古代地壳岩石，同时可能含有一定量的幔源岩浆成分贡献。然而，贫矿斑状花岗岩的

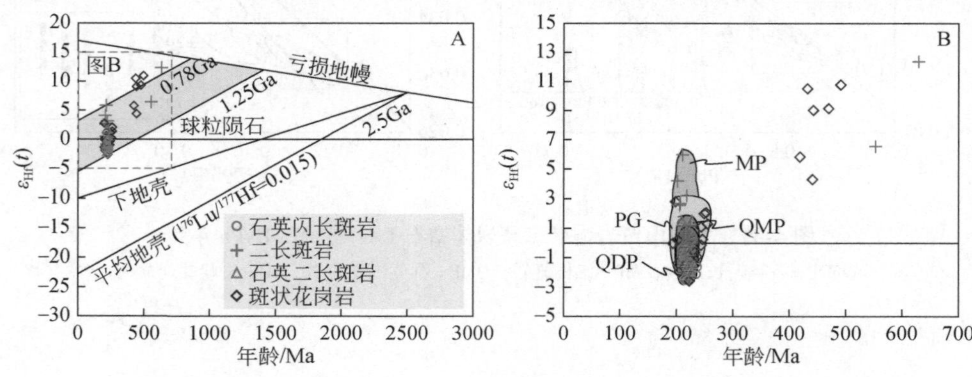

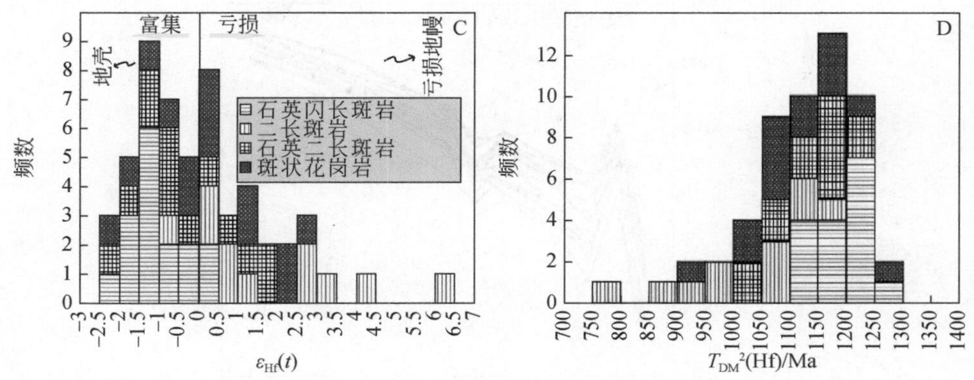

图4-40　太阳山斑岩铜矿床锆石Lu-Hf同位素地球化学组成

QDP=石英闪长斑岩，MP=二长斑岩，QMP=石英二长斑岩，PG=斑状花岗岩

ε_{Hf}（t）值的范围为-1.8～2.9（图4-40B），表明其源区可能为0.94～1.21Ga的古老地壳（图4-40C）。此外，含矿斑岩 ε_{Hf}（t）值（-2.0～12.5）比石英闪长斑岩 ε_{Hf}（t）值（-2.4～1.2）更高、范围更大，进一步表明岩石圈地幔物质对二长岩类熔体形成具有重要贡献。

4.3.8　岩浆氧逸度

选取太阳山斑岩铜-钼矿床与成矿密切相关的二长斑岩（TY13U01）、石英二长斑岩（TY13S04）及石英闪长斑岩（TY13D02）进行锆石年代学和微量元素微区分析，计算不同岩体形成温度和氧逸度，讨论岩浆岩锆石氧逸度对成矿作用的约束。样品均采自太阳山岩体地表露头，蚀变矿化较弱，对分析结果产生影响较小。样品处理工作在河北省廊坊市地科勘探技术服务有限公司岩矿实验室完成，锆石单矿物微量元素分析测试在中国地质调查局天津地质调查中心分析测试实验室完成。相关详细样品处理方法、流程与测试条件见（Qiu et al.，2016）。

太阳山斑岩铜矿床岩浆岩体（石英闪长斑岩、二长斑岩、石英二长斑岩）锆石稀土元素球粒陨石标准化配分曲线（图4-41）显示，太阳山矿床岩体均富集重稀土而相对亏损轻稀土，配分曲线呈明显的左倾式。

成矿前石英闪长斑岩（TY13D02）锆石稀土总量（$\sum$REE）为 243.89×10^{-6}～1158.05×10^{-6}；Yb/Gd为5.47～43.25，平均值为18.12；δEu=0.14～1.03，平均值为0.45，δCe为7.50～38.39，平均值为18.12，表明该锆石为中到低的Eu负异常，和明显的Ce正异常；T 为694.35～832.8℃，平均值为742.66℃；$\lg f_{O_2}$ 为-20.02～-11.17，平均值为-16.44；ΔFMQ为-3.30～0.18，平均值为-1.83。

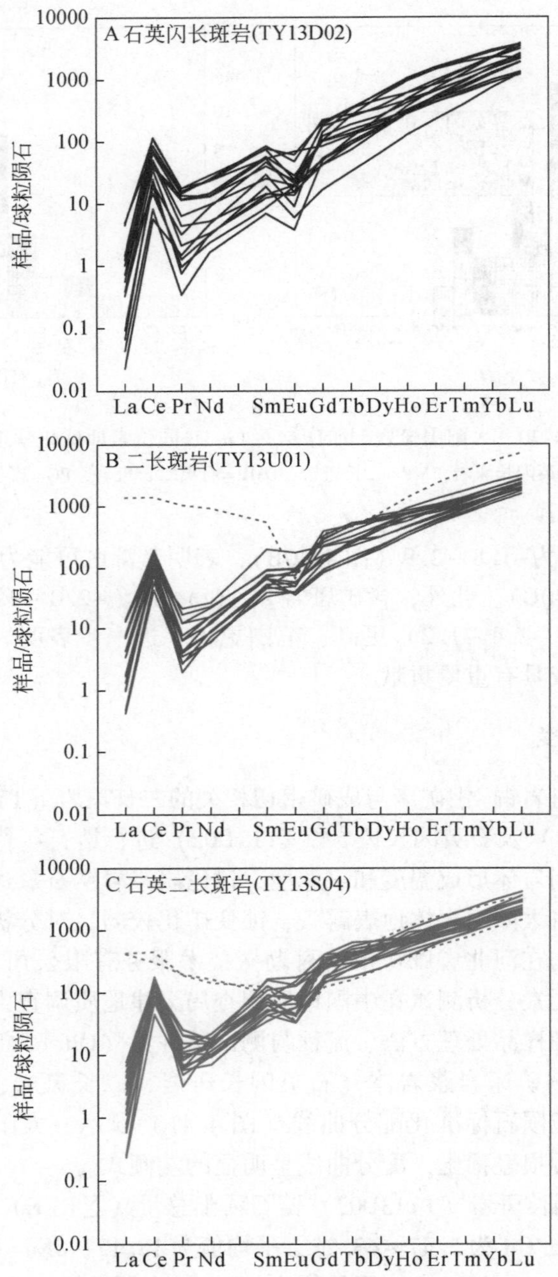

图 4-41　太阳山矿床含矿斑岩锆石球粒陨石标准化稀土元素配分曲线

图 B、C 中轻稀土异常高的数据（虚线）表示该锆石可能受到富含轻稀土矿物包裹体的干扰二长斑岩（TY13U01）锆石稀土总量（∑REE）为459.41×10^{-6}～1169.42×10^{-6}；Yb/Gd为3.65～13.50，平均值为7.74；δEu=0.34～1.07，平均值为0.69；δCe为28.06～87.32，平均值为50.16，表明该锆石为中到低的Eu负异常和明显的Ce正异常。T为711.56～814.96℃，平均值为771.76℃；$\lg f_{O_2}$为-15.29～-10.51，平均值为-12.36；ΔFMQ为0.55～4.05，平均值为3.04。

石英二长斑岩（TY13S04）锆石稀土总量（∑REE）变化范围为632.29×10^{-6}～1336.78×10^{-6}，平均值为901.85；δEu=0.27～0.86，平均值为0.52；δCe为32.36～69.73，平均值为45.59；Yb/Gd为3.22～13.35，平均为6.32。T为715.58～835.45℃，平均值为779.81℃；$\lg f_{O_2}$为-14.12～-10.31，平均值为-12.06；ΔFMQ为1.99～4.02，平均值为3.15。

计算表明，太阳山斑岩铜矿床与矿化有关的二长斑岩和二长花岗斑岩具有较高的氧逸度，而矿化前花岗闪长岩氧逸度较低。通过对$\lg f_{O_2}$值和温度T进行投图（图4-42），二长斑岩和石英二长斑岩的数据点全部落入FMQ之上。二长斑岩$\lg f_{O_2}$值为ΔFMQ=0.55～4.05，平均值为ΔFMQ=3.10。而石英闪长斑岩数据点主要落入IW和FMQ之间，ΔFMQ=-3.39～0.18，平均值为ΔFMQ=-1.83。含矿斑岩氧逸度明显高于成矿前斑岩，反映了与成矿有关的岩浆具有相对高的氧化状态。此外，大量实验结果表明，Cu在氧化性斑岩矿化系统的岩浆演化过程中主要以Cu^{2+}和Cu^{+}存在，即使在相对还原的热液系统中，Cu在热液温度范围内应该还是以+1价形式运移。在高温阶段Cu可以以氯化物或氢硫化物的形式溶解，并且随着氧逸度的增高，其溶解度明显增加（Zajacz et al.，2011）。同时指出，岩浆氧化程度控制着熔体中S的氧化状态：在低氧逸度条件下，S主要以S^{2-}的形式存在，而在高氧逸度条件下，主要以SO和SO_2的形式存在（Berry et al.，2006；Collings et al.，2000；Fulton et al.，2000；Mavrogenes et al.，2002；Williams et al.，1995；Xiao et al.，1998）。因此，在低氧逸度条件下，Cu在岩浆-热液演化的早期便与S^{2-}发生反应而沉淀。在高氧逸度条件下，Cu以含氧硫酸盐形式进入岩浆并随岩浆迁移，富集成矿。

岩石地球化学研究表明太阳山含矿斑岩属于高硅、富碱、高钾钙碱性的准铝质-过铝质岩石系列，富集轻稀土而亏损重稀土，富集大离子亲石元素，亏损Nb、Ta、Zr、Hf、Ti等高场强元素。这些特征与西秦岭造山带内广泛分布的228～210Ma，形成于碰撞造山环境的花岗质岩石的岩石地球化学特征一致（Dong et al.，2011a；Wang et al.，2013）。锆石Lu-Hf同位素研究结果显示，太阳山成矿前石英闪长斑岩$\varepsilon_{Hf}(t)$值为-2.4～+0.3，对应的$T_{DM}{}^2$=1.12～1.25Ga；含矿的二长斑岩和石英二长斑岩$\varepsilon_{Hf}(t)$值为-2.0～12.5，明显比石英闪长斑岩范围更大，正$\varepsilon_{Hf}(t)$值对应的$T_{DM}{}^2$=1.15～1.23Ga，负$\varepsilon_{Hf}(t)$值对应

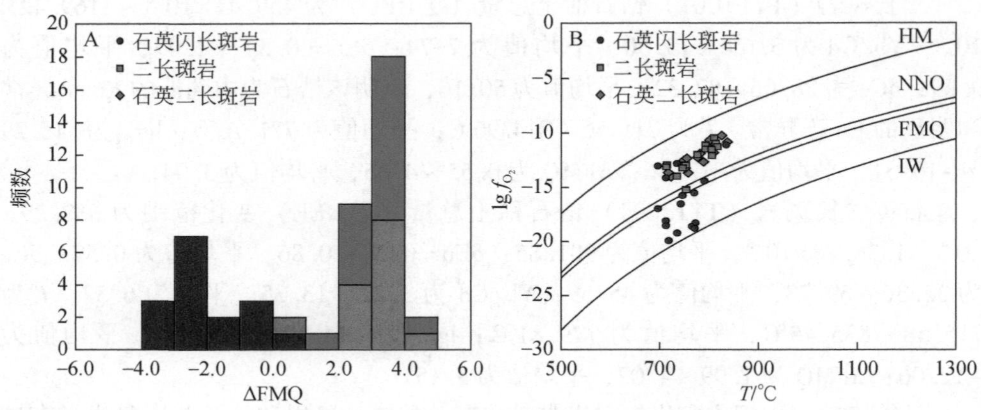

图 4-42　温泉复式岩体岩浆氧逸度判别图

HM 为 Fe_2O_3-Fe_3O_4 缓冲剂的缓冲线；NNO 为 Ni-NiO 缓冲剂的缓冲线；FMQ 为 Fe_2SiO_4-Fe_3O_4-SiO_2 缓冲剂的缓冲线；IW 为 Fe-FeO 缓冲剂的缓冲线

的 $T_{DM}{}^{1}$ = 0.62 ~ 0.90Ga。辉钼矿单矿物 Re-Os 同位素分析结果显示 Re 含量为 27.70×10^{-6} ~38.43×10^{-6}，反映其来自壳幔混合或下地壳中的镁铁质岩石。与成矿有关的岩浆岩来源于中–新元古代中、下大陆地壳的部分熔融。源区岩石在早期俯冲过程中发生了交代变质作用，壳源岩浆在碰撞造山过程中被 MASH 过程引发的岩石圈地幔派生的岩浆混染（Qiu et al., 2016）。由此我们认为，在这一过程中大量的金属和 S 加入混合岩浆中，同时岩浆的氧逸度升高，形成富矿岩浆并最终成矿。

4.3.9　矿床成因

与温泉矿床相似，太阳山斑岩铜矿床的石英也普遍发育多个世代（图 4-43）。通过对大量不同阶段石英硫化物脉的显微岩相学观察，筛选典型样品（H-17）进行系统研究。在查明不同世代石英的彩色 CL 特征、明确其成分及结构的差异的基础之上，通过流体包裹体组合（fluid inclusion assemblages，FIAs）特征，探讨太阳山斑岩矿床成矿流体精细演化。

该样品石英脉主要由细粒石英颗粒组成，几颗大颗粒（0.5 ~ 3mm）自形石英出现在细脉右下角，可见振荡生长环带（图 4-43、图 4-44A）。尽管相邻颗粒石英之间的消光角度可能不同，但它们在正交偏光下显示均匀消光。大多数大颗粒自形石英被大量后期细粒、半自形–他形石英包围和分离。大颗粒石英晶型边界受到后期石英重结晶、再生长作用破坏。细粒石英则表现晶形差异较大、波状消光的特点。通常情况下，早期大颗粒自形石英边缘和破裂区多发育重结晶的后

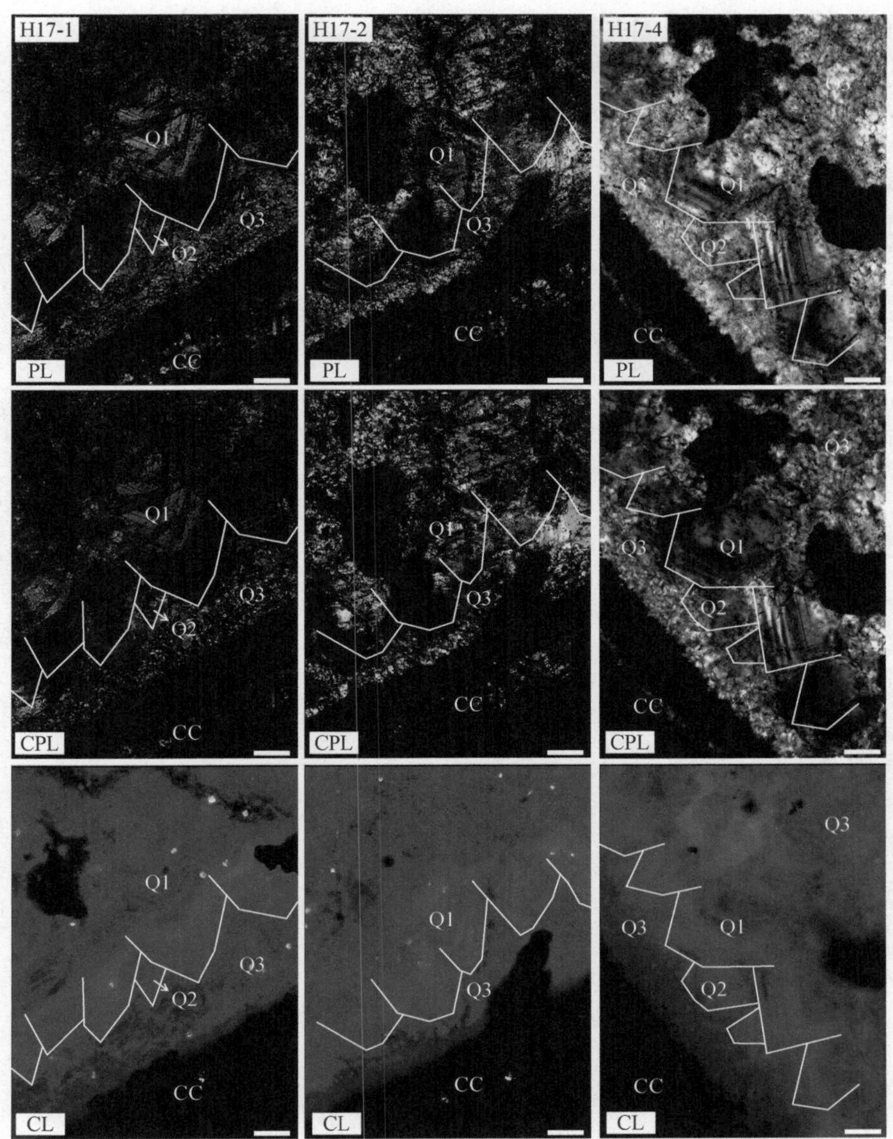

图 4-43　太阳山矿床 H-17 样品石英脉单偏光、正交偏光、阴极发光特征

PL=单偏光，CPL=正交偏光，CL=阴极发光

期石英。这些石英总体上更靠近脉体中心，并且与硫化物矿物共生。

石英阴极发光展现出光学显微镜无法检测到的重要纹理特征。通过阴极发光

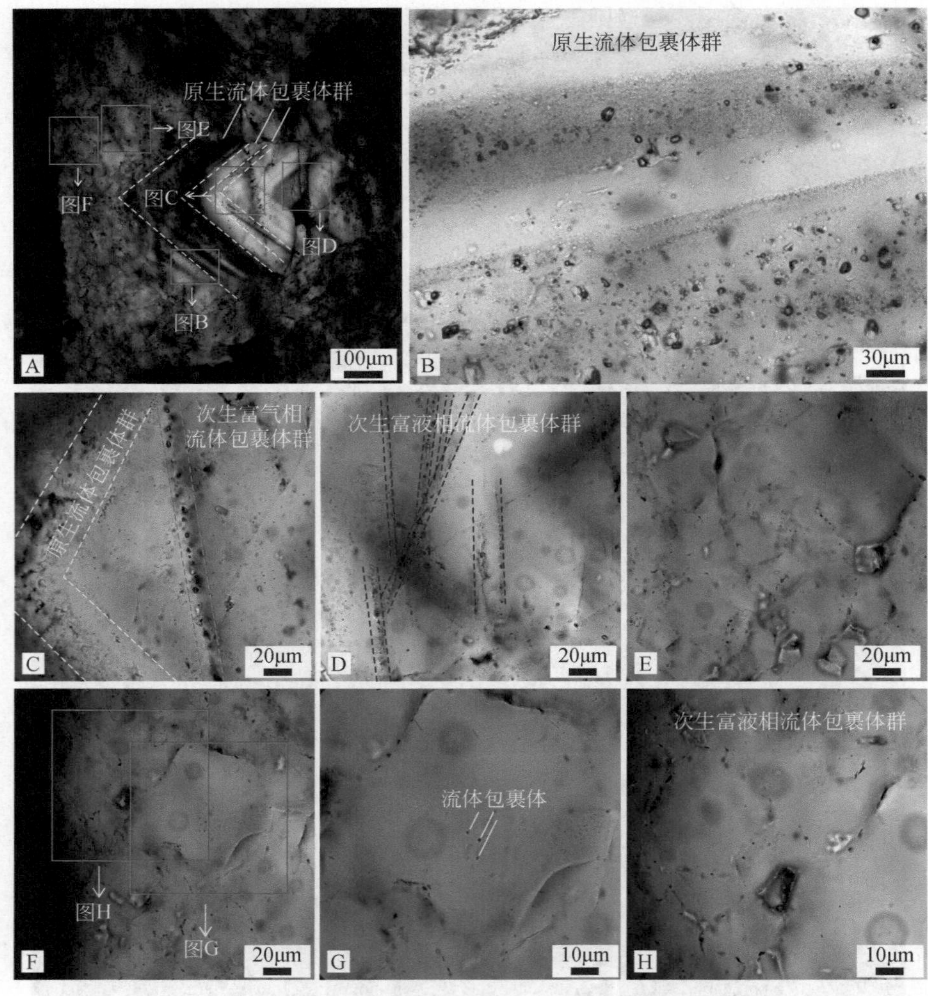

图 4-44　太阳山斑岩铜矿床石英硫化物脉中不同世代石英流体包裹体特征

图像，我们可以观察到同心生长环带、浑浊生长环带和暗色阴极发光边等，以判断石英晶体的生长方向和从脉体外侧向内侧的石英颗粒变化特征（图 4-43）。同心生长环带是指宽度从几微米至约 50μm 的平行微米级自形石英环带（图 4-43）。它们可以由不同强度的 CL 蓝色带组成，通常表现为明亮的蓝色和深蓝色，与外部石英晶体边界大致平行。具有同心生长环带石英晶体从脉壁向脉壁内侧生长，石英 C 轴大致指向静脉中心（图 4-44A）。这一特征通常表明石英生长于开放裂隙中。在部分石英中，局部会表现出中间色调的褐色（图 4-43），这可能与石英结晶时外来元素的混入有关。

石英硫化物脉中靠近硫化物的石英晶体显示出比周围的石英更深的蓝色或红色（图4-43、4-45B）。靠近硫化物一侧的同心生长环带，其CL比其他部分暗。这一区域可以观测到有少量小颗粒自形石英，发育生长环带，这些石英通常被后期重结晶细粒石英晶体叠加（图4-43），表明太阳山石英硫化物脉在脉体边缘具有早期沉淀石英（Q1），稍晚在脉体中心沉淀硫化物（黄铜矿和黄铁矿）和石英（Q2）。成矿后细粒、重结晶石英（Q3）通常覆盖整个脉体中的Q1和Q2晶体。

三个连续的石英世代显示出稳定的CL色（标记为Q1、Q2和Q3），表明太阳山斑岩矿床岩浆-热液系统演化过程中存在多重事件叠加。大颗粒自形石英（Q1）具有明显的同心生长环带，表现出明亮的蓝色（图4-43、图4-45）。靠近脉体中心的自形石英被定义为Q2，它们向脉体中心生长，与黄铜矿、黄铁矿或围岩绢英岩化有关。与Q1相比，Q2颗粒通常较小，但同心生长环带较宽（图4-45）。Q1和Q2经常被细粒重结晶的Q3破坏，显示红色（图4-45）。这导致大多数Q1和Q2被分割成许多晶型不完整的小颗粒，只有少数大颗粒得以较好地保存。只观测到一处具有两个保存较好的Q2颗粒（图4-45），因此选择该区域进行下一步的流体包裹体岩相学和微量元素分析工作。

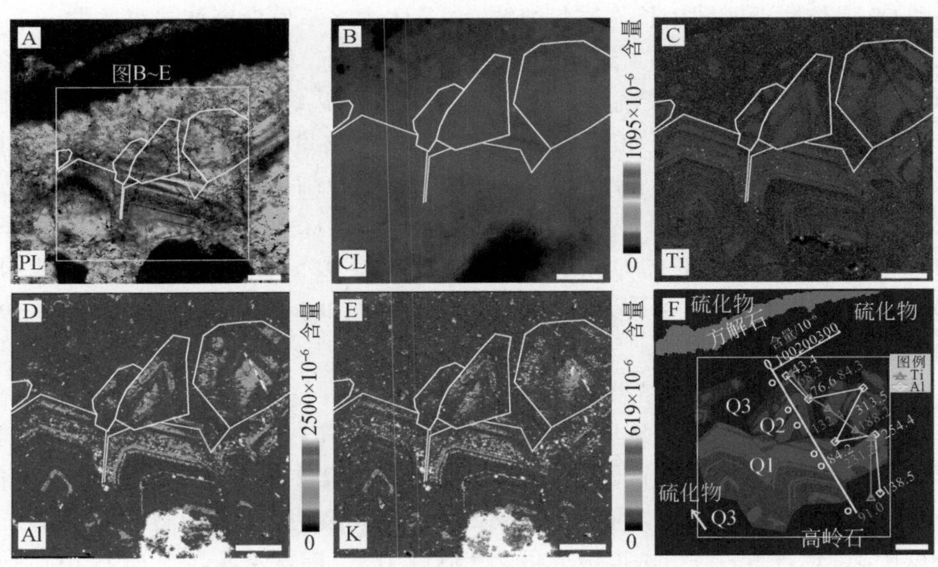

图4-45 太阳山斑岩铜矿床石英硫化物脉特征

A：单偏光；B：阴极发光；C：Ti含量电子探针扫面图；D：Al含量电子探针扫面图；E：K含量电子探针扫面图；F：不同世代石英与硫化物、方解石、高岭土矿物关系及元素含量剖面图

Q1 和 Q2 颗粒显示明亮的深蓝色 CL 图像（图 4-43、图 4-45），它们的同心生长环带在含有大量流体包裹体的区域中止（图 4-44），这些区域记录了流体中止或性质发生变化导致晶体结晶的中断事件（Penniston-Dorland，2001）。一些同心生长环带因富含气相流体包裹体而颜色发黑（Muntean and Einaudi，2001），使石英浑浊，称为“浑浊带”。浑浊带反映了流体压力或温度下降导致石英快速沉淀（Roedder，1984），通常发育在同心生长环带外侧（图 4-44）。

在脉体边缘，自生 Q1 晶体振荡同心生长环带中主要发育水溶液流体包裹体（图 4-44A、B）。在脉体内侧，Q2 晶体围绕 Q1 早期晶体向脉体中心生长。在生长到开放空间时，Q2 颗粒呈现出自形特点，并与黄铁矿和黄铜矿一起填充空隙（图 4-44A）。大多数流体包裹体在随后的石英重结晶过程中或 Q3 生长期间被扫到颗粒边缘（图 4-44E、F），因而几乎没有在 Q2 中保留与矿化有关的流体包裹体群。幸运的是，由于两个 Q2 晶体截断了 Q1 的同心生长环带（图 4-45），其愈合裂缝中（图 4-44A、C、D）富含次生的富液两相包裹体群，这些包裹体群可能与 Q2 沉淀同期，即与矿化相关。富液两相包裹体群大多形状不规则，气体体积占 10%~30%。

阴极发光暗淡的 Q3 晶体横切或叠印大多数早期 Q1 和 Q2 晶体，并在脉体中心和 Q2 晶体附近区域生长。这些细粒 Q3 晶体大多不发育流体包裹体群，主要包括一些次生流体包裹体。这些包裹体形状不规则，散布在 Q3 晶体内（图 4-44A、E、F），大多在石英溶解和再沉淀过程中扫至边缘（图 4-44F ~ H）。

选择穿过三个世代石英的剖面进行钛和铝元素含量电子探针测量，从靠近硫化物的 Q3 开始，穿过 Q2 和 Q1，最终在脉壁 Q3 处结束（图 4-45）。呈现亮蓝 CL 的 Q1，其钛含量最高，为 188×10^{-6} ~ 231×10^{-6}，深蓝 CL 的 Q2 钛含量为 86×10^{-6} ~ 132×10^{-6}，红 CL 的 Q3 钛含量为 68×10^{-6} ~ 91×10^{-6}。Q1 的铝含量为 84×10^{-6} ~ 254×10^{-6}，Q2 铝含量为 77×10^{-6} ~ 314×10^{-6}，Q3 铝含量为 43×10^{-6} ~ 139×10^{-6}（图 4-45F）。

Ti、Al、K 元素扫面结果表明（图 4-45C ~ E），与 Q3 相比，Q1 和 Q2 晶体 Ti 含量通常较高，可能与从早期至晚期温度逐渐下降有关。与矿化同期的 Q2 具有最高的 Al、K 含量。扫面图中可见许多亮点，尤其在浑浊带中大量分布，可能是微小包裹体的反映。钛含量在 0 ~ 1095×10^{-6}之间波动，在低温石英中通常小于 100×10^{-6}。铝含量较高，浓度最大可达 2500×10^{-6}。钾含量最高为 619×10^{-6}，并且通常与 Al 浓度呈正相关关系。

前人通常将斑岩系统的一条脉体划分为一期，这种简单的划分可能存在很多问题。一条石英硫化物脉中的石英实际上至少包含三个连续世代的石英（Q1、Q2 和 Q3）。Q1 晶体阴极发光呈明亮的蓝色，颗粒较大并自形，发育同心生长环带，指向脉体中心生长。Q2 晶体阴极发光呈深蓝色，亦发育同心生长环带，指向脉体中心生长，并与黄铜矿和黄铁矿在脉体中心同期沉淀。Q3 晶体阴极发光呈暗红色，横切和包围已有的 Q1 和 Q2 晶体，通常呈现颗粒细小、体积大致相当、半自形-他形特征，常出现在脉体中心或裂缝愈合处。因此我们认为看似简单的石英硫化物脉其实发育复杂的石英硫化物共生序列，这一序列可能通过后期过程（如溶解、压裂、次生加大、重结晶等）而被破坏。多种原生和次生的阴极发光结构暗示热液脉体有复杂的历史，可能与各种温度压力下多期次流体有关。

阴极发光结构特征可以区分多世代石英和限定石英生成时的物理化学条件，这些条件可以用微量元素含量来定量描述。此外，阴极发光结构特征限定的热液脉体中石英硫化物序列还可用于明确与成矿相关的流体包裹体群，以探究成矿流体精细演化。多世代石英各自阴极发光结构特征、微量元素含量以及流体包裹体群这些手段相结合，即可揭示太阳山斑岩铜矿的形成。

早期亮蓝色 CL 石英（Q1）晶体通常形成于早期、高温、围岩钾化之前，并从围岩边缘向脉体中心生长。它们的特征是具有同心生长环带，发育原生等轴状液相流体包裹体（Goldstein and Reynolds，1994）。这一流体包裹体组合沿石英环带生长，记录了黄铜矿沉淀前的流体特征。深蓝色 CL 石英（Q2）晶体明显截断 Q1，但因靠近脉体中心而被破坏严重。Q2 通常为自形，在 Q1 与硫化物之间区域生长。它们包含次生、不规则状、共生的富液和富气的流体包裹体，这些包裹体沿横切 Q1 条带分布。这些次生的流体包裹体群所代表的流体与黄铜矿沉淀期流体同期或略晚于黄铜矿沉淀期流体。此外，高盐度和富气的流体包裹体共生暗示铜矿化期间流体发生不混溶作用。暗红色 CL 细粒石英（Q3）可能与绢云母化蚀变有关。它们通常会切割并包含先前存在的钾化期间从高温流体中沉淀出来的 Q1 和与硫化物同期沉淀的 Q2。因此，已经存在的 Q1 和 Q2 必定遭受大量重结晶作用影响。这也可以通过 Q3 在脉体中心最发育这一现象说明。Q3 晶体几乎不含确切的流体包裹体群，但发育次生、不规则、低盐度富液包裹体。

与后期重结晶 Q3 相比，蓝色 Q1 和 Q2 晶体的特征在于相对较高的 Ti 浓度，阴极发光强度也从早期明亮的蓝色、深蓝色到 Q3 的暗红色，这表明石英中 Ti^{4+} 替代 Si^{4+} 强度减弱，相应于流体温度降低（Götze et al.，2004；Götze et al.，2001）。Q2 晶体的典型特征是高浓度的 Al 和 K 浓度，这表明 Q2 在不同的物理化学条件下形成。石英特定的结构确实可以提高 Al 和 K 的浓度（Götze et al.，2004），然而，Q2 中大量出现的流体包裹体可能也是这些元素含量高的另一个原因。相对于 Q1 和 Q2 而言，Q3 的 Ti、Al、K 的含量均较低，可能表明温度持续降低的流体演化过程。

流体包裹体岩相学和CL分析表明，太阳山斑岩铜矿床金属矿物的沉淀与Q2大致同期，随后伴随着显著的温度下降。这表明岩浆-热液系统由静岩压力环境转变为静水压力，环境中流体温度、压力下降对铜矿化至关重要。成矿流体为与早期钾化蚀变相关的高盐度流体，后期可能因绢英岩化蚀变导致流体盐度下降。

综合石英形态、CL特征、流体包裹体特征和三世代石英的微量元素特征重建热液石英脉形成史（图4-46）。在最早期，围岩因水力致裂发育裂隙，流体随后通过这些狭窄空间运移（图4-46A）。较小的石英晶体（Q0）沿脉壁朝随机方向生长（Penniston-Dorland，2001）(图4-46B)。随着石英进一步发育，矿物因结晶所需的空间和物质不足而竞争加大，最后C轴朝向脉体中心的石英成为生长速度最快的晶体。较大的自形石英（Q1）晶体叠印在Q0之上，其C轴朝向脉体中心，并发育同心生长环带（图4-46C）。随着流体组成、压力、温度、沉淀速率和/或流速的变化，石英快速沉淀并包含大量原生包裹体，形成浑浊带（图4-46D）。

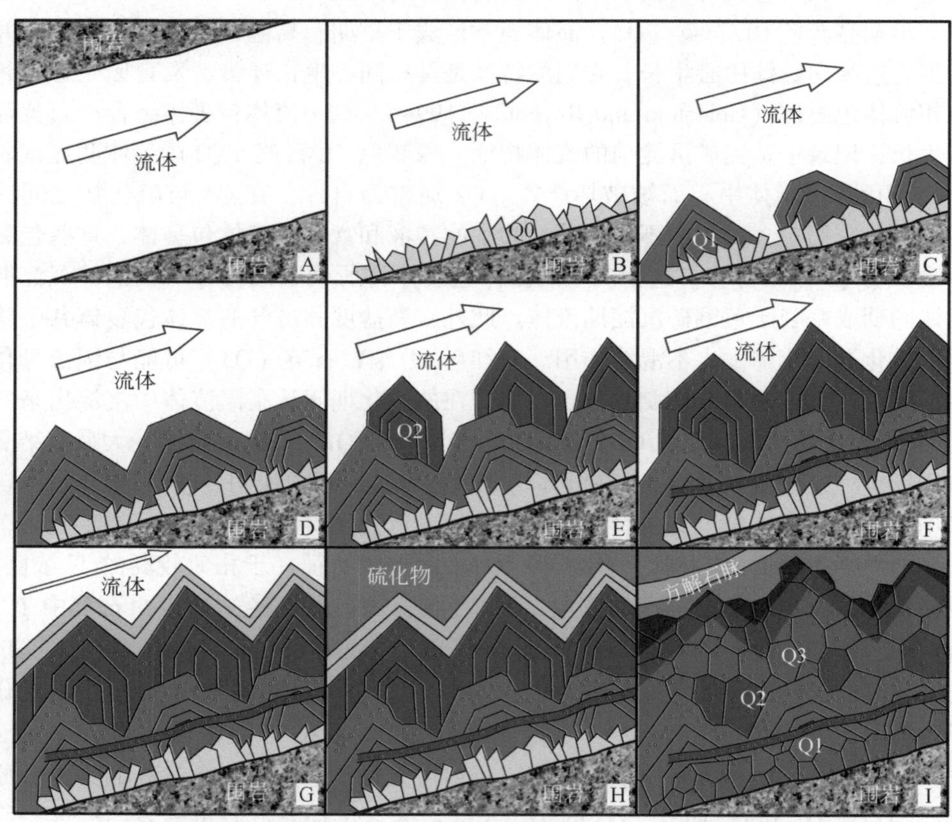

图4-46　太阳山斑岩铜矿床单一热液石英脉（样品H17）演化示意图

新世代石英晶体（Q2）的生长标志着另一期热液事件的发生（图4-46E）。由于晶格未受干扰，Q2 C轴亦朝向脉体中心。与Q1相似，Q2也在浑浊带停止生长（图4-46F）。同时，裂隙截断了Q1生长环带，并发育共生的高盐度和富气相流体包裹体群（图4-46F）。这些明显为次生的流体包裹体群沿着深蓝色CL Q2的愈合裂隙被保存下来，并记录到流体不混溶信息，暗示压力下降是太阳山斑岩铜矿成矿的重要物理机制。石英继续沉淀，但流体流入逐渐停止，流体流量下降。剩余液体中的铁扩散到硫化物附近的石英晶体中（Penniston-Dorland, 2001），产生暗色的CL区域（图4-46G）。随后，硫化物沉淀充填脉体空隙(图4-46H)。所选样品石英硫化物脉被后期方解石充填，可能与后期构造活动有关。在这个过程中，大部分先前存在的Q1和Q2晶体重结晶成小颗粒石英(Q3)。这些暗红色CL的Q3改变了石英的原始结构，并几乎不含确切的流体包裹体组合。但Q3捕获了具有小–中等气泡的次生不规则液体包裹体以及已经被扫描到石英边界的不同类型的包裹体（图4-46I）。

硫元素是形成硫化物矿床的主要矿化剂，热液金属矿物硫同位素组成受控于源区物质$\delta^{34}S$值及其在热液中迁移沉淀时的物理化学条件，矿床中硫同位素的组成特征对于成矿金属元素物质来源示踪更具有重要意义（Rollinson, 1993）。选取太阳山矿床浸染状矿化花岗质围岩和不同阶段石英–硫化物网脉样品，分选出金属硫化物样品，包括15颗黄铁矿、3颗黄铜矿和7颗辉钼矿单矿物。样品的硫同位素组成在美国地质调查局USGS同位素实验室分析完成。

7个硫化物颗粒选自浸染状矿化，18个硫化物颗粒选自网脉状矿化。太阳山矿床金属硫化物$\delta^{34}S$值变化于0.2‰~5.9‰之间，与世界上典型的斑岩矿床一致（图4-47）。不同阶段石英–硫化物网脉中分选出的硫化物具有相似的硫同位素组成，均落入典型岩浆熔体硫同位素的组成范围内（Marini et al., 2011; Ohmoto, 1972），反映温泉矿床的硫主要来自晚三叠世花岗质岩浆在结晶分异过程中产生的岩浆热液。

两种矿化类型中的15颗黄铁矿$\delta^{34}S$值范围为1.3‰~4.0‰。3颗黄铜矿的$\delta^{34}S$值为0.2‰~1.1‰。与早期钾–硅酸盐蚀变关系密切的早期钾长石–黑云母–石英±磁铁矿±磷灰石脉、处于过渡期的钾长石–绿泥石–黄铁矿–黄铜矿–石英脉和与晚期绢英岩化蚀变关系密切的石英–绢云母–黄铁矿脉分选出的黄铜矿的硫同位素值变化不大，主要集中在0值附近。黄铁矿单矿物的硫同位素值从早期到晚期表现出比较明显的分异，可能反映黄铁矿在静岩压力向静水压力环境转变时一定量大气水混入。7颗辉钼矿样品同位素组成非常均一，$\delta^{34}S$值范围为5.3‰~5.9‰，反映了在岩浆–热液演化过程中，辉钼矿在结晶沉淀时，成矿流体中没有发生硫同位素的强烈分馏。此外，太阳山斑岩铜–钼矿床的岩石学和岩相学研究

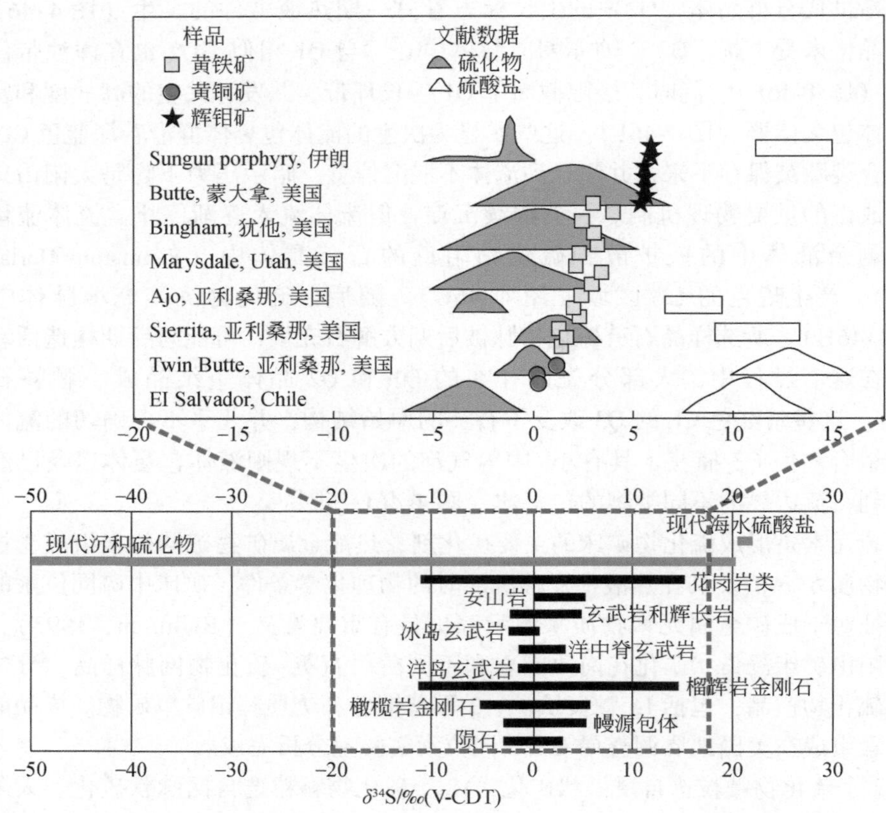

图 4-47　太阳山铜矿床硫同位素组成

表明，含矿斑岩体和石英-硫化物网脉中均有硬石膏和磁铁矿发育，暗示含矿斑岩和热液流体形成于相对氧化环境。

氢氧同位素系统可以很好地示踪成矿热液流体的来源（Clayton et al., 1972）。选取太阳山铜矿床 2 件浸染状矿化斑岩的钾长石、2 件石英-黄铜矿脉的钾长石、6 件石英-黄铁矿-黄铜矿脉的绢云母，测定其 H（δD_{SMOW}）和 O（$\delta^{18}O_{SMOW}$）同位素组成。分析测试工作在美国地质调查局 USGS 同位素实验室完成。

热液流体的氢同位素是根据测定的寄主矿物（绢云母）的氢同位素，结合流体包裹体测温学数据，利用绢云母-水之间的氢同位素平衡分馏方程 $\delta D_{fluid} = \delta_{Dmineral} + 22.1\times10^6 T^{-2} - 19.1$ 计算（Marumo et al., 1980），温度 T 采用与硅酸盐矿物共生石英中流体包裹体的捕获温度（350℃）。成矿流体的氧同位素利用白云母-水之间氧同位平衡分馏方程（$\delta^{18}O_{fluid} = \delta^{18}O_{mineral} - 2.38\times10^6 T^{-2} + 3.89$）和钾长石-水氧同位平衡分馏方程（$\delta^{18}O_{fluid}=\delta^{18}O_{mineral}-2.91\times10^{6}T^{-2}+3.41$）计算（Zheng，1993）。用于测量岩浆氧同位素组成的钾长石分离自含矿斑岩未蚀变的部分。矿化脉中的钾长石用来估算岩浆-热液成矿流体的氧同位素组成。石英+黄铁矿+绢云母脉中的绢云母用来测定晚阶段热液流体的氢氧同位素组成。基于显微测温研究，计算平衡分馏的温度为350℃（晚期流体）、550℃（成矿流体）和650℃（岩浆）。两颗未蚀变的二长岩和石英二长斑岩的钾长石的$\delta^{18}O$值为13.3%。两颗网脉状矿化中的热液钾长石$\delta^{18}O$值为12.5%，计算出相应的流体$\delta^{18}O_{fluid}$值为11.6%。热液绢云母δD值为-122%~-87%，相应的δD_{fluid}值为-85%~-50%，$\delta^{18}O_{fluid}$值为8.6%~10.6%。太阳山斑岩矿床大部分样品氢、氧同位素组成投影点落在岩浆水范围内或附近，晚阶段流体投影点靠近大气降水线（图4-48）。

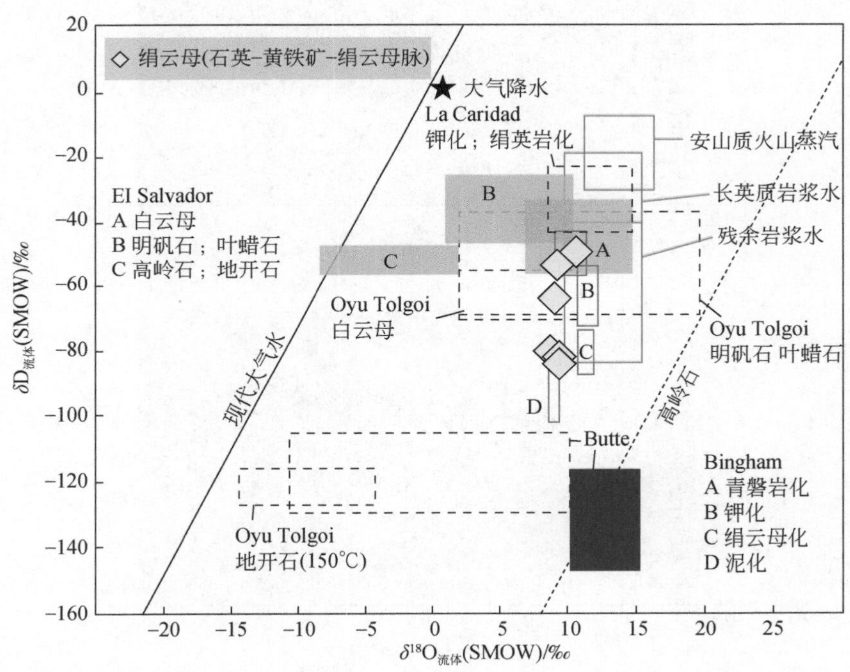

图4-48 太阳山铜矿床氢-氧同位素组成

太阳山斑岩矿床斑岩和钾-硅酸盐蚀变的流体氢、氧同位素组成投影点落在变质水范围内而非岩浆水范围内。考虑到采集的钾长石来自蚀变矿化的样品，经历了水-岩反应，氢、氧同位素组成可能经历了后期水-岩反应改造。石英-黄铁矿-黄铜矿脉矿石的氢、氧同位素组成投影点落在初始岩浆水范围内或周围，表明成矿流体主要为岩浆水。

太阳山矿床含矿围岩和不同阶段石英-硫化物网脉中的黄铁矿的铁同位素组成基本均一，反映了含矿斑岩与石英网脉中金属硫化物的铁同位素组成具有一致的源区，暗示成矿物质来源与含矿斑岩具有密切的关系。同时，通过对比发现，太阳山矿床从早期到晚期的石英-硫化物网脉中黄铁矿的铁同位素也呈现规律性变化，从早到晚相对富集铁的重同位素，表现出铁同位素的时间分带性，其原因可能是矿物结晶沉淀过程导致了铁同位素的分馏，即随着晚期硫化物的沉淀，流体逐渐朝着富集铁的重同位素的方向演化（图 4-49）。

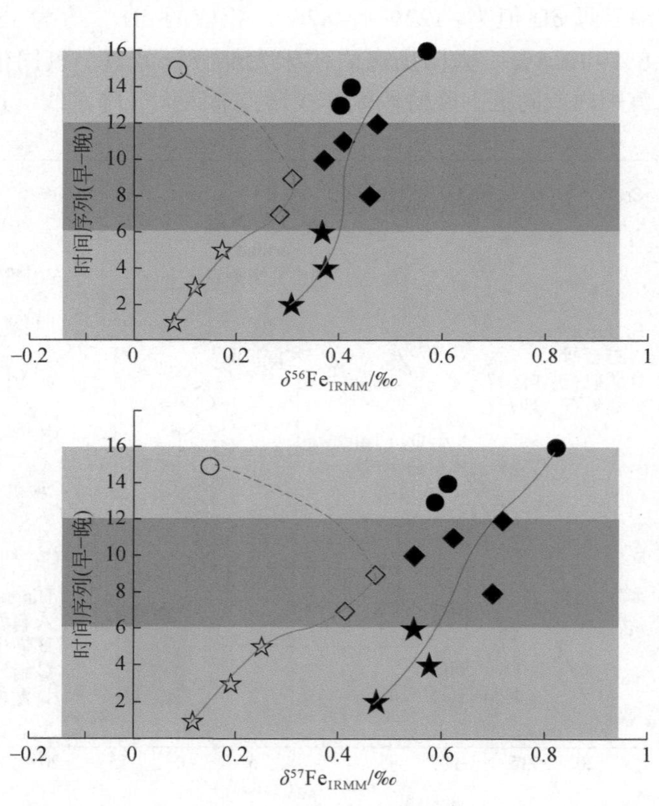

图 4-49　太阳山铜矿床铁同位素组成

4.4　录斗艘金矿床

4.4.1　矿床基本信息

录斗艘金矿床位于甘南藏族自治州合作市北东，直距 13km，行政区划属合作市卡加道乡管辖，在大地构造位置上位于夏河–合作矿集区中部德乌鲁岩体东北缘，处于西秦岭北部断褶带与夏河–合作断裂的过渡部位。区内地质工作开始于20世纪50年代，最近一次矿产资源普查工作于2017年由湖南省有色地质勘查局二四五队完成，查明录斗艘金矿床累计金资源量超过6t，品位约5g/t。矿体主要赋存于石英闪长斑岩内，矿体包括石英–电气石–硫化物脉型金矿体、浸染状电气石化石英闪长斑岩型金矿体和石英–辉锑矿型金锑矿体。

4.4.2 矿床地质特征

4.4.2.1 地层

矿区主要出露下二叠统、三叠系、侏罗系、新近系和第四系。下二叠统大关山群为一套海相沉积的碎屑岩–碳酸岩建造，区内出露部分下部为黑云母–白云母石英角岩、红柱石石英角岩；中上部为板岩夹薄层变砂岩及变砾岩。三叠系火山岩主要为凝灰岩和流纹岩。侏罗系为陆相火山岩建造，以中酸性火山岩为主，主要为安山质角砾岩，分布于矿区南部下看木仓矿床附近。新近系顶部主要为泥质砂岩、砂质板岩，底部为含砾砂岩。第四系为腐殖层、黄土、冲积物等，广泛分布在区内山梁、坡、沟谷和河床中。

4.4.2.2 构造

矿区内断裂十分发育，且存在多期次的活动，与成矿关系密切。不同期次的断裂产状、形态、规模各不相同，互相交错切割，十分复杂。矿区内断层主要为北西向和北东东向，其中北西走向断层控制浸染状黄铁矿化电气石化石英闪长斑岩型金矿体，NEE走向断层控制石英–辉锑矿型金锑矿体。区内赋矿岩浆岩节理较为发育，发育三组节理，控制石英–电气石–硫化物脉型金矿体。

4.4.2.3 岩浆岩

区内侵入岩主要为录斗艘石英闪长斑岩。录斗艘石英闪长斑岩为不规则小岩株，面积约为3.83km^2。

岩石呈灰白色，斑状结构，基质为微–细晶粒状结构，主要由斜长石、角闪石组成，次为石英等，斑晶成分为更长石（18%）、斜长石（0%~16%）、石英（15%），基质成分为更长石（18%）、斜长石（0%~16%）、石英（15%）、绿泥石（1%），斑晶含量最高可达60%，为连斑或多斑结构，斑晶中的中长石多为自形，少数为半自形宽板状，粒径多为0.5~2mm，晶体具环带结构，弱高岭石化及绢云母化，角闪石多为普通角闪石，多色性不明显，个别晶体分解成黑云母边缘，基质中的更长石呈他形粒状，不具双晶，石英他形粒状，与更长石呈镶嵌状接触，黑云母和绿泥石均呈鳞片状。

石英闪长斑岩地表经蚀变后常呈淡红或肉红色，长石斑晶大部分蚀变为高岭土或绢云母，假象绿泥石、白云母，基质多已变为长英质（41%）、次生石英（0%~15%）、铁碳酸盐（1%~14%）、电气石（4%）。

4.4.2.4 变质作用

由于石英闪长斑岩的侵入，矿区内遭受变质作用的主要是北部外接触带中的下二叠统和侏罗系，呈近东西向狭窄的带状分布，表现为明显的接触变质。

4.4.3 矿体地质特征

区内金矿体可分为三种（图4-50）：浸染状黄铁矿化电气石化石英闪长斑岩型金矿体、石英-电气石-硫化物脉型金矿体和石英-辉锑矿脉型金锑矿体。浸染状黄铁矿化电气石化石英闪长斑岩型金矿体产于破碎带及上下盘蚀变围岩中，形态、产状严格受破碎带控制。石英-电气石-硫化物脉型金矿体产于石英-电气石-（硫化物）脉中，其产状与石英闪长斑岩围岩节理产状一致。石英-辉锑矿脉型金锑矿体主要受断层控制。

1. 石英-电气石-硫化物脉型金矿体

Au12：产于石英-电气石-硫化物脉中，位于矿区中部。矿体形态为柱状。坑道控制矿体最大直径约为75m，控制垂深为47m，控制标高为3175~3222m，金最高品位为94.84g/t，最低品位为1.00g/t，平均品位为8.21g/t。

2. 浸染状黄铁矿化电气石化石英闪长斑岩型金矿体

Au5：产于石英闪长斑岩中，位于矿区南部，矿石为构造破碎岩型矿石。矿体形态为脉状。地表未见出露，坑道控制矿体最大走向长度为570m，控制垂深为33m，控制斜深为133m，控制标高为3222~3255m，矿体最大厚度为1.85m，最小厚度为0.25m，平均厚度为1.45m，金最高品位为62.59g/t，最低品位为1.00g/t，平均品位为5.67g/t。

Au3：产于石英闪长斑岩中，位于矿区中部，矿石为蚀变岩型矿石。地表未揭露和控制，坑道控制矿体最大走向长度为150m，控制垂深为56m，控制斜深为88m，控制标高为3222~3278m，矿体最大厚度为2.60m，最小厚度为0.20m，平均厚度为1.05m，金最高品位为34.13g/t，最低品位为1.00g/t，平均品位为5.26g/t。此外，Au5、Au6、Au8、Au16、Au37矿体均产于石英闪长斑岩中，矿石为破碎蚀变岩型矿石。走向长41~209m，厚0.61~1.87m，平均品位为2.39~19.19g/t。

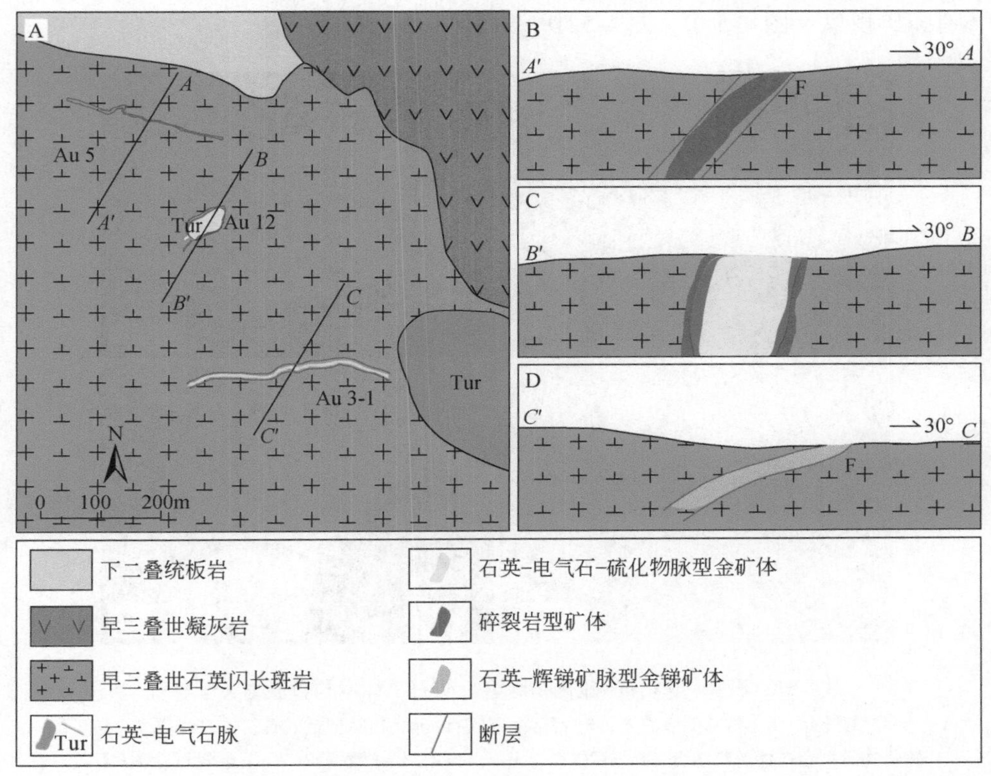

图4-50　西秦岭录斗艘金矿床地质简图

3. 石英-辉锑矿脉型金锑矿体

Au3-1：产于石英-辉锑矿脉中，位于矿区南部。矿体形态为脉状，受断层控制，坑道控制矿体最大直径约为35m，控制垂深为24m，控制标高为3175～3222m，金最高品位为86.17g/t，最低品位为1.00g/t，平均品位为9.73g/t。品位变化系数为151%。

4.4.4　热液蚀变

录斗艘金矿床矿体主要受破碎蚀变带控制，蚀变范围大，种类多，与金矿化有关的蚀变为黄铁矿化、硅化、绢云母化、毒砂化、辉锑矿化、碳酸盐化、黄铜矿化；次生蚀变以褐铁矿化、高岭土化为主。其中黄铁矿化、硅化、绢云母化为主要蚀变，毒砂化、辉锑矿化、碳酸盐化、黄铜矿化等为次要蚀变。

（1）黄铁矿化：为蚀变带中较普遍的一种矿化蚀变，黄铁矿呈浸染状，少部分呈细脉状，多为半自形-自形晶，粒度大小不均，粒径为0.2～1mm，粗晶体有压碎现象（图 4-51D，图 4-52D）。

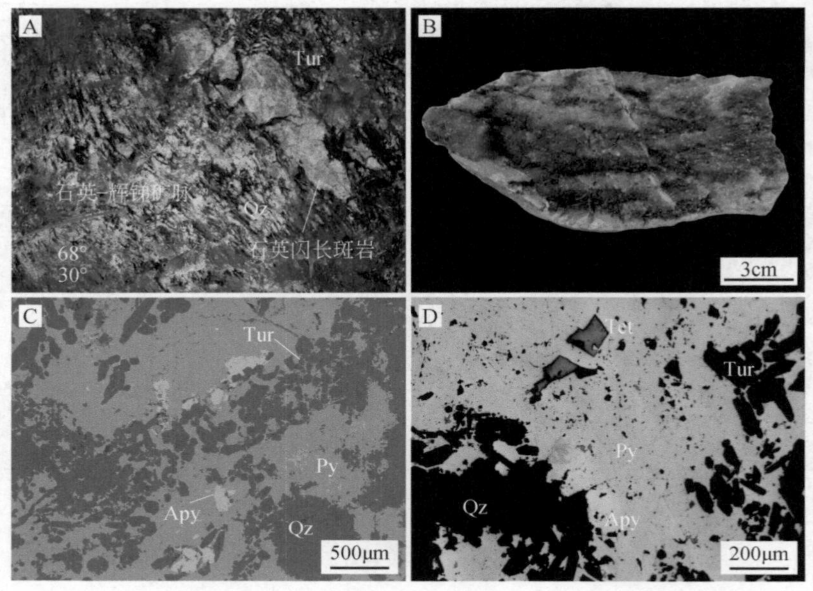

图 4-51　石英-电气石-硫化物脉型金矿石手标本与显微岩相学特征

A：石英-电气石-硫化物脉型金矿体；B：石英-电气石-硫化物脉型金矿石；C、D：石英-电气石-硫化物脉型金矿体矿物组合。Py＝黄铁矿，Apy＝毒砂，Tet＝黝铜矿，Tur＝电气石，Qz＝石英

（2）硅化：表现为岩石基质中石英含量增高，石英多呈微晶-隐晶状，局部形成斑块或细脉状集合体，常伴随有黄铁矿和毒砂矿化（图 4-52C、D）。

（3）绢云母化：绢云母常与黄铁矿密切共生，与矿化最为密切，属典型的热液蚀变产物（图 4-51B、D）。

（4）电气石化：电气石化是该矿床特有的标志，广泛分布于矿区各类矿体中及其附近，多呈浸染状和团块状，其晶形较好，常呈柱状、放射状和球面三角形形状（图 4-52A，图 4-67B）。

（5）毒砂化：分布亦较普遍，但含量较低，毒砂多呈自形晶，长柱状或针状，集合体呈放射状，分布于方解石-石英脉中，多数呈浸染状，少部分呈细脉状、脉状，在石英-电气石脉中见有块状。在矿床矿体中几乎均有分布，其中石英-电气石-硫化物脉中十分发育，多呈块状、浸染状（图 4-51B，4-52D）。

（6）辉锑矿化：辉锑化在浸染状黄铁矿化电气石化石英闪长斑岩型矿体中仅与黄铁矿密切共生，并不单独出现，其粒度大小变化较大，晶体呈柱状、针状。矿区内也存在以石英和辉锑矿为主的金锑矿体（Au3-1），最厚可达 0.5m（图 4-53）。

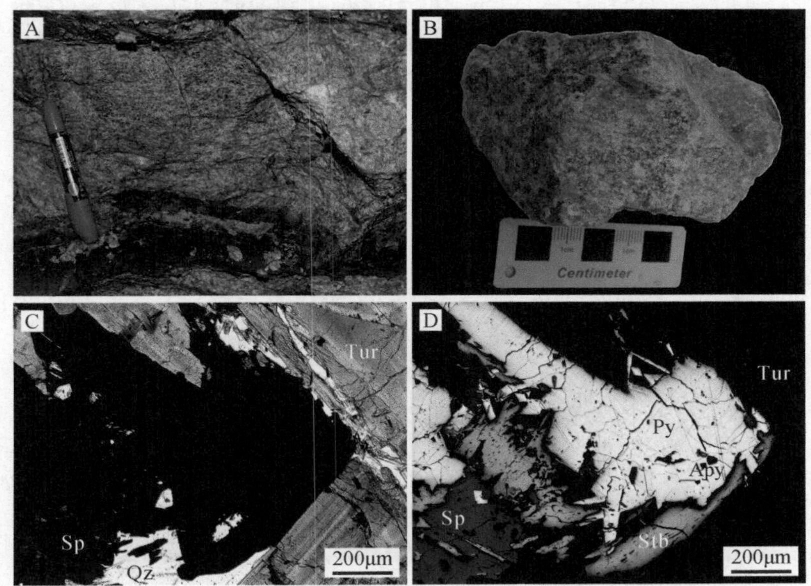

图4-52　浸染状黄铁矿化电气石化石英闪长斑岩型矿体手标本与显微岩相学特征

A：浸染状矿化石英闪长斑岩型矿体；B：浸染状黄铁矿化电气石化石英闪长斑岩型矿石；C、D：浸染状黄铁矿化电气石化石英闪长斑岩型矿石矿物组合特征。Apy = 毒砂，Py = 黄铁矿，Sp = 闪锌矿，Stb = 辉锑矿，Qz = 石英，Tur = 电气石

（7）碳酸盐化：出现较普遍，方解石呈隐晶质或微晶集合体，多数是以胶结物形式出现，呈细脉状分布，切割其他蚀变体，多出现在岩体较破碎地段（图 4-53）。

4.4.5　矿石与矿物

本区矿石分为三种类型：石英–电气石–硫化物脉型金矿石、浸染状黄铁矿化电气石化石英闪长斑岩型金矿石和石英–辉锑矿脉型金锑矿石。

（1）石英–电气石–硫化物脉型金矿石（图 4-51）：该类型矿石为条带状构造，主要呈灰–黑色。该类型矿石是赋存于石英–电气石–硫化物脉中，主要的矿石矿物为黄铁矿和毒砂，脉石矿物为石英和电气石等。

（2）浸染状黄铁矿化电气石化石英闪长斑岩型金矿石（图 4-52）：该类型矿石主要为块状构造，矿石常出现电气石化、硅化和绢云母化等蚀变。黄铁矿、毒砂等金属矿物呈浸染状赋存于石英、长石等脉石矿物之间，主要的矿石矿物为黄铁矿和毒砂，脉石矿物为石英和电气石等。

（3）石英–辉锑矿脉型金锑矿石（图 4-53）：主要发育于石英–辉锑矿脉型金

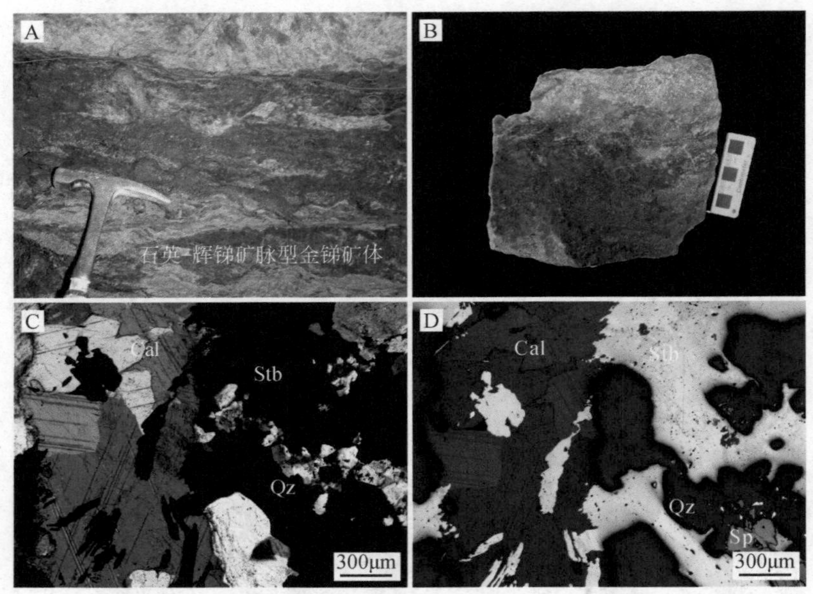

图 4-53 石英-辉锑矿脉型金锑矿体手标本与显微岩相学特征

A：石英-辉锑矿脉型金锑矿体。B：石英-辉锑矿脉型金锑矿石。C、D：石英-辉锑矿脉型金锑矿体矿物组合特征。Stb＝辉锑矿，Sp＝闪锌矿，Qz＝石英，Cal＝方解石

锑矿体中，块状构造，主要矿石矿物为辉锑矿和自然金，脉石矿物为石英和方解石等。晚期方解石呈脉状穿切石英-辉锑矿脉。

录斗艘金矿床矿物种类较为丰富，金属矿物主要为黄铁矿、毒砂、辉锑矿、方铅矿和闪锌矿，其次为黝铜矿、砷黝铜矿和黄铜矿等。非金属矿物主要为石英、电气石和方解石等，其次为绿泥石、绢云母和白云石等。

4.4.5.1 金属矿物特征

1. 黄铁矿

在录斗艘金矿床中，黄铁矿是主要的载金矿物，金以不可见金为主。根据黄铁矿的产状、形态、结构等特征，可将黄铁矿可分为两种类型，一是以浸染状分布于黄铁矿化电气石化石英闪长斑岩中，其晶形较为完整，多为自形-半自形（图 4-52D）。二是在石英-电气石-硫化物脉中以团块状充填在石英与电气石的间隙中，多为他形（图 4-51D）。

2. 毒砂

区内毒砂与黄铁矿密切共生。产于黄铁矿化电气石化石英闪长斑岩中的毒砂自形程度较好，多呈浸染状聚集在黄铁矿周围，含量较高（图 4-52D）。产于石

英-电气石-硫化物脉中的毒砂自形程度较差，常产于黄铁矿内部，以包体的形式出现（图 4-51D）。

3. 辉锑矿

辉锑矿主要以两种形式产出。一是在石英-电气石-硫化物脉中以细小颗粒与其中黄铁矿共生（图 4-52D）。二是在石英-辉锑矿脉型矿体中作为主要矿物大量出现，部分辉锑矿发生破碎被后期方解石充填（图 4-53D）。

4.4.5.2　非金属矿物特征

1. 石英

石英产于矿区内的各类矿体中，是最主要的脉石矿物。在黄铁矿化电气石化石英闪长斑岩型金矿体中，是主要的造岩矿物，呈自形-半自形晶出现。在石英-电气石-硫化物脉型金矿体中，以自形晶出现，粒径较大，在颗粒间隙常充填有黄铜矿、黝铜矿和闪锌矿等金属矿物。在石英-辉锑矿脉型金锑矿体中，石英是主要的脉石矿物，其晶形良好（图 4-53C）。

2. 电气石

电气石主要存在于石英-电气石-硫化物脉型金矿体、黄铁矿化电气石化石英闪长斑岩型金矿体和石英-电气石脉中，主要为镁电气石。在石英-电气石-硫化物脉型金矿体和石英电气石脉中，粒径较小，也有自形程度较好呈单晶形式出现，其横截面呈球面三角形形状，从核部到边部颜色渐变（图 4-51C、D）。且石英-电气石脉常沿石英闪长斑岩节理产出，其宽度 5～10cm。在黄铁矿化电气石化石英闪长斑岩型金矿体中，电气石主要成单晶形式出现，其晶形较好，但大多被破碎，其周围可发现金属硫化物如黄铁矿、毒砂等（图 4-51C）。

3. 方解石

方解石是晚期热液活动的产物，主要以脉状沿各类矿体破碎处产出，可充填于各类矿物裂隙，有时也会切割矿体（图 4-53C）。

4.4.6　成矿阶段与矿物共生组合

通过详细的野外地质调查和显微岩相学观察，综合分析录斗艘金矿床野外矿体穿插关系、矿物共生组合及结构构造等特征，将成矿作用分为两个时期，分别为岩浆热液期和变质热液期（图 4-54）。

1. 岩浆热液期

该阶段以石英-电气石-硫化物脉型金矿体为主，主要的金属矿物为黄铁矿、毒砂、黝铜矿、砷黝铜矿等，非金属矿物为石英、电气石、绿泥石、绢云母等。

2. 变质热液期

该阶段以浸染状黄铁矿化电气石化石英闪长斑岩型金矿体和石英-辉锑矿脉

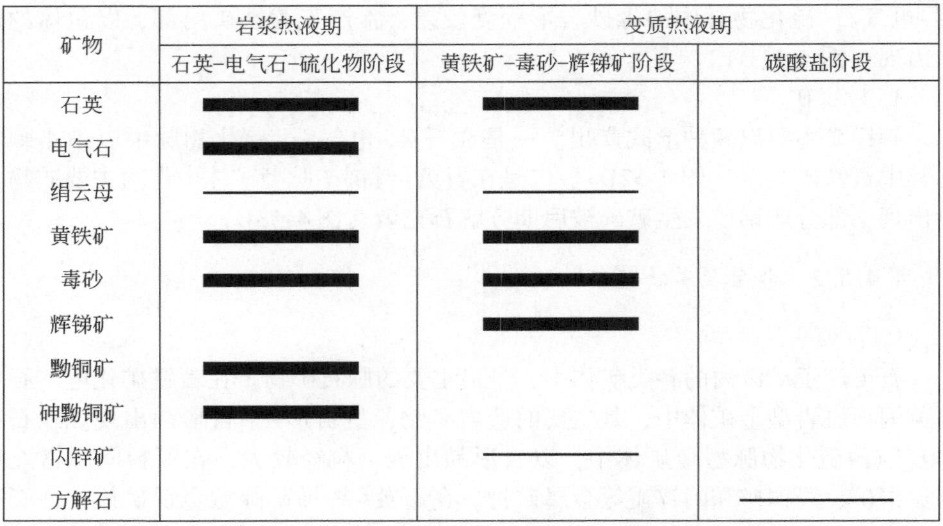

矿物	岩浆热液期	变质热液期	
	石英–电气石–硫化物阶段	黄铁矿–毒砂–辉锑矿阶段	碳酸盐阶段
石英	━━━━	━━━━	
电气石	━━━━		
绢云母	————	————	
黄铁矿	━━━━	━━━━	
毒砂	━━━━	━━━━	
辉锑矿		━━━━	
黝铜矿	━━━━		
砷黝铜矿	━━━━		
闪锌矿		————	
方解石			————

图 4-54　录斗艘金矿床成矿阶段与矿物生成顺序划分

粗横线代表大量，细线代表少量

型金锑矿体为主，主要的金属矿物为黄铁矿、毒砂、辉锑矿、闪锌矿等，非金属矿物为石英、绿泥石、绢云母等。晚期为碳酸盐阶段，主要矿物为方解石，矿区内大部分矿体均存在被方解石脉穿切现象。

4.4.7　成岩–成矿年代格架

选取矿区出露的新鲜石英闪长斑岩为研究对象，开展了 LA-ICP-MS 锆石 U-Pb 年代学研究。样品中锆石自形程度较好，长 100 ~ 250μm，宽 50 ~ 100μm，多呈长柱状，发育明显的振荡环带结构，与典型岩浆锆石特征一致（图 4-55）。石英闪长斑岩样品（LD02）20 个测试点得出的谐和年龄为 247.0±2.2Ma（MSWD = 1.5，n=20）（图 4-56）。石英闪长斑岩的 LA-ICP-MS 锆石 U-Pb 年代学数据如表 4-2所示。它们的 Th/U 值为 0.34 ~ 0.74，也表明其为岩浆成因。

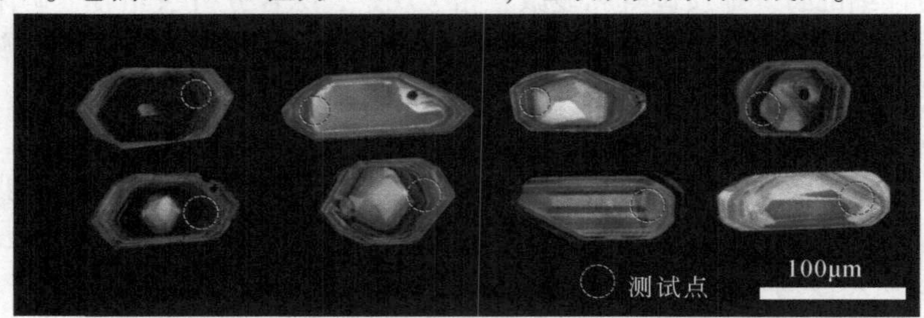

图 4-55　新鲜石英闪长斑岩（LD02）锆石阴极发光照片

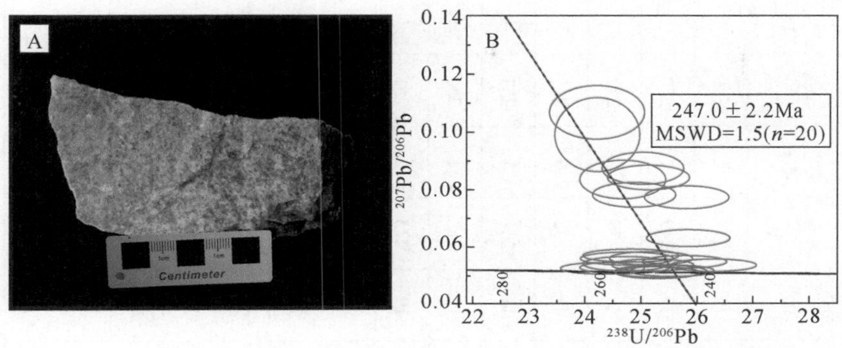

图4-56　新鲜石英闪长斑岩（LD02）手标本及LA-ICP-MS锆石U-Pb Tera-Wasserburg协和图

新鲜石英闪长斑岩（LD02）和矿化石英闪长斑岩（LD03）中的磷灰石具有不同的矿物共生组合和矿物晶体形态。新鲜石英闪长斑岩中的Ⅰ型磷灰石多呈自形晶，与斜长石等其他岩浆矿物共生，长度可达80μm，长宽比约为2∶1（图4-57）。矿化石英闪长斑岩中的Ⅱ型磷灰石颗粒呈半自形-正自形，并与硫化物、绢云母和方解石共生。显微镜观察表明，许多磷灰石晶体中含有硫化物包裹体。

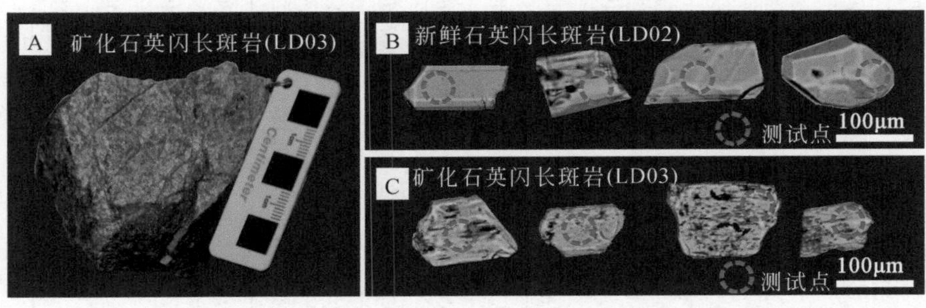

图4-57　矿化石英闪长斑岩手标本及磷灰石显微岩相学照片

磷灰石LA-ICP-MS U-Pb年代学分析结果如图4-58和表4-3所示。对新鲜石英闪长斑岩中的磷灰石进行了32次分析，其下交点年龄为243.5±4.8Ma（MSWD=0.38，n=32），Th/U值为0.36～3.44。矿化石英闪长斑岩磷灰石30个测点的下交点年龄为235.7±4.9Ma（MSWD=0.33，n=30），Th/U值大部分在1.31～2.15。

表 4-2　锆石 LA-ICP-MS U-Pb 定年结果

样品号		Th	U	Th/U	$^{207}Pb/^{206}Pb$		$^{207}Pb/^{235}U$		$^{206}Pb/^{238}U$		$^{207}Pb/^{206}Pb$		$^{207}Pb/^{235}U$		$^{206}Pb/^{238}U$	
					比值	1σ	比值	1σ	比值	1σ	年龄/Ma	1σ	年龄/Ma	1σ	年龄/Ma	1σ
新鲜石英闪长斑岩（LD02）：247.0±2.2Ma（MSWD=1.5，n=20）	LD02. 1	346	824	0. 42	0. 0515	0. 0004	0. 2800	0. 0028	0. 0394	0. 0002	261	19	251	2	249	1
	LD02. 2	560	905	0. 62	0. 0511	0. 0003	0. 2784	0. 0018	0. 0395	0. 0001	256	13	249	1	250	1
	LD02. 3	498	2909	0. 17	0. 0569	0. 0002	0. 3166	0. 0028	0. 0403	0. 0003	500	9	279	2	255	2
	LD02. 4	290	689	0. 42	0. 0834	0. 0020	0. 4719	0. 0129	0. 0405	0. 0002	1280	47	393	9	256	1
	LD02. 5	663	1334	0. 50	0. 0537	0. 0002	0. 2935	0. 0015	0. 0397	0. 0001	367	11	261	1	251	1
	LD02. 6	352	1966	0. 18	0. 0527	0. 0002	0. 2940	0. 0016	0. 0405	0. 0002	317	11	262	1	256	1
	LD02. 8	544	950	0. 57	0. 0560	0. 0004	0. 3070	0. 0023	0. 0397	0. 0001	454	19	272	2	251	1
	LD02. 9	353	1870	0. 19	0. 0630	0. 0006	0. 3361	0. 0034	0. 0387	0. 0001	707	20	294	3	245	0
	LD02. 11	537	2197	0. 24	0. 0780	0. 0011	0. 4311	0. 0050	0. 0402	0. 0001	1148	28	364	4	254	1
	LD02. 12	386	2125	0. 18	0. 0541	0. 0005	0. 3025	0. 0037	0. 0404	0. 0002	372	24	268	3	256	1
	LD02. 13	775	3244	0. 24	0. 0547	0. 0002	0. 2930	0. 0015	0. 0388	0. 0001	467	9	261	1	245	1
	LD02. 15	271	689	0. 39	0. 1068	0. 0028	0. 6244	0. 0193	0. 0413	0. 0003	1746	47	493	12	261	2
	LD02. 16	801	2016	0. 40	0. 0990	0. 0041	0. 5785	0. 0259	0. 0413	0. 0002	1606	76	464	17	261	1
	LD02. 17	1545	2315	0. 67	0. 1559	0. 0065	0. 9068	0. 0438	0. 0405	0. 0004	2413	71	655	23	256	3

续表

样品号		Th	U	Th/U	$^{207}Pb/^{206}Pb$		$^{207}Pb/^{235}U$		$^{206}Pb/^{238}U$		$^{207}Pb/^{206}Pb$		$^{207}Pb/^{235}U$		$^{206}Pb/^{238}U$	
					比值	1σ	比值	1σ	比值	1σ	年龄/Ma	1σ	年龄/Ma	1σ	年龄/Ma	1σ
新鲜石英闪长斑岩（LD02）：247.0±2.2Ma（MSWD=1.5，n=20）	LD02.18	581	2570	0.23	0.0873	0.0015	0.4809	0.0081	0.0399	0.0001	1369	6	399	6	252	1
	LD02.21	338	1978	0.17	0.0559	0.0003	0.3120	0.0030	0.0404	0.0002	450	13	276	2	255	1
	LD02.22	312	1687	0.19	0.0525	0.0002	0.2977	0.0018	0.0411	0.0002	306	12	265	1	260	1
	LD02.23	537	2780	0.19	0.0517	0.0002	0.2788	0.0012	0.0391	0.0001	333	9	250	1	247	1
	LD02.24	245	1102	0.22	0.0841	0.0010	0.4621	0.0060	0.0398	0.0001	1296	24	386	4	252	1
	LD02.25	475	2726	0.17	0.0535	0.0003	0.2805	0.0013	0.0380	0.0001	350	13	251	1	241	1
新鲜石英闪长斑岩（LD02）：继承锆石	LD02.7	66	441	0.15	0.1128	0.0004	4.7523	0.0293	0.3053	0.0014	1856	7	1777	5	1718	7
	LD02.10	896	2485	0.36	0.2624	0.0023	1.8025	0.0160	0.0498	0.0001	3261	14	1046	6	313	1
	LD02.14	877	2845	0.31	0.2506	0.0025	1.4958	0.0193	0.0431	0.0002	3189	16	929	8	272	1
	LD02.19	989	1108	0.89	0.0574	0.0004	0.3812	0.0033	0.0481	0.0002	506	10	328	2	303	1
	LD02.20	677	2028	0.33	0.2008	0.0044	1.3350	0.0330	0.0479	0.0002	2833	36	861	14	302	1

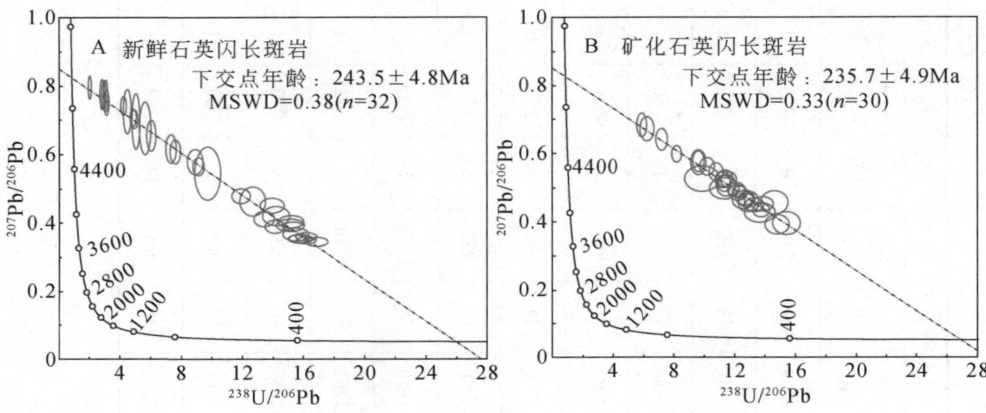

图 4-58　磷灰石 LA-ICP-MS U-Pb Tera-Wasserburg 协和图

表 4-3　磷灰石 LA-ICP-MS U-Pb 定年结果

样品号		Th	U	Th/U	$^{207}Pb/^{206}Pb$		$^{207}Pb/^{235}U$		$^{206}Pb/^{238}U$	
					比值	1σ	比值	1σ	比值	1σ
新鲜石英闪长斑岩(LD02)：243.5±4.8Ma(MSWD=0.38，n=32)	LD02.1	68	159	0.42	0.3540	0.0055	2.8277	0.0595	0.0580	0.0008
	LD02.2	87	108	0.81	0.4084	0.0066	3.8749	0.1188	0.0683	0.0014
	LD02.3	80	144	0.55	0.3543	0.0059	2.8383	0.0607	0.0581	0.0007
	LD02.4	57	57	1.01	0.5107	0.0161	7.0683	0.5388	0.0942	0.0048
	LD02.5	49	34	1.45	0.6539	0.0154	15.1701	0.8333	0.1627	0.0066
	LD02.6	44	35	1.25	0.6076	0.0093	10.0991	0.2649	0.1205	0.0024
	LD02.7	63	137	0.46	0.3664	0.0066	2.9955	0.0871	0.0591	0.0011
	LD02.8	36	12	2.92	0.7746	0.0116	32.9855	0.7938	0.3098	0.0063
	LD02.9	40	27	1.52	0.6563	0.0112	13.7094	0.4003	0.1519	0.0037
	LD02.10	35	13	2.63	0.7750	0.0120	31.6856	0.7143	0.2983	0.0065
	LD02.11	86	44	1.96	0.6159	0.0094	10.6221	0.3058	0.1251	0.0031
	LD02.12	51	42	1.22	0.5782	0.0113	8.1901	0.2503	0.1028	0.0024
	LD02.13	55	20	2.75	0.7094	0.0098	18.4697	0.3232	0.1893	0.0025
	LD02.14	33	10	3.44	0.7970	0.0124	49.3359	1.0194	0.4500	0.0069
	LD02.15	71	159	0.45	0.3604	0.0051	2.8106	0.0488	0.0567	0.0007
	LD02.16	38	21	1.77	0.7107	0.0144	20.5401	0.8783	0.2055	0.0067
	LD02.17	51	19	2.70	0.7437	0.0114	22.1140	0.3839	0.2165	0.0029
	LD02.18	71	132	0.54	0.3922	0.0079	3.2916	0.0951	0.0606	0.0010

续表

样品号		Th	U	Th/U	$^{207}Pb/^{206}Pb$		$^{207}Pb/^{235}U$		$^{206}Pb/^{238}U$	
					比值	1σ	比值	1σ	比值	1σ
新鲜石英闪长斑岩（LD02）：243. 5±4. 8Ma（MSWD=0. 38，n=32）	LD02. 19	79	121	0. 66	0. 3874	0. 0058	3. 4832	0. 0957	0. 0649	0. 0011
	LD02. 20	33	90	0. 36	0. 4771	0. 0081	5. 0769	0. 1295	0. 0770	0. 0012
	LD02. 21	59	145	0. 41	0. 3904	0. 0059	3. 2197	0. 0587	0. 0599	0. 0007
	LD02. 22	65	55	1. 18	0. 5654	0. 0079	7. 8076	0. 1612	0. 1003	0. 0017
	LD02. 23	82	161	0. 51	0. 3491	0. 0046	2. 7284	0. 0465	0. 0567	0. 0006
	LD02. 24	56	122	0. 46	0. 4471	0. 0084	4. 0916	0. 1311	0. 0658	0. 0011
	LD02. 25	40	14	2. 84	0. 7776	0. 0126	34. 6833	0. 8034	0. 3246	0. 0066
	LD02. 26	51	31	1. 64	0. 6846	0. 0121	17. 4962	0. 8786	0. 1824	0. 0076
	LD02. 27	74	28	2. 66	0. 7043	0. 0110	17. 9846	0. 3233	0. 1858	0. 0026
	LD02. 28	51	17	2. 98	0. 7537	0. 0115	30. 3598	0. 6203	0. 2932	0. 0052
	LD02. 29	97	140	0. 69	0. 4498	0. 0104	4. 6138	0. 2294	0. 0723	0. 0023
	LD02. 30	96	172	0. 56	0. 4016	0. 0072	3. 3561	0. 0939	0. 0603	0. 0010
	LD02. 31	89	206	0. 43	0. 3446	0. 0049	2. 5825	0. 0501	0. 0544	0. 0008
	LD02. 32	89	181	0. 49	0. 4133	0. 0086	3. 7434	0. 1557	0. 0645	0. 0015
矿化石英闪长斑岩（LD03）：235. 7±4. 9Ma（MSWD=0. 33，n=30）	LD03. 1	120	80	1. 50	0. 53	0. 0083	6. 1936	0. 1311	0. 0856	0. 0013
	LD03. 2	155	90	1. 72	0. 54	0. 0122	7. 1520	0. 1531	0. 0988	0. 0039
	LD03. 3	127	71	1. 78	0. 57	0. 0121	7. 9859	0. 2154	0. 1012	0. 0018
	LD03. 4	155	102	1. 52	0. 50	0. 0102	5. 8856	0. 1767	0. 0859	0. 0025
	LD03. 5	155	126	1. 23	0. 45	0. 0111	4. 1772	0. 2099	0. 0665	0. 0014
	LD03. 6	148	95	1. 55	0. 51	0. 0077	6. 0847	0. 1168	0. 0862	0. 0012
	LD03. 7	159	98	1. 62	0. 46	0. 0095	4. 6760	0. 1217	0. 0741	0. 0009
	LD03. 8	193	114	1. 70	0. 39	0. 0092	3. 5490	0. 0968	0. 0657	0. 0012
	LD03. 9	56	42	1. 31	0. 64	0. 0105	11. 9299	0. 2699	0. 1352	0. 0025
	LD03. 10	717	107	6. 69	0. 49	0. 0070	5. 4652	0. 1233	0. 0804	0. 0013
	LD03. 11	190	126	1. 50	0. 39	0. 0112	3. 4372	0. 1432	0. 0630	0. 0012
	LD03. 12	63	40	1. 57	0. 68	0. 0112	15. 5708	0. 3877	0. 1656	0. 0031
	LD03. 13	131	83	1. 58	0. 56	0. 0084	7. 3787	0. 1704	0. 0954	0. 0015
	LD03. 14	169	103	1. 64	0. 52	0. 0074	6. 0532	0. 1269	0. 0839	0. 0013
	LD03. 15	218	131	1. 66	0. 45	0. 0071	4. 3791	0. 1058	0. 0703	0. 0013
	LD03. 16	102	73	1. 41	0. 58	0. 0099	8. 0493	0. 1608	0. 1014	0. 0014
	LD03. 17	159	93	1. 71	0. 52	0. 0079	6. 2494	0. 1459	0. 0868	0. 0013

续表

样品号		Th	U	Th/U	$^{207}Pb/^{206}Pb$		$^{207}Pb/^{235}U$		$^{206}Pb/^{238}U$	
					比值	1σ	比值	1σ	比值	1σ
矿化石英闪长斑岩（LD03）：235.7±4.9Ma（MSWD=0.33，n=30）	LD03.18	174	104	1.68	0.51	0.0102	5.9258	0.1683	0.0850	0.0017
	LD03.19	75	35	2.15	0.67	0.0119	14.4252	0.4786	0.1559	0.0039
	LD03.20	164	105	1.56	0.49	0.0056	5.2996	0.0944	0.0790	0.0011
	LD03.21	162	107	1.52	0.46	0.0084	4.9549	0.1489	0.0774	0.0015
	LD03.22	188	112	1.68	0.44	0.0066	4.2301	0.0747	0.0707	0.0010
	LD03.23	119	80	1.49	0.54	0.0088	6.7836	0.1548	0.0903	0.0013
	LD03.24	94	61	1.54	0.60	0.0078	9.7938	0.1596	0.1189	0.0016
	LD03.25	155	96	1.62	0.46	0.0083	4.7693	0.1107	0.0760	0.0011
	LD03.26	169	111	1.52	0.43	0.0094	4.1814	0.1316	0.0711	0.0018
	LD03.27	204	127	1.60	0.45	0.0064	4.5299	0.0896	0.0731	0.0012
	LD03.28	159	102	1.55	0.49	0.0073	5.3224	0.1136	0.0797	0.0013
	LD03.29	121	91	1.32	0.47	0.0071	4.9544	0.1055	0.0765	0.0012
	LD03.30	209	114	1.83	0.47	0.0070	4.8817	0.0957	0.0762	0.0011

矿区内发育两种不同类型的独居石。如图 4-59 所示，Ⅰ型独居石发现于石英-电气石-硫化物脉型金矿石中，与石英和电气石关系密切且与石英共生，多呈自形或半自形晶体，长约 50μm，长宽比约为 1∶1。

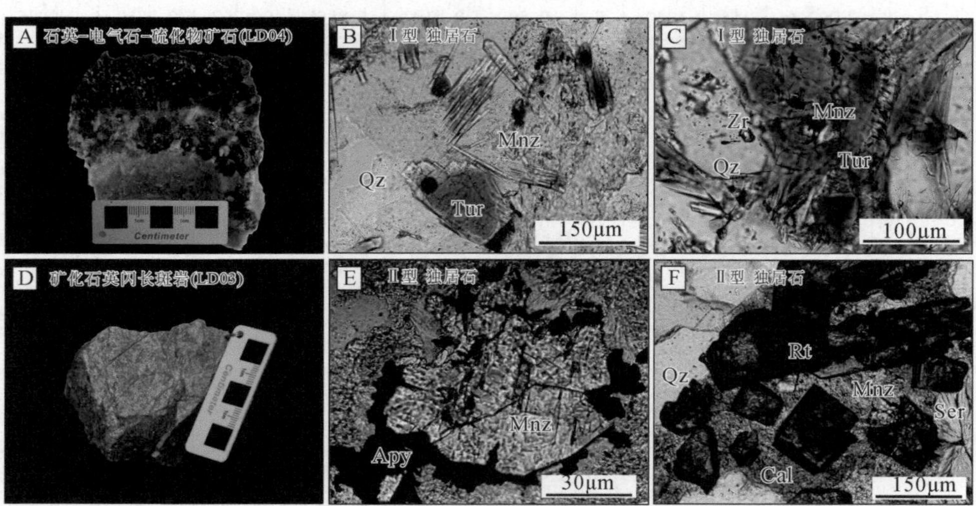

图 4-59　石英-电气石-硫化物脉中独居石显微岩相学

Qz=石英，Mnz=独居石，Tur=电气石，Apy=毒砂，Cal=方解石，Ser=绢云母，Rt=金红石，Zr=锆石

Ⅱ型独居石产于浸染状黄铁矿化电气石化石英闪长斑岩型金矿体中（图4-59），该类独居石与金红石存在良好的共生关系，同时在独居石周围有毒砂和绢云母存在，认为这些独居石为热液成因。

两类独居石原位SHRIMP U-Pb年代学分析结果列于表4-4。两类独居石的交点年龄如图4-60所示：Ⅰ型独居石为246.6±2.2Ma（MSWD=1.2，n=8），Ⅱ型独居石为234.8±1.6Ma（MSWD=0.75，n=11）。

表4-4　独居石SHRIMP U-Pb定年结果

样品号		Th	U	Th/U	$^{207}Pb/^{206}Pb$		$^{207}Pb/^{235}U$		$^{206}Pb/^{238}U$	
					比值	1σ	比值	1σ	比值	1σ
矿化石英闪长斑岩（LD03）Ⅱ型独居石：234.8±1.6Ma（MSWD=0.75，n=11）	LD03.1	1257	43789	34.84	0.0528	0.0007	0.2653	0.0001	0.0364	0.0009
	LD03.2	93	18564	199.61	0.0685	0.0045	0.3531	0.0006	0.0374	0.0009
	LD03.3	93	18564	199.61	0.0519	0.0013	0.2652	0.0001	0.0370	0.0008
	LD03.4	1413	11384	8.06	0.0527	0.0008	0.2692	0.0001	0.0371	0.0008
	LD03.5	168	31331	186.49	0.0538	0.0019	0.2756	0.0002	0.0371	0.0008
	LD03.6	280	29995	107.13	0.0630	0.0017	0.3280	0.0002	0.0378	0.0008
	LD03.7	1011	19573	19.36	0.0529	0.0008	0.2721	0.0001	0.0373	0.0008
	LD03.8	2127	12168	5.72	0.0516	0.0005	0.2661	0.0001	0.0374	0.0008
	LD03.9	290	58671	202.31	0.1006	0.0100	0.5536	0.0014	0.0399	0.0010
	LD03.10	516	933	1.81	0.0522	0.0017	0.2706	0.0002	0.0376	0.0009
	LD03.11	777	27127	34.91	0.0580	0.0013	0.3035	0.0001	0.0379	0.0008
石英-电气石-硫化物脉型矿体（LD04）Ⅰ型独居石：246.6±2.2Ma（MSWD=1.20，n=8）	LD04.1	234	3960	16.92	0.0588	0.0029	0.3132	0.0004	0.0386	0.0011
	LD04.2	433	2619	6.05	0.1125	0.0099	0.6479	0.0010	0.0418	0.0007
	LD04.3	212	8500	40.09	0.0641	0.0036	0.3500	0.0004	0.0396	0.0009
	LD04.4	58	8892	153.31	0.0754	0.0091	0.4199	0.0013	0.0404	0.0011
	LD04.5	143	22573	157.85	0.0692	0.0041	0.3825	0.0004	0.0401	0.0007
	LD04.6	125	13269	106.15	0.1054	0.0100	0.6156	0.0020	0.0424	0.0015
	LD04.7	138	9968	72.23	0.0662	0.0034	0.3713	0.0009	0.0407	0.0019
	LD04.8	193	10607	54.96	0.0656	0.0030	0.3685	0.0005	0.0407	0.0011

秦岭造山带是由印支期华北板块和华南板块碰撞形成的，是中国中央造山带的重要组成部分。西秦岭造山带是秦岭造山带的西延部分，沿北西-南东走向发育有巨型的花岗岩带，记录了该时期西秦岭基底性质、印支期陆壳生长和构造演化等重要信息。

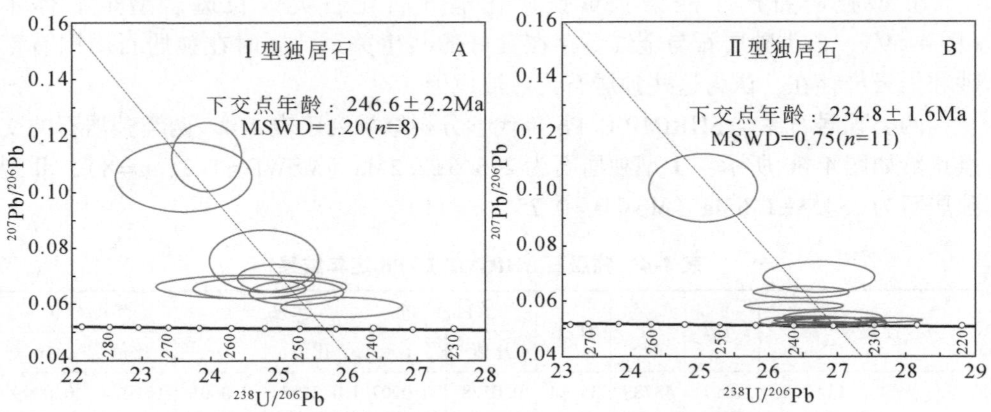

图 4-60　独居石 SHRIMP U-Pb Tera-Wasserburg 协和图

矿区的主要赋矿围岩为石英闪长斑岩，选取矿区石英闪长斑岩来约束矿区内岩浆作用时限，得到锆石 U-Pb 年龄为 247.0±2.2Ma，对新鲜石英闪长斑岩中磷灰石进行 U-Pb 年代学分析，得到磷灰石 U-Pb 年龄为 243.5±4.8Ma。张德贤等得到德乌鲁岩体石英闪长岩锆石 U-Pb 年龄为 245.8±1.7Ma 和 243.4±1.9Ma（张德贤等，2015），认为德乌鲁岩体石英闪长岩成因为：俯冲洋壳脱水所形成的流体交代了地幔楔，使地幔橄榄岩发生了部分熔融，形成了基性玄武质岩浆，进而使下地壳发生了部分熔融形成了中酸性岩浆，该中酸性岩浆与基性玄武质岩浆混合，上升侵位，最终形成了德乌鲁石英闪长岩体，并含有一些暗色微粒包体。Qiu 和 Deng（2017）得出石英闪长岩 MME 的锆石 U-Pb 年龄为 247.0±2.2Ma，与德乌鲁石英闪长岩侵位及相关夕卡岩铜矿化同时代，认为德乌鲁侵入岩源于富集地幔，富集地幔受到板片俯冲脱水的影响发生部分熔融，玄武质岩浆与岩石圈发生相互作用，在岩浆混合过程中提供了热量和挥发物，导致了下地壳部分熔融，最终形成了德乌鲁岩体。此时古特提斯洋正处于持续向北俯冲的过程中，德乌鲁岩体形成于活动大陆边缘的环境中。前人通过对西秦岭地区花岗岩进行了年代学与成因研究，根据其形成年代与形成背景将其分为：①早-中三叠世（248～234Ma），岗察岩体和夏河岩体等被认为形成于活动大陆边缘板片俯冲的环境下；②中三叠世（234～224Ma），如憨班岩体形成于同碰撞环境下；③中-晚三叠世（225～205Ma），温泉岩体和糜署岭岩体等，这些岩体被认为形成于同碰撞或后碰撞的伸展环境下。德乌鲁石英闪长斑岩形成于早三叠世，结合前人所获得的地球化学数据，认为德乌鲁石英闪长斑岩形成于活动大陆边缘环境下，与古特提斯洋的北向俯冲有关（黄雄飞，2016）。

4.4.8　控矿构造解析

石英–电气石–硫化物脉型金矿体（800kg，3 ~5g/t）为录斗艘金矿床的主要金矿体之一，电气石脉与石英脉接替出现，呈层状定向分布。矿区内石英–电气石–（硫化物）脉分布范围较广，但只有北西西向和北东东走向脉体形成矿体。其他电气石脉仅以小细脉的形式出现（图 4-61C），电气石脉在构造交汇处较为粗大。部分可见北西西走向石英–电气石–硫化物脉与北东东走向石英–电气石–硫化物脉常呈共轭剪节理产出，矿体产状与石英–电气石脉产状一致（北西西走向矿体倾向 192° ~225°，倾角 22° ~54°；北东东走向矿体倾向 335° ~340°，倾角 25° ~51°）。

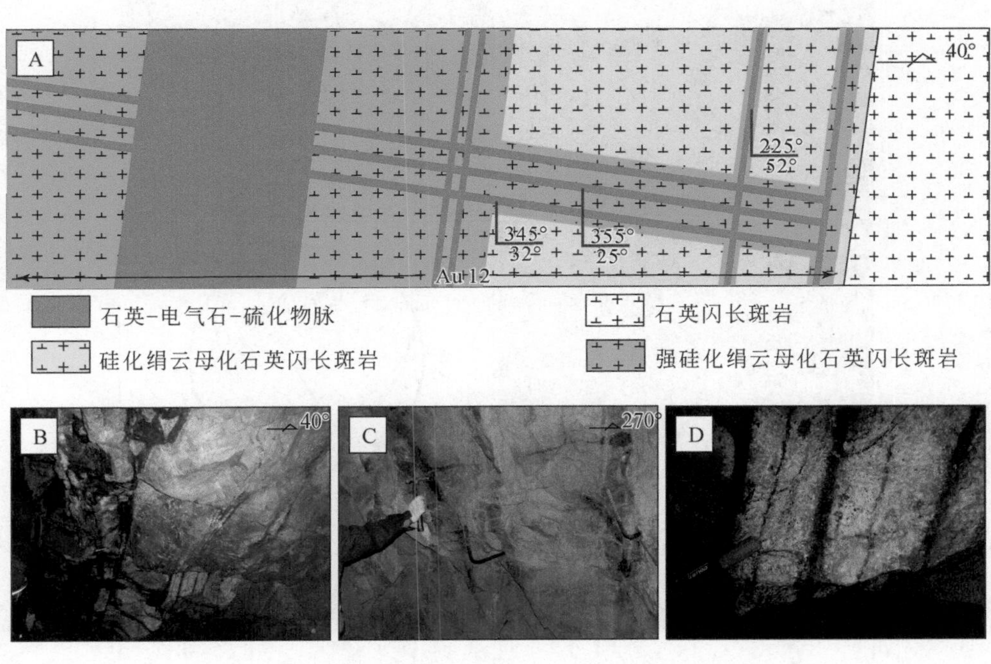

图 4-61　石英–电气石–硫化物脉型金矿体典型剖面及局部照片

矿区内存在 4 种产状类型的石英–电气石–（硫化物）脉，即北东东向（倾向 335° ~340°，倾角 25° ~51°），北东向（倾向 115° ~130°，倾角 39° ~54°），北西向（倾向 60° ~80°，倾角 23° ~30°）和北西西向（倾向 192° ~225°，倾角 22° ~54°）。区内石英闪长斑岩存在 3 组节理，即北东向（倾向 120° ~136°，倾角39° ~80°），北西向（倾向 15° ~60°，倾角 46° ~72°）和北西西向（倾向 200° ~210°，倾角 30° ~45°）。对石英–电气石–硫化物脉和石英闪长斑岩的节理分别进行赤平投影投图，发现石英闪长斑岩三组节理与石英-电气石-（硫化物）脉产状基本一致。

经过对比分析，其中存在一条北东东向石英-电气石-硫化物脉产状不与任何一组石英闪长斑岩节理产状一致，但该产状石英-电气石-硫化物脉为石英-电气石-硫化物脉型金矿体。根据野外地质观察，北东东向石英-电气石-硫化物脉常与北西西向石英-电气石-硫化物脉常呈共轭剪节理的形式产出，并且该两种产状是石英-电气石-硫化物脉型金矿体的主要产状，因此两种矿体应为同期形成，成矿作用受北东向主压应力控制（图4-62）。

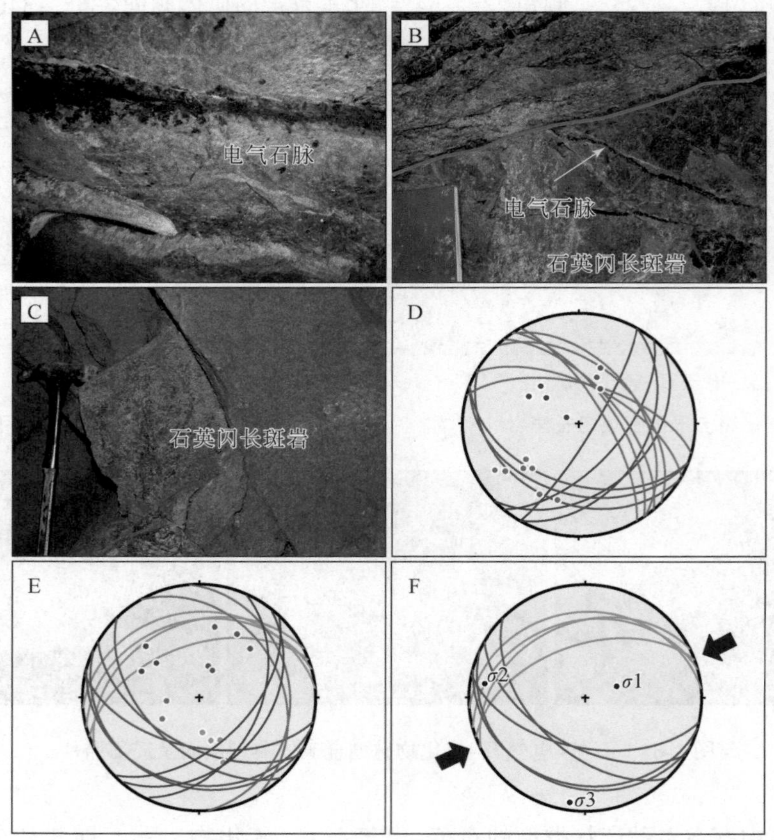

图4-62　石英-电气石-硫化物脉型金矿体野外剖面与赤平投影特征

围岩为浸染状黄铁矿化电气石化绿泥石化石英闪长斑岩。主要的围岩蚀变为硅化、绢云母化、电气石化以及黄铁矿化，自矿体向外绢云母化、硅化逐渐减弱直至远离矿体约5m处，蚀变几乎完全消失，黄铁矿化与电气石化仅在距离矿体

1m 以内较为强烈，时常能看见电气石呈团块状出现。部分围岩能够形成浸染状黄铁矿化电气石化石英闪长斑岩矿体，品位 1～3g/t。主要的金属硫化物有黄铁矿、黄铜矿、黝铜矿、毒砂，非金属矿物主要有电气石、石英。

浸染状黄铁矿化电气石化石英闪长斑岩型金矿体（1000kg，3～5g/t）为录斗艘金矿床另一个主要的金矿体（图 4-63）。浸染状黄铁矿化电气石化石英闪长斑岩型金矿体主要受近南北走向断层控制，矿体位于断层核部，并在断层核内可发现磨圆度较好的电气石角砾，说明该断层经历多期构造活动。同时，在与断层同期的次生断层内及上下盘可见辉锑矿脉。其主要蚀变为绢云母化、硅化、黄铁矿化，矿体的蚀变最为强烈，以矿体为中心各类蚀变开始减弱直至扩散至断层上下盘外 1～3m，蚀变现象基本消失。

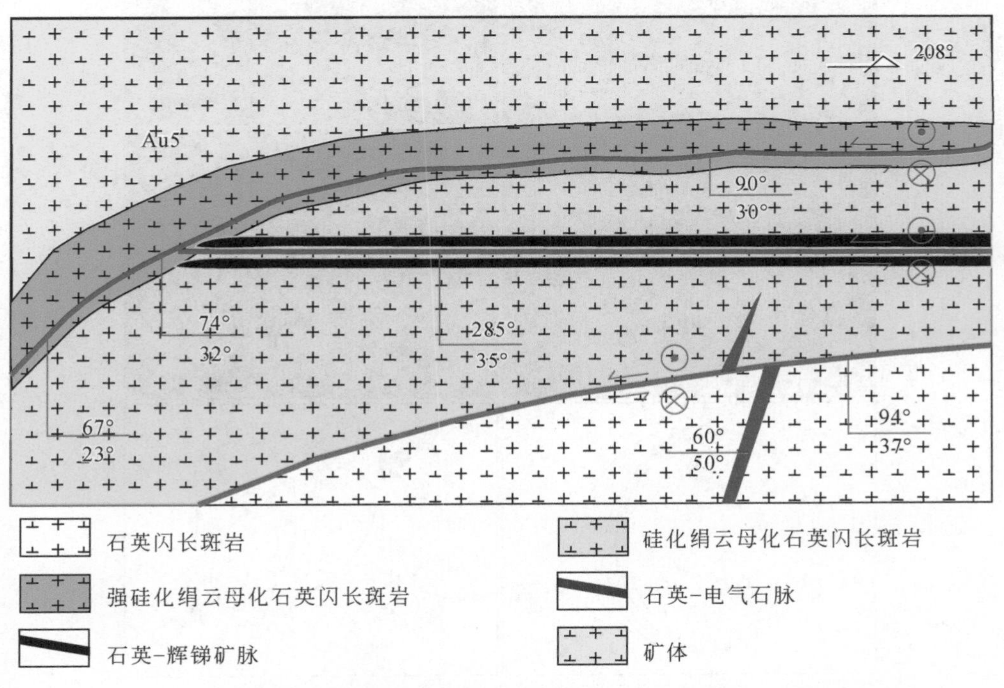

图 4-63　浸染状黄铁矿化电气石化石英闪长斑岩型金矿体典型剖面

本次野外工作对该类型矿体进行了详细观察，测量了该种矿体受控断层产状，与该断层同种性质且产状相似断层，切断无矿化石英-电气石脉。因此，也认为浸染状黄铁矿化电气石化石英闪长斑岩型金矿体晚于石英-电气石-硫化物脉型金矿体，且与石英-辉锑矿脉型金锑矿体同期形成。

浸染状黄铁矿化电气石化石英闪长斑岩型金矿体受断层控制明显，矿体与离矿体较近的围岩均存在较强的浸染状电气石化和黄铁矿化。同时，也可看到在矿体中有方解石脉出现（图 4-64B）。通过显微岩相学分析发现，该矿体中的矿石中也有辉锑矿的存在（图 4-52D）。主要的金属硫化物有黄铁矿、毒砂、辉锑矿、闪锌矿，非金属矿物主要有电气石、长石、石英、绢云母。

浸染状黄铁矿化电气石化石英闪长斑岩型金矿体受断层控制，矿体主要产于断层核内部。

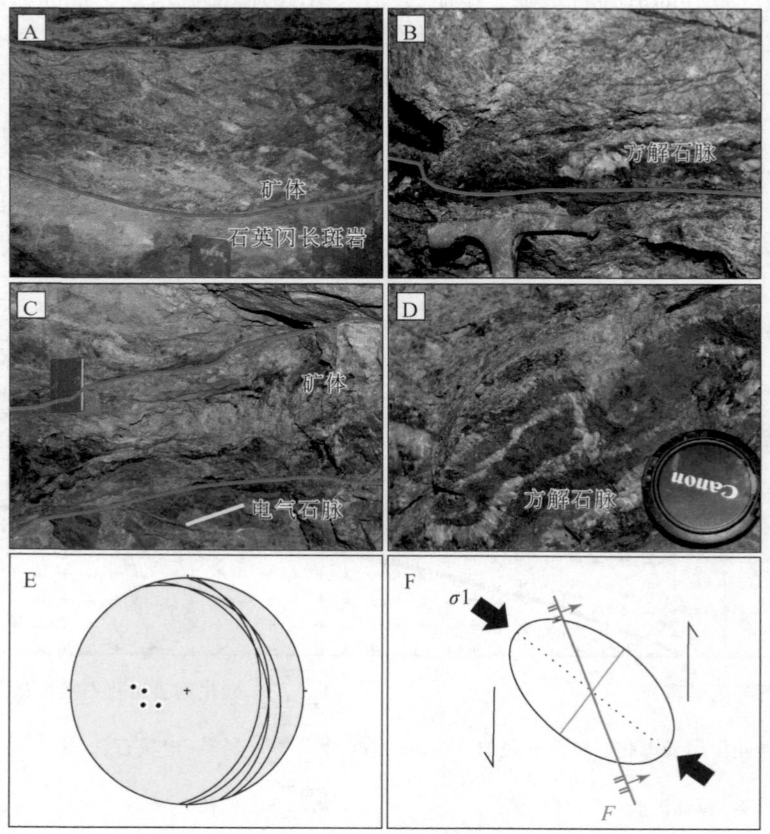

图 4-64　浸染状黄铁矿化电气石化石英闪长斑岩型矿体野外剖面与构造特征分析

大圆表示产状，点表示产状对应极点

断层性质为左行逆断层（倾向 67°～94°，倾角 23°～37°），矿体内部有多个断层存在，表明其可能受到多期构造作用的影响，断层核中也可看见有电气石角砾和方解石角砾（图 4-64A、B，图 4-65C），表明该控矿断层发生持续运动。对该控矿断层进行赤平投影及应力椭球体分析，确定该断层的形成受到了北西向主压应力的作用。

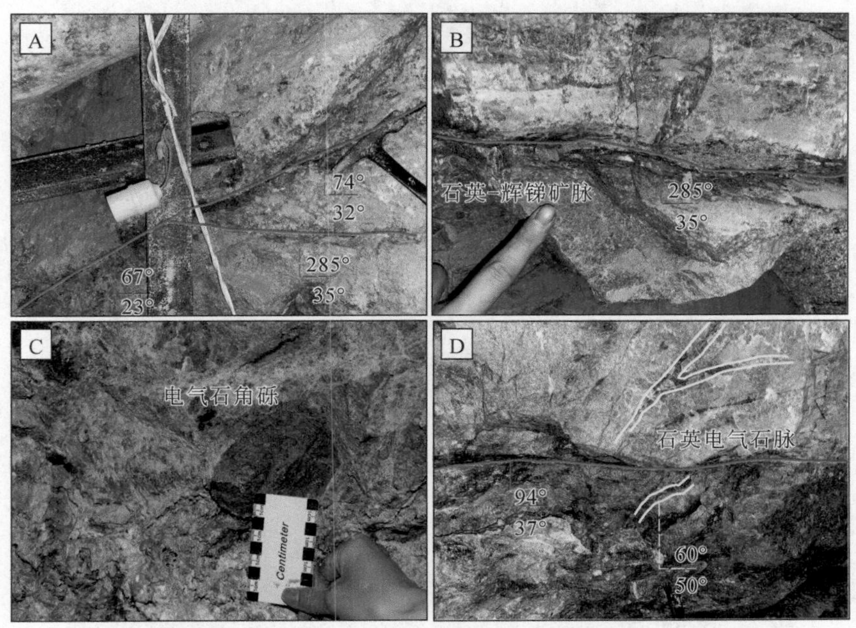

图4-65 浸染状黄铁矿化电气石化石英闪长斑岩型金矿体局部照片

矿区仅发现一条石英–辉锑矿脉型金锑矿体（Au3-1），在矿区其他部位也可见少量辉锑矿脉出现，但不成锑矿体（图4-66）。矿体主要受东西走向逆断层控制，位于断层核内，断层上下盘为石英闪长斑岩，且为赋矿围岩，存在少量辉锑矿化、硅化强烈。在石英–电气石–硫化物脉型金锑矿体内部，发现存在相同性质断层切割石英–电气石–硫化物脉型金矿体，其内部存在少量辉锑矿（图4-66A）。矿体内部也有少量晚期方解石脉穿插矿体。因此，推断石英–辉锑矿脉型金锑矿体的形成晚于石英–电气石–硫化物脉型金矿体。主要的金属硫化物有辉锑矿、闪锌矿，非金属矿物主要有石英、方解石。

石英–辉锑矿脉型金锑矿体（Au3-1），受断层控制明显，根据野外地质观察其断层性质为逆断层。断层内部含有一些石英闪长斑岩夹石，应为在构造活动过程中，围岩发生破碎，进入断层核内部形成的。石英–辉锑矿脉型金锑矿体也存在切割石英–电气石脉的现象，因此石英–电气石–硫化物脉型金矿体应早于石英–辉锑矿脉型金锑矿体。对该控矿断层进行赤平投影及应力椭球体分析，认为该逆断层的形成受北东向主压应力控制（图4-67）。

录斗艘矿床中三种类型金矿体的分布与矿区内各类构造存在着密切联系，因

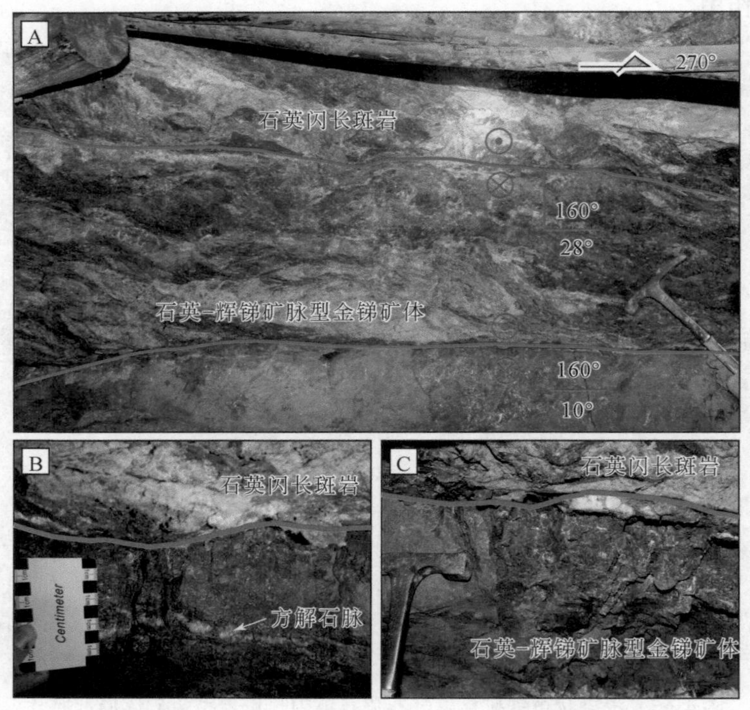

图 4-66　石英-辉锑矿脉型金锑矿体典型剖面及局部照片

此，从地质找矿的角度上看，深入探讨该矿床的构造应力场特征，对于矿区找矿工作的进行具有重大意义。

经过野外地质观察，赋矿围岩石英闪长斑岩节理较为发育，多表现为剪节理，是分析构造应力方向的良好对象。因此，对矿区内的石英闪长斑岩节理数据进行了赤平投影分析，结果表明其节理有三种产状，分别为北西走向南倾、北西走向北倾和北东走向北倾（图 4-62D）。在野外观察过程中，矿区内发现多条石英-电气石-（硫化物）脉与石英闪长斑岩节理产状十分吻合，因此，对矿区内石英-电气石-（硫化物）脉产状进行测量，区分出四种产状，分别为北东向南倾、北西向北倾、北东向北倾和北西向北倾，如图 4-62E 所示。其中，石英-电气石-硫化物脉型金矿体产状主要呈北东走向北倾和北西走向南倾两种，两种产状矿体常沿共轭剪节理产出，如图 4-67 所示。矿区发育其他产状石英-电气石-（硫化物）脉，但皆不成矿体规模，厚度为 1 ~ 2cm。与矿区内石英闪长斑岩节理进行对比发现，石英闪长斑岩节理与石英-电气石-（硫化物）脉产状基本一致，推测该期含石英-电气石-硫化物脉与岩浆期后的岩浆热液存在密切关系。根据其节理特征，推测在岩浆冷凝过程中，受到北东向应力作用，使石英闪长斑岩形成了三组节理，后期产生的岩浆热液沿着节理涌入。同时，矿区内受到北东向应力持续作用，形成北东走向北倾和北西走向南倾一组共轭剪节理，为岩浆热液提供了通道，大量流体涌入，形成了石英-电气石-硫化物型金矿体（图 4-62A、B），而其他两种产状围岩节理受北东向应力影响较小，只能形成较为细小的石英-电气石-（硫化物）脉（图 4-62A、B）。并且在石英-电气石-硫化物脉状矿体中发现，被石英-辉锑矿脉状矿体切割（图 4-51A），由此可知石英-电气石-硫化物脉状矿体的形成早于石英-辉锑矿脉状矿体。

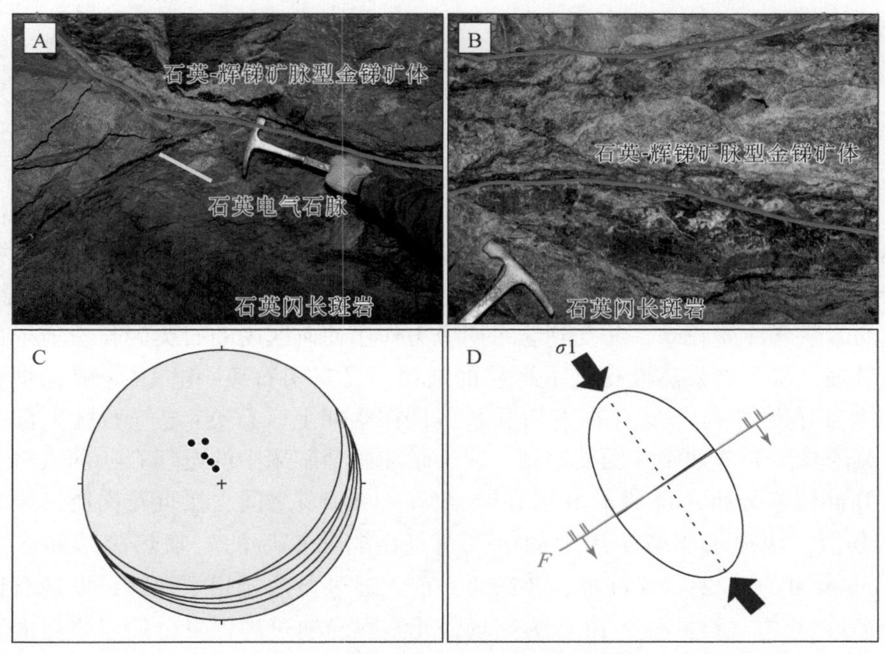

图 4-67　石英-辉锑矿脉型金锑矿体野外剖面与构造特征分析

此外，也研究了矿区内其他两种矿体受构造控制的情况，石英-辉锑矿脉型金锑矿体主要受南北走向逆断层控制，产于断层核部。通过恢复其构造应力场，认为该期成矿受到北西向应力作用（图 4-67C、D）。浸染状黄铁矿化电气石化石英闪长斑岩型金矿体主要产于断层破碎带中，控矿断层为左行逆断层，并且该断层切割了石英-电气石-硫化物脉，认为该断层的形成晚于石英-电气石-硫化物脉状矿体。控制浸染状黄铁矿化电气石化石英闪长斑岩型金矿体断层的次生断层中发现有辉锑矿的存在。恢复其构造应力场，认为该期成矿作用受到北西向应力作用。石英-辉锑矿脉型金锑矿体与浸染状黄铁矿化电气石化石英闪长斑岩型金矿体形成时处于相同的构造应力场（图4-64，图4-67）。矿区内石英闪长斑岩受早期岩浆热液影响，发生了电气石化等热液蚀变，在古特提斯洋闭合期间，区内构造应力场发生转变，形成了大量逆断层，后期成矿热液沿着这些断层运移，在构造有利位置，金沉淀出来，在断层核部形成了这两种矿体。由此认为这两种矿体属于同一期热液作用的产物，且二者形成时间应晚于石英-电气石-硫化物脉型金矿体。

4.4.9 矿床成因

通过对矿区内赋矿围岩、石英-电气石-硫化物脉型金矿体、浸染状黄铁矿化电气石化石英闪长斑岩型金矿体、石英-辉锑矿脉型金锑矿体进行精细的地质年代学与构造特征分析，并结合前人研究，可以对录斗艘金矿床的矿床成因进行限定。

在早三叠世古特提斯洋的北东向俯冲过程中，软流圈上涌加热岩石圈地幔和下地壳，形成的幔源和壳源岩浆混合，最终形成了夏河-合作地区的三叠纪中酸性岩浆岩。岩浆在侵位的过程中，随着温度和压力的降低，岩浆开始冷凝结晶，形成的岩浆岩冷凝收缩，并受到北东向应力作用使矿区内的石英闪长斑岩形成了三组节理，也为岩浆热液提供了运移的通道。已查明石英-电气石-硫化物脉型金矿体与石英-电气石脉存在密切联系，且在空间上，石英-电气石脉大都赋存于石英闪长斑岩节理中并受其控制。对于录斗艘金矿床中的电气石，前人对其进行了 B 同位素分析，得到 δ^{11}B 值在-6.6‰～-4.0‰之间，接近花岗质母岩岩浆的 δ^{11}B 值，认为录斗艘矿床中的电气石是由岩浆期后的岩浆热液结晶形成的（Huang et al.，2022；Yu et al.，2022a）。前人通过显微岩相学观察，发现有钍石（$ThSiO_4$）与电气石共生，Th 作为高场强元素容易通过高挥发分的岩浆热液流体运移，也证明了该电气石属岩浆热液成因（Yu et al.，2022a）。同时，在石英-电气石-硫化物脉型金矿体中发现有独居石存在，对其进行原位独居石年代学分析，得到年龄为246.6Ma，与石英闪长斑岩中锆石 U-Pb 年龄一致。对石英-电气石-硫化物脉型金矿体进行构造应力场分析，认为该矿体的形成主要受到了北东向应力影响，这也与早三叠世古特提斯洋北东向俯冲的构造环境背景相吻合。因此，认为石英-电气石-硫化物脉型金矿体与岩浆期后的岩浆热液有关。

构造作用也能够为流体的运移提供热和动力，矿区内浸染状黄铁矿化电气石化石英闪长斑岩型金矿体和石英-辉锑矿脉型金锑矿体主要受断层控制，主要赋存于断层核内部。对浸染状黄铁矿化电气石化石英闪长斑岩型金矿体中的矿化石英闪长斑岩进行了磷灰石 U-Pb 年代学和原位独居石 SHRIMP U-Pb 年代学分析，得到年龄分别为 235.7Ma 和 234.8Ma，与石英闪长斑岩锆石（247Ma）相比，晚约 12Ma，岩浆作用并不可能持续如此长的时间，因此认为该期成矿作用与 246.6Ma 的岩浆热液成矿作用并不是同一期成矿作用。对控制浸染状黄铁矿化电气石化石英闪长斑岩型金矿体和石英–辉锑矿脉型金锑矿体的断层进行构造应力分析，得到这两种矿体的形成主要受到了北西向应力的影响，这也与石英–电气石–硫化物脉型金矿体形成所受应力方向不同，可能与早三叠世古特提斯洋闭合有关。因此推测浸染状黄铁矿化电气石化石英闪长斑岩型金矿体和石英–辉锑矿脉型金锑矿体的形成与变质热液有关。综上所述，认为西秦岭录斗艘金矿床是岩浆热液型矿化与造山型矿化叠加形成。

4.5　下看木仓金矿床

4.5.1　矿床基本信息

下看木仓金矿床位于甘肃省合作市的北东部，直距 13km 处，属合作市卡加道乡管辖，区内较系统地质工作开始于 20 世纪 60 年代，甘肃省地质局第 1 区域地质测量队完成了区域地质测量，21 世纪初期甘肃有色金属地质勘查局三队在下看木仓金矿区进行了勘查工作，在甘肃加鑫矿业有限公司投资下发现并初步评价了各含金蚀变破碎带和金矿体地质特征，2009 年由湖南辰州矿业股份有限公司收购，委托甘肃有色金属地质勘查局三队继续进行勘查工作，2012 年下看木仓金矿床已知金资源量超过 8t，平均品位 4g/t，是位于西秦岭西北部重要的中型金矿床。矿区位于力士山–新堡复背斜的次级褶皱日加–上浪岗褶皱的西南翼，地层为单斜构造，由于矿区地层结构分布窄小，主要出露于东部矿区边缘，褶皱构造仅见一些轻微的层间褶曲、小挠曲等，属于规模极小的典型柔性紧闭褶皱（朱胜攀，2019）。该矿床的矿体主要赋存于三叠纪火山岩和石英闪长岩岩体中，并且受北西西、北西向断裂构造控制，凝灰岩及岩体内的北西向断裂与成矿关系密切（图 4-68）。

4.5.2　矿床地质特征

4.5.2.1　地层

下看木仓金矿床地层分布有下二叠统大关山群上部岩组，岩性为砂岩、板岩夹浅变质砂岩，厚度大于 300m，与三叠系火山岩呈不整合接触。三叠系火山岩为中基性–中酸性陆相凝灰岩，灰绿至暗绿色，地表风化呈灰紫至砖红色，火山

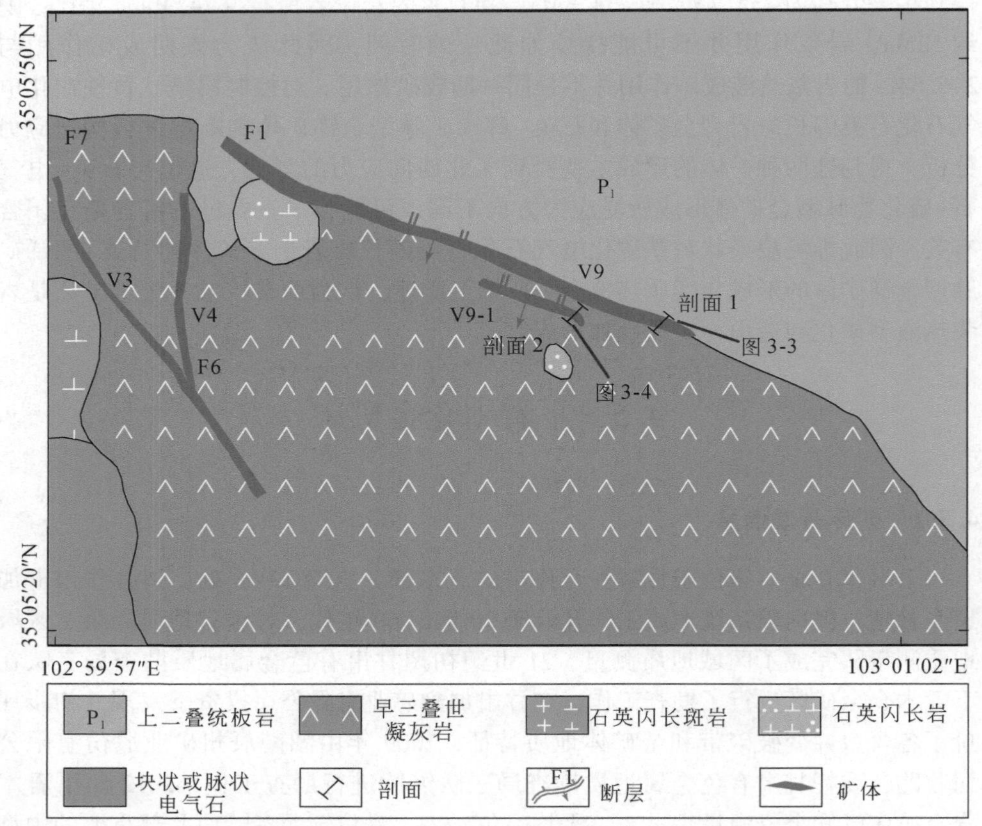

图 4-68 下看木仓金矿床地质简图（据郭素雄等，2020 修编）

凝灰结构、变余火山碎屑结构，角砾状、斑状、块状构造，岩石主要由长英质、绿泥石、绢云母、长石、石英等所组成，并含有金属矿物。新近系上新统为红色砂质泥质砾岩层，上部为一套红色砾岩，呈砖红色，砾石呈棱角-次圆状；下部为红色泥质砾岩、砾石成分为电气石石英岩碎块和石英闪长岩碎块，且含钙质结核。第四系为腐植层、黄土、坡残积物、冲积物等，广泛分布于区内山梁、坡、沟谷和河床中。局部残坡积层呈黄绿-黄褐色。厚度一般为 1 ~ 30m（郭素雄等，2020）。

4.5.2.2 构造

褶皱的西南翼，断裂构造广泛发育，已发现大小断层数条，断层与区域构造线一致，总体走向北西，成矿与断裂构造关系密切。矿区内构造主要为北西、北北西走向。

北西向断裂，与区域构造线一致，走向北西，倾向南西，倾角45°～56°。北西向断裂是主要的容矿构造（图 4-68），矿区内主要矿体——V9 矿体受北西向断裂上下盘断层面控制，沿走向延长，断裂长几百米至上千米，宽 0.5～15m，断层多发逆断活动特征。

北北西向断裂，走向北北西，倾向南西西，倾角 55°～57°。北北西向断裂控制 V9-1 矿体（图4-68），矿体一般长几十米至几百米，宽0.3～3m，最宽处可达5m；断裂内主要由蚀变石英闪长岩及砾径为 1～5cm 石英电气石角砾组成，角砾和胶结物中可见到金属硫化物（黄铁矿、毒砂），断层多具有逆断活动。

4.5.2.3　*岩浆岩*

下看木仓金矿床内岩浆岩较发育，主要发育有三叠纪火山岩和石英闪长岩（图 4-68）。石英闪长岩侵入下二叠统大关山群中，主要呈灰白色，半自形粒状结构，块状构造，主要矿物成分由斜长石（55%）、石英（15%）、普通角闪石（14%）、黑云母（8%～15%）组成。斜长石多为宽板状，粒径为 0.5～3mm，晶体具有显著的环带构造；石英为他形，粒状，粒径为 0.5～1mm，生长于长石晶体间隙中；普通角闪石为纤维状或柱状，局部分解为黑云母、绿泥石；黑云母为片状，少量晶体分解为绿泥石，具有轻微的绿泥石化。三叠纪火山岩主要为凝灰岩，为一套中基性-中酸性陆相凝灰岩，火山凝灰结构、变余火山碎屑构造，主要由长英质、绿泥石、绢云母、长石、石英等所组成，主要蚀变有碳酸盐化、硅化、毒砂化和黄铁矿化等。

4.5.3　矿体地质特征

下看木仓金矿床发育两组主要矿体，分别为北西向矿体与北北西向矿体，均受构造控制。北西向代表性矿体为 V9 矿体（富电气石金-铜矿体），北北西向矿体代表性矿体主要为 V9-1（金-锑矿体）（图 4-69），矿体总体呈脉状产出。其他为小型矿体。

V9 矿体主要赋存在北西向断层蚀变破碎带中，是下看木仓金矿床中规模最大的矿体，矿体呈脉状产出，矿体形态、产状严格受北西向断层控制（图 4-69A），矿体走向 322°～328°，倾角为 45°～56°，厚 0.5～3m，金品位为 4～5g/t。以脉状-浸染状矿化为主，主要硫化物有黄铁矿、毒砂、黄铜矿、闪锌矿等。

V9-1 矿体主要受控于北北西向断层，脉状产出，矿体走向 330°～340°（图 4-70A），厚 0.3～1m，金品位较低，为 1～2g/t。矿体由黄铜矿化黄铁矿化石英

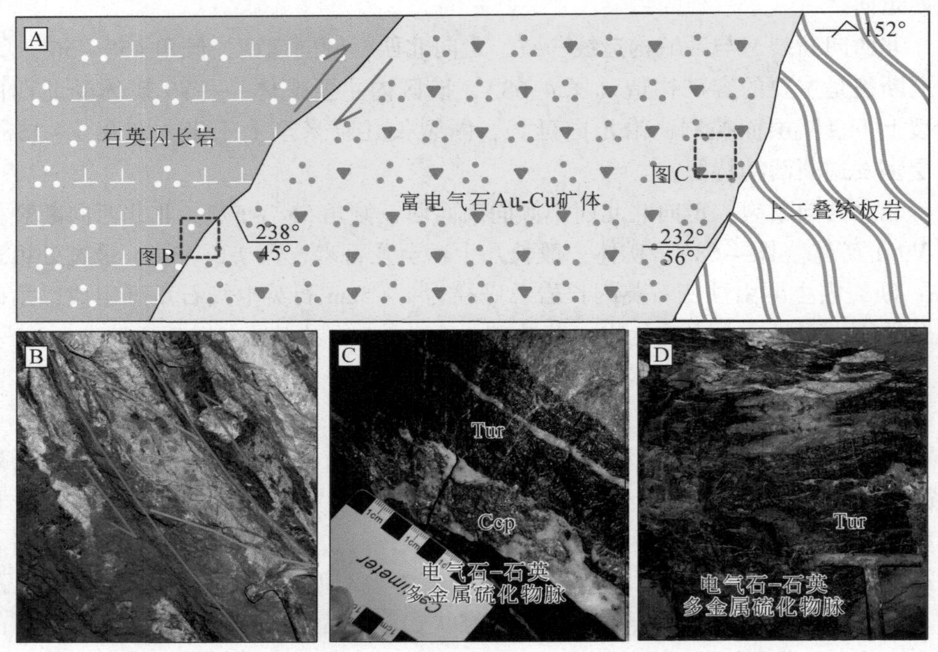

图 4-69　下看木仓金矿床 V9 矿体地质特征

A：V9 矿体 3000m 中段剖面示意图，矿体赋存于北西向逆断层；B：北西向逆断层；C、D：矿体主要有电气石-石英-多金属硫化物脉组成，井下和室内岩相学观察到大量的电气石、黄铜矿、黄铁矿分布。Ccp=黄铜矿，Tur=电气石

电气石角砾和石英-辉锑矿脉组成，主要硫化物有黄铁矿、黄铜矿、闪锌矿和辉锑矿等。

4.5.4　热液蚀变

下看木仓金矿床发育多种热液蚀变，主要类型有黄铁矿化、黄铜矿化、毒砂化、绢云母化和碳酸盐化。其中以黄铜矿化、毒砂化和黄铁矿化等硫化作用为主，伴有少量闪锌矿化和黝铜矿化。

硫化作用与金成矿具有密切的关系，主要发育黄铁矿、毒砂、黄铜矿、闪锌矿等，在石英-电气石脉、浸染型矿石和构造角砾岩中广泛分布（图 4-71）。常见多金属硫化物充填在黄铁矿及黄铜矿裂隙中。

绢云母化主要分布在成矿早阶段和成矿主阶段中，绢云母与硫化物脉共生，石英闪长岩中同时也发育有绢云母化，主要为斜长石和黑云母蚀变为绢云母等，绢云母化是下看木仓金矿床中较为普遍存在的蚀变现象。

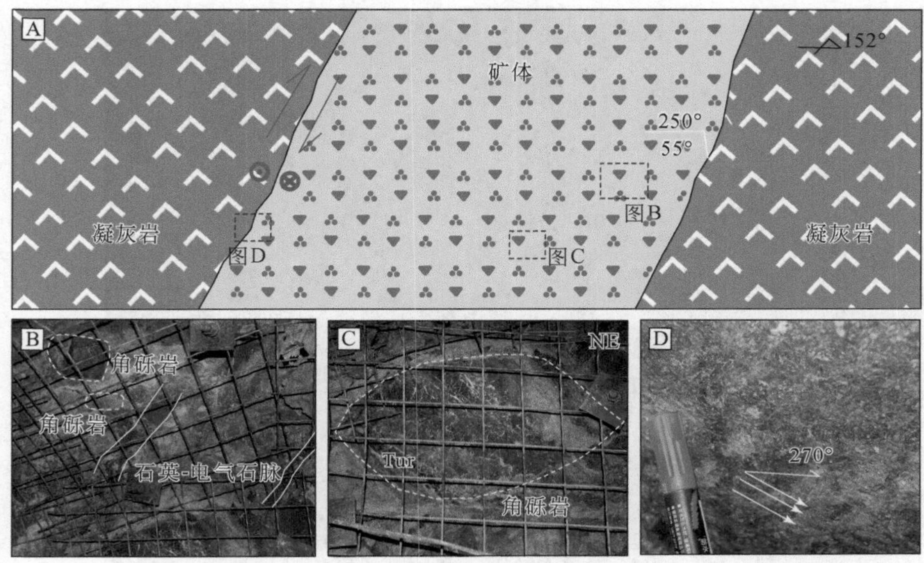

图 4-70　下看木仓金矿床 V9-1 矿体地质特征

A：V9-1 矿体 3000m 中段剖面示意图，矿体赋存于北北西向左行逆断层；B、C：V9-1 矿体发育石英电气石硫化物角砾和石英-辉锑矿脉；D：断层擦痕。Tur=电气石

碳酸盐化主要见石英-方解石脉，在成矿晚阶段和成矿后期较为常见，石英-方解石脉填充在早阶段和主阶段的脉体裂隙和边部等，通常表现为切穿早期矿化。

4.5.5　矿石与矿物

下看木仓金矿床矿化样式在不同产状的矿体中具有差异化特征。北西向矿体主要发育脉型、强矿化角砾岩型矿石和浸染型矿石的矿化样式，北北西向矿体主要发育浸染状或细脉浸染状和脉型矿石。

脉型矿石：主要发育在北西和北北西向矿体中，分为石英-电气石-硫化物脉矿石（图 4-71B、C），呈白色或浅灰色，主要为块状构造，主要的金属矿物有黄铁矿、黄铜矿、闪锌矿、毒砂和辉锑矿等，主要非金属矿物有石英和电气石。电气石多以自形集合体充填石英脉，黄铜矿多以他形集合体分布。石英脉中含有成矿晚阶段乳白色贫矿石英脉，成矿晚阶段石英脉较薄，平均厚度 5cm。

浸染型矿石：主要发育在北西和北北西向矿体中，见黄铁矿、黄铜矿呈粗/细粒浸染状分布（图 4-71A），辉锑矿主要以细脉浸染状分布（图 4-71D），均为块状构造，主要金属矿物有黄铁矿、黄铜矿和毒砂等，浸染型矿石中黄铁矿、黄

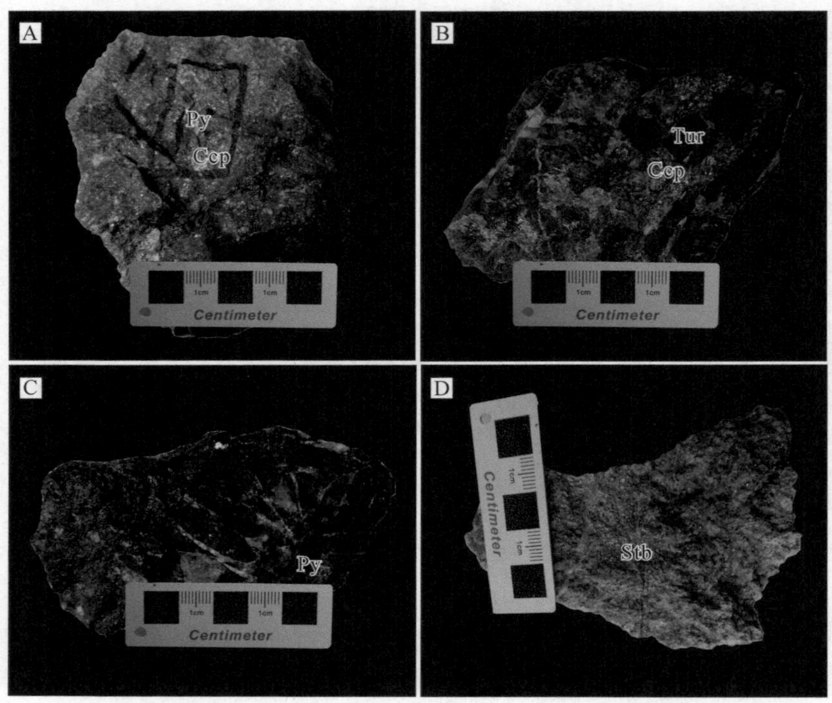

图 4-71　下看木仓金矿床代表性矿石

A：浸染状黄铁矿化、黄铜矿化石英电气石脉；B：角砾岩型矿石；C：石英-电气石脉；D：细脉浸染型矿石，辉锑矿以细脉浸染状分布在石英闪长岩中。Py = 黄铁矿，Ccp = 黄铜矿，Stb = 辉锑矿，Tur = 电气石

铜矿和毒砂较为自形。主要非金属矿物有石英、电气石。

角砾岩型矿石：主要发育在北西向矿体中，北西向矿体少量分布，见矿化电气石角砾分布，电气石角砾被后期石英-黄铜矿脉胶结（图 4-71B），见黄铜矿化、黄铁矿化和毒砂化。

4.5.6　成矿阶段与矿物共生组合

通过野外调研及室内岩相学研究，厘定下看木仓金矿床共有两个成矿期和七个成矿阶段（图 4-72），分别是岩浆热液成矿期：1-1 石英-电气石-黄铁矿-毒砂-闪锌矿阶段，矿物共生组合为黄铁矿、毒砂、闪锌矿、石英、电气石、方解石，黄铁矿成脉状分布，多为自形-半自形晶体，颗粒较大（图 4-73 A ~ D）；1-2 石英-方解石-黄铜矿-黄铁矿-闪锌矿-方铅矿-黝铜矿阶段，矿物共生矿物组合为黄铜矿、黄铁矿、闪锌矿、方铅矿、黝铜矿、方解石、石英，主要以黄铜矿大量产出，矿物形态、结构多样为特征（图 4-73E ~ H）；1-3 石英–方解石阶段，矿物共生组合为石英、方解石，多沿裂隙充填，可见穿切早阶段脉体及其他矿物。

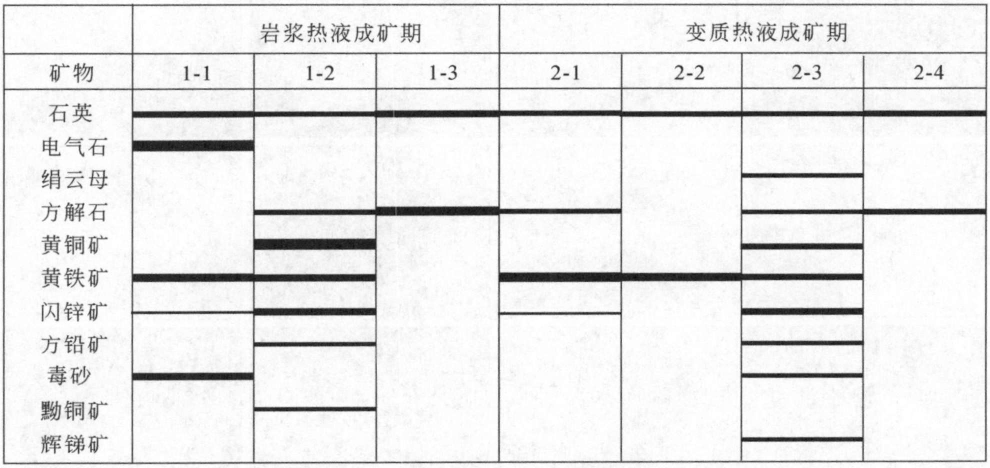

	岩浆热液成矿期			变质热液成矿期			
矿物	1-1	1-2	1-3	2-1	2-2	2-3	2-4
石英	—		—	—	—	—	—
电气石	—						
绢云母						—	
方解石		—	—	—		—	—
黄铜矿		—				—	
黄铁矿	—	—		—	—	—	
闪锌矿	—	—		—		—	
方铅矿		—				—	
毒砂	—					—	
黝铜矿		—					
辉锑矿						—	

图 4-72　下看木仓金矿床各阶段矿物组合特征

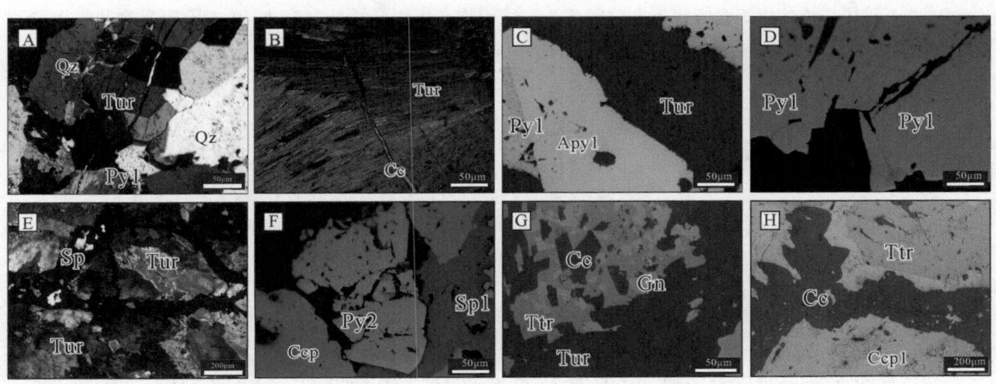

图 4-73　下看木仓金矿床岩浆热液期矿物组合特征

A ~ D：1-1 阶段矿物共生组合特征；E ~ H：1-2 阶段矿物共生组合特征。Py = 黄铁矿，Sp = 闪锌矿，Apy = 毒砂，Ccp = 黄铜矿，Ttr = 黝铜矿，Gn = 方铅矿，Qz = 石英，Tur = 电气石，Cc = 方解石

变质热液成矿期：2-1 石英–方解石–黄铁矿–闪锌矿阶段，黄铁矿多为半自形–自形，多孔隙，见方解石石英填充在孔隙中（图 4-74A ~ D）；2-2 为石英–黄铁矿阶段（图 4-74E ~ H）；2-3 为石英–方解石–黄铁矿–辉锑矿–毒砂–闪锌矿–

绢云母–黄铜矿阶段（图 4-74I ~ L），并充填于早期脉体，石英多发育重结晶作用；2-4 为石英–方解石阶段。

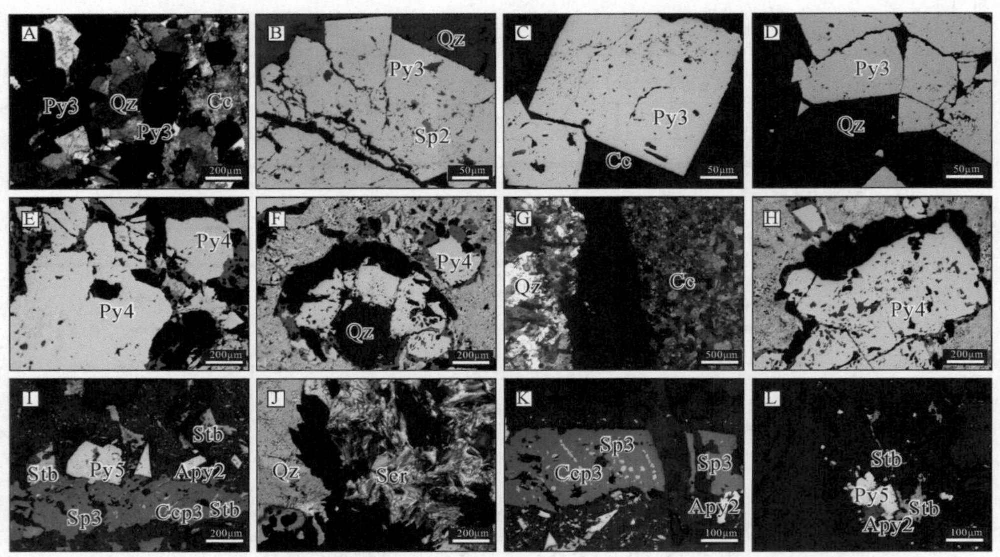

图 4-74 下看木仓金矿床岩浆变质热液期矿物组合

A ~ D：2-1 阶段矿物共生组合特征；E ~ H：2-2 阶段矿物共生组合特征。I ~ L：2-3 阶段矿物共生组合特征。Py＝黄铁矿，Sp＝闪锌矿，Apy＝毒砂，Ccp＝黄铜矿，Stb＝辉锑矿，Qz＝石英，Cc＝方解石，Ser＝绢云母

4.5.7 控矿构造解析

北西向断裂和北北西向断裂构成了下看木仓金矿床主成矿阶段最重要的构造格架，通过本次研究，对下看木仓金矿床 3000m 中段两个主要矿体 V9 和 V9-1 进行了详细的构造–蚀变–矿化填图工作，以构建下看木仓金矿床不同成矿期构造控矿机理模型。

在下看木仓金矿床 3000m 中段，主要矿体 V9 受北西向断层控制，控矿断层走向 322° ~ 328°，倾向南西，倾角为 45° ~ 56°，断层发育的脆性变形指示断层性质为逆断层（图 4-69B），断层接触边界见平行线理。石英–电气石–多金属硫化物脉充填在断层内侧，局部见断层泥。断层两侧蚀变带发育一定程度黄铁矿化、绢云母化、碳酸盐化等围岩蚀变。

同时，下看木仓金矿床 3000m 中段发育 V9-1 矿体，V9-1 矿体受北北西向断层控制，断层走向 330° ~ 340°，倾向南西西，倾角为 50° ~ 55°，断层面发育一组擦痕，侧伏角约 30°。含有的石英–电气石–多金属硫化物角砾呈透镜状块体（图

4-70C)，角砾长轴方向为北东向，应力方向应与角砾长轴方向垂直，结合断层几何学和运动学，指示主应力作用方向为北西向。V9-1 矿体中发育的角砾表明其形成晚于 V9 矿体。断层两侧蚀变带发育一定程度黄铁矿化、绢云母化、碳酸盐化和硅化等围岩蚀变。

下看木仓金矿床 V9 矿体和 V9-1 矿体均严格受构造控制，通过野外详细的构造-蚀变-矿化填图与室内镜下显微岩相学工作，厘定了下看木仓金矿床构造演化特征。成矿主阶段发育北西向断层控制的 V9 矿体，通过断层上下盘运动方向以及断层面特征判断断层属于逆断层，含矿流体注入并沉淀形成高品位脉状石英-电气石-硫化物脉；经野外勘查发现下看木仓金矿床还发育北北西向断层，V9-1 矿体主要受此断层控制，石英-电气石-硫化物角砾的出现表明 V9-1 矿体晚于 V9 矿体的形成，在后期流体和构造活动的影响下发生一系列旋转变形。

矿床记录了多次与 V9 和 V9-1 含金矿体有关的变形事件。岩石的变形或者脆性断裂的形成与地质体所受的三轴应力（$\sigma_1>\sigma_2>\sigma_3$）作用方向密不可分。不同应力作用方式导致了不同性质断裂的形成（Anderson，1905）。详细的几何学和运动学关系表明 V9 矿体受逆断层控制，断层运动学及构造应力场恢复表明，其受北东向主压应力控制（图 4-75）；野外穿切关系和年代学研究表明，矿化基本与岩浆岩侵位同时。结合区域构造演化，我们认为下看木仓金矿床岩浆热液成矿期受北东向主压应力影响形成北西向逆断层，与古特提斯洋北向俯冲有关，在整个岩浆岩侵位过程中，应力模式保持不变，$\sigma1$ 保持在东北-西南方向，导致北西向的逆断层形成。旋转碎斑可以有效判断剪切带的运动方向（Arancibia and Morata，2005；Passchier and Simpson，1986；Vandendriessche and Brun，1987）。结合富电气石的旋转碎斑和断层面的位移以及几何学运动学研究，确定 V9-1 矿体主要受北北西向左行逆断层控制。应力场恢复表明，北北西向左旋断裂受北西向主应力控制（图 4-75），与北西向逆断层不同，北北西向左行逆断层的 $\sigma1$ 方向保持北西-东南方向。下看木仓金矿两种断层的地质构造及地球动力学背景不同，说明它们是在不同时期不同主应力的影响下形成的。

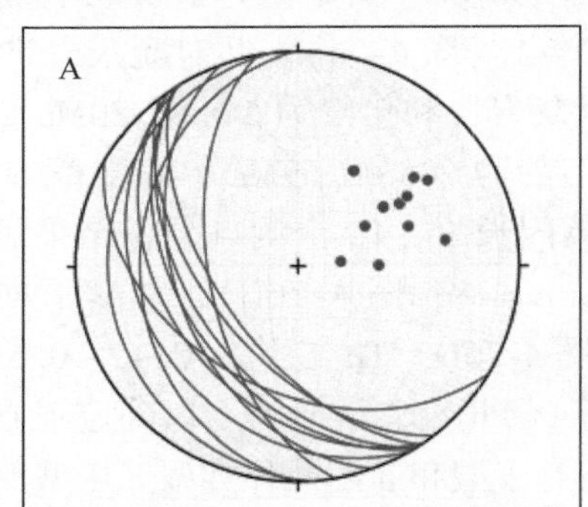

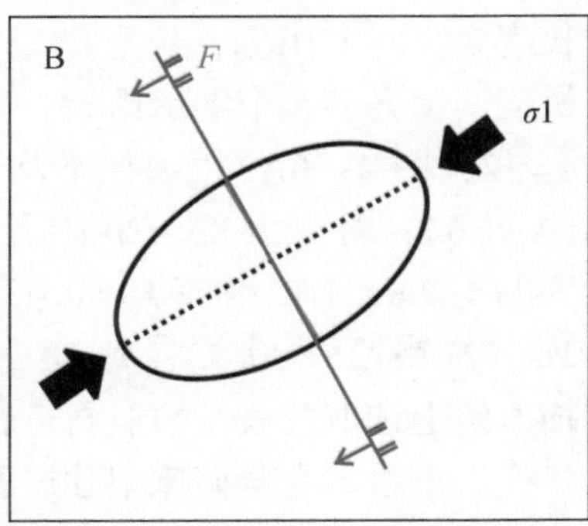

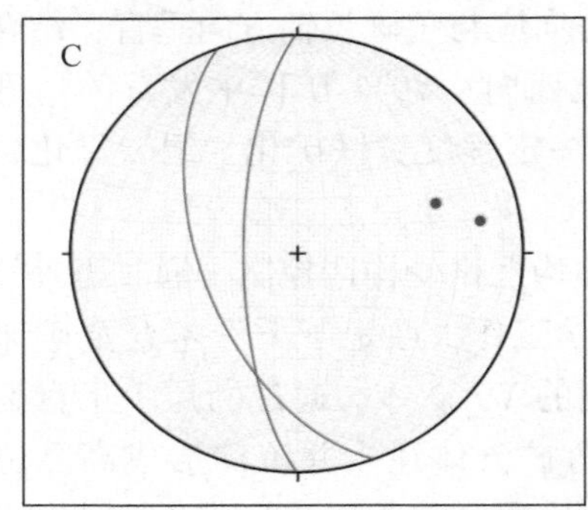

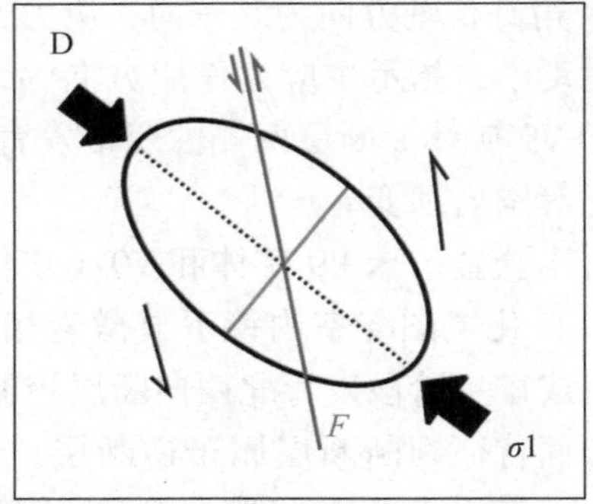

图 4-75　下看木仓金矿床矿体构造特征分析

A：V9 矿体受控构造变形特征（吴氏网投影图）；B：应力椭球图，主要受北东向主压应力控制；C：V9-1 矿体受控构造变形特征（吴氏网投影图）；D：应力椭球图，变质热液成矿期主要受北西向主压应力控制

下看木仓金矿床的金矿化是在两次主成矿作用中形成的，并伴有独特的矿物共生组合。北西向逆断层控制形成的石英-电气石-多金属硫化物脉，其典型特征是电气石和黄铜矿的大量发育。北北西向左行逆断层控制形成石英辉锑矿硫化物脉以及石英-电气石-多金属硫化物旋转碎斑。由发育的大量石英-电气石-多金属硫化物旋转碎斑可推断，早期富电气石硫化物矿体在后期流体和应力作用下，在北西西向矿体中反复破裂变形与后期成矿流体沉淀，共同形成 V9-1 矿体，表明 V9-1 矿体的形成可能晚于 V9 矿体。

4.5.8　成岩-成矿年代格架

用于开展下看木仓金矿床凝灰岩（21XKM17）和石英闪长岩（21XKM20）锆石 U-Pb 同位素定年的样品采自钻孔，其锆石 U-Pb 同位素组成见表 4-5 和图 4-76。凝灰岩和石英闪长岩锆石均为自形和短棱柱状。在 CL 图像中，锆石表现出生长环带。凝灰岩的颗粒长度为 60 ~ 150μm，长宽比为 1.5 ~ 1，石英闪长岩的颗粒长度为 80 ~ 150μm，长宽比为 2 ~ 1（图 4-76）。共对凝灰岩进行了 20 个测点分析，其中含有 8 个继承锆石，凝灰岩协和年龄为 248±0.80Ma（M 南西 D=2.0，n=12；图 4-76A），加权平均年龄为 248±0.69Ma（M 南西 D=1.80，n=12；图 4-76B）；对于 21XKM20 的石英闪长岩，18 个测点分析结果显示其协和年龄为249±1.7Ma（M 南西 D=0.43，n=18；图 4-76C），加权平均年龄为249±1.20Ma（M 南西 D=0.53，n=18；图 4-76D）Th/U 值在 0.42 ~0.61 之间。

在扫描电镜下选取代表性独居石进行 U-Pb 年代学研究，以确定下看木仓金矿床成矿年代。下看木仓金矿床中独居石有Ⅰ型和Ⅱ型两种类型。Ⅰ型独居石与

表 4-5　下看木仓金矿床石英闪长岩和凝灰岩 LA-ICP-MS 锆石数据

样品号		Th/10^{-6}	U/10^{-6}	Th/U	$^{207}Pb/^{206}Pb$		$^{207}Pb/^{235}U$		$^{206}Pb/^{238}U$		$^{207}Pb/^{206}Pb$		$^{207}Pb/^{235}U$		$^{206}Pb/^{238}U$		协和度/%
					比值	2σ	比值	2σ	比值	2σ	年龄/Ma	2σ	年龄/Ma	2σ	年龄/Ma	2σ	
石英闪长岩（21XKM20）：249±1. 70Ma（MSWD=0. 43，n=18）	21XKM20-1	83	197	0. 42	0. 0537	0. 0032	0. 2897	0. 0168	0. 0391	0. 0009	361. 2	133. 3	258. 34	13. 2	247. 3	5. 4	95
	21XKM20-2	122	200	0. 61	0. 0523	0. 0034	0. 2798	0. 0186	0. 0389	0. 0009	300. 1	148. 1	250. 50	14. 8	245. 8	5. 5	98
	21XKM20-3	216	381	0. 57	0. 0522	0. 0023	0. 2832	0. 0126	0. 0392	0. 0007	298. 2	90. 7	253. 21	10. 0	248. 0	4. 6	97
	21XKM20-4	107	206	0. 52	0. 0515	0. 0027	0. 2751	0. 0140	0. 0388	0. 0008	261. 2	109. 2	246. 76	11. 2	245. 1	5. 1	99
	21XKM20-5	225	462	0. 49	0. 0523	0. 0021	0. 2873	0. 0123	0. 0396	0. 0007	298. 2	92. 6	256. 42	9. 7	250. 6	4. 4	97
	21XKM20-6	105	197	0. 54	0. 0536	0. 0037	0. 2885	0. 0182	0. 0393	0. 0009	366. 7	155. 5	257. 36	14. 3	248. 3	5. 4	96
	21XKM20-7	107	219	0. 49	0. 0533	0. 0031	0. 2871	0. 0153	0. 0393	0. 0009	338. 9	133. 3	256. 34	12. 1	248. 4	5. 4	96
	21XKM20-8	89	203	0. 44	0. 0533	0. 0032	0. 2875	0. 0158	0. 0393	0. 0009	342. 7	137. 0	256. 61	12. 5	248. 4	5. 7	96
	21XKM20-9	160	263	0. 61	0. 0531	0. 0025	0. 2926	0. 0142	0. 0399	0. 0008	331. 5	107. 4	260. 59	11. 2	252. 3	4. 8	96
	21XKM20-10	161	273	0. 59	0. 0504	0. 0029	0. 2752	0. 0156	0. 0396	0. 0007	213. 0	133. 3	246. 82	12. 4	250. 2	4. 5	98
	21XKM20-11	72	173	0. 42	0. 0512	0. 0028	0. 2772	0. 0147	0. 0394	0. 0009	255. 6	125. 9	248. 41	11. 7	249. 3	5. 7	99
	21XKM20-12	84	165	0. 51	0. 0527	0. 0036	0. 2842	0. 0181	0. 0394	0. 0010	316. 7	155. 5	253. 95	14. 4	249. 0	6. 1	98
	21XKM20-13	86	177	0. 49	0. 0533	0. 0038	0. 2874	0. 0193	0. 0394	0. 0009	338. 9	159. 2	256. 55	15. 2	249. 1	5. 7	97
	21XKM20-14	110	242	0. 45	0. 0518	0. 0033	0. 2821	0. 0169	0. 0398	0. 0010	276. 0	148. 1	252. 33	13. 4	251. 7	6. 0	99
	21XKM20-15	123	258	0. 48	0. 0489	0. 0027	0. 2665	0. 0151	0. 0395	0. 0008	300. 1	72. 2	239. 91	12. 1	249. 7	5. 1	96
	21XKM20-16	147	239	0. 61	0. 0521	0. 0032	0. 2821	0. 0165	0. 0394	0. 0009	142. 7	129. 6	252. 35	13. 1	249. 3	5. 5	98
	21XKM20-17	346	575	0. 60	0. 0503	0. 0020	0. 2740	0. 0109	0. 0394	0. 0008	300. 1	150. 0	245. 92	8. 7	249. 1	5. 0	98
	21XKM20-18	122	244	0. 50	0. 0506	0. 0030	0. 2784	0. 0162	0. 0398	0. 0009	213. 0	92. 6	249. 35	12. 9	251. 9	5. 8	98

续表

样品号		Th/10^{-6}	U/10^{-6}	Th/U	$^{207}Pb/^{206}Pb$		$^{207}Pb/^{235}U$		$^{206}Pb/^{238}U$		$^{207}Pb/^{206}Pb$		$^{207}Pb/^{235}U$		$^{206}Pb/^{238}U$		协和度/%
					比值	2σ	比值	2σ	比值	2σ	年龄/Ma	2σ	年龄/Ma	2σ	年龄/Ma	2σ	
凝灰岩（21XKM17）：248±0. 80Ma（MSWD=2. 0，n=12）	21XKM17-1	173. 18	445. 67	0. 39	0. 0512	0. 0008	0. 2824	0. 0053	0. 0397	0. 0004	250. 1	101. 8	254. 6	4. 2	254. 9	2. 5	99
	21XKM17-2	202. 05	575. 33	0. 35	0. 0504	0. 0007	0. 2777	0. 0049	0. 0398	0. 0005	213. 0	33. 3	250. 8	3. 8	254. 8	2. 9	98
	21XKM17-3	104. 82	312. 94	0. 33	0. 0691	0. 0034	0. 2801	0. 0114	0. 0392	0. 0005	901. 9	100. 0	344. 4	16. 9	264. 1	2. 9	73
	21XKM17-4	60. 51	143. 83	0. 42	0. 0514	0. 0037	0. 2761	0. 0217	0. 0390	0. 0003	257. 5	166. 6	304. 2	61. 5	277. 8	17. 2	90
	21XKM17-5	116. 31	647. 52	0. 18	0. 0510	0. 0006	0. 2719	0. 0043	0. 0392	0. 0002	239. 0	25. 9	248. 0	2. 7	248. 8	1. 6	99
	21XKM17-6	120. 80	261. 99	0. 46	0. 0520	0. 0015	0. 2878	0. 0088	0. 0394	0. 0003	287. 1	63. 0	253. 8	6. 5	250. 3	1. 6	98
	21XKM17-7	57. 95	194. 06	0. 30	0. 0508	0. 0020	0. 2827	0. 0111	0. 0394	0. 0002	235. 3	92. 6	248. 6	8. 7	250. 1	1. 4	99
	21XKM17-8	237. 29	382. 30	0. 62	0. 0506	0. 0012	0. 2723	0. 0068	0. 0393	0. 0002	220. 4	61. 1	245. 7	5. 2	248. 3	1. 1	98
	21XKM17-9	206. 86	578. 94	0. 36	0. 0518	0. 0007	0. 2778	0. 0041	0. 0392	0. 0002	276. 0	38. 9	252. 1	3. 3	249. 3	1. 3	98
	21XKM17-10	59. 27	243. 33	0. 24	0. 0524	0. 0015	0. 2790	0. 0093	0. 0393	0. 0003	305. 6	72. 2	264. 0	7. 4	259. 0	2. 4	98
	21XKM17-11	124. 70	528. 72	0. 24	0. 0515	0. 0007	0. 2727	0. 0040	0. 0391	0. 0002	261. 2	24. 1	246. 8	3. 2	245. 3	1. 0	99
	21XKM17-12	72. 41	399. 94	0. 18	0. 0521	0. 0009	0. 2880	0. 0056	0. 0392	0. 0003	300. 1	37. 0	252. 6	4. 1	248. 3	1. 5	98

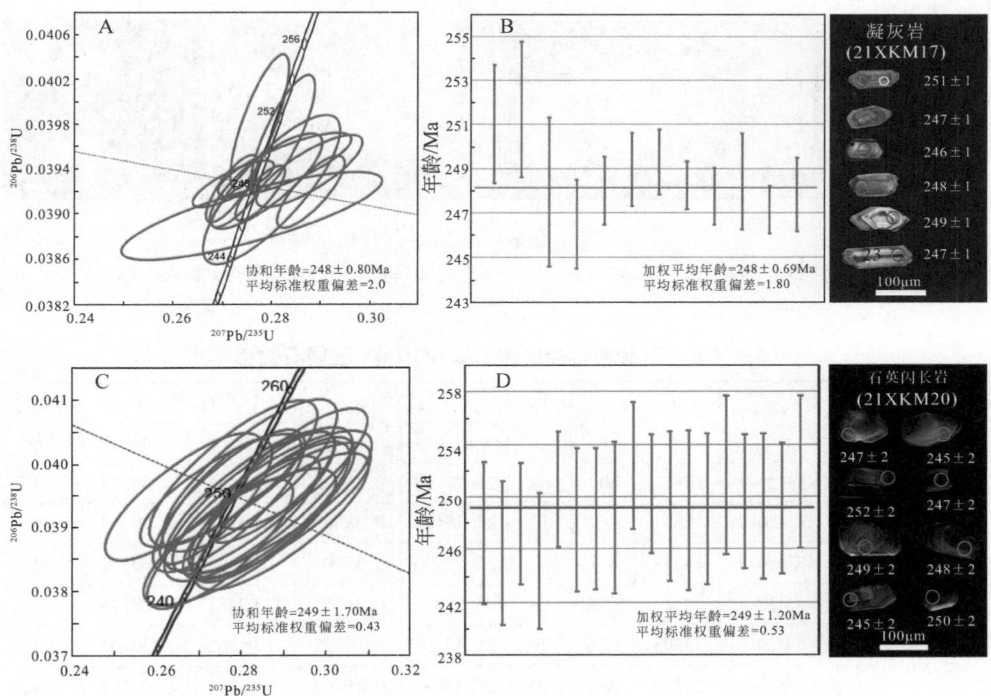

图 4-76　下看木仓金矿床 LA-ICP-MS U-Pb 锆石年龄

A：凝灰岩 LA-ICP-MS 锆石 U-Pb 年龄协和图；B：凝灰岩锆石加权平均年龄以及锆石阴极发光图像；C：石英闪长岩锆石年龄协和图；D：石英闪长岩锆石加权平均年龄以及锆石阴极发光图像

电气石和黄铁矿等硫化物共生，而Ⅱ型独居石则与绢云母、金红石和黄铁矿等硫化物共生（图 4-77）。Ⅰ型独居石晶粒为半自形和自形，粒径在 10～50μm。Th 和 U 含量分别为 624×10^{-6}～73636×10^{-6}（平均 31328×10^{-6}），325×10^{-6}～2443×10^{-6}（平均 1131×10^{-6}），Th/U 值的范围从 1.17～181.62；Ⅱ型独居石颗粒为自形和半自形，颗粒多达 25μm（图 4-77），Ⅱ型独居石 Th 的范围为 4467×10^{-6}～71568×10^{-6}（平均 32551×10^{-6}），U 含量为 338×10^{-6}到 2853×10^{-6}（平均 681×10^{-6}），Th/U 值的范围从 4.50～211.93（表 4-6）。

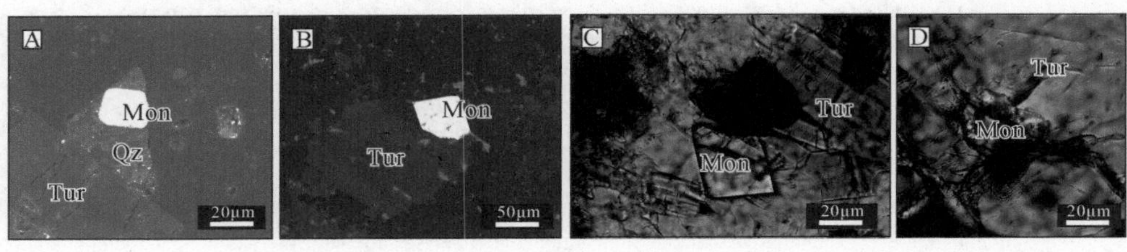

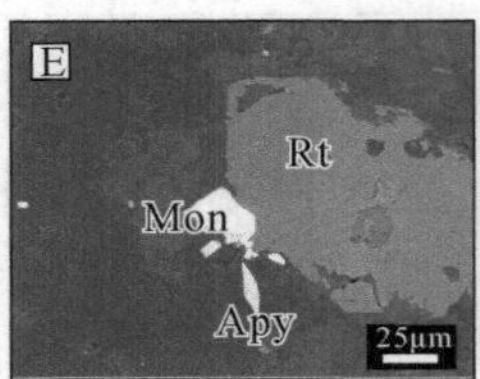

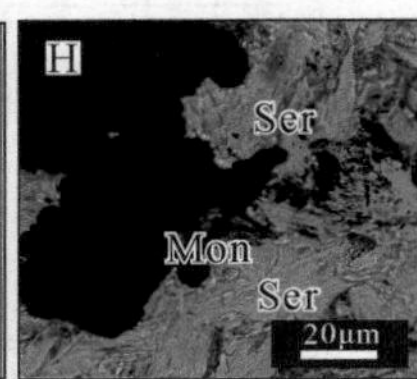

图 4-77　下看木仓金矿床独居石岩相学特征

Qz＝石英，Mon＝独居石，Tur＝电气石，Apy＝毒砂，Rt＝金红石，Py＝黄铁矿，Ser＝绢云母

表 4-6　下看木仓金矿床 LA-ICP-MS 独居石数据

样品号		Th /10^{-6}	U /10^{-6}	Th /U	$^{238}U/^{206}Pb$		$^{207}Pb/^{206}Pb$		协和度 /%
					比值	1σ	比值	1σ	
Ⅰ型独居石：247.5±2.0Ma（MSWD＝1.04，$n=26$）	21XKM20-1	54863	803	68	25.72900	0.35426	0.05133	0.00124	99
	21XKM20-2	15651	1070	15	25.55400	0.38300	0.05364	0.00106	98
	21XKM20-3	18252	607	30	25.28900	0.32901	0.05675	0.00154	98
	21XKM20-4	54137	2323	23	24.57900	0.36327	0.07455	0.00274	98
	21XKM20-5	43503	2209	20	25.30100	0.40853	0.05162	0.00107	99
	21XKM20-6	21253	1092	19	25.27400	0.45401	0.05112	0.00082	98
	21XKM20-7	55394	700	79	25.14500	0.36531	0.05357	0.00067	90
	21XKM20-8	16885	728	23	25.02200	0.40792	0.05692	0.00195	99
	21XKM20-9	5758	504	11	25.19200	0.28578	0.05133	0.00085	98
	21XKM20-10	23461	1193	20	24.66900	0.29334	0.06608	0.00197	99
	21XKM20-11	53786	1634	33	24.71500	0.31887	0.06195	0.00133	98
	21XKM20-12	25403	2938	9	24.98100	0.31984	0.05200	0.00168	98
	21XKM20-13	55732	650	86	24.77400	0.30698	0.05835	0.00175	98
	21XKM20-14	12958	3358	4	24.69900	0.27018	0.05799	0.00105	99
	21XKM20-15	5312	454	11	25.68639	0.00025	0.05279	0.00469	97
	21XKM20-16	36524	513	71	25.54011	0.00012	0.10228	0.00119	98
	21XKM20-17	24049	1027	23	25.33780	0.00022	0.06547	0.00399	98
	21XKM20-18	4467	990	4	25.28747	0.00035	0.04865	0.00243	99
	21XKM20-19	71568	337	211	24.92801	0.00022	0.06614	0.00289	98
	21XKM20-20	53387	763	69	24.77024	0.00029	0.08438	0.00546	97

续表

样品号		Th $/10^{-6}$	U $/10^{-6}$	Th/U	$^{238}U/^{206}Pb$		$^{207}Pb/^{206}Pb$		协和度/%
					比值	1σ	比值	1σ	
Ⅱ型独居石：234.8±1.10Ma（MSWD=1.20，n=25）	21XKM17-1	10881	479	23	26.46784	0.00011	0.05005	0.00346	96
	21XKM17-2	12191	1994	6	26.41474	0.00014	0.06632	0.00149	78
	21XKM17-3	46191	2291	20	27.27015	0.00013	0.05046	0.00087	97
	21XKM17-4	625	532	1	27.25322	0.00021	0.05417	0.00325	95
	21XKM17-5	5512	1628	3	27.18650	0.00013	0.05237	0.00129	98
	21XKM17-6	18516	601	31	27.14327	0.00017	0.06018	0.00333	86
	21XKM17-7	45540	751	61	27.10229	0.00016	0.05685	0.00266	91
	21XKM17-8	49379	623	79	27.08005	0.00020	0.05803	0.00313	89
	21XKM17-9	18340	917	20	27.01790	0.00015	0.05100	0.00209	98
	21XKM17-10	18191	1855	10	26.95394	0.00010	0.05209	0.00096	99
	21XKM17-11	17238	1419	12	26.93915	0.00012	0.04997	0.00152	96
	21XKM17-12	56978	327	174	26.93261	0.00027	0.06011	0.00504	86
	21XKM17-13	73637	504	146	26.92643	0.00023	0.05818	0.00361	89
	21XKM17-14	59069	325	182	26.87124	0.00030	0.05102	0.00563	98
	21XKM17-15	6637	577	12	26.86966	0.00018	0.05354	0.00343	97
	21XKM17-16	19341	1899	10	26.46784	0.00011	0.00194	0.00099	98
	21XKM17-17	40251	2276	18	26.72583	0.00015	0.05048	0.00080	97
	21XKM17-18	44519	1237	36	26.65963	0.00011	0.05196	0.00157	99
	21XKM17-19	11967	1041	11	26.52101	0.00018	0.05787	0.00200	90
	21XKM17-20	86139	820	105	26.51948	0.00017	0.07285	0.00249	70
	21XKM17-21	24599	2443	10	26.51401	0.00015	0.05809	0.00115	89
	21XKM17-22	9065	773	12	26.51320	0.00013	0.05969	0.00243	87
	21XKM17-23	45726	705	65	26.48737	0.00016	0.07197	0.00259	71

对Ⅰ型独居石进行20个测点分析，获得了独居石下交点年龄为247.5±2.0Ma（n=20，MSWD=1.04；图4-78A）。对Ⅱ型独居石进行了23个测点分析，得到的下交点年龄为234.8±1.1Ma（n=23，MSWD=1.20；图4-78B）。通过两种不同类型的独居石年代学研究表明，下看木仓金矿床可能存在相差将近13Ma

的两期金成矿作用。

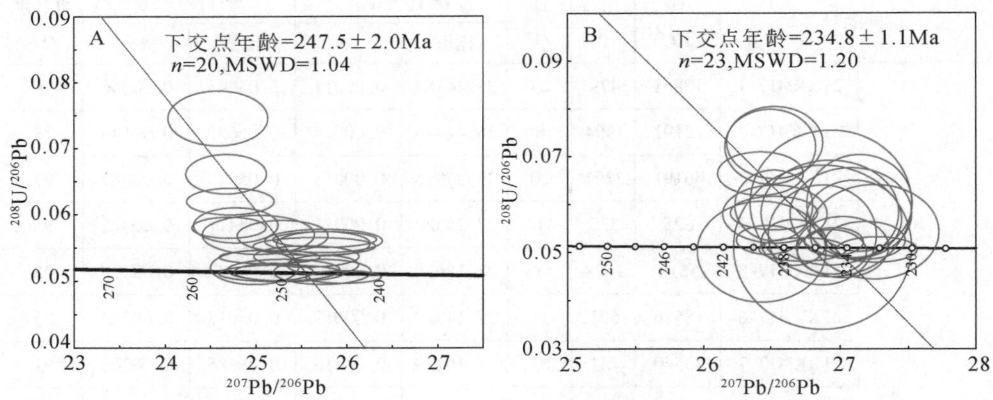

图 4-78　下看木仓金矿床 LA-ICP-MS 独居石 U-Pb 年龄 T-W 图

A：Ⅰ型独居石；B：Ⅱ型独居石

通过详细的成岩年代学和成矿年代学研究，构建了下看木仓金矿床成岩–成矿年代学格架。凝灰岩形成于 248±0.69Ma，石英闪长岩侵位于 249±1.20Ma，伴随着岩浆热液作用，下看木仓金矿床发生了第一期金成矿作用，成矿年龄为 247.5±2.0Ma，成矿流体可能来源于凝灰岩和石英闪长岩形成后的热液作用；在 13Ma 之后下看木仓金矿床发生第二期金成矿作用，成矿年龄为 234.8±1.1Ma，结合 S 同位素和流体包裹体的研究结果表明，第二期成矿作用成矿流体可能不是来自凝灰岩和石英闪长岩，而是属于变质流体。下看木仓金矿床应为岩浆热液和变质热液叠加形成的金矿床。

LA-ICP-MS 锆石 U-Pb 年代学显示，下看木仓金矿床石英闪长岩和凝灰岩分别侵位于 249±1.70Ma 和 248±0.80Ma，与甘南地区广泛发育的三叠纪岩浆岩属同一时代。前人对锆石 U-Pb 定年研究显示，录斗艘金矿床凝灰岩和石英闪长斑岩年龄分别为 252.9±4.1Ma 和 247.0±2.2Ma（Yu et al.，2020a）；老豆金矿床锆石 U-Pb 年龄表明石英闪长斑岩侵位年龄为 247.6±1.3Ma（Jin et al.，2016）；Yu 等（2019a）锆石 U-Pb 测年表明，早子沟超大型金矿床英安斑岩形成于 246～248Ma，早三叠世英安斑岩可能来源于古元古代地壳物质部分熔融，锆石和独居石 U-Pb 定年研究表明含矿英安斑岩结晶年龄为 238Ma（Qiu et al.，2020）；以地南石英闪长岩锆石 U-Pb 年龄为 240Ma 左右（Yu et al.，2020b）；格娄昂金矿床英安斑岩和黑云英安斑岩 LA-ICP-MS 锆石 U-Pb 年龄分别为 250.8±2.5Ma 和 252.9±3.4Ma，磷灰石 U-Pb 年龄分别为 248.9±7.3Ma 和 249.7±7.9Ma（黄雅琪等，2020）；德乌鲁石英闪长岩中锆石 U-Pb 年龄为 245.8±1.7Ma 和 243.4±1.9Ma（张德贤等，2015），闪长岩镁铁质微粒包体锆石 U-Pb 年龄为 247.0±2.2Ma（Qiu and Deng，2017）；美武花岗闪长岩、黑云母花岗岩和闪长岩镁铁质微粒包体锆石 U-Pb 年龄为 245～242Ma（骆必继等，2012）；早仁道闪长岩也得到相似的年龄为 246.5±1.9Ma（Gou et al.，2019）。前人年代学研究表明，甘南地区花岗质岩石主要形成于 252～238Ma，富集的次大陆岩石圈地幔的部分熔融岩浆在大约 250Ma 的俯冲过程中富集了 S、Cl、H_2O 和金属，形成了该地区与岩浆岩有关的铜金矿床。

下看木仓金矿床有两种不同类型的独居石，对与电气石和黄铁矿共生的Ⅰ型独居石进行 U-Pb 年代学研究发现，此类独居石结晶年龄为 247.5±2.0Ma，代表第一期金成矿年龄，同时结合凝灰岩和石英闪长岩 U-Pb 年龄表明成矿发生于岩浆岩侵位后不久，成矿流体来源于石英闪长岩和凝灰岩等。与黄铁矿、绢云母和金红石共生的Ⅱ型独居石 U-Pb 年代学数据表明，此类独居石形成年龄为 234.8±1.1Ma，第二期金成矿发生在岩浆岩侵位后 13Ma 左右，较大的时间差距使热液活动几乎不能持续下去，同时此类独居石具有和Ⅰ型独居石完全不同的矿物共生组合，表明成矿流体可能不是来自凝灰岩和石英闪长岩。脉型金矿床赋存在甘南地区三叠纪火成岩和变质沉积岩中，受甘南及其附属断裂的控制，无论流体和金属来源都应归类为造山型金矿床（Goldfarb et al.，2019）。下看木仓金矿床第二期热液阶段矿化样式与西秦岭其他造山型金矿床具有相同的特征，矿体整体上受断层控制，发育黄铁矿化、毒砂化、绢云母化和碳酸盐化围岩蚀变作用，成矿流体以富 CO_2 为特征，结合地质学、年代学和地球化学分析下看木仓金矿床发育一期变质热液成矿的造山型金矿化。秦岭造山带变质年龄广泛分布在 242.8±21Ma 和 214.8±11Ma 之间（Qiu et al.，2020）。西秦岭造山带印支期花岗岩的早期地质年代学表明，在 250～235Ma、228～215Ma 和 215～185Ma，发生三次火成岩侵位事件（Cheng et al.，2019；Luo et al.，2012a；Qiu et al.，2018；Yu et al.，2020a），分别对应西秦岭造山带从古特提斯洋北向俯冲，演化到华北板块与华南板块由同碰撞向后碰撞构造体制转换（Qiu et al.，2018）。前人研究表明西秦岭造山型金矿床成矿时期为 220～190Ma，与古特提斯洋的闭合有关（Goldfarb et al.，2019），录斗艘金矿床热液磷灰石 U-Pb 和热液绢云母 Ar-Ar 年龄研究表明金成矿发生在 235.68±0.29Ma 和 235.61±0.41Ma（Yu et al.，2020a），下看木仓金矿床 234.8Ma 的金成矿事件和录斗艘金矿床 235Ma 金成矿事件记录了西秦岭已知最早的造山型金矿化，与古特提斯洋闭合有关。

结合前人研究与我们对下看木仓金矿床成岩和成矿年龄的研究，我们认为下看木仓金矿床发生与 249Ma 古特提斯洋北向俯冲有关的金成矿事件和与 235Ma

古特提斯洋闭合有关的金成矿事件，矿床是由两期热液成矿作用叠加形成的。

4.5.9 成矿流体性质与演化

流体包裹体样品来自于脉状、浸染状矿石，包含了主要的成矿阶段，磨制流体包裹体片用于岩相学研究。石英作为流体包裹体最主要的寄主矿物，选取与硫化物共生的石英颗粒，以确保观察到尽量多的原生包裹体。石英中的流体包裹体主要沿石英生长环带分布，或者靠近石英中心区域以包裹体组合方式成群分布。同时石英中还见有次生和假次生包裹体，存在于石英裂隙中。通过流体包裹体显微岩相学研究发现下看木仓金矿床成矿主阶段石英包裹体发育较好，晚阶段石英–方解石脉中包裹体发育相对较差，矿区包裹体以原生包裹体为主，包裹体个体大小不一，主要集中在 5 ~ 15μm。形态主要包括椭圆状等。

通过流体包裹体显微岩相学、激光拉曼和显微测温，厘定下看木仓金矿床共发育四种类型流体包裹体（图 4-79），即富 H_2O 的 H_2O-$NaCl \pm CO_2$ 包裹体（1 类）；富 CO_2 的 H_2O-CO_2-$NaCl \pm CH_4 \pm N_2$ 包裹体（2 类）；含子晶的 H_2O-$NaCl \pm CH_4$ 包裹体（3 类）；富 CO_2 液相的 H_2O-CO_2-$NaCl \pm CH_4$ 包裹体（4 类）。室温下，富 H_2O 的 H_2O-$NaCl \pm CO_2$ 包裹体占包裹体总数的 15% ~ 20%，液相在此类包裹体中含量最多，形状较为规则，部分呈负晶形，多为长条状和椭圆状，包裹体相对其他类型较小，长径为 5 ~ 10μm。富 CO_2 的 H_2O-CO_2-$NaCl \pm CH_4 \pm N_2$ 包裹体主要出现在岩浆热液 1-1 阶段，形状较为规则，负晶形，气相成分主要为 CO_2 和 CH_4 和 N_2，气相的体积百分比多在 40% ~ 60%，大小在 5 ~ 10μm 之间。含石盐子晶的 H_2O-$NaCl \pm CH_4$ 包裹体通过子晶立方体形态、大小和熔化温度等观察判断为石盐子晶，子晶形状较规则，包裹体为由石盐子晶、盐水溶液和气相三相组成。富 CO_2 液相的 H_2O-CO_2-$NaCl \pm CH_4$ 包裹体在岩相学下 CO_2 相体积百分数大于 50%，部分可高达 90%。富 CO_2 包裹体体积较大，多为 10 ~ 20μm，降温过程中见液相 CO_2 和气相 CO_2 “双眼皮”共同组成。1-1 阶段主要为富 CO_2 的 H_2O-CO_2-$NaCl \pm CH_4 \pm N_2$ 包裹体和含石盐子晶包裹体共存，结合显微测温证明第一阶段具有流体沸腾现象，含石盐子晶包裹体测温过程中大部分气泡先于石盐子晶消失，说明此阶段盐度很高。1-1 阶段还存在部分富 H_2O 的 H_2O-CO_2-$NaCl \pm CH_4$ 包裹体。1-2 阶段主要发现富 H_2O 的 H_2O-$NaCl \pm CO_2$ 包裹体；2-1 阶段主要发现富 H_2O 的 H_2O-CO_2-$NaCl \pm CH_4$ 包裹体；2-2 阶段主要发现富 CO_2 的 H_2O-CO_2-$NaCl \pm CH_4$ 包裹体。2-3 阶段和 2-4 阶段发育包裹体形态较差，且 2-3 阶段石英多发生重结晶作用。

下看木仓金矿床共选择了不同成矿阶段共 8 个样品，用于流体包裹体显微测温（表 4-7）和激光拉曼分析。

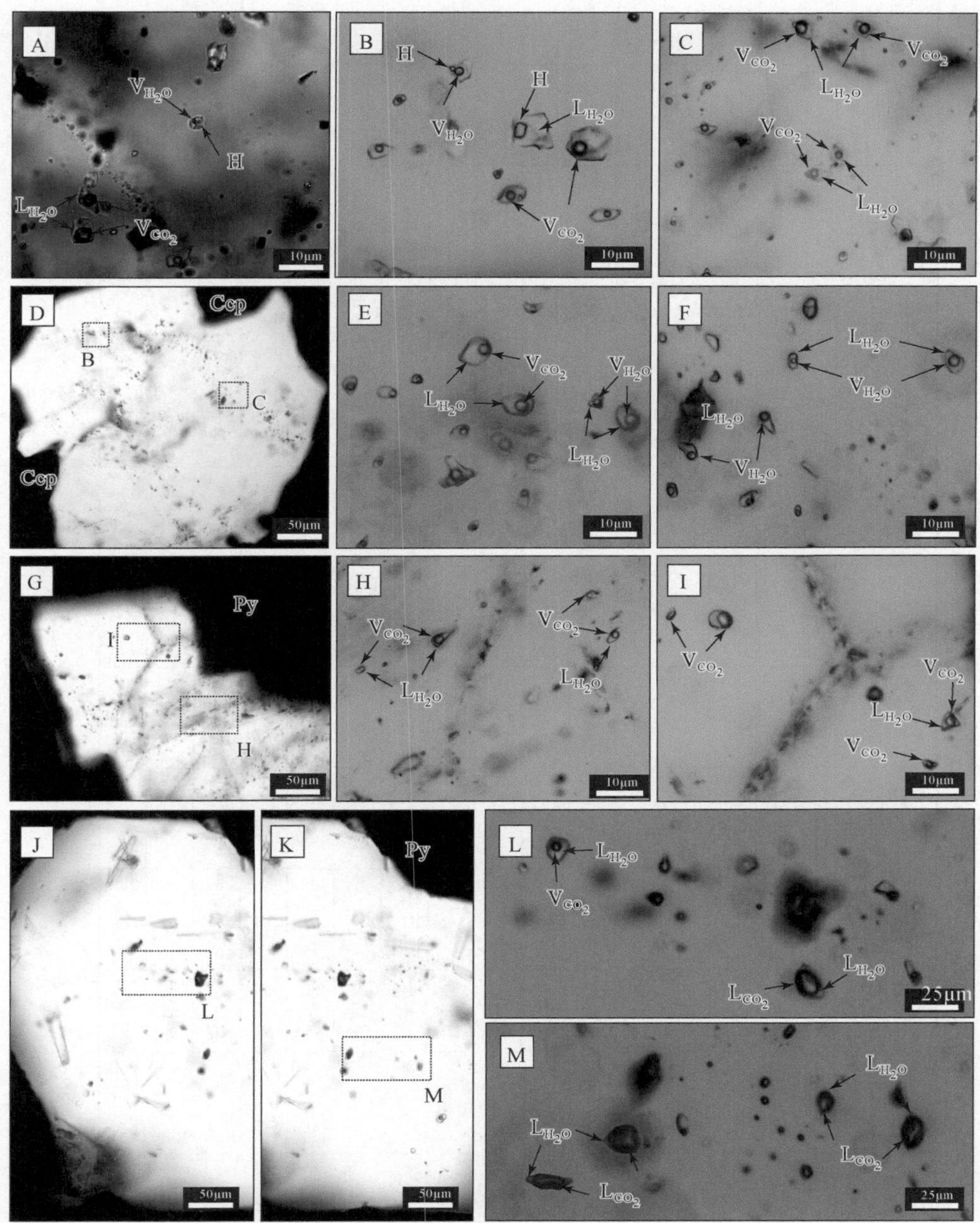

图 4-79　下看木仓金矿床流体包裹体显微照片

A、B：1-1 阶段 2 类和 3 类包裹体共存在一个包裹体组合中；C：1-1 阶段 1 类包裹体；D ~ F：1-2 阶段中和黄铜矿共生的石英中 1 类包裹体；G ~ I：2-1 阶段中和黄铁矿共生的石英中 1 类包裹体；J ~ M：2-2 阶段中和黄铁矿共生的石英中 1 类和 4 类包裹体；V：气相；L：液相

表 4-7　下看木仓金矿床流体包裹体显微测温数据表

成矿阶段	矿化样式	流体包裹体类型	范围	T_{mice} /℃	$T_{m,clath}$ /℃	$T_{h\ CO_2}$ /℃	$T_{h\ S}$ /℃	$T_{h\ TOT}$ /℃	盐度 /%	密度 /(g/cm^3)	XCO_2	XNaCl	XH_2O
成矿 1-1 阶段	脉状	1 类	最小值	-6.7				363	8.81	0.677			
			最大值	-5.7				378	10.11	0.723			
			平均值	-6.1				369	9.34	0.701			
			个数	8				8	8	8			
		2 类	最小值	-6.4				383	6.01	0.491			
			最大值	-3.7				468	9.73	0.682			
			平均值	-5.2				416	8.14	0.576			
			个数	13				28	13	13			
		3 类	最小值				222	366	32.92	1.182			
			最大值				449	449	52.04	1.199			
			平均值				350	405	43.34	0.958			
			个数				12	15	12	12			
成矿 1-2 阶段	脉状	1 类	最小值	-5.1				226	6.16	0.811			
			最大值	-3.8				278	8.00	0.897			
			平均值	-4.4				248	7.02	0.857			
			个数	23				23	23	23			

续表

成矿阶段	矿化样式	流体包裹体类型	范围	T_{mice} /℃	$T_{m,clath}$ /℃	$T_{h\ CO_2}$ /℃	$T_{h\ S}$ /℃	$T_{h\ TOT}$ /℃	盐度 /%	密度 /(g/cm^3)	XCO_2	XNaCl	XH_2O
成矿 2-1 阶段	脉状	1 类	最小值	-5. 8	4	25		295	6. 59	0. 811	0. 07	0. 02	0. 889
			最大值	-4. 1	7	29		332	8. 95	0. 842	0. 08	0. 03	0. 910
			平均值	-4. 8	6	27		321	7. 14	0. 829	0. 07	0. 02	0. 909
			个数	18	24	24		24	18	18	18	18	18
成矿 2-2 阶段	脉状	4 类	最小值	-5. 3	5	21		285	8. 82	0. 827	0. 04	0. 02	0. 93
			最大值	-3. 9	7	23		305	6. 30	0. 907	0. 05	0. 03	0. 93
			平均值	-4. 8	6	22		294	7. 59	0. 859	0. 05	0. 02	0. 93
			个数	13	13	13		13	13	13	13	13	13

注：T_{mice}：冰溶化温度；$T_{m,clath}$：笼形物熔化温度；$T_{h\ CO_2}$：CO_2 部分均一温度；$T_{h\ S}$：子晶熔化温度；$T_{h\ TOT}$：完全均一温度；XCO_2：CO_2 组分含量；XNaCl：NaCl 组分含量；XH_2O：H_2O 组分含量。

岩浆热液期成矿 1-1 阶段中发育 1 类、2 类和 3 类原生流体包裹体，其中见 1 类和 3 类包裹体共存同一个生长带，2 类和 3 类包裹体共存于一个生长带，同时 2 类、3 类包裹体具有较为一致的均一温度。1 类包裹体冰点温度范围为-6.7～-5.7℃，均一温度为 363～378℃，T_{mCO_2}范围为-58.1～-55.6℃。2 类包裹体T_{mCO_2}范围为-61.1～-57.5℃，具有较低的T_{mCO_2}，可能与其含有较多的 CH_4或 N_2等气体有关，冰点温度为-6.4～-3.7℃，均一温度在 383～468℃之间。3 类包裹体中子晶熔化温度为 222～449℃，均一温度为 366～449℃（图 4-80A）。1 类、2 类和 3 类包裹体最终都均一至液相。岩浆热液成矿 1-2 阶段发育 1 类包裹体，其包裹体冰点温度为-5.1～-3.8℃，包裹体均一至液相，均一温度在 226～278℃内（图 4-80B），1 类包裹体T_{mCO_2}范围为-58.9～-58.3℃。

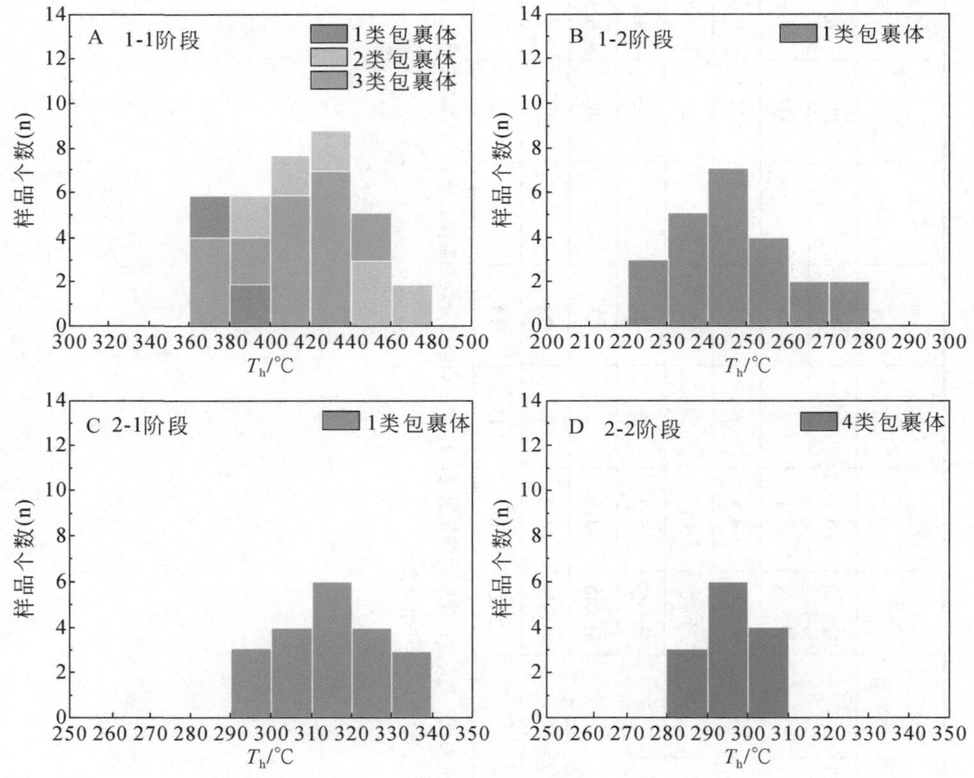

图 4-80　下看木仓金矿床流体包裹体显微测温柱状图

变质热液主成矿阶段 2-1 阶段发育 1 类包裹体，包裹体最终均一到液相，均一温度在 295～332℃之间（图 4-80C），冰点温度为-5.8～-4.1℃，T_{mCO_2}范围为

−59. 5 ~ −57. 4℃。2-2 阶段发育 4 类原生流体包裹体，4 类包裹体最终均一至气相，富气相包裹体在此阶段最为发育，表示此阶段成矿流体 CO_2 含量最高，冰点温度为−5. 3 ~ −3. 9℃，均一温度为 285 ~ 305℃（图 4-80D），T_{mCO_2} 范围为−58. 3 ~ −57. 1℃。

共对下看木仓金矿床内 16 个流体包裹体进行了激光拉曼光谱测试。1 类和 4 类包裹体的碳质相成分为 CO_2 和 CH_4，2 类包裹体的碳质相成分为 CH_4，3 类包裹体的碳质相成分为 CO_2 和 CH_4，还同时含有 N_2（图 4-81），4 类包裹体均未发现 H_2S。流体包裹体碳质相除了 CO_2 外，还含有少量的 CH_4 和 N_2，造成熔化温度（−61. 1 ~ −57. 5℃）低于 CO_2 三相点（−56. 6℃）。

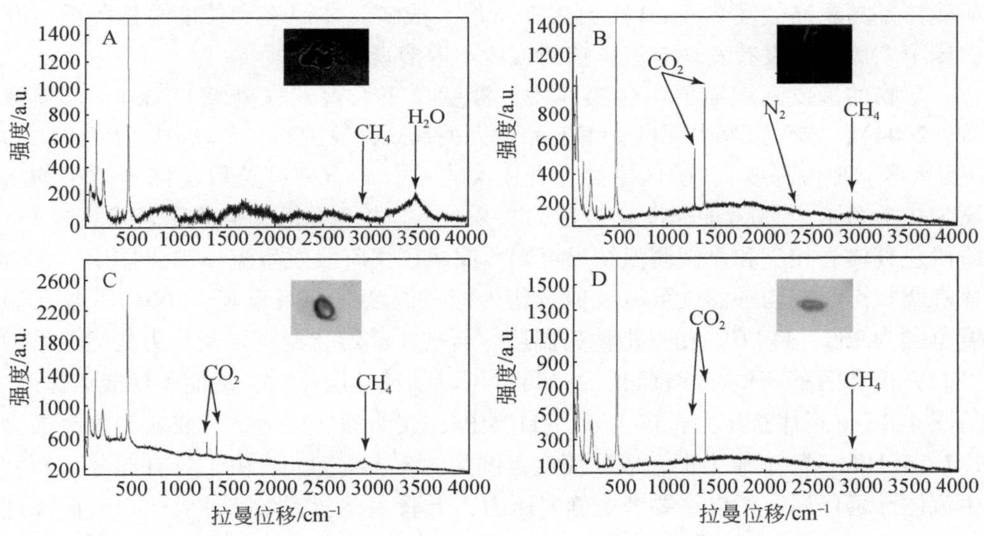

图 4-81　下看木仓金矿床流体包裹体激光拉曼光谱图

下看木仓金矿床流体包裹体的盐度通过查 NaCl 子矿物熔化温度与盐度换算表（Hall et al.，1988）、冰点与盐度关系表（Bodnar，1993）得到，密度和压力由 FLUID ISOC 程序计算获得（Bakker，2003；Brown，1989）。成矿 1-1 阶段 3 类含子晶流体包裹体的盐度最高，可达 32. 92%~52. 04%，1 类和 2 类包裹体盐度范围为 6. 01%~10. 11%，成矿 1-2 阶段流体包裹体盐度为 6. 16%~8. 00%。成矿 2-1 阶段流体包裹体盐度为 6. 59%~8. 95%，成矿 2-2 阶段 4 类包裹体盐度为 6. 30%~8. 82%（表 4-7）。

不同阶段、不同类型的流体包裹体密度不同，成矿 1-1 阶段 1 类包裹体密度为 0. 677 ~0. 723g/cm³，2 类包裹体密度为 0. 491 ~0. 682g/cm³，3 类包裹体具有较高密度为1.182～1.199g/cm³。成矿1-2阶段1类包裹体密度0.811～0.897g/cm³；成矿2-1阶段1类包裹体密度为0.811～0.842g/cm³，成矿2-2中4类包裹体密度为0.827～0.907g/cm³（表4-7）。

下看木仓金矿床的第一期流体包裹体岩相学和显微测温表明，1-1阶段3类含子晶包裹体和2类富气相包裹体被同时捕获在同一个包裹体组合内，其具有相似的均一温度和差异较大的盐度范围，表明成矿流体很可能发生了流体沸腾，3类含子晶包裹体和2类气体包裹体均一温度均>400℃，3类含子矿物包裹体盐度为32.92%～52.04%，2类流体包裹体盐度为6.01%～9.73%，原始流体可能沸腾形成一个低盐度和一个高盐度的两种流体，同时表明下看木仓金矿床第一期成矿流体是高温高盐度热液。1-1到1-2阶段，成矿流体温度和盐度总体降低。在矿床第二成矿期没有发现有流体沸腾或者不混溶现象。

矿物的形成温度需要由包裹体均一温度校正后得到（刘斌，2001；卢焕章等，2004），成矿深度由深度、密度和压力关系式计算获得：$P=\rho gH$（P为压力，ρ为密度，H为深度），矿区主要为花岗类岩石，岩石密度选取花岗岩类平均密度为2.7g/cm³，重力加速度g数值为9.8m/s²。由下看木仓金矿床岩浆热液1-1阶段包裹体岩相学和显微测温结果可知，此成矿主阶段发生流体沸腾作用，在流体沸腾状态时，均一温度可以近似看作为捕获温度（卢焕章等，2004），捕获温度范围为366～449℃。由气泡消失温度、石盐子晶熔化温度以及压力之间关系的经验方程和图解（Becker et al.，2008），可以估算地层压力，从而得到成矿深度。从图4-82得到捕获压力范围为45～110MPa，表明静岩压力下，成矿深度范围为1.7～4.1km，静水压力下，成矿深度范围为4.8～11.2km，由于只有部分矿石发生流体沸腾作用，所以主要考虑静岩压力，下看木仓金矿床第一成矿期成矿深度为4.1km。

下看木仓金矿床第二成矿期，成矿流体整体为H_2O-CO_2-NaCl体系。2-1阶段温度和CO_2含量高于2-2阶段，成矿过程流体体系P-T相图选择溶解度曲线（Bowers and Helgeson，1983）。根据成矿温度和密度限定两个成矿阶段的P-T范围（图4-83），黄色和黑色菱形区域分别代表2-1和2-2阶段的P-T区间，经成矿深度换算2-1阶段压力区间为43.2～104.9MPa。

毒砂作为金矿床中的金属矿物，毒砂的温度计可以直接反映矿物结晶时的物理化学条件，已经被广泛应用在成矿物理化学条件的计算中（Kretschmar and Scott，1976）。成矿2-3阶段包裹体多遭受重结晶作用的影响，未能进行流体包裹体显微测温工作，该阶段毒砂较为发育，毒砂的结晶温度可以近似代表2-3阶段的成矿温度。根据毒砂温度计的计算（Sharp et al.，1985），该阶段成矿温度为280～325℃，平均为290℃（图4-84），第二成矿期3个阶段不具有差别很大的

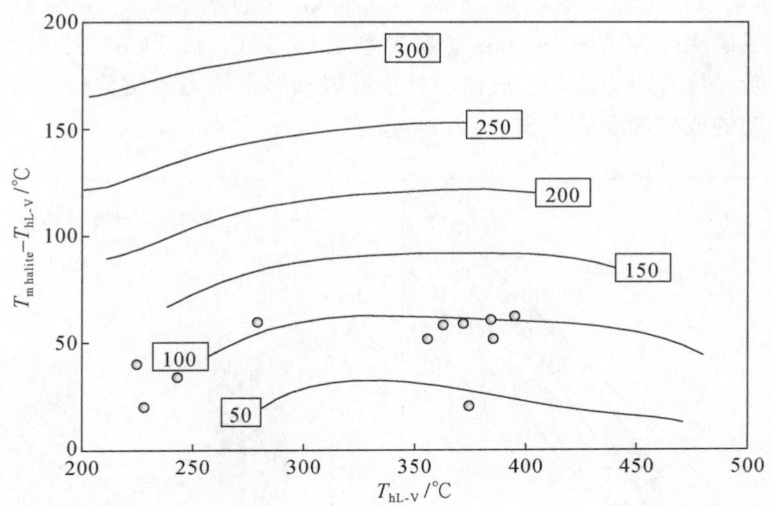

图 4-82　岩浆热液期流体包裹体 $T_{hL\text{-}V}$ 和 $T_{m\ halite}-T_{hL\text{-}V}$ 相图（据 Becker et al.，2008）

$T_{hL\text{-}V}$：气液两相均一温度；$T_{m\ halite}-T_{hL\text{-}V}$：岩盐熔化温度

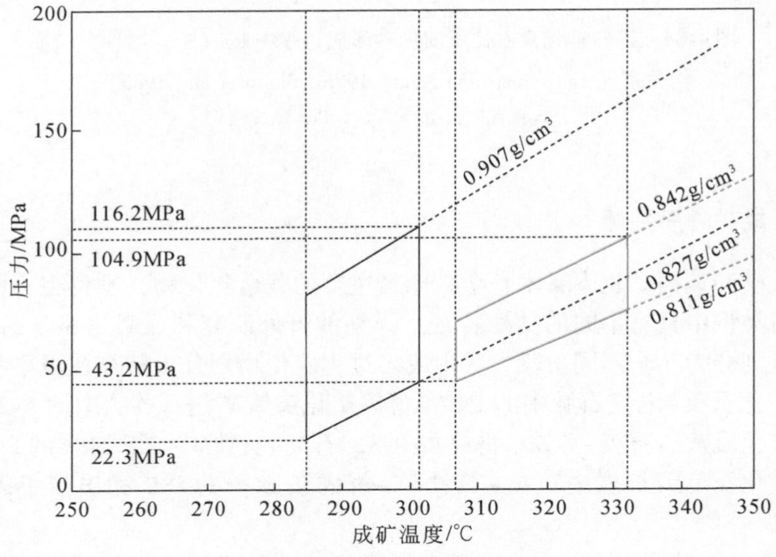

图 4-83　变质热液期流体包裹体 P-T 相图

温度变化范围。利用不同阶段压力分别计算成矿深度为 1.6 ~ 3.9km（静岩系统）、4.4 ~ 10km（静水系统），2-2 阶段压力区间为 22.3 ~ 116.2 MPa，成矿深度为 0. 8 ~ 4. 3km（静岩系统）、2. 28 ~ 11. 86km（静水系统）。经毒砂温压计进行校正后成矿深度为 1. 3 ~ 4. 3km（静岩系统）、3. 7 ~ 11. 2km（静水系统）。考虑到成矿阶段具有压力波动，成矿应处于静岩和静水压力的交替转换状态，所以这一成矿期的成矿深度应为 3. 7 ~ 4. 3km。

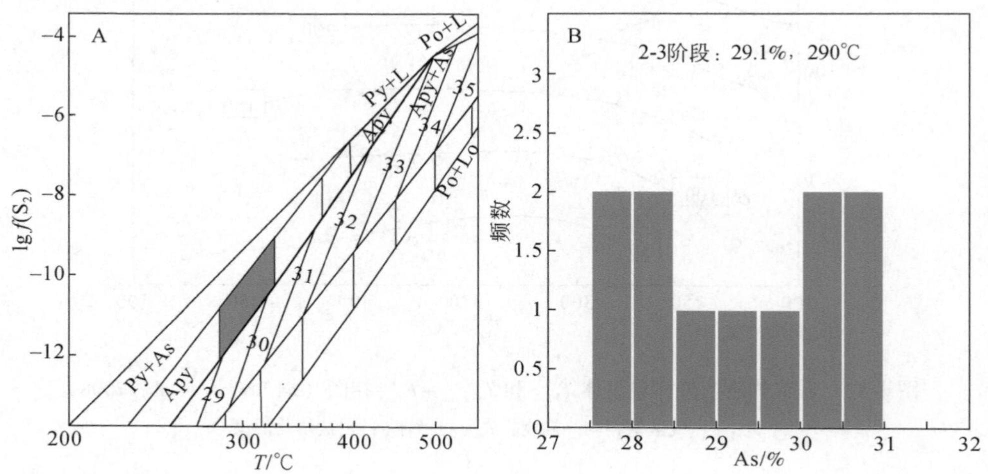

图 4-84　毒砂砷元素占比反演毒砂形成过程中 $\lg f$（S_2）-温度（T）关系（Kretschmar and Scott，1976；Sharp et al.，1985）

Py＝黄铁矿，Apy＝毒砂，Po＝磁黄铁矿

4. 5. 10　成矿物质来源

黄铁矿和黄铜矿是下看木仓金矿床最主要的载金硫化物，发育在不同产状矿体和矿石类型中具有不同的结构特征。详细的野外研究和显微岩相学研究表明，黄铁矿可划分为 5 个不同阶段，其中成矿过程硫化物划分为赋存在浸染状黄铁矿化黄铜矿化石英-电气石脉中的 Py1，黄铜矿化黄铁矿化石英脉中的 Py2、Ccp1，产于无矿化凝灰岩石英-黄铁矿脉中的 Py3，石英-黄铁矿-毒砂脉中的 Py4，浸染状黄铁矿化石英闪长岩中石英-黄铁矿-辉锑矿脉中的 Py5 和出溶于闪锌矿中的 Ccp2。

Py1：黄铁矿产于下看木仓金矿床浸染状黄铁矿黄铜矿化石英-电气石脉中，主要为他形-半自形结构，细粒-粗粒，以立方体为主。黄铁矿裂隙部分被闪锌矿和黄铜矿填充，与电气石、石英、黄铜矿、毒砂、闪锌矿有较好的共生关系。

Py2：黄铁矿通常发育在石英-电气石脉中，呈他形结构，在黄铁矿颗粒可见微孔隙和裂隙，孔隙和裂隙中常充填石英等，与黄铜矿和闪锌矿有较好的共生关系。

Py3：黄铁矿发育在无矿化凝灰岩中，主要为半自形-自形结构，以立方体为主，少量五角十二面体，在黄铁矿颗粒常见裂隙和微孔隙，孔隙中见充填方解石和少量闪锌矿，自然金充填在裂隙中。此阶段黄铁矿受后期流体影响，见压力影构造，并与石英、方解石有较好的共生关系。

Py4：石英-黄铁矿脉中的黄铁矿为他形-半自形结构，以立方体为主，黄铁矿内部见发育不规则状微孔隙和裂隙，填充少量石英和方解石，主要与石英和闪锌矿共生。

Py5：黄铁矿产于浸染状黄铁矿化石英闪长岩中石英-黄铁矿-辉锑矿脉中，形态为半自形-自形立方体结构，发育少量微孔隙，可见闪锌矿和黄铜矿填充，主要与闪锌矿、辉锑矿、毒砂、绢云母和石英共生。

Ccp：黄铜矿主要呈他形结构产于下看木仓金矿床浸染状黄铁矿黄铜矿化石英-电气石脉中，粒径为50～200μm，含微小孔隙，孔隙主要填充有闪锌矿，主要与电气石、黄铁矿、毒砂和辉锑矿共生，见少量黄铜矿以乳滴状形式出溶与闪锌矿之上。

在不同阶段的黄铁矿中分析了10个样品。各类型黄铁矿的硫同位素数据见表4-8，岩浆热液期和变质热液期的硫同位素组成存在明显差异。岩浆热液期早阶段存在于浸染状黄铁矿化黄铜矿化石英-电气石脉黄铁矿（Py1）的$\delta^{34}S$值变化范围较窄，为3.8‰～5.5‰。黄铜矿化黄铁矿化石英脉中Py2的$\delta^{34}S$值范围较窄，为-4.9‰～-3.5‰；产于无矿化凝灰岩石英-黄铁矿脉中Py3的S同位素组成为0.4‰～3.9‰。而产于石英-黄铁矿-毒砂脉中Py4和浸染状黄铁矿化石英闪长岩中石英-黄铁矿-辉锑矿脉中Py5的$\delta^{34}S$值相对均匀，为负值，分别为-5.2‰～-4.6‰和-6.6‰～-5.9‰。对下看木仓金矿床岩浆热液阶段黄铜矿进行了S同位素分析，岩浆热液中$\delta^{34}S$值范围为-10.9‰～-9.1‰，变化范围较窄。

下看木仓金矿床矿石矿物以黄铁矿、毒砂和黄铜矿为主，金通常在水溶液中以$Au(HS)_2^-$络合物形式存在，对与金共沉淀的黄铁矿和黄铜矿等硫化物的同位素组成进行分析，被用于示踪成矿物质来源（Hayashi and Ohmoto，1991；Stefánsson and Seward，2004；Wilkinson et al.，2009）。通过矿床构造应力场恢复、流体包裹体显微测温、硫化物地球化学和年代学研究发现，下看木仓金矿床具有两期不同的热液成矿过程。下看木仓金矿床两期成矿阶段中的$\delta^{34}S$均具有降低的趋势，这种降低趋势可能属于成矿物理化学条件（f_{O_2}、f_{H_2S}、T、Eh、pH等）改变造成的同位素分馏，f_{O_2}值较低时，S在流体中主要以S^{2-}和HS^-存在，流体的$\delta^{34}S$值近似和硫化物$\delta^{34}S$一致，下看木仓金矿床硫化物主要有黄铁矿、黄

表 4-8　下看木仓金矿床黄铁矿、黄铜矿 LA-MC-ICPMS $\delta^{34}S$ 值数据分析结果

序号	样品编号	类型	$\delta^{34}S$/‰	序号	样品编号	类型	$\delta^{34}S$/‰
1	19XKM21-2-2-1	Py1	5.5	32	19XKM21-2-1-05	Ccp	−9.2
2	19XKM21-2-2-2	Py1	4.5	33	19XKM21-2-1-06	Ccp	−9.5
3	19XKM21-2-2-3	Py1	3.8	34	19XKM21-2-1-07	Ccp	−9.1
4	19XKM21-2-2-4	Py1	5.5	35	19XKM21-2-1-08	Ccp	−9.4
5	19XKM21-2-2-5	Py1	5.4	36	19XKM14-1-2-1	Py3	3.9
6	19XKM21-2-2-6	Py1	5.5	37	19XKM14-1-2-2	Py3	0.9
7	19XKM21-2-2-7	Py1	5.3	38	19XKM14-1-2-3	Py3	0.9
8	19XKM21-2-2-8	Py1	5.4	39	19XKM14-1-2-4	Py3	0.9
9	19XKM21-2-2-9	Py1	5.3	40	19XKM14-1-2-5	Py3	1.4
10	19XKM08-1-2-A	Py2	−3.8	41	19XKM14-1-2-6	Py3	1.0
11	19XKM08-1-2-1	Py2	−3.7	42	19XKM14-1-2-7	Py3	2.6
12	19XKM08-1-2-2	Py2	−4.3	43	19XKM14-1-2-8	Py3	1.6
13	19XKM08-1-2-3	Py2	−3.7	44	19XKM14-1-2-9	Py3	0.5
14	19XKM08-1-2-4	Py2	−3.9	45	19XKM14-1-2-10	Py3	1.2
15	19XKM08-1-2-5	Py2	−3.5	46	19XKM14-1-2-11	Py3	0.6
16	19XKM08-1-2-6	Py2	−3.7	47	19XKM23-1-1	Py4	−5.1
17	19XKM08-1-2-8	Py2	−4.8	48	19XKM23-1-2	Py4	−4.7
18	19XKM08-1-2-9	Py2	−4.9	49	19XKM23-1-3	Py4	−4.9
19	19XKM08-1-2-10	Py2	−3.7	50	19XKM23-1-4	Py4	−4.6
20	19XKM08-1-1-01	Ccp	−10.9	51	19XKM23-1-5	Py4	−5.2
21	19XKM08-1-1-02	Ccp	−10.9	52	19XKM23-1-6	Py4	−4.9
22	19XKM08-1-1-03	Ccp	−10.9	53	19XKM23-1-7	Py4	−4.9
23	19XKM08-1-1-04	Ccp	−10.4	54	19XKM23-1-8	Py4	−5.1
24	19XKM08-1-1-05	Ccp	−9.8	55	19XKM01-1-1	Py5	−6.6
25	19XKM08-1-1-06	Ccp	−10.0	56	19XKM01-1-C	Py5	−5.9
26	19XKM08-1-1-07	Ccp	−9.1	57	19XKM01-1-2	Py5	−6.5
27	19XKM08-1-1-08	Ccp	−9.5	58	19XKM01-1-A	Py5	−6.5
28	19XKM21-2-1-01	Ccp	−9.4	59	19XKM01-1-B	Py5	−6.4
29	19XKM21-2-1-02	Ccp	−9.7	60	19XKM01-1-3	Py5	−6.5
30	19XKM21-2-1-03	Ccp	−9.8	61	19XKM01-1-4	Py5	−6.4
31	19XKM21-2-1-04	Ccp	−9.6	62	19XKM01-1-5	Py5	−6.6

铜矿、毒砂、方铅矿和闪锌矿等，并没有发现硫酸盐矿物，所以矿床成矿条件为低f_{O_2}环境，黄铁矿和黄铜矿样品的$\delta^{34}S$的值可以近似代表流体中的总硫$\delta^{34}S_{\Sigma S}$值。

在第一期热液成矿阶段，1-1 阶段中 Py1 的$\delta^{34}S$值为 3.8‰～5.5‰，1-2 阶段中 Py2 的$\delta^{34}S$为-4.9‰～-3.5‰，而黄铜矿的$\delta^{34}S$值为-10.9‰～-9.1‰。从 Py1 到 Py2，黄铁矿 S 同位素有变轻的趋势，黄铜矿 S 同位素同样具有变轻的趋势。黄铁矿在 200～700℃条件下分馏系数α高于H_2S（Ohmoto，1979）（$10^3\ln\alpha=0.4\times10^6/T^2$），黄铜矿 200～600℃分馏系数略低于$H_2S$（Ohmoto，1979）（$10^3\ln\alpha=-0.05\times10^6/T^2$）。我们在 1-1 阶段观察到流体包裹体具有流体沸腾现象，流体沸腾作用可导致H_2S去气作用，由于沸腾而产生的气-液相分离，将导致残余溶液相对缺乏H_2S，黄铁矿的分馏系数高于H_2S，导致更正$\delta^{34}S$值为特征的硫化物沉淀。作为第一成矿期，发生流体沸腾的 1-1 阶段应为成矿主阶段，此阶段中得到的 Py1 的$\delta^{34}S$值可能是经流体沸腾作用后的硫同位素值，具有较重的同位素值，初始 S 同位素可能在更轻的 S 同位素范围内。前人对 S 同位素研究表明，^{34}S优先进入较化合物键强较大和氧化态更高的矿物中（Ohmoto，1972），结合黄铁矿和黄铜矿分馏系数特征，黄铁矿更易富集^{34}S，黄铜矿更易富集^{32}S，随着黄铁矿和黄铜矿的沉淀，1-2 阶段中黄铁矿显示出比黄铜矿更高的$\delta^{34}S$同位素值。下看木仓金矿床硫同位素值分布范围不同，范围相差较大，表明并非单一硫源。对下看木仓金矿床周边的夕卡岩矿床进行 S 同位素分析（江志成，2017），下看木仓金矿床中岩浆热液 S 同位素值与夕卡岩矿床的 S 同位素值相似（图 4-85）。第一成矿期成矿物质可能来源于岩浆热液，具有较轻的 S 同位素变化范围。整体而言，下看木仓金矿床第一成矿期 S 同位素可能受成矿过程中流体沸腾的影响，同时成矿物质来源于岩浆热液。

下看木仓金矿床的第二成矿期 2-1 阶段流体中$\delta^{34}S$范围为 0.4‰～3.9‰，与 2-1 阶段相比，2-2 阶段（Py4：$\delta^{34}S$值为-5.2‰～-4.6‰）和 2-3 阶段（Py5：-6.6‰～-5.9‰）具有更低的$\delta^{34}S$组成。这种 S 同位素降低的趋势可能来源于成矿物理化学条件改变所造成的同位素分馏（Ohmoto，1972）。假设成矿过程中发生瑞利分馏作用，瑞利分馏过程中系统为开放系统，黄铁矿沉淀过程中，不同硫化物和黄铁矿之间可能有不同程度的分馏作用。弱酸性条件表明系统H_2S^0为主要的含硫物质，成矿过程中在温度为 320℃时，S 同位素初始值为 1.0‰，此时分馏系数为$\alpha=1.0039$，瑞利分馏具有较大的分馏范围，实际地质情况可能无法满足这样的分馏行为。由于 2-3 阶段中含有较多的闪锌矿，闪锌矿分馏系数大于H_2S，所以闪锌矿的沉淀可能导致较低的 S 同位素的组成。通过对比临近夕卡岩矿床的硫同位素值（图 4-85），下看木仓变质热液的早阶段 S 同位素与夕卡岩矿

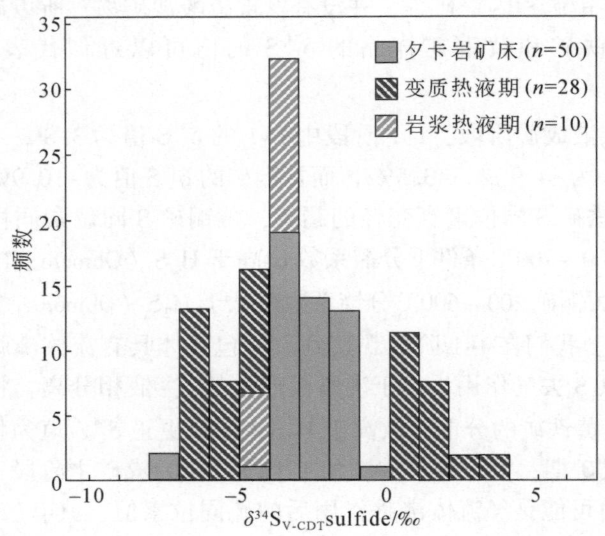

图 4-85　下看木仓矿床及相邻夕卡岩矿床硫同位素值比较

床具有较大的不同，明显更重，而变质热液晚阶段具有较轻的同位素组成，可能是由于来自地层的混染作用，造成在后期较轻的同位素范围。

造山型金矿床硫同位素变化范围极大，已有研究表明造山型金矿床 δ^{34}S 范围为−20‰～25‰，大多数矿床 S 同位素数据集中在 0‰～10‰之间（Goldfarb and Groves，2015），硫同位素组成没有独特的特征。对于显生宙矿床而言，δ^{34}S 值随围岩形成年龄而变化（Chang et al.，2008），下看木仓金矿床第二成矿期相对较正的 δ^{34}S 范围，后期与较负的硫同位素组成的二叠纪地层发生混染作用，导致后期 δ^{34}S 范围降低。成矿流体属于 H_2O-CO_2-NaCl 体系，表明了下看木仓第二成矿期的变质成因。而与岩浆热液系统具有不同特征，表明该矿床具有两个不同热液来源，下看木仓第二成矿期成矿物质来源不同于岩浆热液。

4.5.11　金沉淀机制

黄铁矿以及黄铜矿的结构、微量元素和 S 同位素特征反映矿物的不同成因特征（Chen and Campbell，2021；Chinnasamy et al.，2021；Ciobanu et al.，2012），硫化物中的微量元素赋存状态以及含量组成与其他元素具有一定的相关性（Cook et al.，2013；Hutchison et al.，2020）。前人对微量元素在硫化物中的赋存形式进行研究，微量元素可以固溶体形式赋存在硫化物晶格中，或者以纳米级的矿物包裹体形式存在，或者以微米级的矿物包裹体形式存在（Agangi et al.，2013；

Reich et al.，2005；Thomas et al.，2011；范宏瑞等，2018）。激光剥蚀时间分辨图谱中的信号尖峰有助于识别微米级包裹体，平稳的信号特点表明当时此处可能是晶格固溶体元素（Cook et al.，2016；范宏瑞等，2018），通过 LA-ICP-MS 点分析以及时间剥蚀深度分辨图解可见 Au、Zn、Cu、Pb、Sb、Ag 等元素也可能以包体形式存在于黄铁矿颗粒之中，通过黄铁矿面扫描分析，可见黄铁矿和黄铜矿中发育金和其他金属元素，Au 主要以不可见金的形式存在于矿床中（表 4-9）。前人研究表明，Au 与 As 具有一定的线性关系（Reich et al.，2005），对下看木仓金矿床中的微量元素进行线性计算发现，数据点均位于 $C_{Au}=0.02\times C_{As}+4\times10^{-5}$ 曲线以下，表明矿床中不可见金主要以固溶体金（Au^{+}）形式赋存在黄铁矿晶格中，结合黄铁矿 Mapping 图像和微量元素数据显示 Au 含量高的区域 As 含量也对应较高（表 4-9），表明 Au、As 可以通过元素置换促使 Au 进入黄铁矿晶格中（Cook and Chryssoulis，1990；Deditius et al.，2009；Deditius et al.，2008）。通过 SEM-BSE 发现下看木仓金矿床中有极少量可见金存在于黄铁矿的裂隙中，可能是黄铁矿中以固溶体形式存在的 Au 经过活化沉淀在裂隙中。同时根据元素相关性分析，Au 与 Cu 的相关性并不明显，表明 Au 和 Cu 不会通过元素置换进入黄铁矿晶格中。

黄铜矿具有强共价性质，Fe 在二价和三价之间波动，Cu 在一价和二价之间波动（Donnay et al.，1958；George et al.，2018；Hall and Stewart，1973）。黄铜矿与其他常见的含铜硫化物相比微量元素含量相对较低（Cook et al.，2011），微量元素的掺入机制比较复杂，在没有闪锌矿或者方铅矿的情况下，热液黄铜矿可能含有更高浓度的 Co、Zn、Se、Ag、In、Sn 和 Bi，然而当和闪锌矿或者方铅矿共结晶时，这些元素浓度将降低（George et al.，2018），下看木仓金矿床中黄铜矿中 Co、Zn、Se、Ag、In、Sn 和 Bi 元素含量较低（表 4-10），可能是由于其共生矿物闪锌矿和方铅矿的影响。黄铜矿中 Cd/Zn 比值受结晶温度影响，而下看木仓金矿床黄铜矿中 Cd/Zn 值范围为 0.0014～0.0221，不是固定值（表 4-11），这可能和成矿过程中物理化学条件的改变有关（f_{O_2}、f_{H_2S}、T、Eh、pH 等）（Cook et al.，2009a，b；George et al.，2018；Zoheir et al.，2019）。

长期以来，Co/Ni 值一直被用来作为确定黄铁矿成因重要标志（Bajwah et al.，1987；Gregory et al.，2015；Large et al.，2014）。对下看木仓金矿床黄铁矿中的 Co/Ni 进行研究发现，在沉积成因、岩浆成因、岩浆热液成因和变质热液成因中均有分布，说明下看木仓金矿床中成矿物质来源不是单一来源，可能来源于多种类型热液活动。

前人研究表明，水岩反应（Yasuhara et al.，2006；Zhang et al.，2021）、流体混合（Coullbaly et al.，2008）、流体沸腾作用（Coullbaly et al.，2008；张德会，

表 4-9　下看木仓金矿床不同阶段黄铁矿的 LA-ICP-MS 数据统计分析表

样品编号		Co	Ni	Cu	Zn	As	Au	Ag	Sb	Pb	Bi	Se	Ti	Te
Py1	19XKM21-2-1-1-1	923.13	959.68	2156.90	85.16	2917.10	0.05	14.92	22.08	997.14	80.18	34.67	7.34	2.54
	19XKM21-2-1-1-2	345.17	816.31	33.60	3.15	2050.85	<0.01	<0.82	0.42	7.91	2.58	26.30	3.30	<0.32
	19XKM21-2-1-2-1	3081.63	1108.58	950.22	360.31	1959.50	0.03	4.34	18.78	164.20	24.15	25.96	3.50	0.82
	19XKM21-2-1-2-2	407.57	579.04	919.25	39.90	6727.71	0.03	2.69	9.25	167.52	32.69	20.58	4.18	4.79
	19XKM21-2-1-3-1	1.97	19.55	1.62	0.79	8577.59	0.18	1.31	3.39	131.67	12.25	10.88	3.71	0.12
	19XKM21-2-1-3-2	30.01	543.02	1.99	1.11	9817.75	0.11	0.37	<0.75	12.51	0.74	22.90	2.09	3.31
	19XKM21-2-1-3-3	77.72	155.05	3171.66	774.76	231.93	0.23	9.64	13.06	195.52	23.38	46.45	3.06	1.49
	19XKM21-2-1-4-1	2.61	38.31	1961.00	388.47	4379.88	0.11	9.75	11.07	838.13	39.56	11.36	3.17	0.48
	19XKM21-2-1-4-2	<0.02	0.76	0.69	1.33	1406.95	0.16	<0.54	<0.81	0.22	0.15	0.36	5.23	0.14
	19XKM21-2-1-4-3	0.18	0.23	0.36	1.90	3091.06	0.17	0.23	<0.88	0.03	0.02	9.99	6.63	0.42
	19XKM21-2-1-4-4	7.26	1368.27	144.34	35.41	14577.79	0.50	42.04	52.77	669.63	227.37	32.04	5.37	1.10
	19XKM21-2-1-4-5	7.29	316.89	8717.96	217.80	13247.84	0.06	24.55	14.39	1433.93	60.56	24.79	3.12	0.75
	19XKM21-2-1-4-6	2.85	54.80	11.98	0.39	14756.13	0.10	<0.47	0.19	0.10	0.13	26.15	3.93	0.43
Py2	19XKM08-1-1-1	0.34	300.57	1587.57	645.73	3131.90	0.19	5.48	13.89	3765.12	19.37	63.90	4.70	0.49
	19XKM08-1-1-2	0.25	365.36	11.47	7.69	10819.37	0.16	<0.58	3.69	18.06	1.08	30.57	4.31	<0.21
	19XKM08-1-1-3	1.02	208.71	24689.12	9949.35	229.25	0.17	11.95	48.41	539.04	13.47	83.92	3.95	1.30
	19XKM08-1-1-4	107.68	4112.81	1.27	0.42	232.01	<0.01	<0.60	1.75	2.42	0.43	50.18	4.55	0.59
	19XKM08-1-1-5	19.48	6125.22	6.44	3.14	346.95	0.01	0.31	17.98	19.93	1.39	33.25	2.58	0.23
	19XKM08-1-1-6	111.64	3687.45	447.00	198.22	426.00	<0.01	0.25	3.95	2.11	0.77	56.09	3.58	0.06
	19XKM08-1-1-7	193.11	4694.03	230.09	32.69	210.27	<0.02	0.24	0.93	5.06	0.57	58.37	3.55	0.14

续表

	样品编号	Co	Ni	Cu	Zn	As	Au	Ag	Sb	Pb	Bi	Se	Ti	Te
	19XKM08-1-1-8	3. 60	832. 95	517. 60	191. 33	14464. 80	2. 18	1. 90	7. 33	576. 43	10. 69	43. 92	3. 25	<0. 55
	19XKM08-1-1-9	8. 81	7308. 49	50. 38	10. 69	144. 43	0. 01	0. 19	<1. 50	0. 90	0. 28	65. 94	3. 98	0. 32
	19XKM08-1-1-10	141. 65	6817. 96	244. 83	52. 57	492. 97	0. 88	0. 36	3. 89	5. 86	1. 65	38. 89	4. 23	1. 05
	19XKM08-1-1-11	8. 85	2597. 26	332. 78	240. 99	186. 83	0. 02	<0. 59	11. 52	6. 80	1. 20	45. 79	3. 63	1. 50
	19XKM08-1-1-12	3. 51	1224. 68	14. 24	38. 65	47. 74	<0. 00	2. 48	14. 64	3. 45	0. 58	49. 20	3. 65	0. 06
	19XKM08-1-1-13	0. 03	548. 36	1. 73	1. 90	105. 38	<0. 00	0. 09	7. 55	7. 18	0. 44	26. 25	3. 56	0. 62
	19XKM08-1-1-14	9. 36	2555. 54	1758. 14	622. 10	2015. 21	<0. 07	1. 02	11. 96	23. 57	4. 66	72. 30	6. 28	0. 21
	19XKM08-1-1-15	3. 98	179. 75	48. 46	0. 48	14028. 66	10. 17	0. 05	<0. 70	0. 97	0. 16	7. 82	3. 30	1. 19
	19XKM08-1-2-1	2. 36	851. 44	2367. 54	594. 88	9104. 09	3. 43	1. 05	21. 34	194. 12	7. 98	24. 95	3. 81	1. 05
	19XKM08-1-2-2	15. 34	343. 01	1881. 83	339. 30	11162. 31	3. 83	1. 09	39. 09	504. 21	10. 54	19. 79	3. 60	1. 46
Py2	19XKM08-1-2-3	10. 44	219. 46	3. 22	1. 55	10921. 37	0. 55	<0. 81	0. 70	4. 66	0. 23	20. 62	3. 75	0. 99
	19XKM08-1-2-4	5. 73	134. 60	5. 00	0. 54	8431. 79	0. 52	0. 17	1. 39	2. 61	0. 11	14. 27	2. 27	<0. 18
	19XKM08-1-2-5	6. 76	121. 21	3558. 19	125. 15	1108. 17	0. 35	0. 69	22. 00	51. 73	4. 26	13. 39	3. 72	0. 09
	19XKM08-1-2-6	4. 27	232. 42	2844. 62	412. 69	3526. 82	1. 16	2. 11	36. 09	597. 43	7. 98	17. 09	2. 23	0. 73
	19XKM08-1-2-7	3. 67	224. 18	3859. 38	534. 48	3348. 20	1. 75	0. 75	14. 21	281. 14	6. 54	40. 03	3. 13	0. 81
	19XKM08-1-2-8	2. 74	703. 66	3792. 30	497. 81	2533. 07	1. 36	1. 21	14. 44	127. 25	5. 99	39. 22	4. 02	0. 62
	19XKM08-1-2-9	0. 11	59. 61	2127. 92	209. 92	280. 49	0. 53	0. 96	12. 97	72. 31	6. 76	27. 23	3. 89	0. 34
	19XKM08-1-2-10	0. 56	65. 97	3293. 50	637. 52	542. 82	0. 45	2. 39	27. 30	330. 87	11. 48	36. 99	3. 60	0. 09
	19XKM08-1-2-11	0. 22	40. 94	2320. 02	237. 38	133. 41	0. 20	0. 82	14. 81	94. 58	8. 29	27. 40	2. 62	0. 16
	19XKM08-1-2-12	0. 09	7. 88	16. 00	0. 49	125. 64	0. 03	<0. 36	<0. 68	0. 02	<0. 00	49. 74	3. 24	<0. 17
	19XKM08-1-3-1	0. 03	0. 92	0. 48	1. 20	1. 87	0. 00	0. 02	<0. 68	0. 00	0. 01	46. 64	3. 65	0. 13

续表

	样品编号	Co	Ni	Cu	Zn	As	Au	Ag	Sb	Pb	Bi	Se	Ti	Te
Py2	19XKM08-1-3-2	0. 03	1. 89	0. 24	1. 88	4. 45	0. 00	0. 01	<0. 73	0. 02	<0. 01	50. 43	4. 55	0. 70
	19XKM08-1-3-3	0. 11	4. 01	70. 68	23. 82	161. 07	0. 06	0. 20	5. 16	22. 57	3. 08	39. 53	4. 33	<0. 23
	19XKM08-1-3-4	<0. 02	0. 16	0. 29	1. 00	3. 97	<0. 01	0. 21	<0. 70	0. 06	0. 00	32. 91	3. 33	<0. 17
	19XKM08-1-3-5	0. 01	1. 04	1. 04	1. 09	0. 17	<0. 00	0. 19	<0. 68	0. 02	0. 00	31. 28	3. 92	<0. 18
	19XKM08-1-3-6	7. 35	97. 92	2057. 65	10893. 57	130. 23	0. 12	0. 26	9. 00	69. 60	5. 37	48. 80	3. 36	0. 22
	19XKM08-1-4-1	3. 17	2. 36	1. 08	0. 46	62. 83	<0. 01	<0. 53	0. 35	2. 30	0. 35	58. 72	3. 88	0. 27
	19XKM08-1-4-2	3. 04	2. 57	27. 02	13. 96	197. 10	<0. 01	<0. 53	106. 21	50. 87	2. 39	52. 76	5. 15	0. 23
	19XKM08-1-4-3	3. 48	3. 73	3. 16	1. 57	266. 11	0. 07	2. 57	16. 67	1383. 14	28. 32	58. 60	2. 95	<0. 17
	19XKM08-1-4-4	2. 88	2. 51	3. 27	1. 01	155. 99	0. 03	<0. 66	<1. 76	0. 03	<0. 01	49. 03	4. 10	0. 30
	19XKM08-1-4-5	0. 63	0. 80	952. 25	10232. 66	190. 84	0. 03	0. 53	5. 37	6. 31	2. 12	48. 70	3. 67	0. 15
	19XKM08-1-4-6	0. 75	0. 35	1. 30	1. 19	123. 97	0. 00	<0. 51	<0. 94	0. 08	0. 01	57. 60	2. 59	0. 40
	19XKM08-1-4-7	11. 33	459. 73	72. 96	43. 17	175. 36	0. 10	0. 00	1. 86	89. 69	3. 87	67. 47	6. 08	<0. 18
	19XKM08-1-4-8	6. 42	1398. 74	6. 76	277. 45	53. 60	0. 00	<0. 66	1. 10	4. 58	0. 74	52. 98	1. 91	0. 99
	19XKM08-1-5-1	12. 15	2354. 91	426. 32	811. 92	1698. 83	0. 00	0. 71	11. 56	227. 69	13. 59	33. 76	4. 44	1. 15
	19XKM08-1-5-2	1. 35	5051. 85	0. 43	0. 72	231. 64	0. 02	<0. 40	0. 19	0. 04	0. 01	49. 32	2. 46	0. 51
	19XKM08-1-5-3	45. 66	4034. 64	304. 63	277. 32	2182. 88	1. 51	0. 31	2. 12	40. 23	3. 13	39. 69	3. 98	1. 09
	19XKM08-1-5-4	42. 03	6536. 77	708. 23	388. 92	627. 00	0. 09	1. 13	7. 68	64. 10	7. 52	49. 98	4. 04	1. 18
	19XKM08-1-6-1	509. 86	771. 89	124. 41	81. 20	148. 63	0. 04	<1. 20	3. 01	4. 71	1. 76	55. 94	5. 23	0. 68
	19XKM08-1-6-2	13. 19	1738. 60	44. 70	652. 08	130. 76	0. 09	0. 50	10. 93	9. 80	20. 78	54. 91	4. 61	0. 19
	19XKM08-1-6-3	166. 45	4673. 07	34. 09	33. 36	143. 50	0. 16	0. 59	15. 31	16. 07	3. 77	47. 36	3. 70	0. 63
	19XKM08-1-6-4	63. 85	282. 98	8740. 43	3615. 02	59. 80	0. 27	2. 55	17. 36	25. 70	21. 46	59. 55	3. 48	0. 58

续表

	样品编号	Co	Ni	Cu	Zn	As	Au	Ag	Sb	Pb	Bi	Se	Ti	Te
Py2	19XKM08-1-7-1	59.85	1363.58	10.05	257.88	5.57	<0.00	<0.42	4.60	5.04	0.84	62.69	4.42	<0.20
	19XKM08-1-7-2	325.27	3014.04	470.09	224.72	600.78	0.04	0.90	4.88	298.41	12.01	39.07	3.00	2.53
	19XKM08-1-7-3	<0.03	20.14	3.04	1.55	66.18	<0.02	0.21	0.47	0.46	0.17	57.69	2.93	0.05
	19XKM08-1-8-1	0.18	228.13	39.89	3.67	142.04	0.17	2.25	21.65	41.86	13.10	45.41	4.38	0.90
	19XKM08-1-8-2	1.17	39.36	109.90	297.57	274.17	0.13	0.01	1.71	14.19	6.22	14.71	4.81	1.10
	19XKM08-1-8-3	0.34	300.57	1587.57	645.73	3131.90	0.19	5.48	13.89	3765.12	19.37	63.90	4.70	0.49
Py3	19XKM14-1-1-1	58.91	154.50	0.90	1.94	5129.77	0.32	0.36	2.82	3.19	0.08	7.73	69.27	6.08
	19XKM14-1-1-2	4.03	13.37	1.18	2.49	3152.65	0.14	0.14	2.82	2.51	0.05	10.83	3.87	0.59
	19XKM14-1-1-3	2.01	1.26	0.73	1.56	2904.37	0.04	0.40	6.13	7.61	0.15	5.24	8.90	0.28
	19XKM14-1-1-4	55.78	34.97	4.53	1.70	3973.58	0.16	0.83	20.38	16.38	0.35	12.65	31.65	0.96
	19XKM14-1-2-1	3.48	40.82	0.91	0.29	3186.39	0.15	0.13	0.02	3.01	0.02	4.40	5.09	0.96
	19XKM14-1-2-2	1.26	3.44	0.64	1.20	1386.90	0.05	0.16	0.49	0.66	0.01	9.90	3.44	1.09
	19XKM14-1-2-3	0.27	0.17	0.28	0.66	860.20	<0.01	0.04	0.27	0.46	0.01	2.98	3.51	0.01
Py4	19XKM23-2-1-1	11.02	2.77	<0.69	0.79	2.75	<0.00	0.56	0.16	0.06	0.02	35.31	3.41	<0.22
	19XKM23-2-1-2	28.59	1.98	0.53	<1.28	0.87	0.00	0.17	1.99	1.00	0.06	112.54	4.51	0.36
	19XKM23-2-1-3	32.94	4.18	2.21	<2.86	0.69	0.02	1.45	18.15	19.73	0.99	217.40	4.55	<0.45
	19XKM23-2-1-4	6.21	1.35	4.74	1.88	5.14	<0.00	0.47	1.36	4.98	0.03	49.62	6.02	<0.45
	19XKM23-2-2-1	62.97	39.88	59.74	109.79	95.00	<0.00	0.59	14.25	269.90	0.49	67.51	1.27	<0.24
	19XKM23-2-2-2	110.94	519.89	7.95	0.58	2.23	0.00	1.85	65.87	77.53	3.53	75.21	4.86	<0.22
	19XKM23-2-2-3	17.30	2.65	3.08	2.97	12.64	0.03	<1.21	5.59	7.80	1.07	105.04	6.53	<0.48
	19XKM23-2-2-4	519.85	371.70	432.37	161.72	904.36	<0.01	3.98	113.85	340.95	3.62	64.40	19.45	0.52

续表

	样品编号	Co	Ni	Cu	Zn	As	Au	Ag	Sb	Pb	Bi	Se	Ti	Te
Py4	19XKM23-2-2-5	42.46	16.92	6.67	2.39	6.75	0.01	0.70	53.84	17.75	2.47	80.89	2.95	0.24
	19XKM23-2-3-1	20.15	6.92	0.73	0.42	2.40	0.00	0.56	1.58	0.93	0.37	82.85	3.64	0.01
	19XKM23-2-3-2	33.63	10.10	26.30	34.37	26.45	<0.03	0.41	12.82	79.40	2.18	29.06	2.30	0.24
	19XKM23-2-3-3	18.85	4.73	0.86	1.77	3.00	<0.01	0.38	8.37	3.98	0.79	60.09	6.55	<0.22
	19XKM23-2-3-4	33.88	11.59	3.53	1.38	1.69	0.01	0.09	23.47	13.93	2.37	108.55	4.17	0.23
	19XKM23-2-3-5	41.14	17.82	140.38	232.63	549.73	<0.03	0.17	266.75	345.82	1.32	39.56	3.76	<0.21
	19XKM23-2-3-6	12.50	9.34	0.66	1.50	<4.46	<0.05	<0.57	15.34	8.44	0.79	71.00	1.74	<0.21
Py5	19XKM01-2-1-1	2.29	20.41	25.31	2.26	5725.76	0.22	3.01	100.13	639.11	3.94	0.28	3.70	<0.03
	19XKM01-2-2-1	199.31	229.83	2.49	2.62	9780.17	0.08	0.92	23.29	41.74	0.38	<4.71	6.05	<0.38
	19XKM01-2-3-1	<0.02	<0.20	1.56	<1.05	6082.76	0.37	<0.46	1.80	6.02	0.18	<3.73	4.17	<0.18
	19XKM01-2-3-2	0.11	4.62	1.01	1.38	6896.32	0.31	<0.55	0.81	56.03	0.28	<3.57	2.71	<0.17
	19XKM01-2-3-3	0.25	0.39	0.95	1.82	4129.84	0.02	<0.90	3.21	14.77	0.14	2.17	6.00	<0.35
	19XKM01-2-4-1	18.19	13.15	3.59	1.00	3127.27	<0.03	<0.43	18.10	52.71	0.77	3.13	11.49	0.00
	19XKM01-2-4-2	193.81	142.10	0.92	1.75	2967.31	0.03	0.02	1.60	2.81	0.05	2.94	4.03	0.04
	19XKM01-2-4-3	46.00	64.29	6.52	1.10	1679.71	0.02	0.67	32.75	85.81	1.07	<3.68	14.99	<0.32
	19XKM01-2-4-4	0.19	5.25	27.08	0.50	119327.35	22.30	4.03	76.90	1027.41	7.65	0.07	3.74	0.29
	19XKM01-2-4-5	2.29	20.41	25.31	2.26	5725.76	0.22	3.01	100.13	639.11	3.94	0.28	3.70	0.03

注：表中数量级为10^{-6}。

表 4-10 下看木仓金矿床黄铜矿的 LA-ICP-MS 数据统计分析表

样品编号	Co	Ni	Zn	As	Au	Ag	Sb	Pb	Bi	Se	Ti	Te	Cd	Ge	Ga	In
19XKM21-1-1	0.12	0.71	152.92	1.80	0.15	3.64	4.79	6.98	2.27	91.59	4.15	<0.64	0.52	5.53	0.53	138.04
19XKM21-1-2	0.32	0.54	208.10	1.27	0.12	5.39	7.29	11.13	4.26	89.85	3.11	<4.41	0.60	6.96	1.18	153.95
19XKM21-1-3	0.05	1.03	397.33	<3.90	0.01	5.38	7.06	11.35	3.74	99.56	2.66	1.09	0.62	4.80	0.88	144.62
19XKM21-4-1	0.08	0.35	244.95	<7.98	0.05	5.21	2.13	2.90	0.33	3.50	3.74	1.58	0.85	6.66	0.86	150.86
19XKM21-4-2	0.10	<3.92	332.37	3.64	<0.40	<6.75	2.76	10.95	4.26	97.33	<2.89	0.22	1.02	4.36	4.00	147.41
19XKM21-4-3	<0.13	0.92	207.46	<7.98	0.08	3.00	2.40	5.69	2.02	73.82	2.28	0.32	0.60	5.22	1.05	158.04
19XKM21-4-4	0.18	<1.22	241.11	0.72	0.13	1.46	1.51	9.59	3.32	122.46	3.60	<10.41	0.34	7.14	0.34	154.16
19XKM21-4-5	0.52	<5.97	2457.92	<15.25	0.34	4.00	1.68	17.80	7.12	262.03	2.77	<2.77	0.29	6.15	9.26	155.69
19XKM21-4-6	0.09	<0.83	265.11	0.75	0.14	2.02	1.30	6.89	2.43	73.36	1.78	0.84	0.31	3.92	0.87	135.42
19XKM21-2-1	0.01	0.46	429.56	190.67	0.02	675.33	5216.54	8.62	2.63	91.83	1.80	<0.43	0.33	3.38	1.08	142.97
19XKM21-2-2	0.18	0.62	39.31	8.34	0.01	0.99	3.58	0.66	0.04	11.18	1.34	3.74	0.50	9.24	0.31	210.26
19XKM08-1-1	0.17	2.92	52.00	85.63	0.04	2.11	20.61	7.04	1.86	7.00	1.57	<0.53	0.56	5.87	0.23	205.32
19XKM08-1-2	0.05	<1.59	67.49	0.84	0.20	<6.10	2.02	0.65	0.41	47.35	6.05	<1.96	1.09	10.10	0.69	109.05
19XKM08-1-3	0.22	<2.27	88.61	0.56	0.32	1.42	1.03	0.31	0.47	6.89	<3.25	6.99	1.33	8.01	1.66	101.39
19XKM08-2-1	0.06	0.38	193.11	<4.43	0.03	1.14	0.76	0.52	0.08	48.69	3.84	<2.76	0.63	1.59	0.51	107.02
19XKM08-2-2	0.11	0.17	3663.42	1.63	<0.08	1.55	3.19	2.67	1.47	45.03	1.66	<1.92	0.38	5.07	8.76	111.84

续表

样品编号	Co	Ni	Zn	As	Au	Ag	Sb	Pb	Bi	Se	Ti	Te	Cd	Ge	Ga	In
19XKM08-2-3	0. 12	<2. 04	154. 23	3. 14	<0. 29	<3. 33	1. 71	0. 66	0. 10	92. 15	6. 26	1. 05	0. 35	4. 18	1. 03	111. 59
19XKM08-3-1	0. 10	1. 27	624. 37	<12. 30	0. 55	1. 81	2. 41	0. 65	0. 65	51. 87	4. 15	5. 79	0. 57	2. 42	4. 84	138. 24
19XKM08-3-2	0. 07	0. 45	334. 21	0. 13	0. 02	0. 58	1. 15	1. 17	1. 05	41. 24	1. 51	0. 72	0. 36	5. 30	0. 52	134. 51
19XKM08-3-3	<0. 07	0. 41	609. 13	5. 88	<0. 14	2. 12	47. 28	5. 01	0. 37	30. 38	2. 06	<1. 92	0. 26	4. 35	1. 37	132. 41
19XKM08-4-1	0. 06	0. 05	145. 66	0. 07	<0. 03	2. 45	0. 10	1. 52	0. 32	49. 02	0. 74	0. 69	0. 47	3. 42	0. 66	115. 58
19XKM08-4-2	<0. 19	1. 43	154. 56	6. 43	0. 02	2. 09	<3. 27	1. 40	0. 54	15. 42	3. 76	2. 88	0. 26	5. 07	0. 15	124. 71
19XKM08-4-3	<0. 23	3. 02	221. 51	<16. 11	0. 17	2. 79	0. 85	2. 28	1. 55	60. 65	1. 61	0. 57	0. 38	9. 31	0. 80	131. 90
19XKM08-4-4	0. 43	1. 61	176. 32	<13. 29	0. 29	1. 40	<3. 28	4. 15	1. 17	113. 06	3. 11	3. 82	0. 14	7. 80	0. 72	124. 26

注：表中数据数量级为 10^{-6}。

表 4-11　下看木仓金矿床毒砂电子探针数据统计分析表

分析点号	元素/%											原子量/%
	As	Au	S	Ag	Sb	Fe	Co	Ni	Cu	Zn	Total	As
19xkm01-1	37. 373	0	22. 944	0. 002	1. 453	33. 248	0. 035	0	0	0. 006	100. 18	27. 5
19xkm02-2	39. 537	0	21. 749	0	2. 139	34. 602	0. 032	0. 012	0	0	99. 99	28. 9
19xkm02-3	39. 338	0. 038	22. 922	0	1. 248	35. 949	0. 040	0	0	0	98. 28	27. 9
19xkm02-4	41. 683	0. 012	21. 051	0. 011	0. 568	34. 329	0. 042	0	0	0	100. 30	30. 4
19xkm02-5	42. 087	0	21. 268	0	0. 556	35. 298	0. 041	0	0. 041	0	100. 54	30. 2
19xkm02-6	39. 308	0. 022	21. 999	0	1. 375	33. 444	0. 047	0	0. 325	0	100. 99	29. 0
19xkm02-7	39. 361	0	22. 935	0	0. 898	35. 14	0. 048	0. 030	0. 072	0	99. 75	28. 1
19xkm02-8	39. 986	0	23. 138	0	0. 757	35. 619	0. 040	0	0. 097	0. 001	100. 89	28. 2
19xkm08-9	40. 866	0. 010	21. 719	0	0. 180	34. 271	0. 013	0. 060	0. 062	0. 018	100. 11	29. 7
19xkm08-10	41. 339	0. 057	21. 594	0	0. 157	34. 018	0. 029	0. 022	0	0	100. 37	30. 1
19xkm08-11	41. 365	0. 069	21. 238	0	0. 143	34. 750	0. 025	0	0	0. 024	100. 07	30. 0

1997）以及温度、压力、氧逸度和 pH 的变化均能促进金属的有效沉淀。结合构造演化、成矿年代学、矿物共生组合特征、流体包裹体以及微量元素等方面的研究，我们发现下看木仓金矿床的金沉淀过程不是单一的，而是多种机制控制的一个较为复杂的地质过程。金的常见络合物主要有金-硫络合物 $Au(HS)_2^-$、$Au(HS)^0$、AuS^- 等，金-氯络合物有 $AuCl_2^-$、$AuCl_4^-$ 等（Gammons et al., 1997；Hayashi and Ohmoto, 1991；Stefánsson and Seward, 2004）。下看木仓金矿床不含强氧化环境的硫酸盐矿物，金主要以金-硫络合物的形式存在。包裹体显微岩相学和热力学研究认为下看木仓金矿床中具有两种不同性质的流体来源，早期岩浆热液成矿期中成矿流体来源于较深源的岩浆热液，从流体包裹体显微岩相学和热力学分析可知在岩浆热液主阶段富液相端元与含石盐子晶包裹体端元共存，且具有大致相同的均一温度证明此阶段发生流体沸腾作用。由于流体沸腾作用造成压力骤降等物理化学条件的改变，随着 CO_2、H_2O 和 H_2S 等挥发分的逸出，造成流体中的 pH 上升，还原 S 浓度增大，H_2S 的大量逃逸引起 $Au(HS)_2^-$ 络合物失稳促进金沉淀（图 4-86A）。研究表明，100 ~ 300℃ 温度区间的沸腾作用可使 40.6% 的流体转化为气相，金属浓度被大大提高，导致大量的金属沉淀（Cooke et al., 1996）。同时岩浆热液第二成矿阶段温度和盐度的线性降低表明后期可能有大气降水的加入导致成矿温度的迅速下降，流体冷却和流体沸腾明显促进岩浆热液流体中金属的沉淀。

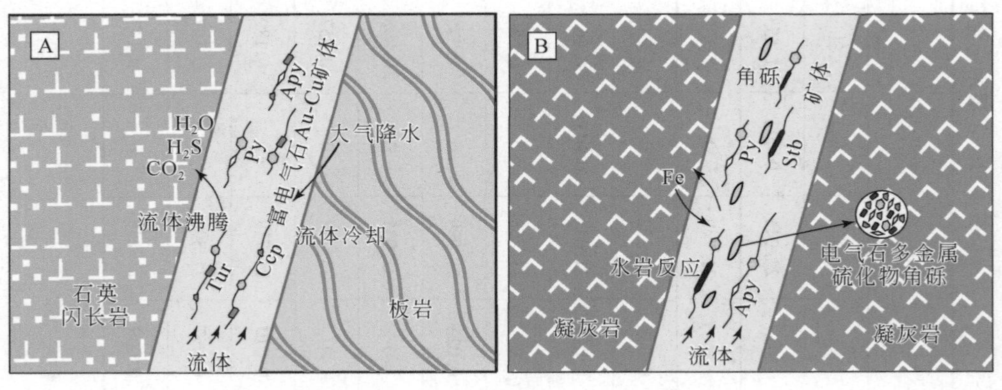

图 4-86　下看木仓金矿床金属沉淀模式图

Py = 黄铁矿，Stb = 辉锑矿，Apy = 毒砂，Tur = 电气石，Ccp = 黄铜矿

变质热液期成矿流体主要为变质流体，主要来源不同于岩浆热液，成矿各阶段没有明显的温度变化、流体混合以及流体不混溶和沸腾的特征，推测下看木仓变质热液阶段的金沉淀机制最可能为水岩反应（图 4-86B）。在温度为 200 ~

400℃的近中酸性流体中，矿床中硫化物主要为黄铁矿和毒砂，因此Au主要以 Au（HS）$_2^-$络合物的形式存在，在金属进行沉淀时，As元素的存在有助于Au进入黄铁矿的内部结构，As能有替代S四面体的位置，而Au则主要代替八面体位置上的Fe（Deditius et al.，2014）。下看木仓金矿床发育浸染状黄铁矿化黄铜矿化毒砂化矿石，是不可见金主要载体，同时黄铁矿和毒砂多交代黑云母等富铁矿物。同时富CO_2的变质流体可能与赋矿围岩中的含铁矿物发生反应生成铁白云石。

以上水岩反应引起氧逸度等物理化学条件的改变，可能同时导致Au和As的络合物同时受还原影响并发生失稳，相互促进进入黄铁矿内部，从而沉淀下来。

$$Fe(S,As)+2Au(HS)_2^-=Fe(S,As)\cdot Au+2HS^-$$

4.5.12　矿床成因

关于西秦岭造山带金矿床成因的研究，前人已开展了很多方法限定矿床成因，但仍存在很多争议，主要争议类型为卡林-类卡林型、岩浆热液型、造山型、破碎蚀变岩型、中低温热液型等（Deng and Wang，2016；Deng et al.，2019；Goldfarb et al.，2019；Liu et al.，2015；Qiu and Deng，2017；Yang et al.，2015c；昌佳和李建威，2013；陈衍景，2010；李建威等，2019；邱昆峰，2015；邱昆峰等，2014；隋吉祥和李建威，2013）。我们对下看木仓金矿床构造演化和控矿机理、成矿流体性质与演化、成矿物质来源以及成岩-成矿年代学等方面的研究，有助于确定矿床成因。

下看木仓金矿床的演化构成了一个独特的叠加成矿模型，它既显示了与岩浆热液矿化有关的特征，也有造山型矿化的特点。249～235Ma，西秦岭造山带经历古特提斯洋北向俯冲到闭合过程，使西秦岭造山带形成复杂的构造体系。下看木仓金矿床赋存于二叠系内，在古特提斯洋北向俯冲作用下，区内大量三叠纪石英闪长岩和凝灰岩形成，俯冲的远程效应使区域内发生近北东向挤压，断层几何学和运动学表明控矿断层发生逆断活动，约247Ma，岩浆岩侵位后不久发生热液活动，成矿流体为高温高盐度的岩浆热液，成矿流体进入断层，压力下降，大规模的流体发生沸腾，H_2S、H_2O和CO_2等挥发分逃逸，提高了金属元素在流体中的浓度，成矿流体硫逸度、氧逸度等成矿物理化学条件发生变化，流体中含金络合物失稳，促使金沉淀，同时后期由于大气降水的加入使温度盐度发生明显降低，对金属沉淀起到促进作用。成矿流体沿着北西向断层形成富电气石和黄铜矿的石英-电气石-多金属硫化物高品位矿脉；约235Ma，随着古特提斯洋的闭合，闭合作用使区域受近北西向主压应力影响，断层擦痕及运动学显示控矿断层发生左行逆断活动，深部地层经历了变质脱水作用释放大量H_2O与CO_2，成矿物质来源于地层，成矿流体为中低温、低盐度、富CO_2的变质流体。早期富电气石和黄铜矿的石英-电气石-多金属硫化物高品位矿脉在后期变质流体和应力作用下，在北西西向矿体中反复破裂变形形成旋转碎斑同时发生沉淀，叠加于早期岩浆热液金-铜矿化之上，形成北北西向矿体。

4.6 以地南金矿床

4.6.1 矿床基本信息

以地南金矿床位于甘肃省合作市（35°06′41″N，102°56′59″E），面积约为 10.54km²，累计探明黄金储量已超过 20t，平均品位约为 3.32g/t。以地南金矿床是甘南地区最大的赋存在岩浆岩中的金矿床（图 4-87）。

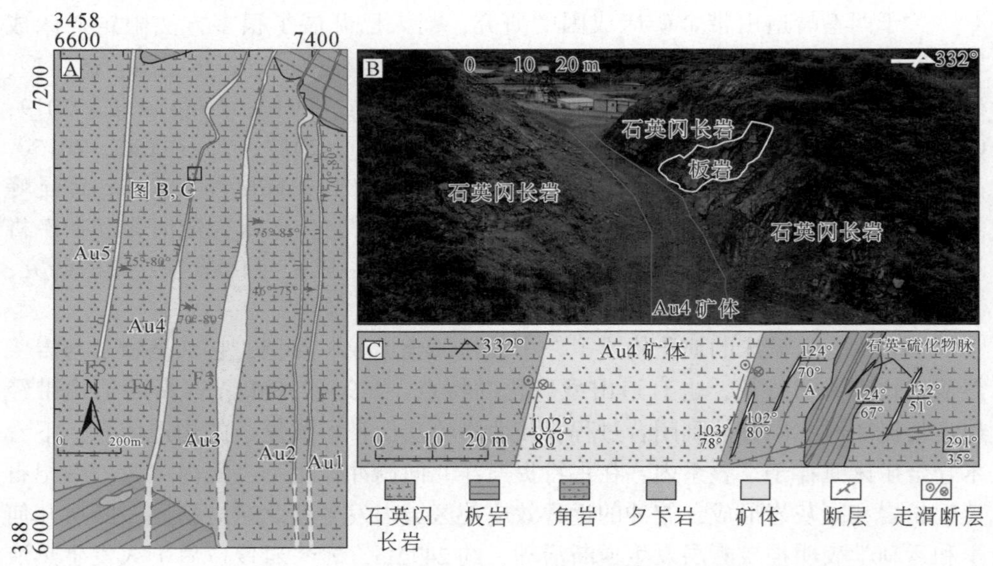

图 4-87 以地南金矿床地质简图

4.6.2 矿床地质特征

4.6.2.1 地层

以地南金矿床矿区中部为大面积的德乌鲁石英闪长岩体，北东、南西侧出露下二叠统大关山群上部岩组（P_1dg）。矿区近外围出露新近系上新统（N_2）红色砂质泥质砾岩。

下二叠统大观山组（P_1dg）：该套地层分布在矿区北东、南西侧，主要为滨海-台缘斜坡-深海盆地相，岩石以碎屑岩为主，夹少量碳酸盐岩，另有呈透镜状的捕获体出现于德乌鲁石英闪长岩体内接触带中。根据岩石组合，下二叠统大关山群上部岩组可划分为四个岩性段，从新至老为：

大观山组第一段（P_1dg^1）：岩性为含炭质板岩、泥质板岩夹浅变质砂岩及不纯灰岩条带，其中还夹有两层透镜状砾岩，沿层间裂隙有英安岩脉贯入。厚度大于 300m。

大观山组第二段（P_1dg^2）：岩性为含炭质板岩、泥质板岩夹少量浅变质砂岩、大理岩条带、透镜状砾岩、红柱石绢云母角岩，局部见英安岩岩脉沿层间裂隙贯入，该岩性段为区内的主要含矿地层，底部以底砾岩与第一岩性段为界。厚度 300 ~ 1200m。

大观山组第三段（P_1dg^3）：岩性为含炭质板岩、砂岩、黑云母-白云母石英角岩。以夹较多的薄-中厚层灰岩及大理岩为特征。该岩性段底部以堆积底砾岩为界。厚度 1356m。

大观山组第四段（P_1dg^4）：岩性为含炭质板岩、泥质板岩夹浅变质砂岩、黑云母-白云母石英角岩。厚度大于 300m。

4. 6. 2. 2　构造

以地南金矿床矿区的构造比较简单，该区位于力士山-新堡复背斜的次级褶皱日加-上浪岗褶皱的西南翼，总体呈单斜构造层。矿区的构造以断裂构造为主，褶皱构造仅见一些层间褶曲、小挠曲等，属规模极小的柔性紧闭褶皱。矿区内断裂构造近南北向分布，倾角近直立。五条平行展布的断裂控制了以地南金矿床的矿化，断裂一般长几百米至上千米，宽 1 ~ 15m，最宽处可达 20 余米（图 4-87）。

F1 断层：主要控制 Au1 矿体。出露于矿区东部，断层破碎带主要由砂质板岩夹薄层细粒砂岩和石英闪长岩碎裂岩组成，硅质胶结。

F2 断层：位于 F1 断层的西侧，相距 60 ~ 80m，控制 Au2 矿体。破碎蚀变带宽5 ~ 17m，走向 5° ~ 10°，倾向南东东，倾角 65° ~ 80°，靠近接触带地表产状较缓，向南北延长方向逐渐变陡。破碎带主要由棱角状的石英闪长岩碎裂岩及少量黑色断层泥组成。

F3 断层：位于 F2 断层含矿破碎蚀变带西侧，相距 80 ~ 150m。断层走向5° ~ 10°，倾向南东东，倾角为 76° ~ 81°，破碎带主要由石英闪长岩碎裂岩组成。

F4 断层：主要控制 Au4 矿体，在地表断续出露，断裂破碎带宽 4 ~ 25m，走向 5° ~ 10°，倾向南东东，倾角 78° ~ 89°，破碎带主要由石英闪长岩碎裂岩组成，在北部为砂板岩碎块。

F5 断层：位于 F4 断层含矿破碎蚀变带西侧，破碎带宽度 4 ~ 20m，走向5° ~ 10°，倾向南东东，倾角 75° ~ 80°。破碎带主要由石英闪长岩碎裂岩组成，F5 断层主要控制 Au5 矿体。

4.6.2.3　*岩浆岩*

以地南金矿床矿区内的岩浆岩主要为石英闪长岩，同时有少量的英安岩出露。石英闪长岩石是以地南的赋矿岩体，呈北西向侵入下二叠统大观山组，在与灰岩接触带处发生蚀变形成角岩。面积约为 20km²，呈岩株状产出。由斜长石（30% ~50%）、石英（10% ~20%）、黑云母（10% ~20%）、角闪石（5% ~10%）组成。英安岩的出露极少，面积约为 3.8km²，斑状结构，斑晶主要有石英（10% ~15%）和长石（5% ~15%），基质由石英（20% ~25%）、长石（10% ~25%）、角闪石（10% ~15%）和黑云母（5% ~15%）组成（图 4-88）。

图 4-88　以地南金矿床石英闪长岩岩相学特征

Bt = 黑云母，Amp = 角闪石，Qz = 石英，Pl = 斜长石

4.6.3　矿体地质特征

以地南金矿床矿体赋存在石英闪长岩和北部及南部的外接触带的砂质板岩中，受近南北向的断裂控制，矿体主要为石英闪长岩碎裂岩（图 4-89）。以地

南金矿床共有 48 个矿体，主要矿体有 5 条，Au4 是最大矿体，其次是 Au3 矿体。

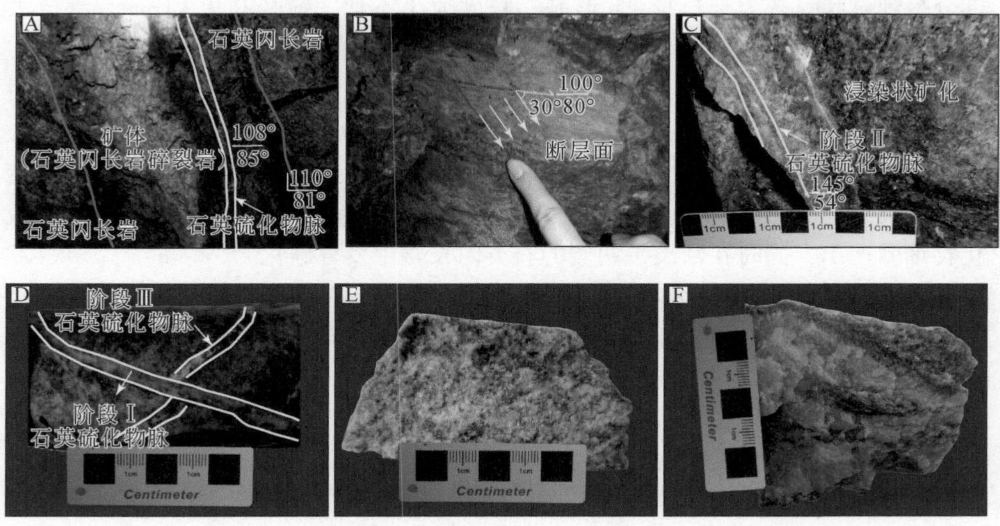

图 4-89　以地南金矿床矿石特征和矿体特征

A、C：石英硫化物脉与断层破碎带平行；B：控矿断层面；D：不同阶段石英硫化物脉穿插；E：浸染状矿石；F：脉状矿石

Au1 金矿体：产于 F1 破碎蚀变带中，受控于 F1 断层，呈不规则状，矿体厚 0. 65 ~3. 09m，平均为 1. 61m，金品位为 4. 22 ~44. 33g/t，平均品位为 13. 91g/t。

Au2 金矿体：产于 F2 破碎蚀变带中，受控于 F2 断层，呈不规则状。矿体厚 0. 65 ~8. 33m，平均为 2. 82m，金品位为 1. 25 ~12. 53g/t，平均品位为 4. 21g/t。

Au3 金矿体：是矿区第二大矿体，受 F3 断裂控制，板状，大型规模。金矿体厚 0. 39 ~ 9. 80m，平均为 2. 48m，属厚度变化稳定型矿体，平均品位约为 3. 38g/t。

Au4 金矿体：为矿区主要矿体，矿体规模属大型，金资源量约为 16t，平均品位为 3. 3g/t。受 F4 断层破碎带控制，矿体厚 0. 42 ~12. 76m，平均为 2. 68m。

Au5 金矿体：产于 F5 破碎蚀变带中，呈不规则状，矿体厚 0. 91 ~2. 83m，平均为 1. 49m，金品位为 1. 18 ~3. 50g/t，平均为 1. 86g/t。

4. 6. 4　热液蚀变

以地南金矿床主要受断裂控制，通常沿破碎带，石英-硫化物脉发育多种蚀变。与金矿化有关的蚀变主要有黄铁矿化、辉锑矿化、黄铜矿化、毒砂化、硅化、绢云母化、高岭土化、碳酸盐化等。

黄铁矿化：是以地南金矿床中较普遍的一种矿化蚀变，黄铁矿呈浸染状，少部分呈细脉状，多为半自形–自形晶，粒度大小不均，粒径 0.2 ~ 1mm，部分大颗粒的黄铁矿有压碎现象。

毒砂化：分布亦较普遍，毒砂多呈自形晶，长柱状或针状，集合体呈放射状，分布于方解石–石英脉中，多数呈浸染状，少部分呈细脉状。

硅化：是以地南金矿床普遍发育的热液蚀变现象，并且硅化与金矿化有一定的时空关系，硅化广泛存在于各个成矿阶段中，以烟灰色石英–（方解石）–硫化物细脉产出，同时在断裂带两侧的石英闪长岩中发育硅化。

碳酸盐化：碳酸盐化以石英–方解石脉–硫化物脉以及纯方解石脉为主，也发育有面状的碳酸盐化，石英方解石脉主要出现在成矿后，方解石呈隐晶质或微晶集合体，多数是以胶结物形式出现，常伴有金属硫化物，亦有呈细脉状分布，切割早期的石英–硫化物脉。

绢云母化：是热液蚀变的产物，在成矿阶段，表现为绢云母的集合体发育于石英–硫化物脉中。

4.6.5　矿石与矿物

以地南金矿床的矿化类型主要为石英–硫化物脉型和浸染状矿化，矿石类型主要为脉状矿石和浸染状矿石（图 4-89）。

脉状矿石：主要平行于断裂分布，厚度 5 ~ 15cm，脉中可见发育细脉状或者星点状细粒毒砂、黄铁矿和少量的黄铜矿、方铅矿、辉锑矿等。

浸染状矿石：矿石呈块状构造，发育强烈的硅化、绢云母化蚀变。黄铁矿、毒砂呈浸染状分布于矿石内，发育在该类型中的黄铁矿、毒砂往往具有较为自形的形态，颗粒较大，黄铁绢英岩化发育在断层的上下两盘。

矿石的结构主要有：自形–半自形结构、他形结构、乳滴状结构、交代结构等。

矿石的构造主要有：浸染状构造、脉状构造、块状构造、角砾状构造。其中浸染状构造和脉状构造是以地南金矿区内主要的矿石构造。

4.6.6　成矿阶段与矿物共生组合

金属矿物主要为毒砂、黄铁矿、辉锑矿以及少量的黄铜矿、方铅矿、闪锌矿，非金属矿物主要为长石、石英、绢云母、方解石等（图 4-90）。

根据详细的野外地质调查结合显微矿相学分析将以地南金矿床成矿阶段可分为：①毒砂–黄铁矿–石英阶段（阶段一）；②毒砂–黄铁矿–石英–绢云母阶段

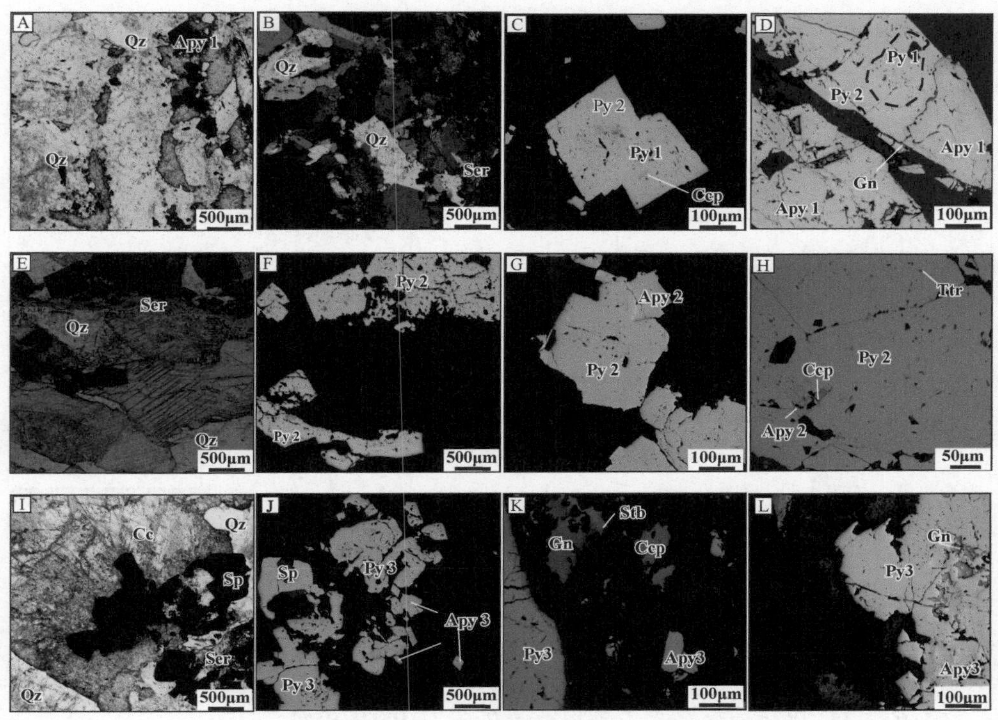

图 4-90　以地南金矿床脉状矿石矿物组合

A～D：第一阶段矿物共生组合，Py1 呈自形-半自形，内部多孔，有黄铜矿等矿物包体，可见早期多孔黄铁矿被晚期内部较光滑黄铁矿包裹。E～H：第二阶段矿物共生组合，Py2 内部较为光滑，这一阶段毒砂的含量较低。I～L：第三阶段矿物共生组合，这一阶段的黄铁矿多为他形结构，与闪锌矿、方铅矿、黄铜矿和辉锑矿等硫化物共生，且在黄铁矿内部含有大量硫化物包体。Qz＝石英，Apy＝毒砂，Ser＝绢云母，Py＝黄铁矿，Gn＝方铅矿，Ccp＝黄铜矿

（阶段二）；③黄铁矿-毒砂-辉锑矿-方铅矿-黄铜矿-闪锌矿-石英-绢云母阶段（阶段三）；④石英-方解石阶段（阶段四）（图 4-91）。

阶段一为毒砂-黄铁矿-石英脉，以大量的石英为主要特征，其次为毒砂和黄铁矿，多为半自形-他形结构，粒径较小，该阶段的黄铁矿呈现出多孔的特征，充填有石英和多金属硫化物；阶段二为石英-黄铁矿脉，含有少量的毒砂，黄铁矿粒径较大、自形-半自形结构，遭受后期破碎充填有闪锌和黄铜矿，在扫描电镜下颜色结构均一，无环带结构；阶段三是石英多金属硫化物脉，常见叠加在阶段一的石英脉之上，矿物共生组合有黄铁矿、毒砂、方铅矿、闪锌矿和辉锑矿等。黄铁矿粒径较大，多为他形结构，在黄铁矿孔隙和裂缝内部充填有辉锑矿、闪锌矿和黄铜矿等矿物。

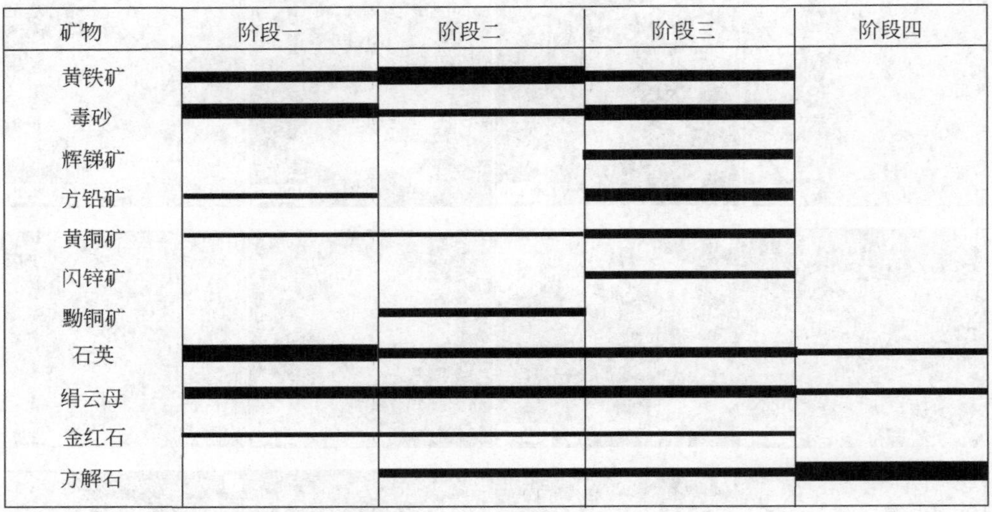

矿物	阶段一	阶段二	阶段三	阶段四
黄铁矿				
毒砂				
辉锑矿				
方铅矿				
黄铜矿				
闪锌矿				
黝铜矿				
石英				
绢云母				
金红石				
方解石				

图 4-91　成矿阶段和矿物共生组合

4.6.7　成岩–成矿年代格架

4.6.7.1　以地南金矿床石英闪长岩锆石 U-Pb 年代学

石英闪长岩是以地南金矿床矿体的主要赋矿围岩。石英闪长岩锆石多呈柱状，以自形–半自形晶体为主，少数为他形粒状，其大小为 50μm×50μm ~ 60μm×150μm，锆石内部结构完整清晰无裂痕，具有典型岩浆成因的震荡环带结构（图 4-92）。本节共测试了 30 个测点，其结果列于（表 4-12）。Th 含量在 76×10^{-6} ~ 373×10^{-6} 之间，Th/U 值在 0.40 ~ 0.71 之间，具有典型的岩浆特征。所有测点的 206Pb/238U 年龄值为 245 ~ 236Ma，变化范围小，大部分测点 ^{206}Pb/^{238}U 年龄值在 240Ma 左右。样品年龄谐和图显示大部分测点均落于谐和线上，^{206}Pb/^{238}U 加权平均年龄值为 240.6±1.8Ma（MSWD = 0.71，n = 30）（图 4-92B、C），表示赋矿石英闪长岩的侵位年龄约为 240.6Ma。

4.6.7.2　热液独居石 U-Pb 年代学

产于石英硫化物脉中的热液独居石一般呈他形晶结构，在 BSE 图像下，独居石颗粒均匀，不具有多阶段生长、溶解和再沉淀的特征。大多数独居石通常与绢云母共生，部分以包裹体的形式存在于黄铁矿和石英中。对热液独居石进行 LA-ICP-MS U-Pb 年代学测试，测试结果表明独居石中 Th 的含量变化范围较大，其范围是 240×10^{-6} ~ 222313×10^{-6}；Th/U 的范围是 0.021 ~ 0.20（表 4-13）。由

表 4-12 以地南金矿床石英闪长岩锆石 U–Pb 年龄数据

分析点号		Pb /10⁻⁶	Th /10⁻⁶	U /10⁻⁶	$^{206}Pb/^{238}U$		$^{207}Pb/^{235}U$		$^{207}Pb/^{206}Pb$		$^{206}Pb/^{238}U$		$^{207}Pb/^{235}U$		$^{207}Pb/^{206}Pb$	
					比值	1σ	比值	1σ	比值	1σ	年龄/Ma	1σ	年龄/Ma	1σ	年龄/Ma	1σ
年龄=240.6±1.8Ma（MSWD=0.71，n=30）	17YDN09.1	11	160	274	0.0382	0.0004	0.2844	0.0054	0.054	0.0009	242	3	254	5	369	39
	17YDN09.2	15	325	341	0.0378	0.0004	0.2856	0.0057	0.0548	0.001	239	3	255	5	404	43
	17YDN09.3	18	258	433	0.0381	0.0004	0.2811	0.0057	0.0535	0.001	241	3	252	5	349	40
	17YDN09.4	9	138	205	0.0384	0.0004	0.2912	0.0057	0.055	0.0011	243	3	260	5	412	43
	17YDN09.5	13	204	300	0.0388	0.0004	0.2912	0.0051	0.0544	0.0009	245	3	260	5	389	37
	17YDN09.6	9	137	210	0.0394	0.0004	0.2852	0.0061	0.0525	0.0011	249	3	255	5	306	48
	17YDN09.7	13	163	322	0.0386	0.0004	0.275	0.0047	0.0516	0.0009	244	3	247	4	270	38
	17YDN09.8	7	99	159	0.0382	0.0004	0.291	0.0081	0.0553	0.0016	241	3	259	7	425	66
	17YDN09.9	11	145	253	0.0386	0.0004	0.291	0.0055	0.0546	0.001	244	3	259	5	397	41
	17YDN09.10	9	125	214	0.0382	0.0004	0.2906	0.0058	0.0552	0.001	242	3	259	5	420	42
	17YDN09.11	13	227	334	0.0384	0.0004	0.2704	0.0045	0.051	0.0008	243	2	243	4	242	37
	17YDN09.12	10	183	244	0.0375	0.0004	0.2774	0.0058	0.0536	0.0011	237	2	249	5	356	45
	17YDN09.13	8	136	196	0.0378	0.0004	0.2714	0.0072	0.0521	0.0014	239	2	244	7	288	61
	17YDN09.14	9	133	209	0.0382	0.0004	0.272	0.0064	0.0517	0.0012	241	2	244	6	273	53
	17YDN09.15	8	129	192	0.0374	0.0004	0.283	0.0069	0.0549	0.0013	237	2	253	6	408	54

续表

分析点号		Pb /10^-6	Th /10^-6	U /10^-6	$^{206}Pb/^{238}U$		$^{207}Pb/^{235}U$		$^{207}Pb/^{206}Pb$		$^{206}Pb/^{238}U$		$^{207}Pb/^{235}U$		$^{207}Pb/^{206}Pb$	
					比值	1σ	比值	1σ	比值	1σ	年龄/Ma	1σ	年龄/Ma	1σ	年龄/Ma	1σ
年龄=240. 6±1. 8Ma（MSWD=0. 71，n=30）	17YDN09. 16	17	265	428	0. 0373	0. 0004	0. 255	0. 004	0. 0496	0. 0007	236	2	231	4	176	35
	17YDN09. 17	18	373	392	0. 0387	0. 0004	0. 2844	0. 0046	0. 0533	0. 0008	245	3	254	4	343	35
	17YDN09. 18	6	90	136	0. 0382	0. 0004	0. 2849	0. 009	0. 0541	0. 0017	242	3	255	8	373	72
	17YDN09. 19	11	171	290	0. 0376	0. 0004	0. 2677	0. 0054	0. 0516	0. 001	238	2	241	5	270	46
	17YDN09. 20	13	237	308	0. 0387	0. 0004	0. 2625	0. 0051	0. 0492	0. 0009	245	2	237	5	159	44
	17YDN09. 21	21	253	542	0. 0371	0. 0004	0. 2854	0. 0041	0. 0557	0. 0008	235	2	255	4	442	31
	17YDN09. 22	11	133	280	0. 0377	0. 0004	0. 2631	0. 0052	0. 0506	0. 001	238	2	237	5	224	46
	17YDN09. 23	7	122	166	0. 0398	0. 0004	0. 2737	0. 0077	0. 0498	0. 0014	252	3	246	7	188	66
	17YDN09. 24	14	267	352	0. 0372	0. 0004	0. 2573	0. 0045	0. 0502	0. 0009	235	2	232	4	203	40
	17YDN09. 25	5	76	117	0. 0384	0. 0004	0. 2856	0. 0092	0. 054	0. 0017	243	3	255	8	371	73
	17YDN09. 26	8	150	198	0. 0386	0. 0004	0. 261	0. 0066	0. 049	0. 0012	244	3	235	6	150	57
	17YDN09. 27	8	117	200	0. 0384	0. 0004	0. 2802	0. 0077	0. 0529	0. 0014	243	3	251	7	326	61
	17YDN09. 28	8	129	210	0. 0372	0. 0004	0. 2585	0. 0061	0. 0504	0. 0012	236	2	233	5	213	54
	17YDN09. 29	9	142	221	0. 0377	0. 0004	0. 2753	0. 0063	0. 053	0. 0012	238	2	247	6	328	52
	17YDN09. 30	7	112	172	0. 0377	0. 0004	0. 2823	0. 0078	0. 0544	0. 0015	238	2	252	7	386	61

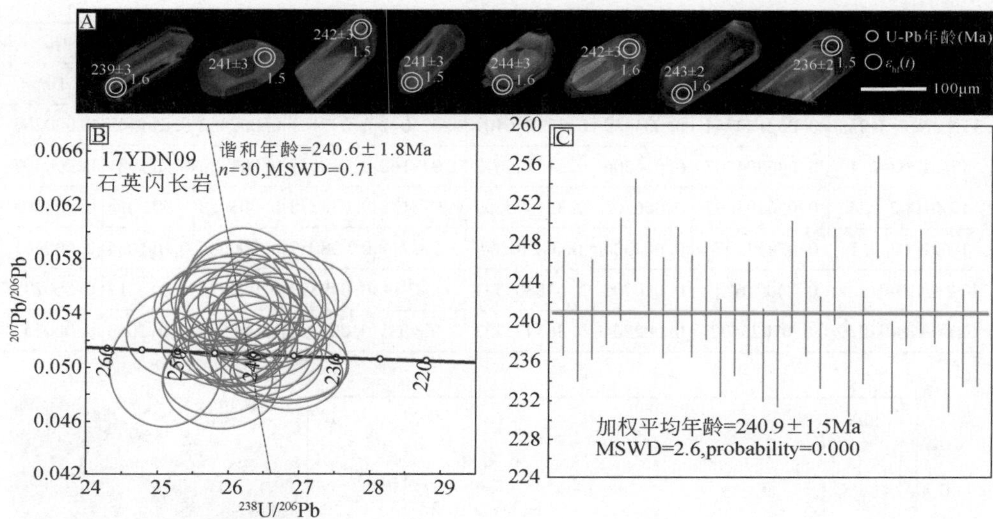

图 4-92　以地南金矿床赋矿石英闪长岩锆石 U-Pb 年龄

A：代表性锆石阴极发光图像；B：锆石 U-Pb 年龄谐和图；C：锆石加权平均年龄

于独居石的普通 Pb 含量高，采用 Tera-Wasserburg 法进行数据处理投图（Tera and Wasserburg，1972），并通过^{207}Pb 方法对$^{206}Pb/^{238}U$ 年龄进行有效的普通铅校正，测试结果在 Tera-Wasserburg 呈线性分布，下交点年龄是 234.6±2.8（MSWD=0.25）。因此热液独居石限定的成矿年龄是 234.8Ma（图 4-93）。

表 4-13　以地南金矿床热液独居石 U-Pb 年龄数据

样品号	$^{207}Pb/^{206}Pb$		$^{207}Pb/^{235}U$		$^{206}Pb/^{238}U$		$^{208}Pb/^{232}Th$	
	比值	1σ	比值	1σ	比值	1σ	比值	1σ
17YDN10-3-1.1	0.643233709	0.015943	13.99023423	0.855748	0.157745	0.004087	0.020203	0.000771
17YDN10-3-1.2	0.665051224	0.017809	15.04292573	1.040512	0.16405	0.003023	0.024377	0.000748
17YDN10-3-1.4	0.395006083	0.012301	3.671178564	0.19406	0.067406	0.000873	0.012808	0.000366
17YDN10-3-1.5	0.350943776	0.011921	2.87017727	0.198881	0.059316	0.000895	0.012594	0.000392
17YDN10-3-1.6	0.077867536	0.009863	0.407698842	0.037838	0.037974	0.001168	0.009925	0.000315
17YDN11-3.1	0.052150448	0.005842	0.268503963	0.021249	0.037341	0.001126	0.010341	0.000251
17YDN10-1-1.1	0.180683948	0.013563	1.109600113	0.097702	0.04454	0.001187	0.010942	0.000272
17YDN10-2.2	0.139088391	0.007261	0.8018377	0.045163	0.041811	0.000778	0.028437	0.002408
17YDN10-3-2.1	0.190871428	0.019783	1.155959475	0.054045	0.043924	0.001428	0.011607	0.000262
17YDN10-3-2.2	0.04855211	0.00505	0.250393317	0.021165	0.037404	0.000862	0.011201	0.000263

续表

样品号	$^{207}Pb/^{206}Pb$		$^{207}Pb/^{235}U$		$^{206}Pb/^{238}U$		$^{208}Pb/^{232}Th$	
	比值	1σ	比值	1σ	比值	1σ	比值	1σ
17YDN10-3-2. 3	0. 057173744	0. 003489	0. 292866409	0. 025047	0. 037151	0. 000482	0. 011403	0. 000266
17ZRD02-2. 1	0. 096994207	0. 014806	0. 515439643	0. 039168	0. 038542	0. 001335	0. 011981	0. 000307
17ZRD02-2. 4	0. 066491693	0. 006503	0. 351475359	0. 025138	0. 038338	0. 001028	0. 012062	0. 000303
17ZRD02-2. 5	0. 074737974	0. 004306	0. 39216804	0. 024727	0. 038057	0. 000606	0. 011084	0. 000261
17YDN10-3-2. 8	0. 240016228	0. 010705	1. 648800531	0. 08359	0. 049823	0. 000926	0. 012217	0. 000279
17YDN10-3-2. 9	0. 07025577	0. 002864	0. 365473323	0. 029031	0. 037729	0. 000556	0. 011013	0. 000253

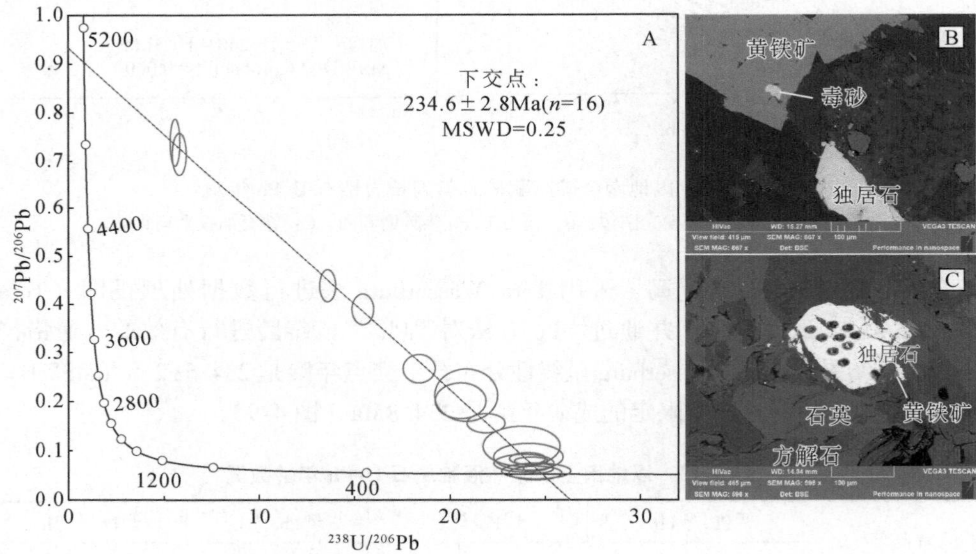

图 4-93 以地南金矿床独居石 U-Pb 年龄

A：独居石 U-Pb Tera-Wasserburg 反谐和图解；B：与黄铁矿密切共生的热液独居石；C：与热液与绢云母共生的独居石

4. 6. 7. 3 金矿化与赋矿石英闪长岩的时空关系

夏河–合作多金属矿集区金矿床的矿体主要呈脉状产于三叠纪花岗岩和晚古生代浅变质沉积岩内，基于矿体与花岗岩之间密切的空间关系，前人对于金成矿与花岗岩之间是否有着成因联系还存在着争议（Qiu et al.，2020；Sui et al.，2018；Yu et al.，2020b；靳晓野，2013；李建威等，2019）。以地南石英闪长岩的锆石 U-Pb 年龄为 240. 6Ma，与夏河–合作多金属矿集区广泛分布的三叠纪岩浆岩侵位年龄一致。如谢坑闪长岩的锆石 U-Pb 年龄为 234±0.6Ma（Guo et al., 2012），同仁花岗闪长岩的锆石 U-Pb 年龄为 241Ma（Li et al., 2015b），早子沟英安斑岩的锆石 U-Pb 年龄为 252～235Ma（耿建珍等，2019），德乌鲁杂岩体中 MME 的锆石 U-Pb 年龄是 247Ma（Qiu and Deng, 2017），格娄昂英安斑岩和黑云英安斑岩的锆石 U-Pb 年龄分别是 248.9±7.3Ma 和 249.7±7.9Ma（黄雅琪等，2020），岗察岩体中的辉长闪长岩和矿化闪长岩的锆石 U-Pb 年龄是 243Ma 和 234Ma（Guo et al., 2012）。以地南石英闪长岩和夏河-合作多金属矿集区广泛出露的三叠纪岩浆岩的成因一致，是西秦岭早三叠世岩浆活动的产物，形成于活动大陆边缘，与古特提斯洋的北向俯冲有关（Huang et al., 2020; Luo et al., 2012a; Wang et al., 2021b; Yu et al., 2020b; 靳晓野，2013）。独居石的封闭温度大于 700℃，高于大多数变质和热液活动温度，是可靠的定年矿物（Fielding, 2017; Taylor et al., 2015; Vielreicher et al., 2003; 邱昆峰和杨立强，2011），前人研究认为夏河-合作多金属区金矿床成矿流体温度小于 400℃，因此与黄铁矿共生的热液独居石可以直接准确地限定以地南的成矿时间。热液独居石的 U-Pb 年代学结果表明，以地南金矿化时间是 234.8±2.8Ma。

矿床地质特征显示出矿体主要为石英闪长岩碎裂岩，受构造控制，形成于岩浆岩侵位之后，与年代学结果一致。最近的研究认为，西秦岭造山带造山型金矿床的形成时间可以从古特提斯洋闭合一直持续到后续的华南板块与秦岭-华北板块碰撞后，矿床地质特征和年代学结果表明（Goldfarb et al., 2019; Yu et al., 2020a），以地南金矿床和西秦岭地区典型的造山型金矿床相似（Qiu et al., 2020; Yang et al., 2015b），其金成矿事件可能与古特提斯洋的闭合有关。在造山型金矿成矿过程中花岗岩与金成矿虽无直接成因联系，但它们可以为金成矿提供有利的环境温度和构造条件（Deng et al., 2020; 邱正杰等，2015）。Groves 等指出在造山型金矿形成的过程中，应力场的改变可能使赋矿岩石能干性发生变化，导致先存构造发生再活化和扩张，最终在断层走向变化处发生流体的富集和金属的沉淀。因此石英闪长岩和控矿断层产状为成矿流体的富集提供了空间和适宜的物理化学环境（Groves et al., 2018）。总而言之，以地南金矿床赋矿石英闪长岩与金矿化在成因上没有直接联系，但缓慢的岩浆冷却过程和适宜的构造环境可能为金矿化提供了合适的成矿温度，并提供了部分物质（如铁等），促进了水岩反应过程和金的沉淀（Zhang et al., 2020a）。

4.6.8　成矿流体性质与演化

4.6.8.1　流体包裹体岩相学特征

以地南金矿床阶段一的石英内杂质较多，流体包裹体大多小于 5μm，而成矿后阶段四中石英十分干净，晶内裂隙少，几乎不发育流体包裹体。因此本节只选择了成矿期阶段二和阶段三的石英中的流体包裹体进行显微热力学研究。这两个阶段石英中大多数的流体包裹体靠近石英颗粒中心区成群分布，或沿石英生长环带分布，符合原生包裹体的特征，除此之外还有少量发育在晶体裂隙中的次生包裹体和假次生包裹体（卢焕章等，2004）。

根据流体包裹体岩相学特征和激光拉曼成分分析将流体包裹体分为 4 个类型：富 H_2O 的 $H_2O-CO_2-NaCl±CH_4$ 包裹体（Ⅰ）；富 CO_2 的 $H_2O-CO_2-NaCl±CH_4$ 包裹体（Ⅱ）；$CO_2±CH_4$ 包裹体（Ⅲ）；$H_2O-NaCl$ 包裹体（Ⅳ）。Ⅰ类包裹体，在室温下通常由一个水溶液相和一个气相的 CO_2 组成的两相包裹体，偶见含有气相 CO_2 和液相 CO_2 的三相包裹体，根据激光拉曼成分分析发现，气相组分除了有 CO_2 之外，还含有少量的 CH_4（图 4-94）。这类包裹体的大小为 3 ~ 15μm，气相的体积占比为 5% ~30%，包裹体相界线清晰，整体透明度较高，形状多比较规则，部分呈负晶形或者与石英局部特征相似。Ⅱ类包裹体与Ⅰ类包裹体的特征相似，大小为 5 ~ 15μm，以椭圆或不规则形状最为常，气相组分主要为 CO_2，有少量的 CH_4（图 4-94）。气相的体积占比为 50% ~75%，这类包含有两相和三相包裹体，两相包裹体整体偏暗，透明度较低，相界限较粗；三相包裹体中液相二氧化碳呈亚光的暗色特点，仅在中心有较亮点，这类包裹体随机呈条带状或者呈簇状分布在石英晶体内。Ⅲ类包裹体的数量较少，大小为 3 ~ 8μm，常与Ⅰ类和Ⅱ类包裹体共存。Ⅳ类包裹体较小，通常小于 5μm，包裹体通常呈椭圆或不规则状，大多沿石英晶体的裂隙分布，属于次生包裹体。

在成矿期阶段二的石英-黄铁矿脉中，石英通常呈半自形或他形紧邻金属硫化物或被金属硫化物包裹，石英内的包裹体大多呈簇状或沿着环带发育在石英内。此阶段石英中的包裹体主要为Ⅰ类包裹体，包裹体特征基本相同，组成了一

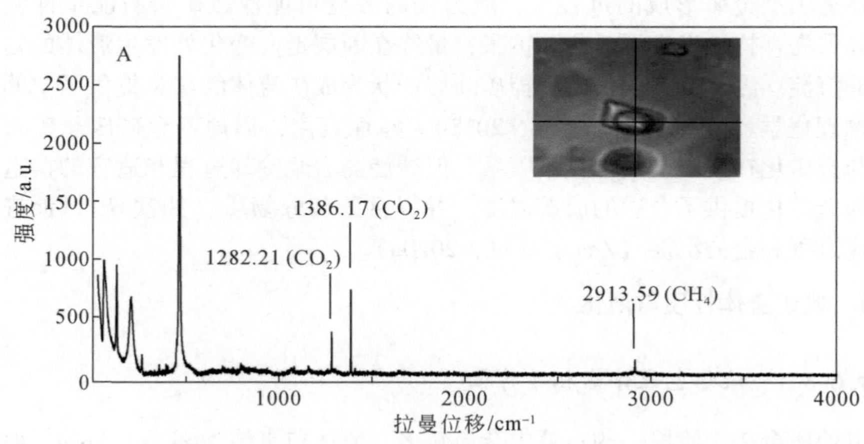

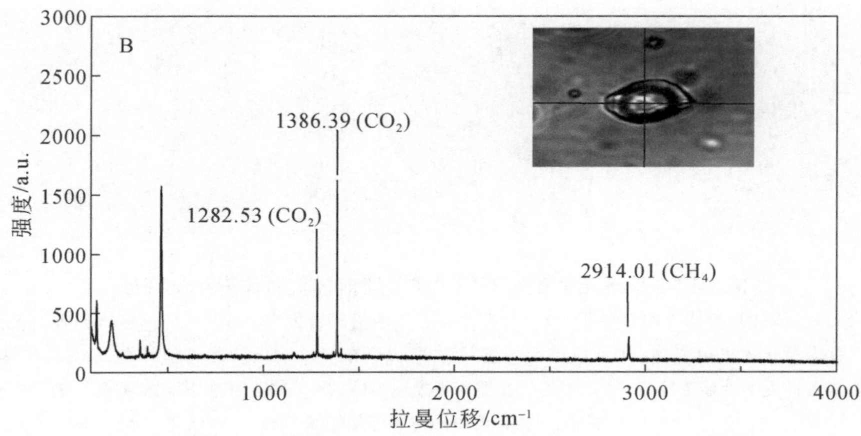

图 4-94　以地南流体金矿床体包裹体拉曼分析结果

个流体包裹体群（FIA1），偶见Ⅲ类包裹体与之共生。成矿期阶段三石英多金属硫化物脉的石英中流体包裹体主要有Ⅰ类和Ⅱ类包裹体，呈簇状或沿着环带分布，分为主要由Ⅰ类包裹体组成的包裹体群（FIA1）和Ⅰ类与Ⅱ类包裹体共生的流体包裹体群（FIA2），Ⅲ类包裹体出现在 FIA2 中。根据流体包裹体岩相学观察，在阶段二的成矿流体没有明显的不混溶现象，而阶段三的成矿流体可能发生了流体沸腾作用（图 4-95）。

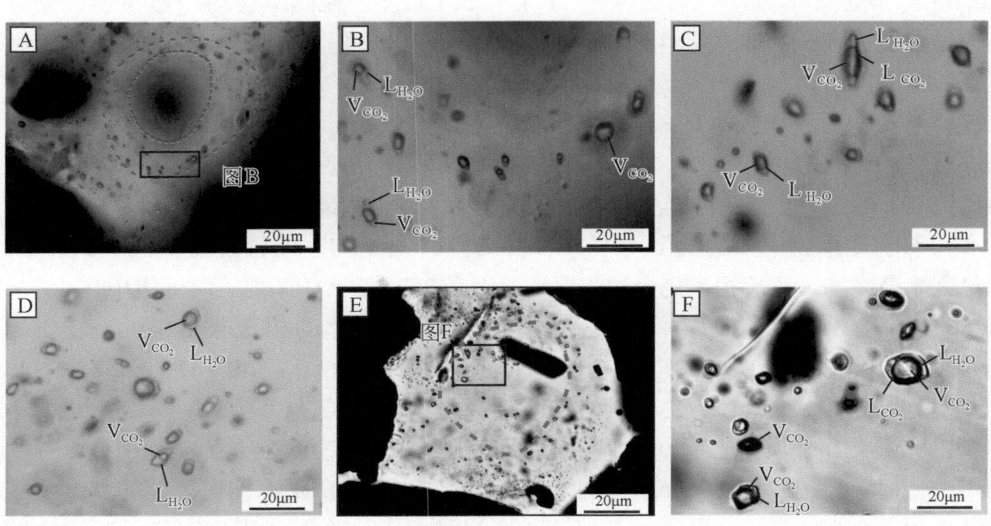

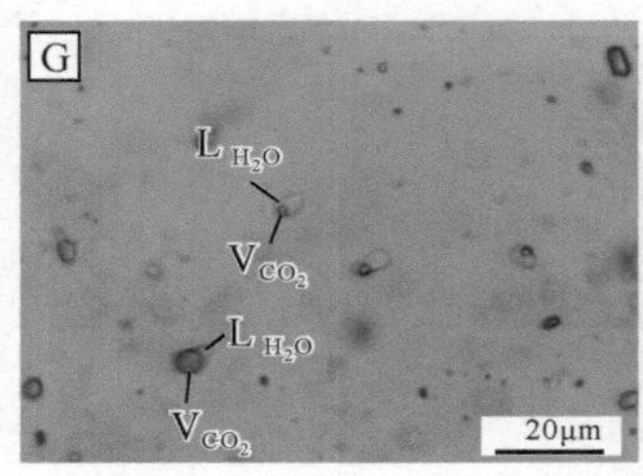

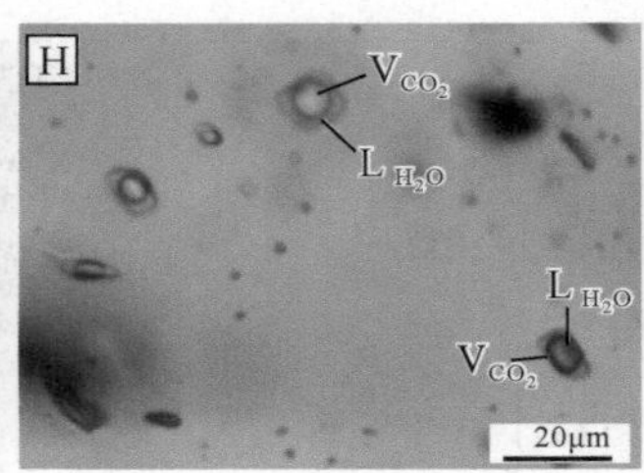

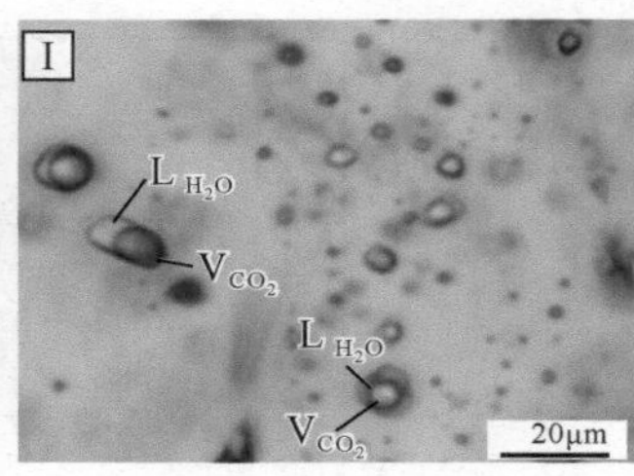

图 4-95 以地南金矿床不同成矿阶段流体包裹体岩相学特征

A ~ D：阶段二流体包裹体岩相学特征。A：包裹体在石英中沿环带发育；B：Ⅰ类包裹体和Ⅲ类包裹体共生；C：有少部分三相包裹体；D：石英中包裹体呈簇状分布。E ~ I：阶段三流体包裹体岩相学特征。E：包裹体在石英中沿环带发育；F：Ⅰ类、Ⅱ类和Ⅲ类包裹体共生；G：流体不混溶现象；H：富气相包裹体；I：石英中的包裹体呈簇状分布

4.6.8.2 流体包裹体显微测温结果

在成矿期阶段二的石英黄铁矿脉中只观察到了Ⅰ类包裹体，对 FIA1 进行测温，首先将包裹体冷冻至-90℃确保包裹体已经被完全冷冻，在回温的过程中得到碳质相的熔融温度（T_{m-CO_2}）为-58.8 ~ -56.9℃，低于纯 CO_2 的熔融温度（-56.6℃），说明在气相成分中存在甲烷或者烃类物质，这与激光拉曼测试的结果一致。冰点温度为-7.0 ~ -4.3℃，CO_2笼形物消失的温度（$T_{m-clath}$）为 4.1 ~ 6.0℃，碳质相部分均一的温度是 21.1 ~ 25.1℃，包裹体最终均一至液相，完全均一温度为 308 ~ 355℃（均一温度集中在 324 ~ 347℃）（图 4-96）。根据冰点和笼形物的温度，计算得到成矿期阶段二流体的盐度为 10.49% ~ 7.17%，计算得包裹体的密度为 0.86 ~ 0.90g/cm³。对成矿期阶段三的石英中 FIA1 和 FIA2 分别进行测温。FIA1 中主要为Ⅰ类包裹体，碳质相的熔融温度为-58.2 ~ -56.9℃，比纯 CO_2的初融温度略低，说明在气相中有少量的 CH_4。冰点温度约为-4.5 ~ -2.2℃，笼形物消失的温度为 4.5 ~ 6.0℃，碳质相均一的温度为 21.8 ~ 24.6℃，包裹体最终均一至液相，完全均一温度范围是 253 ~ 298℃（均一温度集中在 267 ~ 286℃）。FIA2 中包含Ⅰ类和Ⅱ类包裹体，两类包裹体的相变温度相近。碳质相的初融温度为-58.1 ~ -57.1℃，冰点的温度范围是-6.0 ~ -5.7℃，部分均一的温度范围是 21.2 ~ 23.5℃，Ⅰ类包裹体均一至液相，部分Ⅱ类包裹体完全均一至气相，Ⅰ类和Ⅱ类包裹体完全均一温度范围一致，完全均一温度范围是 259 ~ 307℃（均一温度集中在 265 ~ 284℃）（图 4-96）。成矿Ⅲ流体包裹体的密度范围是 0.86 ~ 0.90g/cm³，根据冰点和笼形物的温度，计算得到成矿期阶段三流体的盐度为 6.17% ~ 9.59%（表 4-14）。

表 4-14　不同阶段石英中流体包裹体显微测温结果

样品号	包裹体群类型	T_{m-CO_2} /℃	T_{m-ice} /℃	$T_{m-clath}$ /℃	T_{h-CO_2} /℃	T_{h-tot} /℃	盐度/%	密度/(g/cm³)	XNaCl	$X(CO_2+CH_4)$	XH_2O
19YDN12-1-1	FIA1	-57.1	-6.8	4.2	25.1	308~343	10.24	0.86	0.03	0.04	0.92
19YDN12-1-2		-58.2	-5.7	5.3	23.2	317~348	8.81	0.83	0.07	0.04	0.88
19YDN12-1-3		-57.8	-6.9	4.3	22.3	321~355	10.36	0.84	0.08	0.04	0.89
19YDN12-1-4		-56.7	-4.2	5.8	21.9	317~352	7.73	0.83	0.02	0.05	0.93
19YDN12-2-1	FIA1	-57.9	-4.8	5.9	22.8	312~334	7.59	0.85	0.02	0.05	0.93
19YDN12-2-2		-58.1	-5.9	4.9	23.1	321~340	9.08	0.84	0.03	0.05	0.92
19YDN12-2-3		-56.9	-6.3	4.3	25	309~331	9.6	0.83	0.03	0.06	0.91
19YDN12-2-4		-57.3	-7.0	4.1	24.4	311~335	10.49	0.87	0.03	0.05	0.92
19YDN12-2-5		-57.8	-4.5	6.0	24.1	315~329	7.17	0.84	0.02	0.05	0.93
19YDN23-1-1	FIA1	-56.9	-6.5	4.5	23.8	319~337	9.86	0.84	0.03	0.05	0.92
19YDN23-1-2		-57.8	-4.8	5.6	24.7	312~335	7.59	0.83	0.03	0.05	0.92
19YDN23-2-1		-57.5	-5.5	5.3	23.1	314~336	8.55	0.82	0.03	0.05	0.92
19YDN23-2-2		-58.1	-4.9	5.9	21.8	321~347	7.54	0.83	0.02	0.05	0.93
19YDN23-2-3		-57.9	-6.1	4.8	22.7	310~345	9.28	0.81	0.0	0.1	0.9
19YDN23-2-4		-57.4	-6.0	4.6	23.3	314~339	9.59	0.81	0.03	0.06	0.91
19YDN13-1-1	FIA2	-57.1	-6	4.5	21.1	252~289	9.21	0.90	0.03	0.04	0.93
19YDN13-1-2		-57.3	-4.5	6	23.5	281~308	7.17	0.89	0.02	0.04	0.94
19YDN13-1-3		-58.5	-4.5	6	22.4	271~303	7.40	0.90	0.02	0.04	0.94
19YDN13-1-4		-57.8	-5.5	5.3	23.4	269~287	8.55	0.88	0.03	0.04	0.9

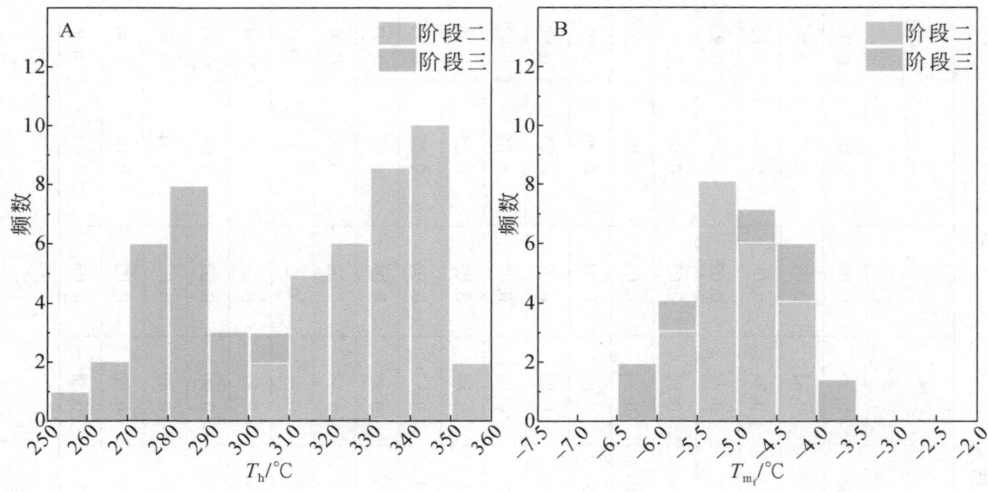

图 4-96 以地南金矿床不同阶段流体包裹体均一温度和冰点直方图

4.6.8.3 成矿流体的压力与深度

对于 H_2O-NaCl-CO_2体系，压力依据 Brown 和 Lamb，利用 Bakker（2003）程序软件计算获得的显微流体包裹体压力。以地南金矿床在成矿期阶段二流体包裹体最终均一温度为 308～355℃，流体密度为 0.81～0.87g/mol；阶段三流体包裹体的均一温度为 308～355℃，密度为 0.86～0.90g/mol，因此根据流体包裹估算的压力即为捕获压力，阶段二的成矿压力的范围是 63～89MPa，阶段三成矿压力的范围是 36～134MPa（图 4-97）。

成矿深度由公式 $P=\rho gH$ 估算获得，公式中 P 为计算所得压力；ρ 为密度，设岩石密度为 2.7g/cm^3，静水密度为 1g/cm^3；g 为重力加速度，其值为 9.81m/s^2；H 为成矿深度。由于在主成矿发生了流体不混溶作用，压力是在静岩压力和静水压力之间互相转换，其最高压力对应静岩压力系统，最低压力则对应静水压力系统，计算得到以地南金矿床的成矿深度为 3.60～5.21km。

4.6.8.4 毒砂主微量元素特征

Apy1 中 S 含量的范围是 19.37%～20.43%，平均值为 19.83%；Fe 元素的范围是 34.77%～35.34%，平均值为 35.12%；As 的含量在 44.45%～46.19%，平均值为 45.34%。Apy2 中 S 元素含量的范围是 19.94%～22.25%，平均值为 20.93%；Fe 元素变化范围在 35.04%～35.89%之间，平均值 35.42%；As 的含量在 42.06%～45.04%，平均值为 43.78%。Apy3 中 S 元素含量范围是 20.50%～

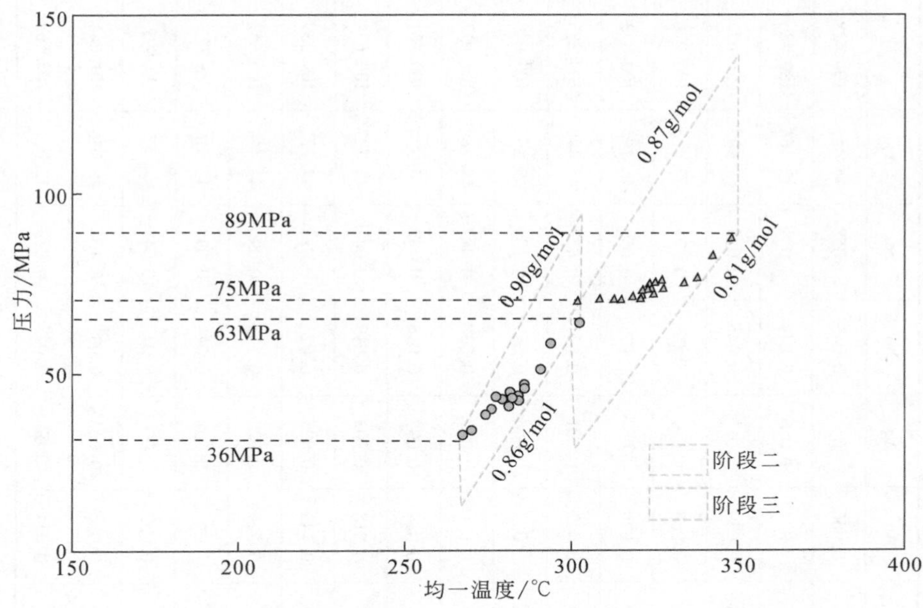

图4-97 以地南金矿床 H_2O-NaCl-CO_2体系 *P*-*T* 关系图解

23.45%，平均值为21.42%，Fe元素含量为34.72% ~35.83%，平均值为35.31%；As的含量在40.54% ~44.12%，平均值为43.05%。在三个阶段的毒砂中，Apy3的S元素含量最高，As元素含量最低，S-As元素显示出一定负相关性，而S-Fe元素比值总体无太明显相关关系，S元素不随Fe元素的增加而变化；在30个检测点中，有6个点的Au含量低于检测限，三个阶段毒砂Au的含量变化范围分别是是0.014% ~0.066%（Apy1）、0.016% ~0.124%（Apy2）、0.014% ~0.078%（Apy3），三个阶段中Apy2中的Au含量最低，这与黄铁矿中Au的含量变化特征一致。Co、Ni的含量较低，且近半数检测点Ni的含量低于检测限，毒砂中均含有较低含量的Cu、Zn元素，而Sb元素相对富集。

4.6.8.5 毒砂温度计

砷元素作为毒砂中重要的主量元素，其含量可以在一定程度内反映毒砂的形成条件。本书通过电子探针点分析，获得30个毒砂主量元素数据，见（表4-15），第一阶段毒砂As原子占毒砂质量百分比为31.8% ~33.1%；第二阶段毒砂As原子占毒砂质量百分比为29.7% ~32.2%；第三阶段毒砂As原子占毒砂质量百分比为28.2% ~31.7%，三个阶段的毒砂中As原子的质量百分比逐渐降低。S在毒砂中含量区间为19.37% ~23.45%，并与As原子呈负相关线性关系，相关

表 4-15　不同阶段毒砂电子探针主微量元素含量测试结果（单位:%）

分析点号	Fe	Co	Ni	Cu	Zn	S	Pb	Au	Ag	Sb	Se	As	合计
19ydn13-1-10	35. 345	0. 033	0	0	0	20. 43	0	0. 066	0	0. 043	0. 058	44. 453	100. 428
19ydn13-1-2	35. 235	0. 046	0	0	0. 01	19. 714	0	0	0. 016	0. 049	0	45. 366	100. 436
19ydn13-1-3	34. 972	0. 059	0. 037	0	0	19. 453	0. 038	0. 059	0	0. 045	0. 014	45. 995	100. 672
19ydn13-1-4	34. 778	0. 063	0. 018	0. 013	0. 005	19. 56	0	0. 065	0	0. 02	0. 121	45. 433	100. 076
19ydn13-1-5	35. 091	0. 028	0	0	0	19. 373	0. 027	0. 026	0	0	0. 059	46. 194	100. 813
19ydn13-1-6	35. 012	0. 024	0. 011	0. 024	0. 011	19. 575	0. 081	0. 042	0. 001	0. 031	0. 077	45. 496	100. 385
19ydn13-1-7	35. 09	0. 03	0. 002	0	0. 015	19. 979	0. 091	0	0. 006	0. 069	0. 103	45. 263	100. 648
19ydn13-1-8	35. 151	0. 053	0. 001	0. 044	0	20. 769	0. 145	0	0	0. 038	0. 083	44. 788	101. 072
19ydn13-1-9	35. 208	0. 084	0	0. 007	0	20. 215	0	0. 014	0. 007	0. 036	0. 142	44. 888	100. 601
19ydn13-1-10	35. 323	0. 066	0. 031	0	0. 008	19. 283	0. 054	0. 018	0. 003	0. 019	0. 042	45. 787	100. 634
19ydn11-1-1	35. 329	0. 022	0	0	0	19. 943	0. 075	0. 143	0. 005	0. 024	0. 073	44. 721	100. 339
19ydn11-1-2	35. 58	0. 057	0	0	0	20. 541	0	0. 024	0. 022	0. 103	0. 096	44. 444	100. 867
19ydn11-1-3	35. 021	0. 017	0. 017	0. 005	0	20. 058	0	0	0. 001	0. 044	0. 094	44. 516	99. 773
19ydn11-1-4	35. 049	0. 056	0	0	0	20. 296	0	0. 032	0	0. 042	0. 047	44. 47	99. 992
19ydn11-1-5	35. 399	0. 043	0	0. 02	0. 032	20. 319	0	0. 056	0. 004	0. 031	0. 104	45. 036	101. 044
19ydn11-1-6	35. 437	0. 046	0	0	0	22. 003	0	0. 034	0. 02	0. 043	0. 079	42. 901	100. 563

续表

分析点号	Fe	Co	Ni	Cu	Zn	S	Pb	Au	Ag	Sb	Se	As	合计
19ydn11-1-7	35. 896	0. 039	0	0	0	22. 202	0. 027	0. 078	0. 024	0. 016	0. 085	42. 063	100. 43
19ydn11-1-8	35. 639	0. 055	0. 028	0	0. 073	21. 189	0	0. 058	0	0. 064	0. 088	42. 863	100. 057
19ydn11-1-9	35. 046	0. 074	0. 083	0. 039	0	20. 578	0. 064	0	0	0. 016	0. 079	44. 481	100. 46
19ydn11-1-10	35. 852	0. 03	0. 122	0. 051	0. 017	22. 25	0	0. 042	0	0. 002	0. 073	42. 287	100. 726
19ydn19-2-1	35. 242	0. 173	0. 04	0. 036	0	21. 309	0. 038	0. 022	0	0. 013	0. 099	43. 476	100. 448
19ydn19-2-2	35. 498	0. 028	0	0. 016	0. 018	22. 103	0	0	0. 008	0. 03	0. 171	42. 108	99. 98
19ydn19-2-3	34. 724	0. 034	0	0. 042	0. 015	21. 201	0	0. 016	0	0. 117	0. 088	43. 168	99. 405
19ydn19-2-4	34. 534	0. 063	0	0. 02	0. 005	20. 5	0	0. 02	0. 011	0. 393	0. 144	43. 774	99. 464
19ydn19-2-5	35. 457	0. 058	0. 032	0. 147	0	22. 065	0. 016	0	0. 025	0. 013	0. 01	42. 142	99. 965
19ydn19-2-6	34. 741	0. 591	0	0	0. 023	20. 689	0. 021	0. 038	0. 013	0. 045	0. 091	43. 637	99. 889
19ydn19-2-7	35. 252	0. 226	0	0	0. 024	20. 628	0. 027	0	0	0	0. 073	44. 139	100. 369
19ydn19-2-8	36. 193	0. 06	0	0. 048	0	23. 454	0	0. 004	0	0. 016	0. 119	40. 537	100. 431
19ydn19-2-9	35. 833	0. 068	0	0. 039	0. 017	21. 308	0. 112	0. 024	0. 002	0. 003	0. 1	43. 272	100. 789
19ydn19-2-10	35. 674	0. 04	0. 028	0. 048	0. 006	21. 031	0	0. 04	0	0	0. 058	44. 325	101. 25

系数为-0.90，R^2 为0.93。

根据Kretschmar和Scott（1976）、Sharp等（1985）提出的毒砂温度计的计算和使用条件，利用毒砂中的As原子的含量，对不同阶段的成矿温度和硫逸度进行计算。与在石英硫化物脉中毒砂共生的硫化物主要为黄铁矿，位于Fe-S-As共生图解“Apy+Py”区域中，第一阶段的毒砂As元素含量占比为31.8%～33.1%，估算毒砂形成时温度（T）与硫逸度对数值［$\lg f_{S_2}$］分别为425～365℃与-8.2%～-6.3%，第二阶段毒砂As原子占毒砂质量百分比为29.7%～32.2%，计算得到毒砂的形成温度是380～321℃，硫逸度的对数值为-10.1%～-8.3%；第三阶段毒砂As原子占毒砂质量百分比为28.2%～31.7%，计算得到该阶段毒砂形成的温度为313～267℃，硫逸度对数值的范围是-11.2%～-9.7%（图4-98）。

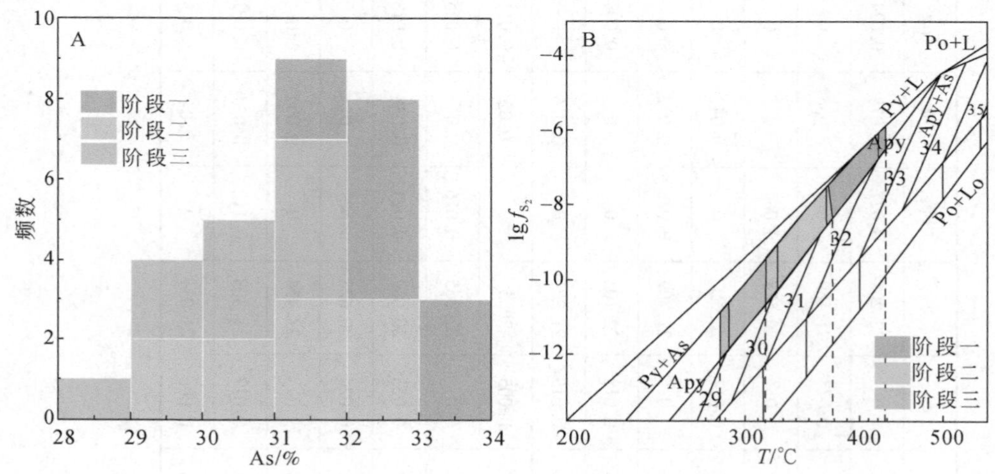

图4-98　毒砂砷元素占比和不同阶段毒砂结晶温度（Sharp et al.，1985）

4.6.8.6　成矿流体的性质与演化

石英中原生的流体包裹体可以记录流体的演化的过程，揭示原始成矿流体的性质和来源，根据流体包裹体显微热力学研究和激光拉曼分析，以地南金矿床成矿流体具有中低温（262～335℃）、低盐度（<10.49%）的特征，属于H_2O-CO_2-NaCl±CH_4体系，和典型的造山型的成矿流体的特征一致（Garofalo et al.，2014；Goldfarb and Groves，2015）。流体包裹体显微热力学和毒砂温度计显示，从阶段一到阶段三，成矿流体温度逐渐降低，流体的盐度在晚阶段略低于早期。在成矿期阶段三发育有FIA1和FIA2两种类型的包裹体群，FIA2内流体包裹体的气相成分具有明显的差异，但二者的均一温度相近，导致这一现象的可能有三种原

因：①均匀的流体发生不混溶；②不同类型流体混合的不均匀捕获；③最初均匀的流体被捕获后变形改造（Pichavant et al.，1982）。阶段三流体包裹体的岩相学特征显示，包裹体均为原生包裹体，所测包裹体形状基本规则，说明不同类流体包裹体组成的包裹体群并不是由捕获后变形改造形成的（Bakker and Jansen，1994）；气相组分的体积呈现出两个端元而并非连续变化，说明不存在流体混合现象（Hollister，1990）。

微量元素在黄铁矿中的赋存形式主要有三种：①通过类质同象等方式进入黄铁矿晶格；②以不可见的纳米颗粒无规则地分布在黄铁矿的内部；③以矿物包体的形式分布在黄铁矿中（Ciobanu et al.，2012；Gregory et al.，2015；Thomas et al.，2011）。黄铁的矿微量元素地球化学特征会受到形成的过程流体物理化学条件的影响（酸碱度、氧逸度和硫逸度等），因此可以利用其特征重建成矿流体的演化过程（Gregory et al.，2019；Large et al.，2016；Peterson and Mavrogenes，2014）。以地南金矿床不同阶段的黄铁矿形貌均比较简单，在扫描电镜下没有明显的环带结构。Py1 的黄体铁矿具有半自形–他形，多孔隙的特征，说明其可能经历流体快速降温或者其他物理化学条件的突变，从而快速结晶形成（Peterson and Mavrogenes，2014；Reich et al.，2013；Román et al.，2019）。Py2 内 Co、Ni、As 元素呈现出环带，这三种元素在黄铁矿形成的过程中易以类质同象的方式进入黄铁矿，其韵律环带反映黄铁矿可能形成于震荡环境（Huston et al.，1995）。Py3 中有较多石英、闪锌矿、方铅矿和黄铜矿等矿物包体，且 LA-ICP-MS 测试分析显示，Py3 边界的富 Co 和富 Ni 的环带，As 和 Au 的含量较阶段二高。研究表明在温度小于 400℃时 As 和 Au 以及大多数金属元素更倾向于进入液相而不是气相，流体沸腾引发的相分离会导致黄铁矿中 Au 和 As 富集（Peterson and Mavrogenes，2014；Pokrovski et al.，2002），黄铁矿的微量元素显示，在阶段三的黄铁矿中 Au 和 As 的含量升高，进一步证明了在成矿期阶段三发生了流体沸腾作用。

以地南金矿床成矿流体与典型的造山型金矿床十分相似，初始成矿流体属于 H_2O-CO_2-NaCl 体系的变质流体，具有中低温、低盐度、低密度的特征。随着流体的演化，流体温度逐渐降低，成矿晚阶段流体密度和盐度较早阶段流体有所下降，并在成矿晚阶段发生流体不混溶作用。

4.6.9　成矿物质来源

对以地南金矿床三个阶段的黄铁矿分别进行原位 S 同位素测试 58 个点，测试数据结果见表 4-16。所有数据点的多种硫同位素都符合其质量分馏方程 $\delta^{33}S = 0.515\times\delta^{34}S$，说明并不存在明显的非质量分馏作用（Hulston and Thode，1965）。

表 4-16　黄铁矿 LA-ICP-MS 原位 S 同位素测试分析结果

样品	类型	$\delta^{34}S$	样品	类型	$\delta^{34}S$	样品	类型	$\delta^{34}S$
19YDN13-1-1	Py1	6. 78	19YDN23-1-2	Py2	2. 50	19YDN13-5-2	Py3	6. 78
19YDN13-1-2	Py1	7. 19	19YDN23-1-3	Py2	3. 05	19YDN13-5-3	Py3	6. 70
19YDN13-1-3	Py1	6. 64	19YDN23-1-4	Py2	2. 42	19YDN13-5-4	Py3	6. 24
19YDN13-1-4	Py1	6. 90	19YDN23-1-5	Py2	1. 03	19YDN13-5-5	Py3	6. 71
19YDN13-1-5	Py1	6. 56	19YDN23-2-1	Py2	3. 07	19YDN13-5-6	Py3	6. 48
19YDN13-1-6	Py1	6. 63	19YDN23-2-2	Py2	5. 15	19YDN13-5-7	Py3	7. 18
19YDN13-1-7	Py1	6. 91	19YDN23-2-3	Py2	4. 77	19YDN13-5-8	Py3	6. 09
19YDN13-1-8	Py1	6. 76	19YDN23-2-4	Py2	4. 91	19YDN13-5-9	Py3	6. 41
19YDN13-1-9	Py1	7. 85	19YDN23-2-5	Py2	6. 01	19YDN13-5-10	Py3	6. 07
19YDN11-2-1	Py2	2. 69	19YDN23-2-6	Py2	3. 71	19YDN19-1	Py3	5. 69
19YDN11-2-2	Py2	4. 39	19YDN23-2-7	Py2	5. 57	19YDN19-2	Py3	5. 97
19YDN11-2-3	Py2	5. 39	19YDN23-2-8	Py2	5. 85	19YDN19-3	Py3	5. 50
19YDN11-2-4	Py2	5. 54	19YDN23-2-9	Py2	3. 18	19YDN19-4	Py3	7. 72
19YDN11-2-5	Py2	5. 03	19YDN23-2-10	Py2	3. 56	19YDN19-5	Py3	6. 21
19YDN11-2-6	Py2	3. 67	19YDN23-2-11	Py2	2. 50	19YDN19-6	Py3	6. 15
19YDN11-2-7	Py2	4. 69	19YDN23-2-12	Py2	3. 05	19YDN19-7	Py3	5. 54
19YDN11-2-8	Py2	5. 39	19YDN23-2-13	Py2	2. 42	19YDN19-8	Py3	6. 51
19YDN23-1-1	Py2	3. 56	19YDN13-5-1	Py3	6. 75	19YDN19-9	Py3	5. 70

由分析结果可知，Py1 共测试了 9 个点，该阶段黄铁矿具有最高的的硫同位素组成，且硫同位素变化范围较小，范围是 6. 56‰ ~ 7. 84‰，平均值为 6. 91‰。Py2 的硫同位素值的变化范围较大，具有两组明显不同的硫同位素的组成变化区间，黄铁矿核部具有多孔隙、多裂隙结构的黄铁矿硫同位素的范围是 1. 02‰ ~ 5. 14‰，呈现出核部低，靠近裂隙和边部位置高的特征，$\delta^{34}S$ 的差值达到了 4. 12‰，而另一类表面相对光滑的自形–半自形粒状黄铁矿 $\delta^{34}S$ 范围是 3. 55‰ ~ 6. 08‰，平均值为 5. 03‰。整体变化范围较小。结合微量元素分布特征图分析，在 Py2 中高 $\delta^{34}S$ 值部位往往是 Au、As、Co 和 Ni 等元素富集的区域。Py3 的硫同位素值 5. 54‰ ~ 7. 72‰，变化相对较小，平均值为 6. 33%，与相似的黄铁矿的 LA-ICP-MS 元素扫面图对比，在边部 As 含量低的位置，$\delta^{34}S$ 的值较低，$\delta^{34}S$ 和 As 元素呈现出正相关性，在靠近边部高 Co 和 Ni 的环带中 S 同位素的值较高。

还原性流体中，金主要以硫的络合物的形式运输，在 100 ~ 500℃ 的温度范围内，金更倾向于与 HS^- 形成络合物（Stefánsson and Seward，2004）。因此对载金硫化物中 S 同位素的组成可以提供有关成矿的来源、运输和沉淀等信息（Barker et al.，2009；Diamond，2000）。以地南金矿床的矿物组合主要由黄铁矿和毒砂组成，此外还有少量的辉锑矿、方铅矿、黄铜矿和闪锌矿等，主要是在中低温、低氧逸度和弱酸性至中性的条件下形成。在这种环境下流体和硫化物之间的分馏系数小，硫化物中 $\delta^{34}S$ 的值等于或略高于流体中硫同位素的组成（$\Delta^{34}S_{pyrite\text{-}fluid}$ = 0‰ ~ 1. 5‰）（Kajiwara and Krouse，1971；Ohmoto，1979），黄铁矿作为以地南金矿床最重要的载金矿物之一，其硫同位素的组成和变化可以探讨成矿物质的来源提供依据。

以地南金矿床的金矿床三个成矿阶段的 S 同位素组成分别是 6. 56‰ ~ 7. 85‰、1. 03‰ ~ 6. 75‰和 5. 50‰ ~ 7. 72‰，变化范围较小（图 4-99）。流体包裹体的测温数据显示，成矿温度的变化范围是 250 ~ 360℃，利用 Ohmoto 的同位素分馏方程表明成矿流体中 $\delta^{34}S$ 的变化范围是 8‰（Ohmoto and Rye，1979）。硫同位素特征表明以地南金矿床的硫的来源比较均一，且同质并较窄的硫同位素特征表明其不是来源于沉积岩而是可能来源于岩浆岩或者变质岩。以地南金矿床周围有双朋西、谢坑等夕卡岩矿床，这些夕卡岩矿床的硫同位素值的集中在–5‰ ~ 0‰（鲍霖，2014），而以地南金矿床成矿期形成的黄铁矿的硫同位素值主要集中在 3‰ ~ 7‰，两者存在较大的差异（图 4-100），说明以地南金矿床硫的来源不是来源于岩浆流体。有学者通过对以地南金矿床矿体和石英闪长岩中典型元素的相关性特征研究也证明成矿物质不是来源于岩浆（An et al.，2020），黄铁矿硫同位素特征区域内的造山型金矿床的硫同位素相似（Qiu and Deng，2017；Yu et al.，2020a；黄雅琪等，2020）。

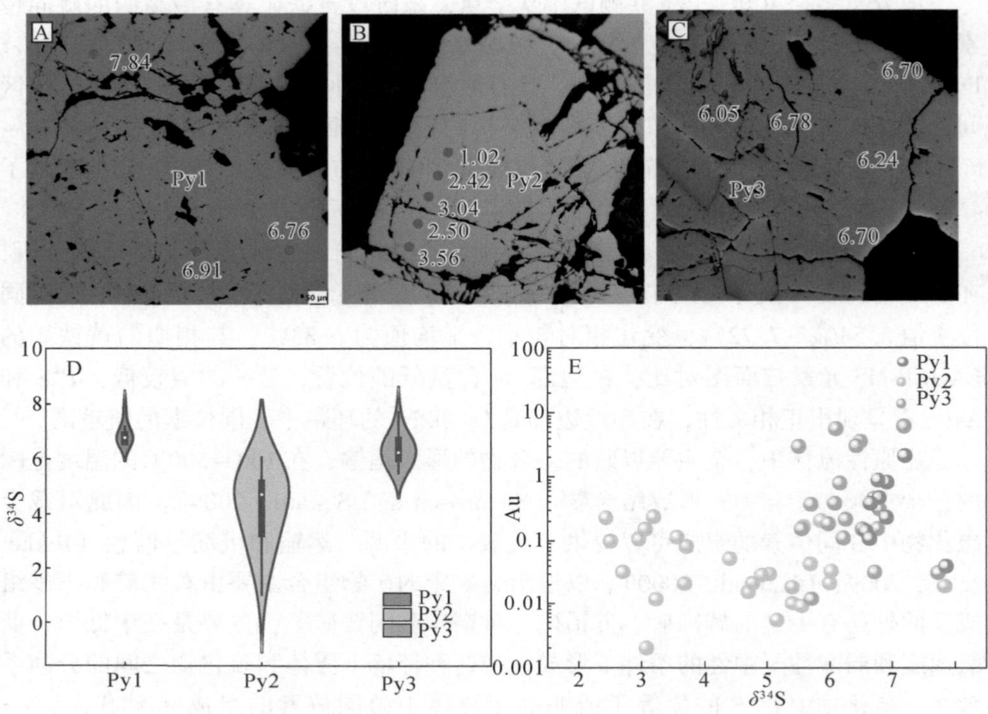

图 4-99　以地南金矿床不同成矿阶段黄铁矿的硫同位素特征

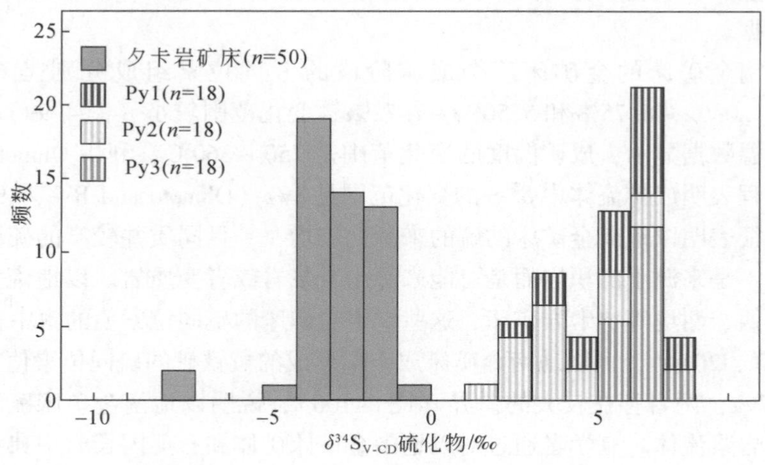

图 4-100　与夏河–合作地多金属矿集区矽卡岩矿床硫同位素值对比图

黄铁矿的 Co/Ni 是作为判断黄铁矿成因的重要标志，以地南金矿床黄铁矿的 Co/Ni 值大多小于 1，大多数样品位于沉积成因和热液成因区域，说明物质来源可能是热液流体沉积（Large et al.，2014）。年代学结果显示岩浆侵位与金成矿时间至少相隔了 6Ma，岩浆的热液活动是短暂的，即使是多次侵入岩浆热液的活动也仅能持续 1Ma（Cathles et al.，1997），因此以地南金矿床的成矿流体可能不是岩浆来源。此外，以地南金矿床缺乏岩浆热液矿床典型的蚀变分带和元素分带，表明矿体和石英闪长岩没有直接成因联系，不属于典型岩浆热液模式（Lang and Baker，2001；Sillitoe，2008）。利用流体包裹体显微热力学和毒砂地质温度计得到的成矿温度明显低于岩浆流体，进一步否定了三叠纪岩浆作用为直接提供成矿流体的可能性。通过对流体包裹体研究表明，以地南金矿床成矿流体属于 H_2O-CO_2-NaCl 体系的变质流体，具有低温低盐度的特征，说明成矿物质可能是变质来源，可能与古特提斯洋闭合期间绿片岩相的脱挥发分过程有关（Chen et al.，2015b；Mao et al.，2002；Wu et al.，2018）。

4.6.10　金沉淀机制

4.6.10.1　黄铁矿显微结构特征

在与成矿相关的石英-毒砂-黄铁矿脉（阶段一）、石英-黄铁矿毒砂脉（阶段二）和石英-多金属硫化物脉（阶段三）中，我们识别出了如下三种黄铁矿类型。

Py1：阶段一黄铁矿的含量较其他两阶段的含量低，黄铁矿多呈自形-半自形晶，以单颗粒或集合体的形式产出。这类黄铁矿受后期构造破坏和流体活动影响形成微小孔隙和裂隙，被石英、方解石和硫化物充填，在黄铁矿内部存在强烈的交代溶蚀结构特征。Py1 在背散射下没有明显的环带结构，表明主量元素的分布比较均一（图 4-101）。

Py2：主要产于阶段二的石英-黄铁矿脉中，少部分沿 Py1 的边部生长，显示出核变结构。与 Py1 不同，Py2 大多呈半自形-他形结构，黄铁矿内部较为平滑，

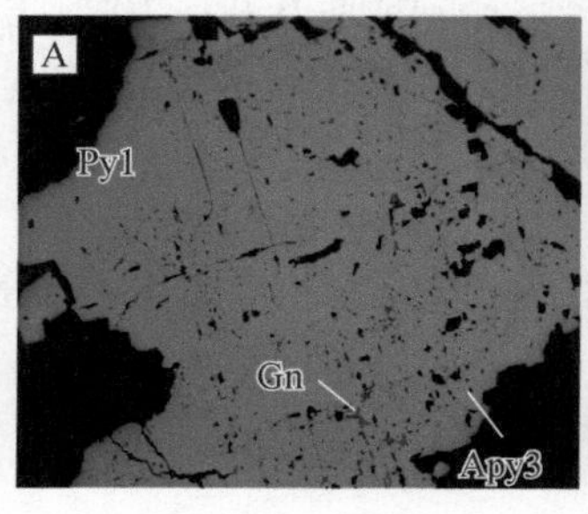

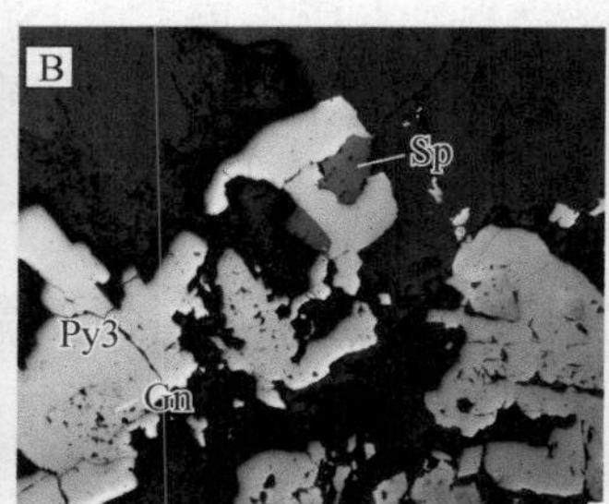

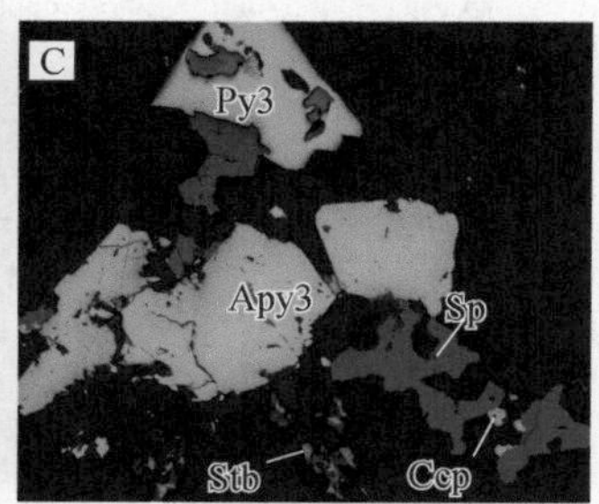

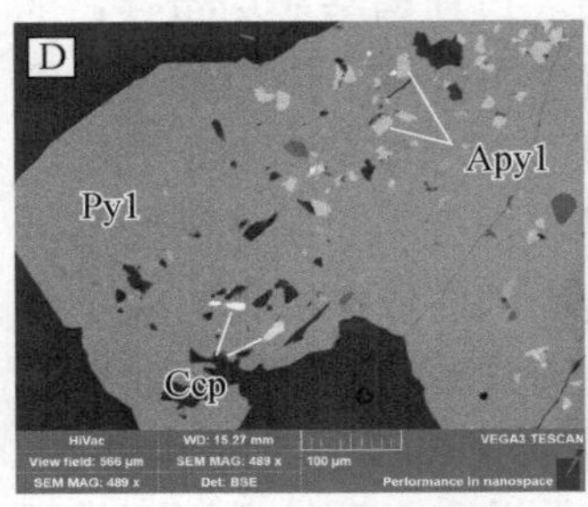

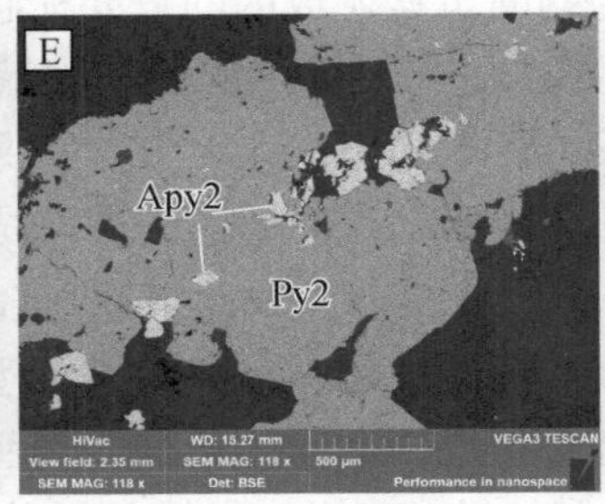

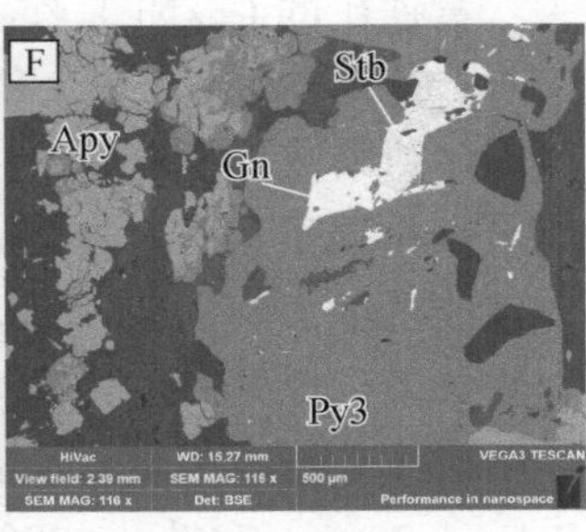

图 4-101　不同阶段黄铁矿显微照片与背散射图像

A、D：阶段一自形-半自形多孔矿铁矿；E：阶段二黄铁矿特征；B、C、F：阶段三黄铁矿特征及矿物共生组合。Py＝黄铁矿，Gn＝方铅矿，Sp＝闪锌矿，Apy＝毒砂，Ccp＝黄铜矿，Stb＝辉锑矿

孔隙较少，含有少量 As-Te-Cu-Pb 矿物包裹体，如毒砂、方铅矿、黄铜矿和黝铜矿等。Py2 的 BSE 图像呈暗色，颜色结构都很均匀（图 4-101）。

Py3：主要出现在石英-多金属硫化物脉中，黄铁矿颗粒较粗，与黄铜矿、方铅矿和闪锌矿和辉锑矿等矿物共生。黄铁矿内部含有不规则状态、散乱分布的孔隙。方铅矿和辉锑矿多呈他形结构充填于黄铁矿裂隙中。Py3 在背散射下呈暗色，结构比较均匀（图 4-101）。

4.6.10.2　黄铁矿微量元素丰度

对以地南金矿成矿阶段不同类型的黄铁矿进行了原位 LA-ICP-MS 微量元素测试，共分析 100 个数据，其中 Py1、Py2 和 Py3 的具体数据见表 4-17，分析结果见图 4-102。

Py1 中 Co 和 Ni 的含量在三个阶段中的含量最高，Co 的含量为 12.20×10^{-6} ~ 306.77×10^{-6}（平均值为 133.25×10^{-6}），Ni 的含量为 16.65×10^{-6} ~ 272.61×10^{-6}（平均值为 136.21×10^{-6}）。Au 的含量为 0.04×10^{-6} ~ 2.15×10^{-6}（平均值为 0.61×10^{-6}）。As 的含量为 6435.41×10^{-6} ~ 17962.89×10^{-6}（平均值为 11223.67×10^{-6}），其他微量元素如 Bi、Ti、V 等元素含量较低。

Py2 中 Co 和 Ni 的含量较 Py1 有所下降，Co 的含量范围是 0.06×10^{-6} ~ 1390.58×10^{-6}（平均值为 89.38×10^{-6}），Ni 的含量范围是为 0.77×10^{-6} ~ 1443.84×10^{-6}（平均值为 159.89×10^{-6}），As 的含量为 61.2×10^{-6} ~ 12728.76×10^{-6}，结合测试点位置分析，Py2 中 Co 和 Ni 具有一定的正相关性，在靠近边部和裂隙部位 As 含量增加。Py2 中的 Au 含量为 0.02×10^{-6} ~ 1.65×10^{-6}（平均值为 0.178×10^{-6}），在三类黄铁矿中含量最低，其余微量元素如 Cu、Sb、Te、Bi、Pb、Ag 等的含量最低。

表 4-17　不同阶段黄铁矿 LA-ICP-MS 微量元素测试分析结果（单位：10^{-6}）

样品号	阶段	矿物类型													
		As	Au	Sb	Cu	Zn	Co	Ni	Pb	Bi	Ti	V	Te	Ag	Mn
ydn13-1-1-1	Py1	13368. 52	0. 473	0. 333	0. 081	0. 982	162. 279	54. 507	0. 684	0. 012	4. 914	0. 01	0. 513	<1. 234	<0. 770
ydn13-1-1-2	Py1	17962. 89	2. 151	0. 314	1. 289	2. 111	247. 137	169. 545	0. 045	0. 016	2. 074	0. 001	0. 815	<1. 592	0. 053
ydn13-1-1-3	Py1	10907. 93	0. 388	0. 170	0. 661	0. 347	113. 465	272. 609	0. 026	0. 003	3. 707	0. 021	0. 204	0. 796	0. 037
ydn13-1-1-4	Py1	12141. 49	0. 232	0. 175	0. 677	1. 231	306. 772	129. 178	0. 025	0. 011	3. 442	0. 022	0. 128	0. 871	0. 091
ydn13-1-1-5	Py1	6435. 41	0. 142	1. 681	0. 088	2. 098	12. 207	16. 651	0. 398	0. 010	1. 146	0. 015	1. 104	0. 998	<0. 897
ydn13-1-1-6	Py1	10833. 06	0. 109	2. 906	0. 623	2. 363	13. 802	97. 314	4. 039	0. 008	3. 786	0. 055	0. 905	0. 241	0. 121
ydn13-1-1-7	Py1	9353. 31	0. 824	47. 643	2. 875	1. 080	106. 361	105. 886	523. 140	3. 811	1. 276	0. 003	0. 090	4. 346	3. 218
ydn13-1-1-8	Py1	9234. 10	0. 897	62. 689	3. 149	1. 016	112. 515	100. 930	306. 813	2. 365	1. 852	0. 002	0. 085	4. 885	4. 128
ydn13-1-1-9	Py1	9176. 95	0. 040	0. 217	0. 062	0. 642	101. 646	74. 353	0. 025	0. 005	1. 271	0. 026	0. 481	<0. 709	0. 037
ydn13-1-1-10	Py1	12823. 11	0. 856	9. 147	2. 454	2. 157	156. 309	341. 135	6. 489	0. 121	2. 086	0. 059	1. 058	<0. 806	0. 326
ydn11-1-1-1	Py2	3301. 12	0. 032	<0. 559	−0. 246	<1. 023	7. 829	84. 144	0. 000	<0. 015	1. 408	<0. 015	0. 106	0. 435	0. 159
ydn11-1-1-4	Py2	895. 42	0. 053	0. 812	0. 363	<1. 991	27. 837	46. 000	0. 685	0. 306	3. 485	0. 032	0. 146	<0. 927	0. 043
ydn11-1-1-5	Py2	3267. 88	0. 010	0. 046	23. 752	0. 124	9. 523	101. 804	1. 133	1. 231	6. 321	0. 055	2. 062	1. 207	<1. 189
ydn11-1-1-7	Py2	1006. 88	0. 106	1. 487	0. 190	0. 687	0. 226	35. 664	2. 753	0. 020	2. 935	0. 056	0. 015	<1. 788	<1. 053
ydn11-1-1-8	Py2	61. 06	0. 012	<0. 592	0. 161	4. 649	0. 090	3. 362	<0. 020	0. 001	1. 481	0. 019	<0. 745	<0. 797	0. 509
ydn11-1-1-10	Py2	62. 06	0. 022	0. 099	0. 431	1. 625	0. 066	4. 117	0. 167	0. 080	1. 279	0. 019	<0. 298	<0. 782	0. 489
ydn11-1-1-11	Py2	281. 22	0. 044	0. 008	0. 223	1. 729	1. 445	6. 137	0. 878	0. 268	1. 824	<0. 036	<0. 872	<0. 856	0. 409
ydn11-1-1-12	Py2	331. 29	0. 020	<0. 467	0. 365	2. 004	3. 088	92. 431	0. 057	0. 019	3. 165	0. 000	1. 015	0. 264	0. 028
ydn11-1-1-13	Py2	160. 63	0. 009	0. 265	0. 247	2. 671	1. 814	180. 928	0. 251	0. 097	1. 934	<0. 025	<1. 22	<0. 932	<0. 488
ydn11-1-1-15	Py2	934. 90	0. 030	0. 044	0. 273	0. 475	1. 211	84. 466	<0. 832	0. 005	2. 728	<0. 048	<0. 437	<1. 143	<0. 637

续表

样品号	阶段	矿物类型													
		As	Au	Sb	Cu	Zn	Co	Ni	Pb	Bi	Ti	V	Te	Ag	Mn
ydn11-1-1-16	Py2	945. 46	0. 021	0. 028	0. 259	<2. 106	0. 929	11. 986	<0. 527	<0. 015	3. 068	0. 011	<0. 489	0. 151	<0. 455
ydn11-1-1-17	Py2	1181. 79	0. 015	0. 284	0. 318	0. 105	<0. 030	11. 377	0. 003	0. 004	2. 402	0. 024	0. 704	<0. 652	0. 545
ydn11-1-1-18	Py2	941. 10	0. 019	0. 730	0. 346	2. 371	<0. 058	2. 138	0. 178	0. 003	10. 616	<0. 012	<0. 848	<1. 586	0. 243
ydn11-1-1-19	Py2	1571. 09	<0. 004	0. 228	0. 219	0. 907	0. 534	2. 927	0. 067	0. 012	3. 186	0. 035	<0. 135	<0. 782	0. 125
ydn11-1-1-20	Py2	3498. 06	<0. 011	0. 660	0. 103	<2. 961	0. 569	4. 224	0. 133	0. 483	–0. 156	<0. 010	<0. 357	<1. 508	0. 786
ydn11-1-1-21	Py2	1709. 96	0. 022	0. 383	0. 245	0. 544	0. 601	0. 779	0. 014	0. 146	4. 132	0. 007	0. 113	0. 125	<0. 441
ydn11-1-1-24	Py2	3502. 63	0. 029	<0. 489	0. 157	1. 154	12. 833	107. 426	0. 083	0. 033	2. 282	0. 004	<1. 377	<0. 730	0. 140
ydn11-1-1-25	Py2	3822. 15	0. 034	<0. 462	0. 091	1. 609	0. 315	29. 655	0. 028	0. 013	1. 666	<0. 021	<1. 410	0. 072	<0. 832
ydn11-1-1-26	Py2	3499. 58	<0. 163	<0. 752	0. 629	<2. 211	8. 550	122. 505	0. 043	<0. 032	2. 931	0. 029	<1. 289	0. 081	<0. 613
ydn11-1-1-27	Py2	320. 57	<0. 334	0. 244	0. 105	1. 214	8. 016	95. 322	0. 157	0. 008	4. 370	<0. 238	<0. 645	<1. 046	<0. 639
ydn11-1-1-28	Py2	69. 39	<0. 416	<0. 398	0. 090	0. 279	11. 319	82. 099	0. 019	0. 033	2. 272	0. 004	0. 294	<0. 643	0. 145
YDN23-1-1-1	Py2	5154. 56	0. 237	0. 128	0. 308	1. 682	114. 478	306. 561	0. 004	0. 012	3. 019	0. 014	0. 064	0. 310	0. 295
YDN23-1-1-2	Py2	8416. 15	0. 115	0. 201	0. 521	2. 331	133. 251	472. 393	0. 024	0. 025	3. 148	0. 010	0. 266	0. 351	0. 187
YDN23-1-1-3	Py2	8561. 27	0. 098	0. 209	0. 202	1. 185	655. 080	1433. 847	0. 057	0. 051	2. 856	0. 022	0. 409	0. 291	0. 235
YDN23-1-1-4	Py2	8256. 39	0. 152	0. 409	0. 121	0. 751	329. 492	930. 104	0. 406	0. 031	2. 435	0. 009	0. 127	<0. 471	<0. 305
YDN23-1-1-5	Py2	11113. 76	0. 228	0. 020	0. 740	1. 814	1390. 508	535. 545	0. 207	0. 025	4. 090	0. 007	0. 138	0. 347	<0. 392
YDN23-1-1-6	Py2	1466. 28	0. 568	0. 004	0. 344	1. 247	3. 642	7. 525	8. 461	0. 112	3. 523	0. 026	0. 198	0. 052	0. 137
YDN23-1-1-7	Py2	2298. 11	0. 114	0. 062	0. 240	0. 705	0. 000	0. 367	0. 317	0. 078	12. 250	0. 026	0. 081	<0. 493	0. 324
YDN23-1-1-8	Py2	7705. 97	0. 092	1. 968	1. 151	0. 403	53. 188	132. 025	4. 147	2. 888	3. 791	0. 019	0. 140	0. 041	0. 300
YDN23-1-1-9	Py2	4891. 37	0. 203	0. 124	0. 550	0. 881	444. 887	700. 715	0. 108	0. 496	4. 698	0. 010	0. 121	<0. 509	0. 244

续表

样品号	阶段	矿物类型													
		As	Au	Sb	Cu	Zn	Co	Ni	Pb	Bi	Ti	V	Te	Ag	Mn
YDN23-1-1-11	Py2	1962. 33	0. 161	0. 495	0. 082	0. 683	46. 688	240. 822	0. 221	0. 014	3. 181	0. 005	0. 098	<0. 509	0. 129
YDN23-1-1-12	Py2	2775. 97	0. 162	0. 175	0. 552	0. 947	82. 666	318. 427	0. 100	0. 006	3. 490	0. 028	0. 380	<0. 581	0. 182
YDN23-1-1-13	Py2	3137. 16	1. 652	0. 002	0. 793	1. 391	115. 258	304. 531	0. 426	0. 048	2. 015	0. 005	0. 948	<0. 532	0. 241
YDN23-1-1-14	Py2	4055. 14	0. 403	0. 648	0. 178	1. 882	168. 265	346. 012	0. 048	0. 127	4. 632	0. 012	0. 023	0. 135	0. 064
YDN23-1-1-15	Py2	3440. 21	0. 233	0. 149	0. 525	1. 412	113. 732	296. 112	0. 071	0. 011	4. 852	0. 028	0. 102	0. 174	0. 137
YDN23-1-1-17	Py2	10463. 25	0. 409	14. 451	7. 150	1. 961	57. 708	84. 475	37. 488	5. 794	3. 368	0. 003	0. 093	4. 887	0. 216
YDN23-1-1-18	Py2	10316. 75	0. 353	0. 425	0. 115	1. 755	39. 479	20. 025	0. 025	0. 001	4. 931	0. 035	0. 086	<0. 600	<0. 367
YDN23-1-1-19	Py2	12728. 76	0. 313	1. 262	1. 072	1. 340	37. 281	22. 983	3. 360	1. 335	4. 510	0. 016	0. 047	0. 331	0. 765
YDN23-1-1-20	Py2	1148. 64	0. 298	0. 1884	0. 934	1. 986	1. 790	7. 172	0. 800	2. 696	4. 195	0. 060	0. 138	0. 312	72. 987
YDN23-1-1-21	Py2	4526. 84	0. 031	0. 251	0. 323	1. 476	11. 962	7. 455	0. 672	0. 044	8. 033	0. 246	0. 061	0. 335	0. 683
YDN23-1-1-22	Py2	6944. 98	0. 094	0. 759	0. 074	1. 579	276. 796	34. 583	0. 444	0. 027	4. 132	0. 013	0. 128	0. 181	0. 191
YDN23-1-1-23	Py2	4243. 11	0. 152	2. 282	0. 966	0. 717	13. 472	36. 409	8. 996	0. 253	30. 896	2. 101	0. 140	<0. 715	0. 920
YDN23-1-1-24	Py2	4452. 11	0. 241	0. 240	0. 660	0. 445	12. 168	60. 912	0. 525	0. 072	4. 182	0. 084	0. 515	<0. 573	0. 302
YDN23-1-1-25	Py2	2537. 86	0. 609	0. 314	0. 095	0. 706	8. 966	15. 507	0. 034	0. 276	4. 184	0. 016	0. 127	0. 034	0. 223
YDN23-1-1-26	Py2	2844. 09	0. 090	0. 013	0. 594	0. 780	16. 066	19. 069	0. 150	0. 418	4. 772	0. 027	0. 301	<0. 536	0. 024
YDN23-1-1-27	Py2	4931. 29	0. 146	0. 214	0. 376	0. 501	13. 361	56. 891	0. 058	0. 110	4. 970	0. 027	0. 113	<0. 572	0. 022
YDN23-1-1-28	Py2	3216. 31	0. 160	0. 134	0. 198	0. 010	40. 275	116. 786	0. 246	0. 056	3. 530	0. 013	0. 089	<0. 393	0. 026
YDN23-1-1-29	Py2	5040. 09	0. 298	0. 078	0. 208	0. 670	12. 772	58. 373	0. 037	0. 043	5. 492	0. 050	0. 108	<0. 579	0. 343
ydn13-5-2-1	Py3	15117. 53	0. 157	0. 642	0. 261	2. 781	43. 203	114. 262	1. 036	0. 005	2. 241	0. 011	0. 9369	0. 276	0. 705
ydn13-5-2-2	Py3	12292. 86	0. 315	1. 867	0. 905	1. 407	27. 260	57. 109	3. 300	0. 050	3. 068	0. 074	<0. 839	0. 458	0. 042

续表

样品号	阶段	矿物类型													
		As	Au	Sb	Cu	Zn	Co	Ni	Pb	Bi	Ti	V	Te	Ag	Mn
ydn13-5-2-3	Py3	17446. 66	0. 460	0. 650	0. 484	0. 647	30. 134	29. 587	1. 280	0. 070	0. 257	0. 087	0. 5275	0. 658	0. 461
ydn13-5-2-4	Py3	10981. 57	0. 219	0. 297	0. 693	1. 072	112. 638	54. 446	0. 114	0. 014	2. 806	<0. 010	<0. 951	<0. 781	<0. 464
ydn13-5-2-5	Py3	4945. 73	0. 033	0. 013	0. 264	2. 058	28. 874	217. 317	0. 002	0. 002	3. 102	<0. 011	<0. 102	0. 154	0. 112
ydn13-5-2-6	Py3	17476. 67	3. 596	0. 053	2. 249	2. 079	42. 010	16. 263	0. 036	0. 008	2. 850	0. 037	0. 0682	<0. 831	<0. 424
ydn13-5-2-7	Py3	22312. 58	6. 169	0. 071	4. 650	1. 125	51. 136	14. 215	0. 042	0. 013	1. 902	<0. 029	<0. 442	0. 158	<0. 432
ydn13-5-2-8	Py3	20674. 97	5. 699	0. 170	5. 221	1. 762	43. 941	21. 235	0. 039	0. 007	2. 495	<0. 287	<0. 696	<0. 704	0. 083
ydn13-5-2-9	Py3	16172. 80	3. 080	0. 024	2. 248	0. 738	131. 343	117. 232	0. 006	0. 007	3. 011	<0. 026	<0. 900	<0. 889	0. 032
ydn13-5-2-10	Py3	19918. 59	0. 386	2. 255	0. 121	1. 701	290. 921	182. 211	6. 785	0. 041	6. 957	0. 004	0. 0581	–0. 464	<0. 021
ydn13-5-2-11	Py3	16225. 32	0. 373	8. 239	0. 717	1. 954	236. 603	170. 291	12. 452	0. 044	3. 377	<0. 100	0. 0939	<1. 539	<0. 034
ydn13-5-2-12	Py3	16316. 97	0. 186	0. 344	0. 358	1. 563	327. 672	266. 022	0. 880	0. 024	1. 125	<0. 058	<0. 468	<0. 265	0. 407
ydn13-5-2-13	Py3	19506. 07	3. 009	16. 132	4. 609	2. 610	184. 045	246. 161	39. 887	0. 084	4. 210	0. 025	0. 3607	2. 620	0. 088
YDN19-2-1-2	Py3	1596. 86	0. 032	22. 727	3. 539	1. 030	0. 051	0. 158	129. 344	14. 016	3. 410	0. 003	0. 6869	1. 398	0. 260
YDN19-2-1-3	Py3	9203. 55	0. 112	23. 479	2. 711	0. 711	0. 041	0. 352	820. 184	17. 056	6. 142	0. 005	7. 2855	2. 370	<0. 718
YDN19-2-1-4	Py3	11050. 23	0. 805	0. 249	0. 875	1. 604	0. 007	0. 158	0. 042	0. 009	2. 845	0. 022	0. 2954	<0. 478	0. 069
YDN19-2-1-5	Py3	6496. 11	0. 154	0. 672	0. 368	0. 975	0. 001	0. 205	1. 272	0. 036	3. 127	0. 029	0. 7859	<0. 430	0. 283
YDN19-2-1-7	Py3	2103. 18	0. 154	19. 559	4. 815	0. 417	0. 097	0. 016	36. 621	4. 147	4. 606	0. 027	0. 4367	1. 423	0. 116
YDN19-2-1-8	Py3	1605. 04	0. 012	3. 365	0. 421	2. 619	0. 054	0. 125	25. 790	0. 957	3. 831	0. 003	0. 8755	0. 268	0. 174
YDN19-2-1-9	Py3	346. 85	0. 011	0. 129	0. 068	0. 240	0. 218	0. 122	0. 191	0. 013	3. 795	0. 015	<0. 187	0. 014	0. 068
YDN19-2-1-10	Py3	3315. 11	0. 031	0. 377	0. 429	0. 008	0. 000	0. 091	0. 282	0. 002	2. 531	0. 016	<0. 242	0. 201	0. 189
YDN19-2-1-12	Py3	14472. 84	0. 260	3. 295	2. 273	1. 769	88. 486	65. 149	10. 352	0. 174	6. 144	0. 012	0. 1649	1. 483	0. 712

续表

样品号	阶段	矿物类型													
		As	Au	Sb	Cu	Zn	Co	Ni	Pb	Bi	Ti	V	Te	Ag	Mn
YDN19-2-1-13	Py3	10029. 01	0. 342	9. 000	6. 144	1. 007	61. 743	26. 083	18. 308	2. 881	2. 904	0. 003	2. 4200	2. 641	0. 248
YDN19-2-1-15	Py3	11190. 77	0. 101	0. 043	0. 562	1. 066	1. 162	0. 435	0. 227	0. 004	3. 955	<0. 023	0. 6064	<0. 371	0. 113
YDN19-2-1-16	Py3	10311. 35	0. 536	9. 426	2. 106	0. 488	29. 290	11. 433	18. 010	0. 835	5. 986	<0. 208	2. 9318	0. 698	0. 524
YDN19-2-1-17	Py3	11305. 55	0. 204	1. 611	2. 952	0. 701	26. 059	22. 445	18. 446	0. 323	5. 032	0. 006	0. 2708	0. 054	0. 101
YDN19-2-1-18	Py3	14032. 99	0. 174	0. 194	0. 339	0. 253	12. 827	9. 562	0. 543	0. 021	4. 449	0. 007	0. 0795	<0. 744	0. 084
YDN19-2-1-19	Py3	12520. 47	0. 394	2. 248	0. 359	0. 785	9. 771	7. 713	6. 819	0. 285	4. 530	0. 035	0. 1800	0. 406	0. 124
YDN19-2-1-20	Py3	16122. 15	0. 223	3. 154	1. 444	0. 847	0. 892	2. 270	13. 972	0. 269	5. 441	0. 024	0. 3106	0. 827	0. 376
YDN19-2-1-21	Py3	11311. 78	0. 532	1. 220	2. 879	0. 544	1. 266	392. 932	2. 533	0. 391	4. 221	0. 025	0. 0254	0. 105	0. 178
YDN19-2-1-22	Py3	5327. 51	0. 254	10. 904	3. 509	0. 441	0. 420	1. 275	41. 606	1. 684	5. 187	0. 018	<0. 472	0. 885	<0. 822
YDN19-2-1-23	Py3	4551. 51	0. 244	13. 918	4. 484	3. 458	0. 029	0. 901	87. 616	3. 805	5. 876	0. 036	<0. 692	2. 545	0. 220
YDN19-2-1-24	Py3	4132. 97	0. 343	28. 014	6. 140	3. 527	0. 026	0. 761	192. 542	6. 253	11. 459	0. 065	<0. 543	3. 041	0. 521
YDN19-2-1-25	Py3	3740. 27	0. 293	15. 366	3. 737	0. 279	0. 009	0. 126	202. 051	5. 061	3. 206	0. 014	<0. 159	2. 791	0. 012
YDN19-2-1-26	Py3	3935. 12	0. 137	32. 708	7. 360	2. 442	0. 120	0. 133	114. 178	5. 799	3. 743	<0. 028	3. 6555	5. 604	0. 203
YDN19-2-1-27	Py3	3815. 54	0. 005	2. 196	0. 876	3. 272	0. 110	0. 410	271. 905	3. 597	4. 571	<0. 092	0. 9254	1. 517	0. 566
YDN19-2-1-28	Py3	5731. 98	0. 036	0. 302	0. 561	0. 770	0. 530	0. 667	0. 008	0. 002	4. 215	0. 009	0. 0598	0. 018	0. 130
YDN19-2-1-29	Py3	8056. 10	0. 021	1. 957	2. 092	0. 936	1. 168	0. 437	19. 244	1. 069	5. 223	0. 070	0. 5130	1. 681	<0. 750
YDN19-2-1-30	Py3	13245. 94	0. 278	13. 055	3. 267	0. 986	2. 447	1. 804	42. 853	1. 988	2. 998	0. 017	0. 2933	1. 465	0. 232
YDN19-2-1-31	Py3	11884. 08	0. 385	0. 094	0. 439	0. 206	2. 321	3. 474	0. 122	0. 010	4. 479	<0. 334	<0. 182	<0. 493	0. 017
YDN19-2-1-32	Py3	11779. 77	0. 093	0. 860	0. 522	1. 037	1. 507	2. 165	0. 546	0. 006	4. 409	0. 027	<0. 217	0. 163	0. 175
YDN19-2-1-33	Py3	14968. 93	0. 285	1. 301	1. 404	0. 582	2. 862	5. 168	6. 544	0. 294	6. 173	0. 063	<0. 442	1. 099	0. 282

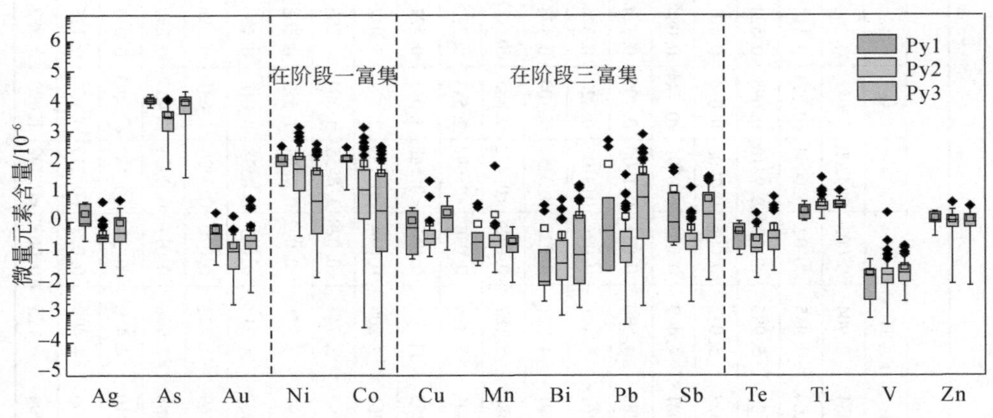

图 4-102　不同阶段黄铁矿微量元素含量箱型图

在 Py1 中 Co、Ni 的含量中最高，在 Py3 中富集 Au、Sb、Cu、Zn 和 Pb 等元素

Py3 中含有最低 Co（$0.01\times10^{-6}\sim327.67\times10^{-6}$，平均值为 43.73×10^{-6}）和 Ni（$0.01\times10^{-6}\sim392.93\times10^{-6}$，平均值为 50.31×10^{-6}），Py3 的 As 含量最高（$31.44\times10^{-6}\sim22312.57\times10^{-6}$，平均值为 9950.44×10^{-6}）。Au 的含量为 $0.01\times10^{-6}\sim6.17\times10^{-6}$，其含量与 Py1 中的 Au 含量大致相当，部分测试点的数据大于 10×10^{-6}，说明在 Py3 存在金的包体，其余元素如 Sb、Pb、Bi、Cu、Te 等在 Py3 中含量最高，部分测试点的 Cu、Sb、Pb 的含量特别高，可能是存在辉锑矿、方铅矿、黄铜矿的包体。

4.6.10.3　黄铁矿微量元素分布特征

分别选取了 Py2 和 Py3 的两个样品进行微量元素扫面分析，得到了 Au、As、Co、Ni、Cu、Sb、Pb、Zn 和 Bi 单个元素在黄铁矿中的分布特征（图 4-103）。

Py2 中 As、Co 和 Ni 三种元素均比较富集，显示出震荡环带分布并且呈现出一定的相关性，As 的含量在黄铁矿核部较高，边部的 As 的含量降低。在 Py2 中 Au 元素的分布比较均匀，Au 元素主要富集区域位于黄铁矿边部环带的裂隙部位，但在金包裹体的位置 Au 的含量急剧上升，As 和 Au 的相关性不明显。Bi 和 Pb 并不是集中在黄铁矿的核部，而是仅在部分区域呈线状分布，具有明显的空间分布关系。与 Co、Ni 等元素的高含量区域主要位于黄铁矿光滑的核部区域不同的是，Bi 和 Pb 的高含量区域主要位于黄铁矿边部和靠近裂隙的部位。黄铁矿中几乎不含 Sb 和 Zn 元素，仅集中于黄铁矿裂隙部位和边部。

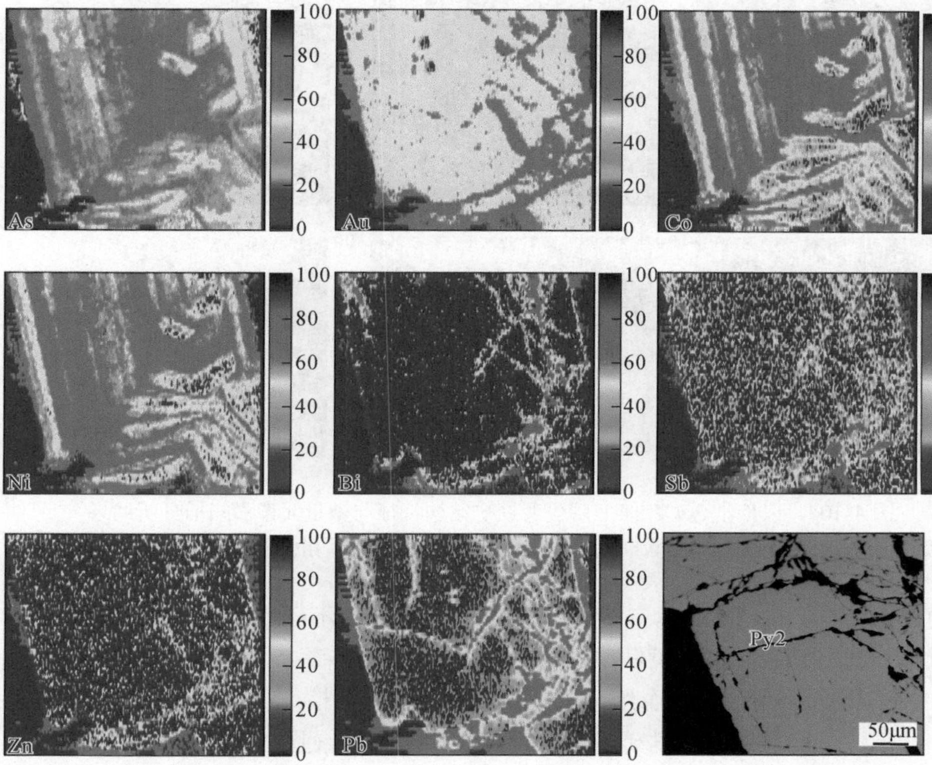

图 4-103　以地南金矿床第二阶段黄铁矿结构特征与微量元素面扫描分析结果

图中色柱数据为各元素含量，数量级为 10^{-6}

Py3 的 As 含量分布显示出明显的环带特征，As 含量浓度具有向边部逐渐降低的趋势，黄铁矿发育有较窄的贫 As 的边缘。Au 元素的分布也显示出核边结构，黄铁矿具有较窄的 Au 或 Au 的边缘，核部的金元素的分布较均匀，Au 和 As 显示出明显的正相关性（图 4-104）。黄铁矿的发育有贫 Co、Ni 的核部和边部富 Co、Ni 的环带，同时在靠近边部的位置有一个富 Co 和 Ni 的环带，显示出震荡环

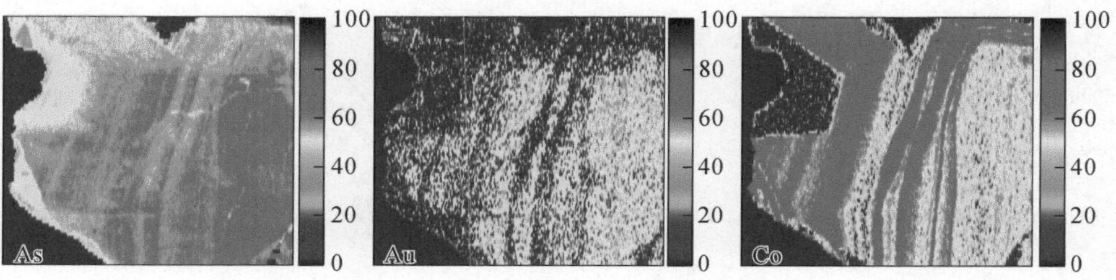

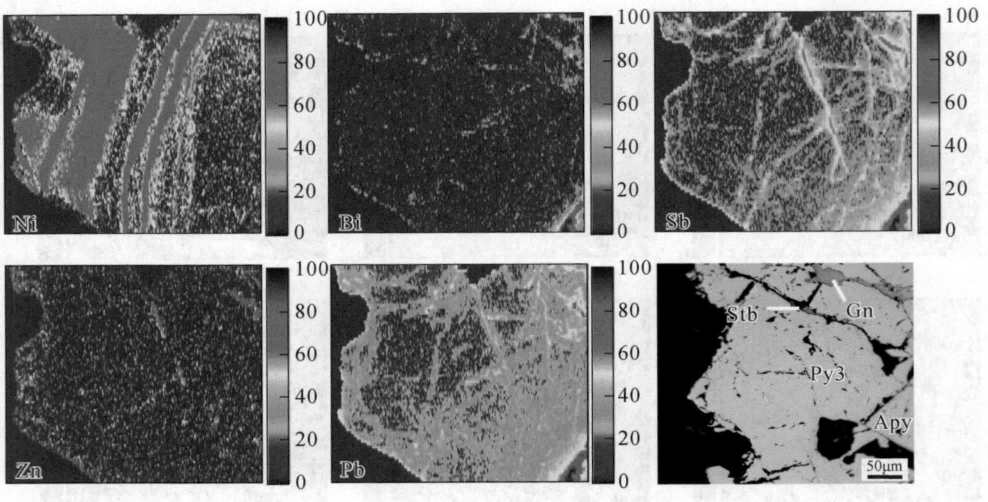

图 4-104　以地南金矿床第三阶段黄铁矿结构特征与微量元素面扫描分析结果

图中色柱数据为各元素含量，数量级为 10^{-6}。Stb＝辉锑矿，Gn＝方铅矿，Py＝黄铁矿，Apy＝毒砂

带的分布特征，Co 和 Ni 具有明显的相关性。与 Py2 不同的是，Py3 中基本不含 Bi 元素，Pb 和 Sb 元素在黄铁矿局部区域呈线状分布，二者具有明显的相关性。Py3 中的 Zn 元素呈现出一个细窄的高 Zn 的边缘，在核部的部分区域 Zn 的含量急剧升高，可能是因为黄铁矿中含有闪锌矿的包裹体（图 4-104、图 4-105）。

金在自然界中有三种价态（Au^0、Au^{1+}、Au^{3+}），易发生络合作用，形成 Au^{2-}（Franz et al.，1996）、Au（S_2O_3）$_3^{2-}$、Au（CN）$^{2-}$、Au（SCN^-）$^-$ 等络合物（邱正杰等，2015）。以地南金矿床成矿流体具有中低温、中低盐度、弱酸性到中性特征，因此金在成矿流体中主要以金硫络合物［Au（HS）$^{2-}$，Au（HS）^{0}］的形式迁移（Diamond，2000；Pokrovski et al.，2009；Williams-Jones et al.，2009）。当

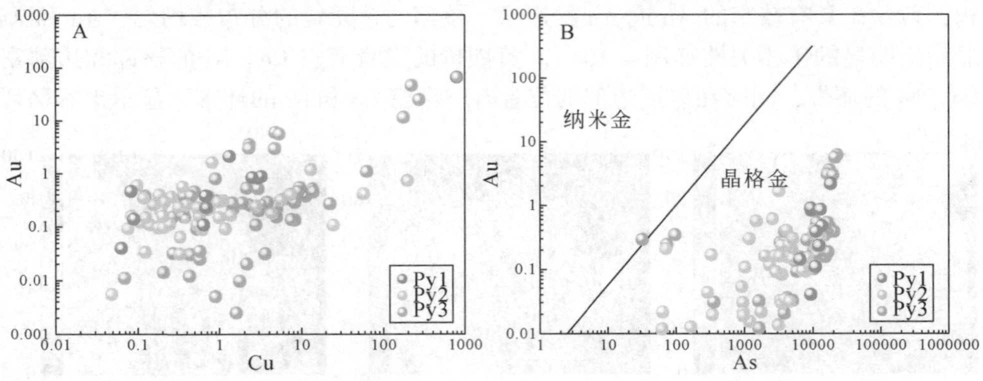

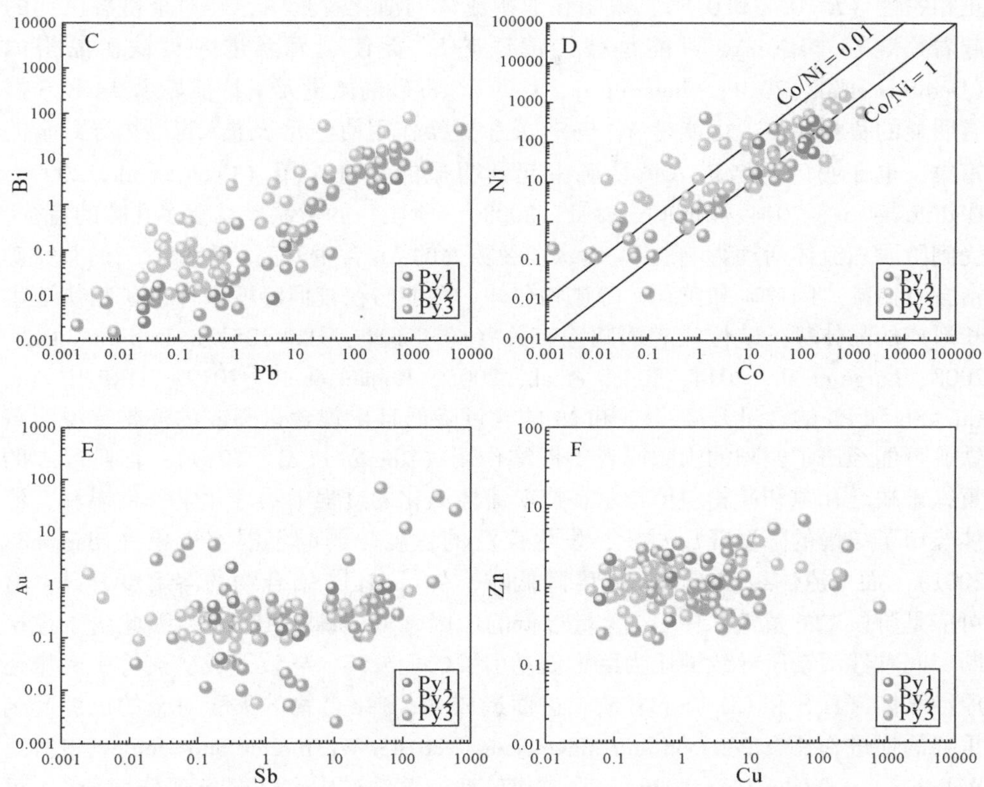

图 4-105　以地南金矿床不同成矿阶段黄铁矿的 LA-ICP-MS 微量元素图解

络合物失稳时就会引发金的沉淀，流体不混溶、水岩反应、氧化还原和温度的降低等都可能导致成矿流体内的 H_2S 逃逸，络合物失稳导致金的沉淀（Goldfarb et al.，2005；Saunders et al.，2014）。

流体包裹体显微热力学矿的微区结构和微区成分特征和流体包裹体显微热力学特征证明，以地南金矿金沉淀的主要机制是流体沸腾，除此之外水岩反应对金沉淀也有一定的促进作用。三个成矿阶段中 Py3 中 Au 的含量最高，Py1 次之，Py2 最低，流体包裹体岩相学特征表明在第二阶段未发生明显的流体不混溶作用，而第三阶段有强烈的流体沸腾现象。利用 LA-ICP-MS 对以地南金矿床不同成矿阶段的黄铁矿进行点分析和面扫描发现，金主要以固溶体和纳米级包裹体赋存在黄铁矿中（Cook et al.，2013；Deditius et al.，2008；Large et al.，2009），根据 Reich 提出的 As-Au 关系函数得出以地南金矿床黄铁矿中金多是以固溶体金形式赋存于晶格之中（Deditius et al.，2014）。在金沉淀的主要阶段，As 和 Au 具有正相关性（R=0.7 和 0.5），说明在成矿流体的演化过程中，砷对金富集沉淀的起着关键的作用，As^- 可能是替代黄铁矿 S^{2-} 促使金元素进入黄铁矿晶格内（Deditius et al.，2014；Simon et al.，1999）。毒砂的微量元素特征显示 As 和 S 据有明显的负相关性，可能是 As^- 与 S^{2-} 发生置换作用使金元素进入毒砂内导致金的富集，也证明砷对金进入黄铁矿中起到明显的促进作用（Cook et al.，2009a；Deditius et al.，2014；Deditius et al.，2008）。阶段一的黄铁矿具有多孔隙的特征，受到阶段三流体活动影响的 Py 边缘和裂隙处的 Au 含量升高。在阶段三的黄铁矿富含方铅矿、闪锌矿和黄铜矿等矿物包体，可能与在较低温度条件下矿物快速生长形成的晶体额外缺位或表面缺陷有关（图 4-104、图 4-105）（Deditius et al.，2008；Large et al.，2014；Reich et al.，2005；Román et al.，2019）。Py3 中 Au、Cu、Sb 和 Pb 的含量升高，Co 和 Ni 的含量降低且出现含量突变的环带，说明黄铁矿可能经历了剧烈的沸腾或者不混溶作用（Román et al.，2019）；而阶段二的黄铁矿缺乏孔隙和矿物包体指示在成矿流体演化的过程中物理化学条件温和，流体经历了缓慢的降温降压过程，发生广泛的程度较弱的不混溶现象（Diamond，2001）。而当流体组成不变而温度降低时，Au［SH］$^{2-}$ 络合物的溶解度升高，这可能是阶段二的黄铁矿中 Au 含量最低的原因（Mikucki，1998）。因此由于控矿断层间歇性活动所导致的压力巨大波动引发的相分离，导致了成矿流体中大量还原性气体（H_2S 和 CO_2）的释放，进而造成 Au-S 络合物的失稳对金的沉淀起到重要的促进作用（Peterson and Mavrogenes，2014；Weatherley and Henley，2013；Wilkinson and Johnston，1996）。在主成矿期的黄铁矿中 Co/Ni 有部分大于 1，可能是水岩反应导致的，含矿流体与围岩的水岩反应导致形成黄铁矿中元素含量发生了变化，同时 Au［SH］$^{2-}$ 络合物失稳分解导致金沉淀（Phillips and Powell，2010）。

以地南金矿床中 As 对黄铁矿中金的富集有着重要的作用，金的主要沉淀机制是流体不混溶，成矿流体具体的沸腾作用导致 H_2S、CO_2、CH_4 等气体大规模逸出，降低 Au 在流体中的溶解度，加速金硫络合物失稳分解，最终导致了金的沉淀（图 4-106）。

4.6.11 成矿过程与矿床类型

以地南金矿床赋矿石英闪长岩的年龄是 240.6Ma，与夏河–合作多金属矿集区广泛分布三叠纪岩浆岩一致，前人研究表明该区域的三叠纪中酸性岩浆岩形成于活动大陆边缘，与古特提斯洋向北俯冲有关，独居石指示金矿化年龄是 234.6Ma，晚于岩浆侵位约 6Ma，前人研究表明在石炭纪—中三叠世期间，古特提斯洋发生北向俯冲，晚三叠世古特提斯洋闭合，南秦岭构造带与华南板块进入

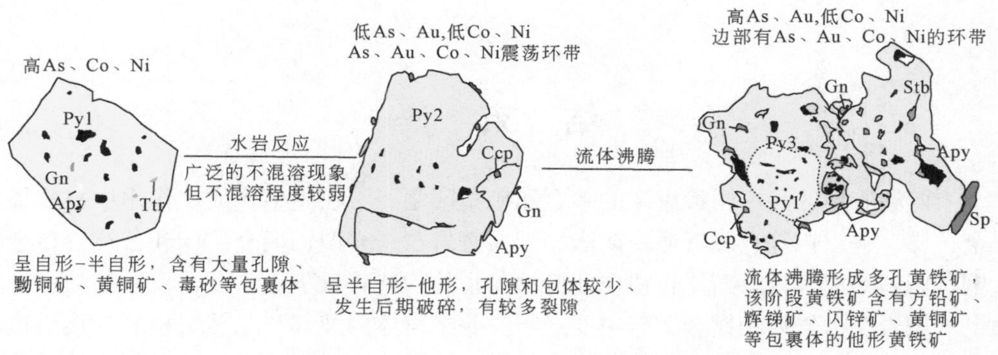

图 4-106　以地南金矿床金沉淀模式图

Py = 黄铁矿，Gn = 方铅矿，Apy = 毒砂，Ttr = 黝铜矿，Ccp = 黄铜矿，Sp = 闪锌矿

陆陆碰撞阶段。金成矿事件与古特提斯洋的闭合有关（Qiu et al., 2021；Yu et al., 2020a）。矿体和石英闪长岩虽然显示出密切的空间关系，但矿体受断裂控制，形成于石英闪长岩之后；热液蚀变主要有黄铁矿化、毒砂化、硅化碳酸盐化、方解石化和硅化等，矿石类型主要为浸染状矿石和脉状矿石；主要矿物为黄铁矿、毒砂、辉锑矿、闪锌矿、石英、绢云母、方解石，缺乏岩浆热液矿床典型的蚀变分带和元素分带，进一步证明以地南金矿床不属于岩浆热液矿床（Lang and Baker, 2001；Sillitoe, 2008）。

通过毒砂矿物学温度计和流体包裹体显微热力学可知，三个阶段的成矿温度分别为 425 ~ 355℃、308 ~ 361℃ 和 252 ~ 307℃；成矿流体属于 H_2O-NaCl-CO_2 ± CH_4 体系，盐度 7.17% ~ 10.49%，密度为 0.86 ~ 0.90g/cm^3，计算得到成矿深度为 3.60 ~ 5.21km。成矿流体属于中低温低盐度初始成矿流体属于 H_2O-CO_2-NaCl 体系的变质流体。硫同位素和黄铁矿微量元素特征也表明以地南金矿床成矿物质不是岩浆来源，成矿流体可能来源于变质流体（Groves et al., 2003；Yu et al., 2020a）。流体中金主要以金硫络合物的形式迁移，在流体运移的过程中随着压力和氧逸度等的变化，引发流体不混溶，导致 H_2S、CO_2、CH_4 等气体大规模逸出，引起金硫络合物失稳分解，降低 Au 在流体中的溶解度，导致金的大规模沉淀，这些特征与典型的浅层造山型性金矿床相似（Goldfarb et al., 2005；Goldfarb and Groves, 2015；Mao et al., 2002；邱正杰等，2015）。因此，综合构造背景、矿床地质特征、控矿因素成矿物质与成矿流体来源、成矿流体性质，认为以地南金矿床是赋存在岩浆岩中的造山型金矿床。

结　束　语

西秦岭地区是中国最重要的多金属矿集区之一，在中生代成矿作用中富集了金、锑、铜、钼等金属资源。矿床类型为斑岩夕卡岩型钼铜金矿床和云英岩型金铜矿床，形成于古特斯洋板块向北俯冲与华的构造背景下。

斑岩夕卡岩型钼铜金矿床主要产于三叠纪岩体内及其与二叠纪板岩的接触边界内。矿体主要为斑岩夕卡岩脉型矿体，赋矿围岩为花岗质岩石。矿石类型为脉状、网脉状和浸染状矿石，主要的蚀变类型为黄铁矿化、黄铜矿化、辉钼矿化、硅化、钾化、绢云母化、硅化、碳酸盐化。矿石矿物为黄铁矿、黄铜矿、辉钼矿，成矿流体为高温高盐度流体。成矿作用与早三叠世古特提斯洋俯冲有关的岩浆作用密切相关。

云英岩型金铜矿床主要受控于不同构造体系和不同级序的深大断裂构造带。该类型矿床以发育大量的电气石为主要特征，矿体主要为石英-电气石-多金属硫化物脉型矿体，赋矿围岩为早三叠世石英闪长斑岩，受断层与节理控制，成矿应力场主压应力方向为北东向。矿石类型为脉状和浸染状矿石，主要的蚀变类型为黄铁矿化、毒砂化、黄铜矿化、硅化、绢云母化。矿石矿物为黄铁矿、毒砂和黄铜矿等，脉石矿物为石英、电气石等，金主要赋存于黄铁矿和毒砂中，铜主要赋存于黄铜矿中。成矿流体为高温、高盐度的岩浆热液流体，成矿物质与印支期花岗质岩石有关，与早三叠世古特提斯洋俯冲有关的岩浆作用密切相关。造山型金锑矿床形成于板块汇聚的构造背景，其热液系统发育在地壳尺度的断裂带。矿体主要为浸染状矿体，赋矿围岩为二叠系板岩和石英闪长岩，受断层控制。矿石类型为浸染状矿石和脉状矿石，主要蚀变类型为黄铁矿化、毒砂化和硅化。矿石矿物为毒砂和黄铁矿，脉石矿物为石英和方解石等。成矿流体为低温、低盐度、富 CO_2 的变质流体，成矿物质主要来自地层，与古特提斯洋的闭合有关。

本书所依托项目进行期间，得到中国地质大学（北京）邓军院士和理查德·戈德法布（Richard Goldfarb）教授指导与帮助，还得到了南京大学周新民教授，吉林大学许文良教授、任云生教授，美国科罗拉多矿业大学托马斯·莫内克（Thomas Monecke）和詹姆斯·雷诺兹（James Reynolds）教授，美国地质调查局瑞安·塔洛尔（Ryan Taylor）和埃林·马什（Erin Marsh）研究员，澳大利亚西澳大学大卫·格罗夫斯（David Groves）院士的支持与帮助，在此表示感谢。

野外工作期间得到自然资源部矿产勘查技术指导中心、中国地质调查局发展研究中心、甘肃省地质矿产勘查开发局、甘肃省有色金属地质勘查局、山东招金集团有限公司、湖南黄金集团有限责任公司等单位的指导和支持。样品分析测试得到了中国地质调查局天津地质调查中心、中国科学院广州地球化学研究所、中国科学院地球化学研究所、南京大学、美国地质调查局丹佛中心、美国科罗拉多矿业大学提供的方便与支持，在此表示感谢。

项目的研究和本书的撰写得到了人力资源和社会保障部全国博士后管理委员会、国家自然科学基金委员会、教育部“长江学者奖励计划”青年项目、北京市科技新星计划、北京市青年人才托举工程的资助和支持。博士研究生于皓丞，硕士研究生张莲、王洁、黄雅琪、符佳楠、何登洋等参与了本项目研究工作。借本书出版的机会，再次一并表示谢忱。

参考文献

鲍霖，2014. 甘肃岗岔金矿成矿预测研究．北京：中国地质大学：1-62.

鲍新尚，和文言，高雪，2017. 滇西北衙金矿床富水岩浆对成矿的制约．岩石学报，33（7）：136-144.

曹晓峰，Sanogo M L S，吕新彪，等，2012. 甘肃枣子沟金矿床成矿过程分析——来自矿床地质特征、金的赋存状态及稳定同位素证据．吉林大学学报：地球科学版，42（4）：1039-1054.

昌佳，李建威，2013. 甘肃省合作市拉不在卡金矿床地质特征及成因分析．矿物学报，33（S2）：578.

陈国忠，张愿宁，梁志录，等，2014. 利用包裹体测温资料估算早子沟金矿成岩成矿压力及pH、Eh值．甘肃地质，23（4）：23-32.

陈瑞莉，陈正乐，伍俊杰，等，2018. 甘肃合作早子沟金矿床流体包裹体及硫铅同位素特征．吉林大学学报（地球科学版），48（1）：87-104.

陈晓锋，朱祥坤，2011. 铜绿山夕卡岩型铜铁矿床 Fe，Cu 同位素研究．矿物学报，S1（S1）：1001-1003.

陈衍景，2010. 秦岭印支期构造背景、岩浆活动及成矿作用．中国地质，37（4）：854-865.

第鹏飞，2018. 西秦岭夏河-合作早子沟金矿床地球化学特征及成矿机制研究．兰州：兰州大学：1-86.

第鹏飞，汤庆艳，刘聪，等，2021. 西秦岭夏河—合作地区早子沟和加甘滩金矿床石英微量元素特征及意义．现代地质，35（6）：1608-1621.

范宏瑞，李兴辉，左亚彬，等，2018. LA-（MC）-ICPMS 和（Nano）SIMS 硫化物微量元素和硫同位素原位分析与矿床形成的精细过程．岩石学报，34：12.

耿建珍，黄雅琪，姜桂鹏，等，2019. 西秦岭早子沟金锑矿床含矿英安斑岩年代学及其成因．地质调查与研究，42（3）：166-173.

郭素雄，陈明辉，陈孟军，等，2020. 西秦岭德乌鲁岩体矿集区下看木仓金矿床地质特征、控矿因素及找矿方向探讨．矿产与地质，34（5）：897-904.

韩海涛，2009. 西秦岭温泉钼矿地质地球化学特征及成矿预测．长沙：中南大学：1-129.

侯增谦，杨志明，2009. 中国大陆环境斑岩型矿床：基本地质特征，岩浆热液系统和成矿概念模型．地质学报，83（12）：1779-1817.

胡健民，孟庆任，石玉若，等，2005. 松潘-甘孜地体内花岗岩锆石 SHRIMP U-Pb 定年及其构造意义．岩石学报，21：867-880.

黄典豪，吴澄宇，杜安道，等，1994. 东秦岭地区钼矿床的铼-锇同位素年龄及其意义．矿床地质，13（3）：221-230.

黄雄飞，2016. 西秦岭印支期花岗质岩浆作用与造山带演化．北京：中国地质大学：1-160.
黄雄飞，莫宣学，喻学惠，等，2013. 西秦岭宕昌地区晚三叠世酸性火山岩的锆石 U-Pb 年代学，地球化学及其地质意义．岩石学报，29（11）：3968-3980.
黄雅琪，邱昆峰，于皓丞，等，2020. 西秦岭格娄昂金矿床赋矿斑岩岩石成因及其地质意义．岩石学报，36（5）：1567-1585.
江志成，2017. 甘南岗岔金矿成矿模式及找矿预测．北京：中国地质大学：1-172.
金维浚，张旗，何登发，等，2005. 西秦岭埃达克岩的 SHRIMP 定年及其构造意义．岩石学报，21（3）：959-966.
靳晓野，2013. 西秦岭夏河—合作地区老豆金矿矿床成因的地球化学和同位素年代学制约．武汉：中国地质大学：1-144.
李建威，隋吉祥，靳晓野，等，2019. 西秦岭夏河—合作地区与还原性侵入岩有关的金成矿系统及其动力学背景和勘查意义．地学前缘，26（5）：17-32.
李曙光，刘德良，陈移之，等，1993. 中国中部蓝片岩的形成时代．地质科学，28（1）：1-7.
李亚林，张国伟，王成善，等，2001. 秦岭勉略缝合带两期韧性剪切变形及其动力学意义．成都理工学院学报，28（1）：28-33.
李永军，2005. 花岗岩类地质信息的采集与集成．西安：长安大学：1-163.
李佐臣，裴先治，丁仨平，等，2010. 川西北碧口地块老河沟岩体和筛子岩岩体地球化学特征及其构造环境．地质学报，84（3）：343-356.
梁莎，刘良，张成立，等，2013. 南秦岭勉略构造带高压基性麻粒岩变质作用及其锆石 U-Pb 年龄．岩石学报，29（5）：1657-1674.
刘斌，2001. 中高盐度 NaCl-H_2O 包裹体的密度式和等容式及其应用．地质论评，47（6）：617-622.
刘海明，2015. 甘肃合作市岗岔金矿成因矿物学与成矿流体研究．北京：中国地质大学：1-127.
刘珉，2020. 西秦岭老豆金矿床物质组成与矿床成因研究．北京：中国地质大学：1-69.
卢焕章，范宏瑞，倪培，等，2004. 流体包裹体．北京：科学出版社．
卢欣祥，李明立，王卫，等，2008. 秦岭造山带的印支运动及印支期成矿作用．矿床地质，27（6）：762-773.
陆松年，蒋明媚，2003. 地幔柱与巨型放射状岩墙群．地质调查与研究，26（3）：136-144.
路英川，刘家军，张栋，等，2017. 西秦岭双朋西矽卡岩型金铜矿床花岗闪长岩 LA-ICP-MS 锆石 U-Pb 定年、岩石成因和构造意义．岩石学报，33（2）：545-564.
骆必继，张宏飞，肖尊奇，2012. 西秦岭印支早期美武岩体的岩石成因及其构造意义．地学前缘，19（3）：199-213.
骆金诚，赖绍聪，秦江锋，等，2010. 碧口地块王坝楚花岗岩成因及其地质意义．西北大学学报：自然科学版，40（6）：1055-1063.
骆金诚，赖绍聪，秦江锋，等，2011. 扬子板块西北缘碧口地块南一里花岗岩成因研究．地球学报，32（5）：559-569.
吕崧，颜丹平，王焰，等，2010. 碧口地块麻山，木皮岩体岩石地球化学与地质年代学：对构造属性的指示意义．岩石学报，26（6）：1889-1901.
秦江锋，赖绍聪，李永飞，2005. 扬子板块北缘碧口地区阳坝花岗闪长岩体成因研究及其地质意义．岩石学报，21：697-710.
邱昆峰，2015. 西秦岭北缘印支期斑岩铜钼成矿系统模式．北京：中国地质大学：1-194.
邱昆峰，杨立强，2011. 独居石成因特征与 U-Th-Pb 定年及三江特提斯构造演化研究例析．岩石学报，27（9）：2721-2732.
邱昆峰，李楠，Taylor R D，等，2014. 西秦岭温泉钼矿床成矿作用时限及其对斑岩型钼矿床系统分类制约．岩石学报，30（9）：2631-2643.
邱正杰，范宏瑞，丛培章，等，2015. 造山型金矿床成矿过程研究进展．矿床地质，34（1）：21-38.
任新红，2009. 甘肃武山温泉钼矿地质特征及成因．甘肃冶金，31（6）：58-61.
隋吉祥，李建威，2013. 西秦岭夏河-合作地区枣子沟金矿床成矿时代与矿床成因．矿物学报，33（S2）：346-347.
孙卫东，李曙光，李育敬，2000. 南秦岭花岗岩锆石 U-Pb 定年及其地质意义．地球化学，29（3）：209-216.
孙卫东，李聪颖，凌明星，等，2015. 钼的地球化学性质与成矿．岩石学报，31（7）：1807-1817.
汤军，赵鹏大，陈建平，等，2002. 龙门山碧口断块的形成及其空间归位研究．中国地质，29（3）：286-290.
万渝生，刘敦一，董春艳，等，2011. 西峡北部秦岭群变质沉积岩锆石 SHRIMP 定年：物源区复杂演化历史和沉积、变质时代确定．岩石学报，27（4）：1172-1178.
王二七，张旗，2001. 关于祁连山东段地块的构造叠加和折返的讨论——答左国朝研究员等的质疑．地质论评，47（6）：566-567.
王飞，2011. 西秦岭温泉钼矿床地质—地球化学特征与成矿动力学背景．西安：西北大学：1-104.
王绘清，朱云海，林启祥，等，2010. 青海尖扎—同仁地区隆务峡蛇绿岩的形成时代及意义——来自辉长岩锆石 LA-ICP-MS U-Pb 年龄的证据．地质通报，29（1）：86-92.
王跃，朱祥坤，2011. 流体出溶和演化过程中的 Fe 同位素分馏：以铜陵矿集区典型矿床为例．矿物学报，31（S1）：1022-1023.
韦萍，2013. 西秦岭夏河地区印支期花岗岩成因及其构造意义．北京：中国地质大学：1-62.
韦萍，莫宣学，喻学惠，等，2013. 西秦岭夏河花岗岩的地球化学、年代学及地质意义．岩石学报，29（11）：3981-3992.
吴福元，李献华，郑永飞，等，2007. Lu-Hf 同位素体系及其岩石学应用．岩石学报，23：2.
徐学义，陈隽璐，高婷，等，2014. 西秦岭北缘花岗质岩浆作用及构造演化．岩石学报，30（2）：371-389.
许志琴，杨经绥，张建新，1998. 阿尔金两侧构造单元的对比及岩石圈剪切作用．地质学报，68（3）：193-205.
闫臻，王宗起，陈隽璐，等，2009. 北秦岭武关地区丹凤群斜长角闪岩地球化学特征、锆石

SHRIMP测年及其构造意义．地质学报，83（11）：1633-1646.
杨晨，2011. 碧口地块构造演化．西安：西北大学：1-56.
杨晨，董云鹏，梁文天，等，2013. 勉略构造带康县区段磁组构特征及其构造意义．地球物理学进展，28（1）：214-223.
于皓丞，李俊，邱昆峰，等，2019. 西秦岭甘南早子沟金锑矿床白云石Sm-Nd同位素地球化学及其意义．岩石学报，35（5）：1519-1531.
张成立，王涛，王晓霞，2008. 秦岭造山带早中生代花岗岩成因及其构造环境．高校地质学报，14（3）：304-316.
张德会，1997. 流体的沸腾和混合在热液成矿中的意义．地球科学进展，12（6）：49-55.
张德贤，束正祥，曹汇，等，2015. 西秦岭造山带夏河—合作地区印支期岩浆活动及成矿作用—以德乌鲁石英闪长岩和老豆石英闪长斑岩为例．中国地质，42（5）：1257-1273.
张国伟，2001. 秦岭造山带与大陆动力学．北京：科学出版社.
张国伟，郭安林，董云鹏，等，2019. 关于秦岭造山带．地质力学学报，25：746-768.
张宏飞，靳兰兰，张利，等，2005. 西秦岭花岗岩类地球化学和Pb-Sr-Nd同位素组成对基底性质及其构造属性的限制．中国科学：D辑，35（10）：914-926.
张聚全，李胜荣，卢静，2018. 中酸性侵入岩的氧逸度计算．矿物学报，38（1）：1-14.
朱赖民，张国伟，李犇，等，2008. 秦岭造山带重大地质事件、矿床类型和成矿大陆动力学背景．矿物岩石地球化学通报，27（4）：384-390.
朱胜攀，2019. 甘肃省合作市下看木仓地区金矿矿床成因及找矿标志．甘肃冶金，41（4）：62-68.
Agangi A，Hofmann A，Wohlgemuth- Ueberwasser C C，2013. Pyrite zoning as a record of mineralization in the Ventersdorp Contact Reef，Witwatersrand Basin，South Africa. Economic Geology，108（6）：1243-1272.
Altherr R，Holl A，Hegner E，et al.，2000. High- potassium，calc- alkaline I- type plutonism in the European Variscides：northern Vosges（France）and northern Schwarzwald（Germany）. Lithos，50（1-3）：51-73.
An W，Chen J，Chen X，et al.，2020. Ideal element distribution pattern and characteristics of primary halo in the fault-controlled ore zone of the Yidinan Gold Deposit，Gansu Province，China. Natural Resources Research，29（5）：2867-2880.
Anderson E M，1905. The dynamics of faulting. Transactions of the Edinburgh Geological Society，8（3）：387-402.
Arancibia G，Morata D，2005. Compositional variations of syntectonic white- mica in low- grade ignimbritic mylonite. Journal of Structural Geology，27（4）：745-767.
Bajwah Z U，Seccombe P K，Offler R，1987. Trace- element distribution，Co- Ni Ratios and genesis of the Big Cadia Iron- Copper Deposit，New- South- Wales，Australia. Mineralium Deposita，22（4）：292-300.
Bakker R J，2003. Package FLUIDS 1. Computer programs for analysis of fluid inclusion data and for modelling bulk fluid properties. Chemical Geology，194（1-3）：3-23.

Bakker R J, Jansen J B H, 1994. A mechanism for preferential H_2O leakage from fluid inclusions in quartz, based on TEM observations. Contributions to Mineralogy and Petrology, 116 (1): 7-20.

Ballard J R, Palin M J, Campbell I H, 2002. Relative oxidation states of magmas inferred from Ce (IV)/Ce (Ⅲ) in zircon: application to porphyry copper deposits of northern Chile. Contributions to Mineralogy and Petrology, 144 (3): 347-364.

Barker S L, Hickey K A, Cline J S, et al., 2009. Uncloaking invisible gold: use of nanoSIMS to evaluate gold, trace elements, and sulfur isotopes in pyrite from Carlin- type gold deposits. Economic Geology, 104 (7): 897-904.

Baxter S, Feely M, 2002. Magma mixing and mingling textures in granitoids: examples from the Galway Granite, Connemara, Ireland. Mineralogy and Petrology, 76 (1-2): 63-74.

Berry A J, Hack A C, Mavrogenes J A, et al., 2006. A XANES study of Cu speciation in high-temperature brines using synthetic fluid inclusions. American Mineralogist, 91 (11-12): 1773-1782.

Bodnar R, 1993. Revised equation and table for determining the freezing point depression of H_2O-NaCl solutions. Geochimica et Cosmochimica Acta, 57 (3): 683-684.

Bowers T S, Helgeson H C, 1983. Calculation of the thermodynamic and geochemical consequences of nonideal mixing in the system H_2O-CO_2-NaCl on phase relations in geologic systems: equation of state for H_2O-CO_2-NaCl fluids at high pressures and temperatures. Geochimica et Cosmochimica Acta, 47 (7): 1247-1275.

Brown P E, 1989. FLINCOR: a microcomputer program for the reduction and investigation of fluid-inclusion data. American Mineralogist, 74 (11-12): 1390-1393.

Cai H, Zhang H, Xu W, 2009. U-Pb zircon ages, geochemical and Sr-Nd-Hf isotopic compositions of granitoids in Western Songpan-Carze fold belt: Petrogenesis and implication for tectonic evolution. Journal of Earch Science, 20 (4): 681-698.

Cao X F, Lü X B, Yao S Z, et al., 2011. LA-ICP-MS U-Pb zircon geochronology, geoohemistry and kinetics of the Wenquan ore-bearing granites from West Qinling, china. Ore Geology Reviews, 43 (1): 120-131.

Castillo P R, 2012. Adakite petrogenesis. Lithos, 134: 304-316.

Cathles L M, Erendi A, Barrie T, 1997. How long can a hydrothermal system be sustained by a single intrusive event? Economic Geology, 92 (7-8): 766-771.

Chang Z, Large R R, Maslennikov V, 2008. Sulfur isotopes in sediment- hosted orogenic gold deposits: evidence for an early timing and a seawater sulfur source. Geology, 36 (12): 971-974.

Chappell B W, White A, 1992. I- and S- type granites in the Lachlan Fold Belt. Earth and Environmental Science Transactions of the Royal Society of Edinburgh, 83 (1-2): 1-26.

Chappell B W, White A J R, 2015. Two contrasting granite types: 25 years later. Journal of the Geological Society of Australia, 48 (4): 489-499.

Chappell B W, White A J R, Wyborn D, 1987. The importance of residual source material (restite) in granite petrogenesis. Journal of Petrology, 28 (6): 1111-1138.

Chen B, Chen Z C, Jahn B M, 2009. Origin of mafic enclaves from the Taihang Mesozoic orogen, north China craton. Lithos, 110 (1-4): 343-358.

Chen L, Li X, Li J, et al., 2015b. Extreme variation of sulfur isotopic compositions in pyrite from the Qiuling sediment-hosted gold deposit, West Qinling orogen, central China: an in situ SIMS study with implications for the source of sulfur. Mineralium Deposita, 50 (6): 643-656.

Chen M, Campbell I H, 2021. Kinetic factors control trace element and isotope zoning in Archean pyrite corona nodules. Geochimica et Cosmochimica Acta, 315: 230-250.

Chen Y, Santosh M, 2014. Triassic tectonics and mineral systems in the Qinling Orogen, central China . Geological Journal, 49: 338-358.

Chen Y J, 2010. Indosinian tectonic setting, magmatism and metallogenesis in Qinling Orogen, central China. Geology in China, 37 (4): 854-865.

Cheng Y H, Feng Q K, Yao P, et al., 2019. Constraints of magmatic oxidation state on mineralization in the wenquan porphyry molybdenum deposit, West Qinling, China. Earth Science Frontiers, 26 (5): 255-269.

Chiaradia M, 2014. Copper enrichment in arc magmas controlled by overriding plate thickness. Nature Geoscience, 7 (1): 43-46.

Chinnasamy S S, Hazarika P, Pal D, et al., 2021. Pyrite textures and trace element compositions from the Granodiorite- Hosted Gold Deposit at Jonnagiri, Eastern Dharwar Craton, India: implications for gold mineralization processes. Economic Geology, 116 (3): 559-579.

Chung S L, Liu D, Ji J, et al., 2003. Adakites from continental collision zones: melting of thickened lower crust beneath southern Tibet. Geology, 31 (11): 1021-1024.

Ciobanu C L, Cook N J, Utsunomiya S, et al., 2012. Gold- telluride nanoparticles revealed in arsenic-free pyrite. American Mineralogist, 97 (8-9): 1515-1518.

Clayton R N, O' Neil J R, Mayeda T K, 1972. Oxygen isotope exchange between quartz and water. Journal of Geophysical Research, 77 (17): 3057-3067.

Collings M D, Sherman D M, Ragnarsdottir K V, 2000. Complexation of Cu^{2+} in oxidized NaCl brines from 25℃ to 175℃: results from in situ EXAFS spectroscopy. Chemical Geology, 167 (1-2): 65-73.

Cook N, Ciobanu C, George L, et al., 2016. Trace element analysis of minerals in magmatic-hydrothermal ores by laser ablation inductively-coupled plasma mass spectrometry: approaches and opportunities. Minerals, 6 (4): 111.

Cook N J, Chryssoulis S L, 1990. Concentrations of invisible gold in the common sulfides. Canadian Mineralogist, 28: 1-16.

Cook N J, Ciobanu C L, Mao J, 2009a. Textural control on gold distribution in As-free pyrite from the Dongping, Huangtuliang and Hougou gold deposits, North China Craton (Hebei Province, China) . Chemical Geology, 264 (1-4): 101-121.

Cook N J, Ciobanu C L, Pring A, et al., 2009b. Trace and minor elements in sphalerite: a LA-ICPMS study. Geochimica et Cosmochimica Acta, 73 (16): 4761-4791.

Cook N J, Ciobanu C L, Danyushevsky L V, et al., 2011. Minor and trace elements in bornite and associated Cu-(Fe) -sulfides: a LA-ICP-MS study. Geochimica et Cosmochimica Acta, 75 (21): 6473-6496.

Cook N J, Ciobanu C L, Meria D, et al., 2013. Arsenopyrite-pyrite association in an orogenic gold ore: tracing mineralization history from textures and trace elements. Economic Geology, 108 (6): 1273-1283.

Cooke D R, McPhail D C, Bloom M S, 1996. Epithermal gold mineralization, Acupan, Baguio District, Philippines: geology, mineralization, alteration, and the thermochemical environment of ore deposition. Economic Geology, 91 (2): 243-272.

Corfu F, Hanchar J M, Hoskin P W, et al., 2003. Atlas of zircon textures. Reviews in Mineralogy and Geochemistry, 53: 469-500.

Coullbaly Y, Boiron M C, Cathelineau M, et al., 2008. Fluid immiscibility and gold deposition in the Birimian quartz veins of the Angovia deposit (Yaoure, Ivory Coast). Journal of African Earth Sciences, 50 (2-4): 234-254.

Deditius A P, Utsunomiya S, Renock D, et al., 2008. A proposed new type of arsenian pyrite: composition, nanostructure and geological significance. Geochimica et Cosmochimica Acta, 72 (12): 2919-2933.

Deditius A P, Utsunomiya S, Ewing R C, et al., 2009. Nanoscale "liquid" inclusions of As-Fe-S in arsenian pyrite. American Mineralogist, 94 (2-3): 391-394.

Deditius A P, Reich M, Kesler S E, et al., 2014. The coupled geochemistry of Au and As in pyrite from hydrothermal ore deposits. Geochimica et Cosmochimica Acta, 140: 644-670.

Deng J, Wang Q F, 2016. Gold mineralization in China: metallogenic provinces, deposit types and tectonic framework. Gondwana Research, 36: 219-274.

Deng J, Zhai Y, Mo X, et al., 2019. Temporal-spatial distribution of metallic ore deposits in China and their geodynamic settings. Society of Economic Geologists, 22: 103-132.

Deng J, Yang L Q, Groves D I, et al., 2020. An integrated mineral system model for the gold deposits of the giant Jiaodong province, eastern China. Earth-Science Reviews, 208: 103274.

Deng Z, Liu S, Zhang W, et al., 2016. Petrogenesis of the Guangtoushan granitoid suite, central China: implications for Early Mesozoic geodynamic evolution of the Qinling Orogenic Belt. Gondwana Research, 30: 112-131.

Diamond L W, 2000. Fluid chemistry of orogenic lode gold deposits and implications for genetic models. Reviews in Economic Geology, 13: 141-162.

Diamond L W, 2001. Review of the systematics of CO_2-H_2O fluid inclusions. Lithos, 55 (1-4): 69-99.

Ding L, Yang D, Cai F, et al., 2013. Provenance analysis of the Mesozoic Hoh-Xil-Songpan-Ganzi turbidites in northern Tibet: implications for the tectonic evolution of the eastern Paleo-Tethys Ocean. Tectonics, 32 (1): 34-48.

Donaire T, Pascual E, Pin C, et al., 2005. Microgranular enclaves as evidence of rapid cooling in granitoid rocks: the case of the Los Pedroches granodiorite, Iberian Massif, Spain. Contributions to

Mineralogy & Petrology, 149 (3): 247-265.

Dong Y, Santosh M, 2016. Tectonic architecture and multiple orogeny of the Qinling Orogenic Belt, Central China. Gondwana Research, 29 (1): 1-40.

Dong Y P, Genser J, Neubauer F, et al., 2011a. U-Pb and $^{40}Ar/^{39}Ar$ geochronological constraints on the exhumation history of the North Qinling terrane, China. Gondwana Research, 19 (4): 881-893.

Dong Y P, Zhang G W, Neubauer F, et al., 2011b. Tectonic evolution of the Qinling orogen, China: review and synthesis. Journal of Asian Earth Sciences, 41 (3): 213-237.

Dong Y P, Yang Z, Liu X M, et al., 2016. Mesozoic intracontinental orogeny in the Qinling Mountains, central China. Gondwana Research, 30: 144-158.

Dong Y P, Sun S S, Santosh M, et al., 2021. Central China Orogenic Belt and amalgamation of East Asian continents. Gondwana Research, 100: 131-194.

Donnay G, Corliss L, Donnay J, et al., 1958. Symmetry of magnetic structures: magnetic structure of chalcopyrite. Physical Review, 112 (6): 1917.

Douce A E P, 1999. What do experiments tell us about the relative contributions of crust and mantle to the origin of granitic magmas? Geological Society, London, Special Publications, 168 (1): 55-75.

Evans K A, Tomkins A G, Cliff J, et al., 2014. Insights into subduction zone sulfur recycling from isotopic analysis of eclogite-hosted sulfides. Chemical Geology, 365: 1-19.

Field C, Zhang L, Dilles J, et al., 2005. Sulfur and oxygen isotopic record in sulfate and sulfide minerals of early, deep, pre-Main Stage porphyry Cu-Mo and late Main Stage base-metal mineral deposits, Butte district, Montana. Chemical Geology, 215 (1-4): 61-93.

Fielding I O H, 2017. Using in situ SHRIMP U-Pb monazite and xenotime geochronology to determine the age of orogenic gold mineralization: an example from the paulsens mine, southern pilbara craton. Economic Geology, 112 (5): 1205-1230.

Foster J G, Lambert D D, Frick L R, et al., 1996. Re-Os isotopic evidence for genesis of Archaean nickel ores from uncontaminated komatiites. Nature, 382 (6593): 703-706.

Franz G, Andrehs G, Rhede D, 1996. Crystal chemistry of monazite and xenotime from Saxothuringian-Moldanubian metapelites, NE Bavaria, Germany. European Journal of Mineralogy, 8 (5): 1097-1118.

Freeburn R, Bouilhol P, Maunder B, et al., 2017. Numerical models of the magmatic processes induced by slab breakoff. Earth and Planetary Science Letters, 478: 203-213.

Fulton J L, Hoffmann M M, Darab J G, et al., 2000. Copper (Ⅰ) and copper (Ⅱ) coordination structure under hydrothermal conditions at 325C: an X-ray absorption fine structure and molecular dynamics study. The Journal of Physical Chemistry A, 104 (49): 11651-11663.

Gammons C H, Yu Y, Williams-Jones A E, 1997. The disproportionation of gold (Ⅰ) chloride complexes at 25 to 200℃. Geochimica et Cosmochimica Acta, 61 (10): 1971-1983.

Gao X Q, He W Y, Gao X, et al., 2017. Constraints of magmatic oxidation state on mineralization in the Beiya alkali-rich porphyry gold deposit, western Yunnan, China. Solid Earth Sciences, 2 (3): 65-78.

Garland F, HaKesworth C J, Mantovani M, 1995. Description and Petrogenesis of the Paran Rzhyolites, Southern Brazil. Journal of Petrology, 36 (5): 1193-1227.

Garofalo P S, Fricker M B, Günther D, et al. , 2014. Physical-chemical properties and metal budget of Au-transporting hydrothermal fluids in orogenic deposits. Geological Society, London, Special Publications, 402 (1): 71-102.

Geng J Z, Qiu K F, Gou Z Y, et al., 2017. Tectonic regime switchover of Triassic Western Qinling Orogen: constraints from LA-ICP-MS zircon U-Pb geochronology and Lu-Hf isotope of Dangchuan intrusive complex in Gansu, China. Geochemistry, 77 (4): 637-651.

George L L, Cook N J, Crowe B B, et al., 2018. Trace elements in hydrothermal chalcopyrite. Mineralogical Magazine, 82 (1): 59-88.

Göğüş O H, Pysklywec R N, Şengör A M C, et al., 2017. Drip tectonics and the enigmatic uplift of the Central Anatolian Plateau. Nature Communications, 8 (1): 1538.

Goldfarb R J, Groves D I, 2015. Orogenic gold: common or evolving fluid and metal sources through time. Lithos, 233: 2-26.

Goldfarb R J, Baker T, Dube B, et al. , 2005. Distribution, Character, and Genesis of Gold. Deposits in Metamorphic Terranes//Goldfarb R J, Baker T, Dube B, et al. Economic Geology 100th Anniversary Volume. Ottawa: Society of Economic Geologists: 407-450.

Goldfarb R J, Qiu K F, Deng J, et al., 2019. Orogenic gold deposits of China. SEG Special Publication, 22: 263-323.

Goldstein R H, Reynolds T J, 1994. Systematics of fluid inclusions in diagenetic minerals. SEPM Society for Sedimentary Geology.

Götze J, Plötze M, Habermann D, 2001. Origin, spectral characteristics and practical applications of the cathodoluminescence (CL) of quartz-a review. Mineralogy and Petrology, 71 (3): 225-250.

Götze J, Plötze M, Graupner T, et al., 2004. Trace element incorporation into quartz: a combined study by ICP-MS, electron spin resonance, cathodoluminescence, capillary ion analysis, and gas chromatography. Geochimica et Cosmochimica Acta, 68 (18): 3741-3759.

Gou Z Y, Yu H C, Qiu K F, et al., 2019. Petrogenesis of Ore-Hosting Diorite in the Zaorendao Gold Deposit at the Tongren- Xiahe-Hezuo Polymetallic District, West Qinling, China. Minerals, 9 (2): 76.

Green T H, 1995. Significance of Nb/Ta as an indicator of geochemical processes in the crust-mantle system. Chemical Geology, 120 (3-4): 347-359.

Gregory D D, Large R R, Halpin J A, et al., 2015. Trace element content of sedimentary pyrite in black shales. Economic Geology, 110 (6): 1389-1410.

Gregory D D, Cracknell M J, Large R R, et al. , 2019. Distinguishing ore deposit type and barren sedimentary pyrite using laser ablation-inductively coupled plasma-mass spectrometry trace element data and statistical analysis of large data sets. Economic Geology, 114 (4): 771-786.

Griffin W L, Wang X, Jackson S E, et al., 2002. Zircon chemistry and magma mixing, SE China: in-situ analysis of Hf isotopes, Tonglu and Pingtan igneous complexes. Lithos, 61 (3-4): 237-269.

Grogan S E, Reavy R J, 2002. Disequilibrium textures in the Leinster Granite Complex, SE Ireland: evidence for acid-acid magma mixing. Mineralogical Magazine, 66 (6): 929-940.

Groves D I, Goldfarb R J, Robert F, et al. , 2003. Gold deposits in metamorphic belts: overview of current understanding, outstanding problems, future research, and exploration significance. Economic Geology, 98 (1): 1-29.

Groves D I, Santosh M, Goldfarb R J, et al. , 2018. Structural geometry of orogenic gold deposits: implications for exploration of world-class and giant deposits. Geoscience Frontiers, 9 (4): 1163-1177.

Guo X, Yan Z, Wang Z, et al., 2012. Middle Triassic arc magmatism along the northeastern margin of the Tibet: U-Pb and Lu-Hf zircon characterization of the Gangcha complex in the West Qinling terrane, central China. Journal of the Geological Society, 169 (3): 327-336.

Hacker B R, Ratschbacher L, Liou J G, 2004. Subduction, collision and exhumation in the ultrahigh-pressure Qinling-Dabie orogen. Geological Society London Special Publications, 226 (1): 157-175.

Hall D L, Sterner S M, Bodnar R J, 1988. Freezing point depression of NaCl-KCl-H_2O solutions. Economic Geology, 83 (1): 197-202.

Hall S, Stewart J, 1973. The crystal structure refinement of chalcopyrite, $CuFeS_2$. Acta crystallographica Section B: Structural Crystallography and Crystal Chemistry, 29 (3): 579-585.

HawKesworth C J, Kemp A, 2006. Using hafnium and oxygen isotopes in zircons to unravel the record of crustal evolution. Chemical Geology, 226 (3-4): 144-162.

Hayashi K, Ohmoto H, 1991. Solubility of gold in NaCl- and H_2S-bearing aqueous solutions at 250-350℃. Geochimica et Cosmochimica Acta, 55 (8): 2111-2126.

Hofmann A W, Jochum K P, Seufert M, et al., 1986. Nb and Pb in oceanic basalts: new constraints on mantle evolution. Earth and Planetary Science Letters, 79 (1-2): 33-45.

Hongfu Y, Kexin Z, Qinglai F, 2004. The archipelagic ocean system of the eastern Eurasian Tethys. Acta Geologica Sinica-English Edition, 78 (1): 230-236.

Hou Z, Yang Z, Lu Y, et al., 2015. A genetic linkage between subduction- and collision-related porphyry Cu deposits in continental collision zones. Geology, 43 (3): 247-250.

Hu F, Ducea M N, Liu S, et al., 2017. Quantifying crustal thickness in continental collisional belts: global perspective and a geologic application. Scientific Reports, 7 (1): 7058.

Hu F, Liu S, Ducea M N, et al., 2020. Early Mesozoic magmatism and tectonic evolution of the Qinling Orogen: implications for oblique continental collision. Gondwana Research, 88: 296-332.

Huang Y Q, Qiu K F, Yu H C, et al., 2020. Petrogenesis of ore-hosting porphyry in the Gelouang gold deposit, West Qinling and its geological implications. Acta Petrologicas Sinica, 36 (5): 1567-1585.

Huang Y Q, Wu M Q, Germain B, et al., 2022. Geodynamic setting and ore formation of the Younusisayi thorium deposit in the Altyn orogenic belt, NW China. Ore Geology Reviews, 140: 104552.

Hulston J, Thode H, 1965. Variations in the S33, S34, and S36 contents of meteorites and their relation to chemical and nuclear effects. Journal of Geophysical Research, 70 (14): 3475-3484.

Huston D L, Sie S H, Suter G F, et al. , 1995. Trace elements in sulfide minerals from eastern Australian volcanic-hosted massive sulfide deposits. Economic Geology, 90 (5): 1167-1196.

Hutchison W, Finch A A, Boyce A J, 2020. The sulfur isotope evolution of magmatic-hydrothermal fluids: insights into ore-forming processes. Geochimica et Cosmochimica Acta, 288: 176-198.

Jiang Y H, Jin G D, Liao S Y, et al., 2010. Geochemical and Sr-Nd-Hf isotopic constraints on the origin of Late Triassic granitoids from the Qinling orogen, central China: implications for a continental arc to continent-continent collision. Lithos, 117 (1-4): 183-197.

Jiang Z C, 2017. Metallogenic model and exploration potential of the Gangcga gold deposit in Gansu. Beijing: China University of Geosciences.

Jin X Y, Li J W, Hofstra A H, et al., 2016. Magmatic-hydrothermal origin of the early Triassic Laodou lode gold deposit in the Xiahe-Hezuo district, West Qinling orogen, China: implications for gold metallogeny. Mineralium Deposita, 52 (6): 883-902.

Kajiwara Y, Krouse H, 1971. Sulfur isotope partitioning in metallic sulfide systems. Canadian Journal of Earth Sciences, 8 (11): 1397-1408.

Kelly W C, Rye R O, 1979. Geologic, fluid inclusion, and stable isotope studies of the tin-tungsten deposits of Panasqueira, Portugal. Economic Geology, 74 (8): 1721-1822.

Kemp A, HaKesworth C J, Foster G L, et al., 2007. Magmatic and crustal differentiation history of granitic rocks from Hf-O Isotopes in zircon. Science, 315 (5814): 980-983.

Kirchenbaur M, Münker C, 2015. The behaviour of the extended HFSE group (Nb, Ta, Zr, Hf, W, Mo) during the petrogenesis of mafic K-rich lavas: the eastern Mediterranean case. Geochimica et Cosmochimica Acta, 165: 178-199.

Kirkland C L, Whitehouse M J, Slagstad T, 2009. Fluid-assisted zircon and monazite growth within a shear zone: a case study from Finnmark, Arctic Norway. Contributions to Mineralogy and Petrology, 158 (5): 637-657.

Klemm L M, Pettke T, Heinrich C A, et al., 2007. Hydrothermal evolution of the El Teniente deposit, Chile: porphyry Cu-Mo ore deposition from low-salinity magmatic fluids. Economic Geology, 102 (6): 1021-1045.

Kretschmar U, Scott S, 1976. Phase relations involving arsenopyrite in the system Fe-As-S and their application. Canadian Mineralogist, 14 (3): 364-386.

Lang J, Baker T, 2001. Intrusion- related gold systems: the present level of understanding. Mineralium Deposita, 36: 477-489.

Langmuir C H, Vocke R D, Hanson G N, et al., 1978. A general mixing equation with applications to Icelandic basalts. Earth & Planetary Science Letters, 37 (3): 380-392.

Large R R, Danyushevsky L, Hollit C, et al. , 2009. Gold and trace element zonation in pyrite using a laser imaging technique: implications for the timing of gold in orogenic and Carlin- style sedimenthosted deposits. Economic Geology, 104 (5): 635-668.

Large R R, Halpin J A, Danyushevsky L V, et al., 2014. Trace element content of sedimentary pyrite as a new proxy for deep-time ocean-atmosphere evolution. Earth and Planetary Science Letters, 389: 209-220.

Large S J E, Bakker E Y N, Weis P, et al. , 2016. Trace elements in fluid inclusions of sedimenthosted gold deposits indicate a magmatic- hydrothermal origin of the Carlin ore trend. Geology, 44 (12): 1015-1018.

Leach D I, Song Y C, 2019. Sediment- hosted zinc- lead and copper deposits in China//Leach D I, Song Y C. Mineral Deposies of China. Kansas: Society of Economic Geologists: 325-409.

Li J, Duan Z, 2011. A thermodynamic model for the prediction of phase equilibria and speciation in the H_2O-CO_2-NaCl-$CaCO_3$-$CaSO_4$ system from 0 to 250℃, 1 to 1000 bar with NaCl concentrations up to halite saturation. Geochimica et Cosmochimica Acta, 75 (15): 4351-4376.

Li K, Guo A, Gao C, et al., 2015a. A tentative discussion on the source area of the Late Triassic Liuyehe basin in North Qinling Mountains and its relationship with the Ordos basin: evidence from LA-ICP-MS U-Pb dating of detrital zircons. Geological Bulletin of China, 34: 1426-1437.

Li N, Ulrich T, Chen Y J, et al., 2012. Fluid evolution of the Yuchiling porphyry Mo deposit, East Qinling, China. Ore Geology Reviews, 48: 442-459.

Li N, Chen Y J, Santosh M, et al., 2015b. Compositional polarity of Triassic granitoids in the Qinling Orogen, China: implication for termination of the northernmost paleo-Tethys. Gondwana Research, 27 (1): 244-257.

Li Q, Santosh M, Li S R, et al., 2015c. Petrology, geochemistry and zircon U- Pb and Lu- Hf isotopes of the Cretaceous dykes in the central North China Craton: implications for magma genesis and gold metallogeny. Ore Geology Reviews, 67: 57-77.

Li S, Kusky T M, Lu W, et al., 2007. Collision leading to multiple-stage large-scale extrusion in the Qinling orogen: insights from the Mianlue suture. Gondwana Research, 12 (1-2): 121-143.

Li S, Jahn B M, Zhao S, et al., 2017. Triassic southeastward subduction of North China Block to South China Block: insights from new geological, geophysical and geochemical data. Earth-Science Reviews, 166: 270-285.

Li S, Zhao S, Liu X, et al., 2018. Closure of the Proto- Tethys Ocean and Early Paleozoic amalgamation of microcontinental blocks in East Asia. Earth-Science Reviews, 186: 37-75.

Li X H, Li W X, Wang X C, et al., 2009. Role of mantle- derived magma in genesis of early Yanshanian granites in the Nanling Range, South China: in situ zircon Hf- O isotopic constraints. Science in China Series D: Earth Sciences, 52 (9): 1262-1278.

Li X W, Mo X X, Huang X F, et al., 2015d. U-Pb zircon geochronology, geochemical and Sr- Nd-Hf isotopic compositions of the Early Indosinian Tongren Pluton in West Qinling: petrogenesis and geodynamic implications. Journal of Asian Earth Sciences, 97: 38-50.

Liang T，Li L，Lu R，et al.，2020. Early Cretaceous mafic dikes in the northern Qinling Orogenic Belt，central China：implications for lithosphere delamination. Journal of Asian Earth Sciences，194：104142.

Liao X，Liu L，Wang Y，et al.，2016. Multi-stage metamorphic evolution of retrograde eclogite with a granulite-facies overprint in the Zhaigen area of the North Qinling Belt，China. Gondwana Research，30：79-96.

Liao X Y，Wang Y W，Liu L，et al.，2017. Detrital zircon U-Pb and Hf isotopic data from the Liuling Group in the South Qinling belt：provenance and tectonic implications. Journal of Asian Earth Sciences，134：244-261.

Liu F L，Liou J G，2011. Zircon as the best mineral for P-T-time history of UHP metamorphism：a review on mineral inclusions and U-Pb SHRIMP ages of zircons from the Dabie-Sulu UHP rocks. Journal of Asian Earth Sciences，40（1）：1-39.

Liu J，Zhang P，Lease R O，et al.，2013. Eocene onset and late Miocene acceleration of Cenozoic intracontinental extension in the North Qinling range-Weihe graben：insights from apatite fission track thermochronology. Tectonophysics，584：281-296.

Liu J，Dai H，Zhai D，et al.，2015. Geological and geochemical characteristics and formation mechanisms of the Zhaishang Carlin-like type gold deposit，western Qinling Mountains，China. Ore Geology Reviews，64：273-298.

Liu L，Liao X，Wang Y，et al.，2016. Early Paleozoic tectonic evolution of the North Qinling Orogenic Belt in Central China：insights on continental deep subduction and multiphase exhumation. Earth-Science Reviews，159：58-81.

Liu M，Zhang M，Zhu W，et al.，2020. Rapid characterization of the July 2019 Ridgecrest，California，earthquake sequence from raw seismic data using machine-learning phase picker. Geophysical Research Letters，47（4）：e2019GL086189.

Liu Y，Gao S，Hu Z，et al.，2010. Continental and oceanic crust recycling-induced melt-peridotite interactions in the Trans-North China Orogen：U-Pb dating，Hf isotopes and trace elements in zircons from mantle xenoliths. Journal of Petrology，51（1-2）：537-571.

Loader M A，Wilkinson J J，Armstrong R N，2017. The effect of titanite crystallisation on Eu and Ce anomalies in zircon and its implications for the assessment of porphyry Cu deposit fertility. Earth and Planetary Science Letters，472：107-119.

Lowell G R，Young G J，1999. Interaction between coeval mafic and felsic melts in the St. Francois Terrane of Missouri，USA. Precambrian Research，95（1-2）：69-88.

Ludwig K R，2003. Isoplot 3. 00：a geochronological toolkit for Microsoft Excel. Berkeley Geochronology Center Special Publication，4：70.

Luo B，Zhang H，Lü X，2012a. U-Pb zircon dating，geochemical and Sr-Nd-Hf isotopic compositions of Early Indosinian intrusive rocks in West Qinling，central China：petrogenesis and tectonic implications. Contributions to Mineralogy and Petrology，164（4）：551-569.

Luo B J，Zhang H F，Xiao Z Q，2012b. Petrogenesis and tectonic implications of the early Indosinian

Meiwu pluton in West Qinling, central China. Earth Science Frontiers, 19 (3): 199-213.

Luo B J, Zhang H F, Xu W C, et al., 2015. The Middle Triassic Meiwu Batholith, West Qinling, Central China: implications for the evolution of compositional diversity in a composite batholith. Journal of Petrology, 56 (6): 1139-1172.

Maniar P D, Piccoli P M, 1989. Tectonic discrimination of granitoids. Geological Society of America Bulletin, 101 (5): 635-643.

Mao J W, Qiu Y m, Goldfarb R, et al. , 2002. Geology, distribution, and classification of gold deposits in the western Qinling belt, central China. Mineralium Deposita, 37 (3-4): 352-377.

Mao J, Xie G, Bierlein F, et al., 2008. Tectonic implications from Re- Os dating of Mesozoic molybdenum deposits in the East Qinling- Dabie orogenic belt. Geochimica et Cosmochimica Acta, 72 (18): 4607-4626.

Marini L, Moretti R, Accornero M, 2011. Sulfur isotopes in magmatic-hydrothermal systems, melts, and magmas. Reviews in Mineralogy and Geochemistry, 73 (1): 423-492.

Martin H, Smithies R H, Rapp R, et al., 2005. An overview of adakite, tonalite-trondhjemite-granodiorite (TTG), and sanukitoid: relationships and some implications for crustal evolution. Lithos, 79 (1-2): 1-24.

Marumo K, Nagasawa K, Kuroda Y, 1980. Mineralogy and hydrogen isotope geochemistry of clay minerals in the Ohnuma geothermal area, Northeastern Japan. Earth and Planetary Science Letters, 47 (2): 255-262.

Mavrogenes J A, Berry A J, Newville M, et al., 2002. Copper speciation in vapor- phase fluid inclusions from the Mole Granite, Australia. American Mineralogist, 87 (10): 1360-1364.

McDonough S, 1989. Chemical and isotopic systematics of oceanic basalts: implications for mantle composition and processes. Geological Society London Special Publications, 42 (1): 313-345.

Meinert L D, Dipple G M, Nicolescu S, 2005. World skarn deposits. SEG Special Publications, 100: 299-336.

Menant A, Sternai P, Jolivet L, et al., 2016. 3D numerical modeling of mantle flow, crustal dynamics and magma genesis associated with slab roll- back and tearing: the eastern Mediterranean case. Earth & Planetary Science Letters, 442: 93-107.

Meng Q, Qu H, Hu J, 2007. Triassic deep-marine sedimentation in the western Qinling and Songpan terrane. Science in China Series D: Earth Sciences, 50 (S2): 246-263.

Meng Q R, Wu G, Fan L, et al., 2018. Tectonic evolution of early Mesozoic sedimentary basins in the North China block. Earth-Science Reviews, 190: 416-438.

Mengason M, Candela P, Piccoli P, 2011. Molybdenum, tungsten and manganese partitioning in the system pyrrhotite- Fe- S- O melt- rhyolite melt: impact of sulfide segregation on arc magma evolution. Geochimica et Cosmochimica Acta, 75 (22): 7018-7030.

Middlemost E, 1994. Naming materials in the magma/igneous rock system. Earth-Science Reviews, 37 (3-4): 215-224.

Mikucki E J, 1998. Hydrothermal transport and depositional processes in Archean lode-gold systems:

a review. Ore Geology Reviews, 13 (1-5): 307-321.

Mu H, Yan D P, Qiu L, et al., 2019. Formation of the Late Triassic western Sichuan foreland basin of the Qinling Orogenic Belt, SW China: sedimentary and geochronological constraints from the Xujiahe Formation. Journal of Asian Earth Sciences, 183: 103938.

Muntean J L, Einaudi M T, 2001. Porphyry- epithermal transition: maricunga belt, northern Chile. Economic Geology, 96 (4): 743-772.

Nie X, Shen J, Liu H, et al., 2017. Geochemistry of pyrite from the Gangcha gold deposit, West Qinling Orogen, China: implications for ore genesis. Acta Geologica Sinica- English Edition, 91 (6): 2164-2179.

Noyes H, Frey F A, Wones D R, 1983. A tale of two plutons: geochemical evidence bearing on the origin and differentiation of the Red Lake and Eagle Peak plutons, central Sierra Nevada, California. The Journal of Geology, 91 (5): 487-509.

Ohmoto H, 1972. Systematics of sulfur and carbon isotopes in hydrothermal ore deposits. Economic Geology, 67 (5): 551-578.

Ohmoto H, Rye R O, 1979. Isotopes of sulfur and carbon. In: Barnes H L, ed. Geochemistry of hydrothermal ore de-posits. New York: John Wiley&Sons, 509-567.

Passchier C W, Simpson C, 1986. Porphyroclast systems as kinematic indicators. Journal of Structural Geology, 8 (8): 831-843.

Pearce J, 1996. Sources and Settings of Granitic Rocks. Episodes, 19 (4): 120-125.

Pearce J A, Harris N B, Tindle A G, 1984. Trace element discrimination diagrams for the tectonic interpretation of granitic rocks. Journal of petrology, 25 (4): 956-983.

Pei Y, Obaji J, Dupuis A, et al., 2009. Unified criteria for ultrasonographic diagnosis of ADPKD. Journal of the American Society of Nephrology, 20 (1): 205-212.

Penniston- Dorland S C, 2001. Illumination of vein quartz textures in a porphyry copper ore deposit using scanned cathodoluminescence: Grasberg Igneous Complex, Irian Jaya, Indonesia. American Mineralogist, 86 (5-6): 652-666.

Peterson E C, Mavrogenes J A, 2014. Linking high- grade gold mineralization to earthquake- induced fault- valve processes in the Porgera gold deposit, Papua New Guinea. Geology, 42 (5): 383-386.

Phillips G, Powell R, 2010. Formation of gold deposits: a metamorphic devolatilization model. Journal of Metamorphic Geology, 28 (6): 689-718.

Pichavant M, Ramboz C, Weisbrod A, 1982. Fluid immiscibility in natural processes: use and misuse of fluid inclusion data: I. Phase equilibria analysis—a theoretical and geometrical approach. Chemical Geology, 37 (1-2): 1-27.

Pokrovski G S, Kara S, Roux J, 2002. Stability and solubility of arsenopyrite, FeAsS, in crustal fluids. Geochimica et Cosmochimica Acta, 66 (13): 2361-2378.

Pokrovski G S, Tagirov B R, Schott J, et al. , 2009. A new view on gold speciation in sulfur-bearing hydrothermal fluids from in situ X- ray absorption spectroscopy and quantum- chemical modeling. Geochimica et Cosmochimica Acta, 73 (18): 5406-5427.

Pokrovski G S, Kokh M A, Proux O, et al., 2019. The nature and partitioning of invisible gold in the pyrite-fluid system. Ore Geology Reviews, 109: 545-563.

Qin J F, Lai S C, Diwu C R, et al., 2010. Magma mixing origin for the post-collisional adakitic monzogranite of the Triassic Yangba pluton, Northwestern margin of the South China block: geochemistry, Sr-Nd isotopic, zircon U-Pb dating and Hf isotopic evidences. Contributions to Mineralogy and Petrology, 159 (3): 389-409.

Qiu J T, Li P J, Santosh M, et al., 2014. Magma oxygen fugacities of granitoids in the Xiaoqinling area, central China: implications for regional tectonic setting. Neues Jahrbuch für Mineralogie-Abhandlungen (Journal of Mineralogy and Geochemistry), 191: 317-329.

Qiu K F, Deng J, 2017. Petrogenesis of granitoids in the Dewulu skarn copper deposit: implications for the evolution of the Paleotethys ocean and mineralization in Western Qinling, China. Ore Geology Reviews, 90: 1078-1098.

Qiu K F, Taylor R D, Song Y H, et al., 2016. Geologic and geochemical insights into the formation of the Taiyangshan porphyry copper-molybdenum deposit, Western Qinling Orogenic Belt, China. Gondwana Research, 35: 40-58.

Qiu K F, Marsh E, Yu H C, et al., 2017. Fluid and metal sources of the Wenquan porphyry molybdenum deposit, Western Qinling, NW China. Ore Geology Reviews, 86: 459-473.

Qiu K F, Yu H C, Gou Z Y, et al., 2018. Nature and origin of Triassic igneous activity in the Western Qinling Orogen: the Wenquan composite pluton example. International Geology Review, 60 (2): 242-266.

Qiu K F, Yu H C, Deng J, et al., 2020. The giant Zaozigou Au-Sb deposit in West Qinling, China: magmatic- or metamorphic-hydrothermal origin? Mineralium Deposita, 55 (2): 345-362.

Qiu K F, Yu H C, Hetherington C, et al., 2021. Tourmaline composition and boron isotope signature as a tracer of magmatic-hydrothermal processes. American Mineralogist, 106 (7): 1033-1044.

Rapp R P, Watson E B, 1995. Dehydration melting of metabasalt at 8-32 kbar: implications for continental growth and crust-mantle recycling. Journal of Petrology, 36 (4): 891-931.

Ratschbacher L, Hacker B R, Calvert A, et al., 2003. Tectonics of the Qinling (Central China): tectonostratigraphy, geochronology, and deformation history. Tectonophysics, 366 (1-2): 1-53.

Reich M, Kesler S E, Utsunomiya S, et al., 2005. Solubility of gold in arsenian pyrite. Geochimica et Cosmochimica Acta, 69 (11): 2781-2796.

Reich M, Deditius A, Chryssoulis S, et al. , 2013. Pyrite as a record of hydrothermal fluid evolution in a porphyry copper system: a SIMS/ EMPA trace element study. Geochimica et Cosmochimica Acta, 104: 42-62.

Roberts M P, Clemens J D, 1993. Origin of high-potassium, calc-alkaline, I-type granitoids. Geology, 21 (9): 825-828.

Roedder E, 1984. Fluid inclusions. Reviews in Mineralogy and Geochemistry, 12: 646.

Rollinson H, 1993. Using geochemical data. Evaluation, presentation, interpretation, 1. Longman, London: Cambridge University Press: 258.

Román N, Reich M, Leisen M, et al., 2019. Geochemical and micro-textural fingerprints of boiling in pyrite. Geochimica et Cosmochimica Acta, 246: 60-85.

Rooney T O, Franceschi P, Hall C M, 2011. Water-saturated magmas in the Panama Canal region: a precursor to adakite-like magma generation? Contributions to Mineralogy & Petrology, 161 (3): 373-388.

Rusk B G, Lowers H A, Reed M H, 2008. Trace elements in hydrothermal quartz: relationships to cathodoluminescent textures and insights into vein formation. Geology, 36 (7): 547-550.

Saunders J A, Hofstra A H, Goldfarb R J, et al., 2014. Geochemistry of hydrothermal gold deposits. Treatise on Geochemistry, 13: 383-424.

Schildgen T F, Yıldırım C, Cosentino D, et al., 2014. Linking slab break-off, Hellenic trench retreat, and uplift of the Central and Eastern Anatolian plateaus. Earth-Science Reviews, 128: 147-168.

Sharp Z D, Essene E J, Kelly W C, 1985. A re-examination of the arsenopyrite geothermometer: pressure considerations and applications to natural assemblages. The Canadian Mineralogist, 23 (4): 517-534.

Shi Y, Yu J H, Santosh M, 2013. Tectonic evolution of the Qinling orogenic belt, Central China: new evidence from geochemical, zircon U-Pb geochronology and Hf isotopes. Precambrian Research, 231: 19-60.

Sillitoe R H, 2008. Special paper: major gold deposits and belts of the North and South American Cordillera: distribution, tectonomagmatic settings, and metallogenic considerations. Economic Geology, 103 (4): 663-687.

Simon G, Huang H, Penner-Hahn J E, et al., 1999. Oxidation state of gold and arsenic in goldbearing arsenian pyrite. American Mineralogist, 84 (7-8): 1071-1079.

Sisson T W, Ratajeski K, Hankins W B, et al., 2005. Voluminous granitic magmas from common basaltic sources. Contributions to Mineralogy & Petrology, 148 (6): 635-661.

Skjerlie K P, Johnston A D, 1993. Fluid-absent melting behavior of an F-rich tonalitic gneiss at mid-crustal pressures: implications for the generation of anorogenic granites. Journal of Petrology, 34 (4): 785-815.

Smythe D J, Brenan J M, 2015. Cerium oxidation state in silicate melts: Combined f_{O_2}, temperature and compositional effects. Geochimica et Cosmochimica Acta, 170: 173-187.

Smythe D J, Brenan J M, 2016. Magmatic oxygen fugacity estimated using zircon-melt partitioning of cerium. Earth and Planetary Science Letters, 453: 260-266.

Soesoo A, 2000. Fractional crystallization of mantle-derived melts as a mechanism for some I-type granite petrogenesis: an example from Lachlan Fold Belt, Australia. Journal of the Geological Society, 157 (1): 135-149.

Sparks R, Marshall L A, 1986. Thermal and mechanical constraints on mixing between mafic and silicic magmas. Journal of Volcanology and Geothermal Research, 29 (1-4): 99-124.

Steele-MacInnis M, 2018. Fluid inclusions in the system H_2O-NaCl-CO_2: an algorithm to determine composition, density and isochore. Chemical Geology, 498: 31-44.

Stefanova E, Driesner T, Zajacz Z, et al., 2014. Melt and fluid inclusions in hydrothermal veins: the magmatic to hydrothermal evolution of the Elatsite Porphyry Cu-Au Deposit, Bulgaria. Economic Geology, 109 (5): 1359-1381.

Stefánsson A, Seward T M, 2004. Gold (I) complexing in aqueous sulphide solutions to 500℃ at 500 bar. Geochimica et Cosmochimica Acta, 68 (20): 4121-4143.

Stein H, Markey R, Morgan J, et al., 1997. Highly precise and accurate Re-Os ages for molybdenite from the East Qinling molybdenum belt, Shaanxi Province, China. Economic Geology, 92 (7-8): 827-835.

Sun S S, McDonough W F, 1989. Chemical and isotopic systematics of oceanic basalts: implications for mantle composition and processes. Geological Society, London. Specical Publications, 42 (1): 313-345.

Tang L, Hu X K, Santosh M, et al., 2019. Multistage processes linked to tectonic transition in the genesis of orogenic gold deposit: a case study from the Shanggong lode deposit, East Qinling, China. Ore Geology Reviews, 111: 102998.

Tang M, Chu X, Hao J H, et al., 2021. Orogenic quiescence in Earth's middle age. Science, 371: 728-731.

Taylor S R, Mclennan S M, 1995. The geochemical evolution of the continental crust. Reviews of Geophysics, 33 (2): 241-265.

Taylor R D, Goldfarb R J, Monecke T, et al., 2015. Application of U-Th-Pb phosphate geochronology to young orogenic gold deposits: new age constraints on the formation of the Grass Valley gold district, Sierra Nevada Foothills province, California. Economic Geology, 110 (5): 1313-1337.

Tera F, Wasserburg G, 1972. U-Th-Pb systematics in three Apollo 14 basalts and the problem of initial Pb in lunar rocks. Earth and Planetary Science Letters, 14 (3): 281-304.

Thomas H V, Large R R, Bull S W, et al., 2011. Pyrite and pyrrhotite textures and composition in sediments, laminated quartz veins, and reefs at Bendigo Gold Mine, Australia: insights for ore genesis. Economic Geology, 106 (1): 1-31.

Tichomirowa M, Käßner A, Sperner B, et al., 2019. Dating multiply overprinted granites: the effect of protracted magmatism and fluid flow on dating systems (zircon U-Pb: SHRIMP/SIMS, LA-ICP-MS, CA-ID-TIMS; and Rb-Sr, Ar-Ar) -Granites from the Western Erzgebirge (Bohemian Massif, Germany). Chemical Geology, 519: 11-38.

Tosdal R M, Richards J P, Richards J P, et al., 2001. Magmatic and Structural Controls on the Development of Porphyry Cu±Mo±Au Deposits. SEG Special Publications, 14: 157-181.

Vandendriessche J, Brun J P, 1987. Rolling structures at large shear strain. Journal of Structural Geology, 9 (5-6): 691-704.

Vervoort J D, Blichert-Toft J, 1999. Evolution of the depleted mantle: Hf isotope evidence from juvenile rocks through time. Geochimica et Cosmochimica Acta, 63 (3-4): 533-556.

Vielreicher N, Groves D, Fletcher I, et al., 2003. Hydrothermal monazite and xenotime geochronology: a new direction for precise dating of orogenic gold mineralization. SEG Discovery (53): 1-16.

Wang A, Yang D, Yang H, et al., 2021a. Detrital zircon geochronology and provenance of sediments within the Mesozoic basins: new insights into tectonic evolution of the Qinling Orogen. Geoscience Frontiers, 12 (3): 101107.

Wang J, Yu H C, He D Y, et al., 2021b. Geochronology and geochemistry of the Yidi'nan quartz diorite in the West Qinling, China: implications for evolution of the Palaeo- Tethys Ocean. Geological Journal: 2277-2295.

Wang R, Qiu J, Yu S, et al., 2017a. Crust- mantle interaction during Early Jurassic subduction of Neo-Tethyan oceanic slab: evidence from the Dongga gabbro-granite complex in the southern Lhasa subterrane, Tibet. Lithos, 292 (7): 262-277.

Wang R, Xu Z, Santosh M, et al., 2017b. Petrogenesis and tectonic implications of the Early Paleozoic intermediate and mafic intrusions in the South Qinling Belt, Central China: constraints from geochemistry, zircon U- Pb geochronology and Hf isotopes. Tectonophysics, 712- 713: 270-288.

Wang W, Liu S, Feng Y, et al., 2012. Chronology, petrogenesis and tectonic setting of the Neoproterozoic Tongchang dioritic pluton at the northwestern margin of the Yangtze Block: constraints from geochemistry and zircon U- Pb- Hf isotopic systematics. Gondwana Research, 22 (2): 699-716.

Wang X, Wang T, Zhang C, 2013. Neoproterozoic, Paleozoic, and Mesozoic granitoid magmatism in the Qinling Orogen, China: constraints on orogenic process. Journal of Asian Earth Sciences, 72: 129-151.

Wang X, Wang T, Zhang C, 2015. Granitoid magmatism in the Qinling orogen, central China and its bearing on orogenic evolution. Science China Earth Sciences, 58 (9): 1497-1512.

Weyer S, Münker C, Rehkämper M, et al., 2002. Determination of ultra-low Nb, Ta, Zr and Hf concentrations and the chondritic Zr/Hf and Nb/Ta ratios by isotope dilution analyses with multiple collector ICP-MS. Chemical Geology, 187 (3): 295-313.

Weatherley D K, Henley R W, 2013. Flash vaporization during earthquakes evidenced by gold deposits. Nature Geoscience, 6 (4): 294-298.

White A J, Chappell B W, Wyborn D, 1999. Application of the Restite Model to the deddick granodiorite and its enclaves—a reinterpretation of the observations and data of mass. Journal of Petrology, 40 (3): 413-421.

Wilkinson J J, Johnston J D, 1996. Pressure fluctuations, phase separation, and gold precipitation during seismic fracture propagation. Geology, 24 (5): 395-398.

Wilkinson J J, 2013. Triggers for the formation of porphyry ore deposits in magmatic arcs. Nature Geoscience, 6 (11): 917-925.

Wilkinson J J, Stoffell B, Wilkinson C C, et al., 2009. Anomalously Metal- Rich Fluids Form

Hydrothermal Ore Deposits. Science, 323 (5915): 764-767.

Williams-Jones A E, Bowell R J, Migdisov A A, 2009. Gold in Solution. Elements, 5 (5): 281-287.

Williams T J, Candela P A, Piccoli P M, 1995. The partitioning of copper between silicate melts and two-phase aqueous fluids: an experimental investigation at 1kbar, 800℃ and 0.5kbar, 850℃. Contributions to Mineralogy and Petrology, 121 (4): 388-399.

Woodhead J D, Hergt J M, Davidson J P, et al., 2001. Hafnium isotope evidence for 'conservative' element mobility during subduction zone processes. Earth & Planetary Science Letters, 192 (3): 331-346.

Wu Y, Zheng Y, 2013. Tectonic evolution of a composite collision orogen: an overview on the Qinling-Tongbai-Hong'an-Dabie-Sulu orogenic belt in central China. Gondwana Research, 23 (4): 1402-1428.

Wu Y F, Li J W, Evans K, et al., 2018. Ore-forming processes of the Daqiao epizonal orogenic gold Deposit, West Qinling Orogen, China: constraints from textures, trace elements, and dulfur isotopes of pyrite and marcasite, and raman spectroscopy of carbonaceous material. Economic Geology, 113 (5): 1093-1132.

Wu Y F, Li J W, Evans K, et al., 2019. Late Jurassic to Early Cretaceous age of the Daqiao gold deposit, West Qinling Orogen, China: implications for regional metallogeny. Mineralium Deposita, 54 (4): 631-644.

Xiao L, Zhang H F, Clemens J D, et al. , 2007. Late Triassic granitoids of the eastern margin of the Tibetan Plateau: geochronology, petrogenesis and implications for tectonic evolution. Lithos, 96 (3-4): 436-452.

Xiao Z, Gammons C, Williams- Jones A, 1998. Experimental study of copper (I) chloride complexing in hydrothermal solutions at 40 to 300℃ and saturated water vapor pressure. Geochimica et Cosmochimica Acta, 62 (17): 2949-2964.

Xing Y, Brugger J, Tomkins A, et al., 2019. Arsenic evolution as a tool for understanding formation of pyritic gold ores. Geology, 47 (4): 335-338.

Xiong X, Zhu L, Zhang G, et al., 2016. Geology and geochemistry of the Triassic Wenquan Mo deposit and Mo- mineralized granite in the Western Qinling Orogen, China. Gondwana Research, 30: 159-178.

Xu C, Wells M L, Yan D P, et al., 2020. Phase equilibria and geochronology of Triassic blueschists in the Bikou terrane and Mesozoic tectonic evolution of the northwestern margin of the Yangtze Block (SW China). Journal of Asian Earth Sciences, 201: 104513.

Yan D P, Yu Z, Qiu L, et al., 2018. The Longmenshan tectonic complex and adjacent tectonic units in the eastern margin of the Tibetan Plateau: a review. Journal of Asian Earth ences, 164 (sep. 15): 33-57.

Yan Z, Wang Z Q, Li J L, et al., 2012. Tectonic settings and accretionary orogenesis of the West Qinling Terrane, northeastern margin of the Tibet Plateau. Acta Petrologica Sinica, 28 (6):

1808-1828.

Yang L Q, Ji X Z, Santosh M, et al., 2015a. Detrital zircon U- Pb ages, Hf isotope, and geochemistry of Devonian chert from the Mianlue suture: implications for tectonic evolution of the Qinling orogen. Journal of Asian Earth Sciences, 113: 589-609.

Yang L Q, Deng J, Dilek Y, et al., 2015b. Structure, geochronology, and petrogenesis of the Late Triassic Puziba granitoid dikes in the Mianlue suture zone, Qinling orogen, China. Geological Society of America Bulletin, 127: 1831-1854.

Yang L Q, Deng J, Qiu K F, et al., 2015c. Magma mixing and crust- mantle interaction in the Triassic monzogranites of Bikou Terrane, central China: constraints from petrology, geochemistry, and zircon U-Pb-Hf isotopic systematics. Journal of Asian Earth Sciences, 98: 320-341.

Yang L Q, Deng J, Li N, et al., 2016. Isotopic characteristics of gold deposits in the Yangshan Gold Belt, West Qinling, central China: implications for fluid and metal sources and ore genesis. Journal of Geochemical Exploration, 168: 103-118.

Yang Z, Yang L Q, He W Y, et al., 2017. Control of magmatic oxidation state in intracontinental porphyry mineralization: a case from Cu (Mo-Au) deposits in the Jinshajiang- Red River metallogenic belt, SW China. Ore Geology Reviews, 90: 827-846.

Yasuhara H, Polak A, Mitani Y, et al., 2006. Evolution of fracture permeability through fluid- rock reaction under hydrothermal conditions. Earth and Planetary Science Letters, 244 (1-2): 186-200.

Yu H C, Guo C A, Qiu K F, et al., 2019a. Geochronological and geochemical constraints on the formation of the giant Zaozigou Au-Sb deposit, West Qinling, China. Minerals, 9 (1): 37.

Yu H C, Li J, Qiu K F, et al., 2019b. Sm-Nd isotope geochemistry of dolomite in the giant Zaozigou Au-Sb deposit, West Qinling, China. Acta Petrologica Sinica, 35: 1519-1531.

Yu H C, Qiu K F, Nassif M T, et al., 2020a. Early orogenic gold mineralization event in the West Qinling related to closure of the Paleo- Tethys Ocean- Constraints from the Ludousou gold deposit, central China. Ore Geology Reviews, 117: 103217.

Yu H C, Qiu K F, Sai S X, et al., 2020b. Paleo- Tethys Late Triassic orogenic gold mineralization recorded by the Yidi' nan gold deposit, West Qinling, China. Ore Geology Reviews, 116: 103211.

Yu H C, Qiu K F, Chew D, et al., 2022a. Buried Triassic rocks and vertical distribution of ores in the giant Jiaodong gold province (China) revealed by apatite xenocrysts in hydrothermal quartz veins. Ore Geology Reviews, 140: 104612.

Yu H C, Qiu K F, Pirajno F, et al., 2022b. Revisiting Phanerozoic evolution of the Qinling Orogen (East Tethys) with perspectives of detrital zircon. Gondwana Research, 103: 426-444.

Yuan Z Z, Li Z K, Zhao X F, et al., 2019. New constraints on the genesis of the giant Dayingezhuang gold (silver) deposit in the Jiaodong district, North China Craton. Ore Geology Reviews, 112: 103038.

Zajacz Z, Seo J H, Candela P A, et al., 2010. Alkali metals control the release of gold from volatile-rich magmas. Earth and Planetary Science Letters, 297 (1-2): 50-56.

Zajacz Z, Seo J H, Candela P A, et al., 2011. The solubility of copper in high-temperature magmatic vapors: a quest for the significance of various chloride and sulfide complexes. Geochimica et Cosmochimica Acta, 75 (10): 2811-2827.

Zartman R, Doe B, 1981. Plumbotectonics—the model. Tectonophysics, 75 (1-2): 135-162.

Zeng Q, Evans N J, McInnes B I A, et al., 2012. Geological and thermochronological studies of the Dashui gold deposit, West Qinling Orogen, Central China. Mineralium Deposita, 48 (3): 397-412.

Zhang C, Sun W, Wang J, et al., 2017. Oxygen fugacity and porphyry mineralization: a zircon perspective of Dexing porphyry Cu deposit, China. Geochimica et Cosmochimica Acta, 206: 343-363.

Zhang F, Wang Y, Dong Y, et al., 2019. Early Cretaceous subduction-modified lithosphere beneath the eastern Qinling Orogen revealed from the Daying volcanic sequence in central China. Journal of Asian Earth Sciences, 176: 209-228.

Zhang G, Dong Y, Lai S, et al., 2004. Mialue tectonic zone and Mianle suture zone on southern margin of Qinling-Dabie orogenic belt. Science in China Series D-Earth Sciences, 47 (4): 300-316.

Zhang H, Jin L, Zhang L, et al., 2007. Geochemical and Pb-Sr-Nd isotopic compositions of granitoids from western Qinling belt: constraints on basement nature and tectonic affinity. Science in China Series D: Earth Sciences, 50 (2): 184-196.

Zhang H F, Zhang L, Harris N, et al., 2006. U-Pb zircon ages, geochemical and isotopic compositions of granitoids in Songpan-Garze fold belt, eastern Tibetan Plateau: constraints on petrogenesis and tectonic evolution of the basementevolution of the basement. Contributions to Mineralogy & Petrology, 152 (1): 75-88.

Zhang L, Qiu K, Hou Z, et al., 2021. Fluid-rock reactions of the Triassic Taiyangshan porphyry Cu-Mo deposit (West Qinling, China) constrained by QEMSCAN and iron isotope. Ore Geology Reviews, 132: 104068.

Zhang Q, Willems H, Ding L, et al., 2012. Initial India-Asia continental collision and foreland basin evolution in the Tethyan Himalaya of Tibet: evidence from stratigraphy and paleontology. The Journal of Geology, 120 (2): 175-189.

Zhang S, Jiang G, Liu K, et al., 2014a. Evolution of neoproterozoic-mesozoic sedimentary basins in Qinling-Dabie Orogenic Belt. Earth Science, 23 (8): 1185-1199.

Zhang T, Zhang D H, Yang B, 2014b. SHRIMP zircon U-Pb dating of Gangcha intrusions in Qinghai and its geological significance. Acta Petrologica Sinica, 30 (9): 2739-2748.

Zhang Y X, Zeng L, Zhang K J, et al., 2014c. Late Palaeozoic and early Mesozoic tectonic and palaeogeographic evolution of central China: evidence from U-Pb and Lu-Hf isotope systematics of detrital zircons from the western Qinling region. International Geology Review, 56 (3): 351-392.

Zheng Y F, 1993. Calculation of oxygen isotope fractionation in hydroxyl-bearing silicates. Earth and Planetary Science Letters, 120 (3-4): 247-263.

Zheng Y F, Zhao Z F, Chen R X, 2019. Ultrahigh-pressure metamorphic rocks in the Dabie-Sulu orogenic belt：compositional inheritance and metamorphic modification. Geological Society，London，Special Publications，474（1）：89-132.

Zhou Z，Chen Y，Jiang S，et al.，2014. Geology，geochemistry and ore genesis of the Wenyu gold deposit，Xiaoqinling gold field，Qinling Orogen，southern margin of North China Craton. Ore Geology Reviews，59：1-20.

Zhou Z J，Mao S D，Chen Y J，et al.，2016. U-Pb ages and Lu-Hf isotopes of detrital zircons from the southern Qinling Orogen：implications for Precambrian to Phanerozoic tectonics in central China. Gondwana Research，35：323-337.

Zhu L，Ding Z，Yao S，et al.，2009. Ore-forming event and geodynamic setting of molybdenum deposit at Wenquan in Gansu Province，Western Qinling. Chinese Science Bulletin，54（13）：2309-2324.

Zhu L，Zhang G，Guo B，et al.，2010. Geochemistry of the Jinduicheng Mo-bearing porphyry and deposit，and its implications for the geodynamic setting in East Qinling，P. R. China. Geochemistry，70（2）：159-174.

Zhu L，Zhang G，Chen Y，et al.，2011. Zircon U-Pb ages and geochemistry of the Wenquan Mo-bearing granitioids in West Qinling，China：constraints on the geodynamic setting for the newly discovered Wenquan Mo deposit. Ore Geology Reviews，39（1-2）：46-62.

Zoheir B，Steele-MacInnis M，Garbe-Schönberg D，2019. Orogenic gold formation in an evolving，decompressing hydrothermal system：genesis of the Samut gold deposit，Eastern Desert，Egypt. Ore Geology Reviews，105：236-257.

编　后　记

“博士后文库”是汇集自然科学领域博士后研究人员优秀学术成果的系列丛书。“博士后文库”致力于打造专属于博士后学术创新的旗舰品牌，营造博士后百花齐放的学术氛围，提升博士后优秀成果的学术影响力和社会影响力。

“博士后文库”出版资助工作开展以来，得到了全国博士后管委会办公室、中国博士后科学基金会、中国科学院、科学出版社等有关单位领导的大力支持，众多热心博士后事业的专家学者给予积极的建议，工作人员做了大量艰苦细致的工作。在此，我们一并表示感谢！

“博士后文库”编委会